VEHICLES POWER TRANSMISSION DEVICE

차량 동력전달장치

구민사

저자약력 | **오태일**
現 아주자동차대학교 자동차제어 및 진단기술전공 교수
손일선
現 오산대학교 자동차과 교수
이정한
現 오산대학교 자동차과 교수

차량 동력전달장치

초판 인쇄 | 2023년 2월 21일
초판 발행 | 2023년 2월 28일

저 자 | 오태일·손일선·이정한
발행인 | 조규백
발행처 | 도서출판 구민사
(07293) 서울특별시 영등포구 문래북로 116, 604호(문래동3가 46, 트리플렉스)
전화 | (02) 701-7421(~2)
팩스 | (02) 3273-9642
홈페이지 | www.kuhminsa.co.kr

신고번호 | 제2012-000055호 (1980년 2월 4일)
I S B N | 979-11-6875-209-2 93550

값 22,000원

PREFACE

머리말

자동차는 여러 가지 장치들로 이루어져 있지만 본 책에서는 동력전달장치에 관한 내용을 기술하였다. 동력발생장치인 엔진에서 나온 동력을 타이어까지 전달하는 계통이 동력전달장치이며 자동차 기술의 고도화로 되어 가면서 우리나라는 세계 제일의 자동차생산국가로 발전해 가고 있다.

이와 같이 중요한 시점에서 자동차를 전공하는 학생들은 나날이 달라지는 자동차 동력전달장치의 신기술정보를 빠르게 접하고는 있지만 기본원리가 부족하여 신기술의 정보를 이해하는데 많은 어려움이 있다. 그리고 동력전달장치의 단순 시스템인 기계식 및 수동형에서 지금은 여러 가지 형태의 전자제어형으로 발전됨에 따라 시스템의 기본원리의 이해와 중요성에 대한 인식이 점차 높아지고 있는 실정이다.

따라서 이 책에서는 자동차 동력전달장치의 전반적인 기본이론과 실습요령에 대하여 기술하였으며 다음 몇 가지 사항에 유의하여 이 책을 집필하였다.

첫째로, 이 책은 현재의 동력전달장치 기술을 기본 원리를 바탕으로 다양하게 전개하였다. 동력전달장치를 구성하고 있는 각 장치의 기본 배경, 구성부품의 구조 및 기능 작동원리 등의 이론과 실습방법을 제시하였다.

둘째로, 이 책은 학습자가 동력전달장치의 기초 지식을 기초로 하여 이론과 실습방법을 참고로 스스로 체계적인 실습이 이루어질 수 있도록 하였다.

셋째로, 이 책은 새로운 정보를 기본주제로 선정하여 다양한 기술 흐름을 각 분야별로 세분화하여 원칙적으로 접근할 수 있도록 하였다. 특히 기본원리에 중점을 두어 동력전달장치 기술을 실질적으로 유연하게 대처할 수 있는 실력을 향상시키도록 하였다.

이 책을 집필하는 것이 쉬운 일은 아니었지만 조금이나마 학습자 여러분이 쉽게 이해할 수 있도록 전달하고자 한다. 내용 중에 오류가 있으면 학습자 여러분의 넓은 아량으로 지적해 주길 바란다.

끝으로 이 책의 출판을 위해 적극적으로 도움을 주신 도서출판 구민사 조규백 대표님과 직원 여러분께 깊은 감사를 드린다.

저자

01 동력전달장치 일반

02 수동변속기(manual transaxle)

04 구동장치(driving device)

05 휠(wheel) 및 타이어(tire)

Vehicles Power Transmission Device

CHAPTER I

동력전달장치 일반

1 동력전달방식

동력전달장치는 엔진에서 발생한 동력(회전력)을 유효하게 구동바퀴에 전달하는 장치로 클러치, 변속기, 추진축 및 유니버셜조인트, 종 감속기어, 차동기어, 구동차축, 구동바퀴 등으로 구성되어 있으며 동력전달 방식에는 FF구동식, FR구동식, RR구동식, RF구동식, 4WD 등이 있다.

1.1. 앞 엔진 앞바퀴 구동식(FF구동식 : front engine front drive type)

엔진, 클러치, 트랜스액슬(변속기+종 감속기어 및 차동기어) 등이 앞쪽에 설치된 형식으로서, 앞바퀴가 구동 및 조향바퀴가 된다. FF구동방식의 특징을 FR방식과 비교하면 다음과 같다.

엔진의 동력 → 클러치 → 트랜스액슬(변속기) ↓ 종감속 및 차동장치 → 구동축 → 앞바퀴

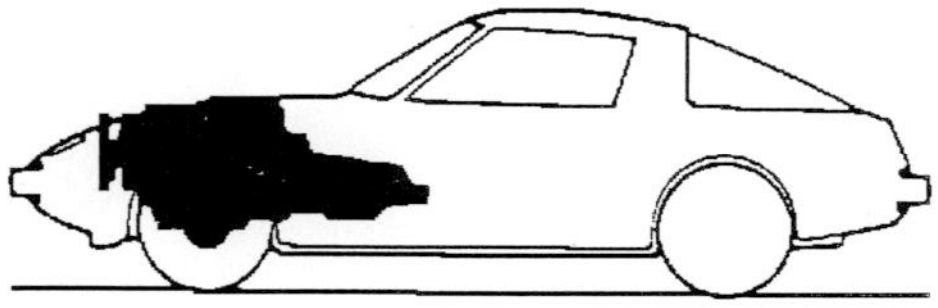

그림 1-1. FF방식

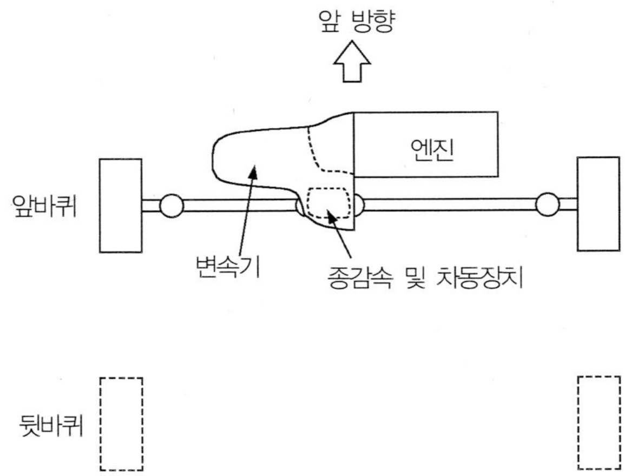

그림 1-2. FF구동방식의 동력 전달기구

[1] 장점

① 추진축이 필요 없으므로 바닥이 편평하게 되어 거주성이 좋다.
② 동력전달거리가 단축된다.
③ 선회 및 미끄러운 노면에서 주행 안전성이 크다.
④ 적차시 앞뒤 차축의 하중분포가 비교적 균일하다.
⑤ 뒤차축이 간단하다.

[2] 단점

① 앞차축의 구조가 복잡하다.
② 기계식 조향일 경우 핸들의 조작에 큰 힘이 필요하다.
③ 브레이크 조작시 하중이 앞으로 쏠리므로 앞 타이어와 패드의 마모가 비교적 크다.
④ 고속 선회에서 언더 스티어링(under steering)현상이 발생된다.

1.2. 앞 엔진 뒷바퀴 구동식(FR 구동식 : front engine rear drive type)

자동차의 앞쪽에 엔진, 클러치, 변속기가 설치되고 뒤쪽에는 종감속기어 및 차동기어장치, 차축, 구동바퀴를 두고 앞쪽과 뒤쪽사이에 드라이브라인으로 연결한 표준 구동방식으로서 FF방식과 비교한 주요 특징은 다음과 같다.

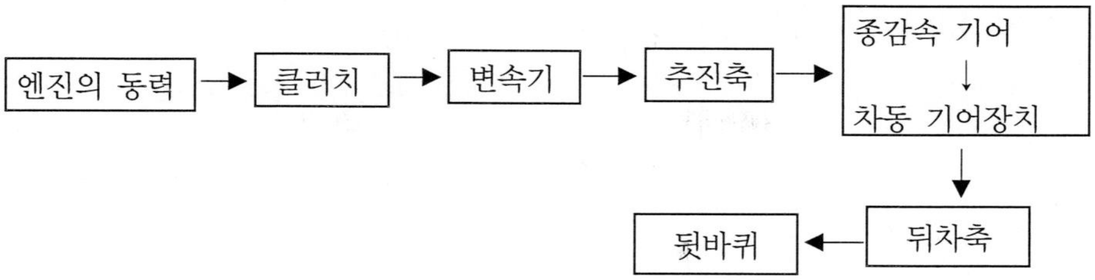

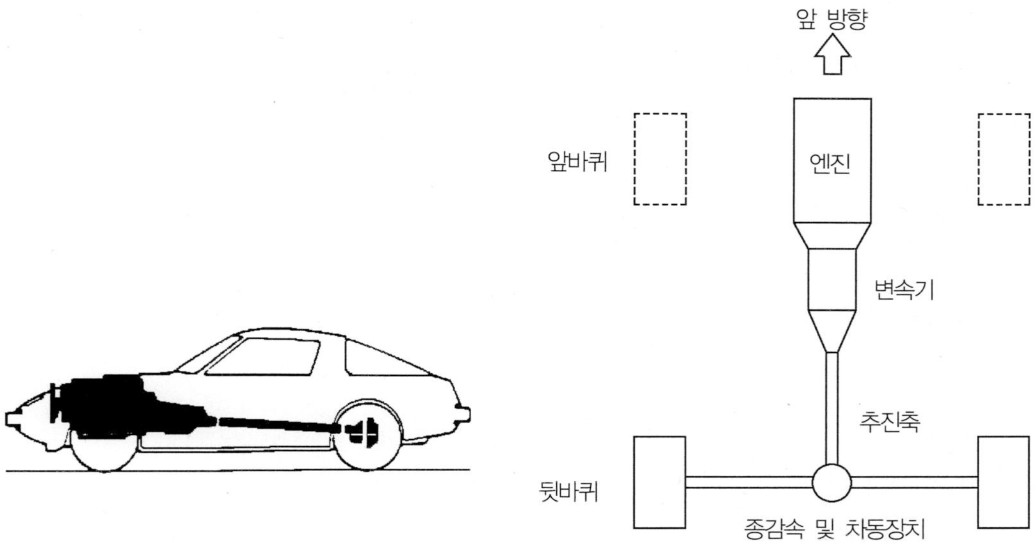

(a) (b) FR구동방식의 동력 전달기구

그림 1-3. FR방식

[1] 장점

① 앞차축의 구조가 간단하다.

② 적차상태에 따라 전후 차축의 하중분포의 편차가 적다.

③ FF방식보다 앞 타이어와 패드의 마모가 적다.

[2] 단점

① 긴 추진축을 사용하므로 차실 내의 공간 이용도가 낮다.

② 공차상태에서 빙판길이나 등판 주행시 뒷바퀴가 미끄러지는 경향이 있다.

③ 긴 추진축을 사용하므로 진동발생(휠링 : whirling)과 에너지 소비량이 FF방식에 비하여 많다.

1.3. 뒤 엔진 뒷바퀴 구동식(RR구동식 : rear engine rear drive type)

엔진과 동력전달장치가 뒤쪽에 설치된 형식으로서 뒷바퀴에 의해 구동되며 그 특징은 다음과 같다.

[1] 장점

① 앞차축의 구조가 간단하며 동력전달 경로가 짧다.
② 언덕길 및 미끄러운 노면에서의 발진성이 용이하다.

[2] 단점

① 변속 제어기구의 길이가 길어진다.
② 엔진 냉각이 불리하다.
③ 고속 선회시 오버 스티어링(over steering)이 발생된다.
④ 미끄러운 노면에서 가이드 포스(guide force)가 약하다.
⑤ 화물적재공간의 제한을 받는다.
⑥ 연료탱크 설치의 어려움이 있다.
⑦ 옆바람에 대하여 민감하다.

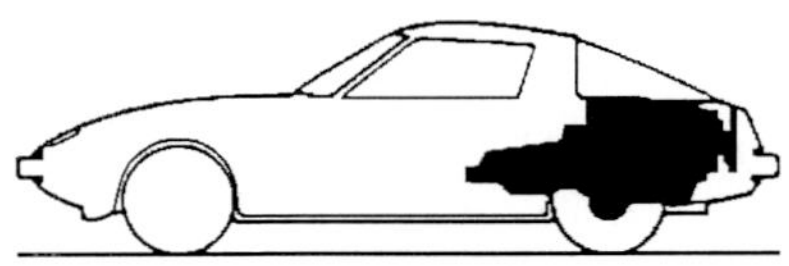

그림 1-4. RR방식

1.4. 뒤 엔진 앞 구동식(RF구동식 : rear engine front drive type)

자동차의 뒷부분에 엔진을 장착하고 앞바퀴를 구동하는 방식으로 이 방식은 거의 채용하지 않는다.

1.5. 전륜 구동방식(4WD : 4-wheel drive type)

자동차의 앞부분에 엔진과 변속기를 장착하고 앞, 뒷바퀴를 구동시키는 방식으로 그 특징은 구동력이 커서 산악로, 진흙길, 험로 주행시 탁월한 효과를 발휘한다.

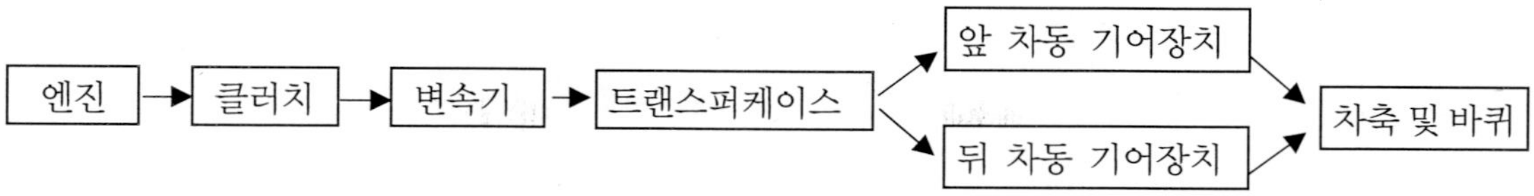

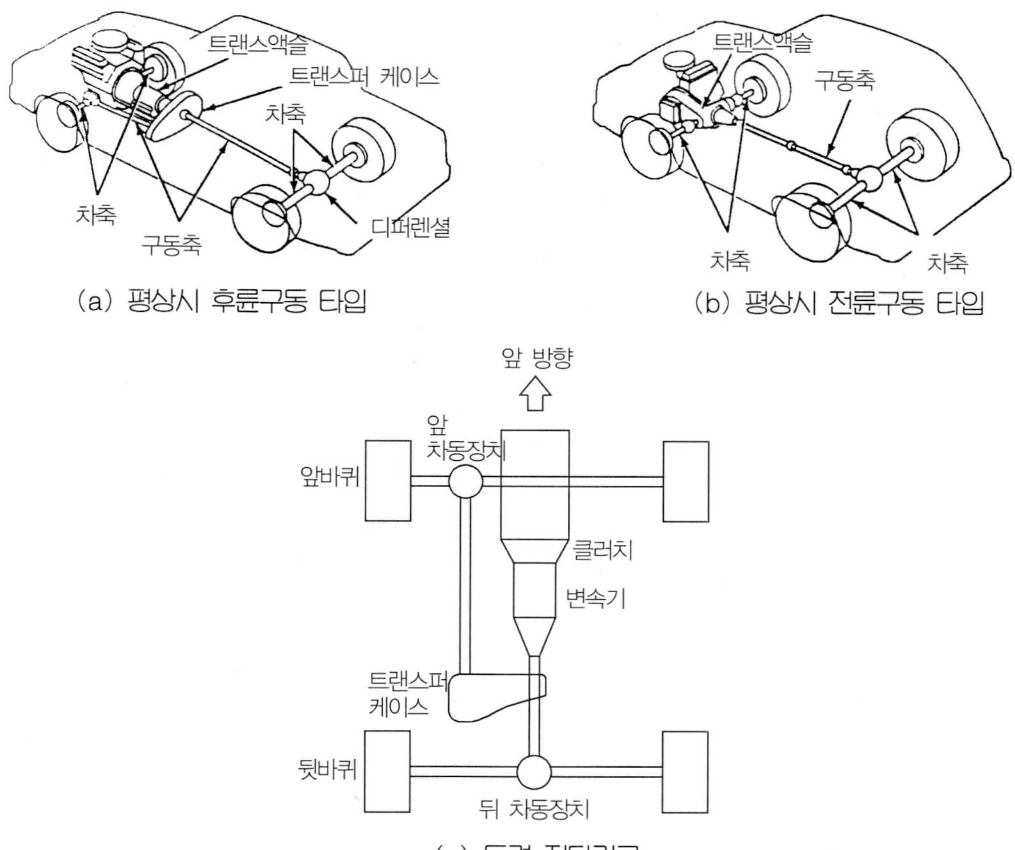

(a) 평상시 후륜구동 타입

(b) 평상시 전륜구동 타입

(c) 동력 전달기구

그림 1-5. 4WD방식

2 클러치(clutch)

2.1. 클러치의 개요

엔진 시동을 걸거나 변속, 후진 등의 변속기 레버를 조작할 때나 자동차를 정지할 때는 엔진으로부터 구동바퀴에 전달하는 동력(회전력)을 일시적으로 차단하는 장치가 필요하다.

또한 정지하고 있는 자동차의 구동바퀴에 엔진의 동력이 급격하게 전달되면 큰 충격을 모두 받아 자동차가 급출발 할 수도 있고 엔진이 정지될 수도 있다. 따라서 자동차를 원활하게 발진시키기 위해서는 엔진 동력을 구동바퀴에 서서히 전달하는 장치가 필요하다.

그러나 동력이 전해질 경우에는 미끄럼 없이 확실하게 전달(엔진의 토크를 충분하게 전달할 수 있는 토크용량을 보유)하는 장치가 필요하기 때문에 이러한 역할을 하는 것이 클러치이고 엔진의 플라이휠에 설치되어 있다.

2.1.1. 클러치의 필요성

① 엔진은 자기 기동(self starting)이 불가능하므로 엔진을 가동할 때 일단 무부하 상태로 하기 위하여

② 변속시 엔진의 토크를 일시 차단하기 위하여

③ 관성 운전시 엔진과의 연결을 차단하기 위하여

2.1.2. 클러치의 요구조건

① 원활한 결합과 차단이 확실해야 한다.

㉮ 동력의 접속이 원활할 것.

㉯ 미끄럼이 없이 동력을 확실하게 전달할 것.

㉰ 동력의 차단이 확실하고 신속하게 행하여 질 것.

② 방음 및 방진이 좋아야 한다.

㉮ 평형이 좋아야 한다.

㉯ 연결전후 소음이 없어야 한다.

③ 내구성이 있어야 한다.

㉮ 방열능력이 좋아야 한다.

㉯ 고장이 적고 수명이 길어야 한다.

④ 회전 관성이 작아야 한다.

⑤ 구조가 간단하고 다루기 쉬워야 한다.

2. 1. 3. 클러치의 종류

- 클러치
  - 마찰 클러치
    - 단판 클러치
      - 코일 스프링식
      - 다이어프램 스프링식
        - (코일 스프링식·다이어프램 스프링식 공통) 기계식
        - (코일 스프링식·다이어프램 스프링식 공통) 유압식
    - 다판 클러치
      - 건식
      - 습식
        - (건식·습식 공통) 코일 스프링식
          - 기계식
          - 유압식
  - 유체 클러치
    - 유체 커플링
    - 토크 컨버터
  - 전자 클러치
    - 자성 분체식
    - 전자 디스크식

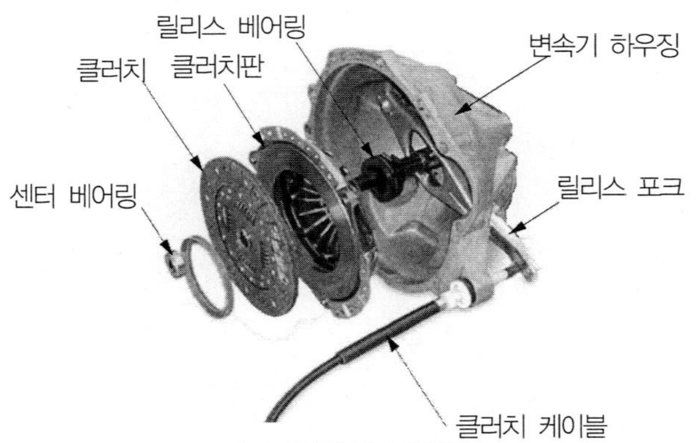

(a) 기계식 클러치

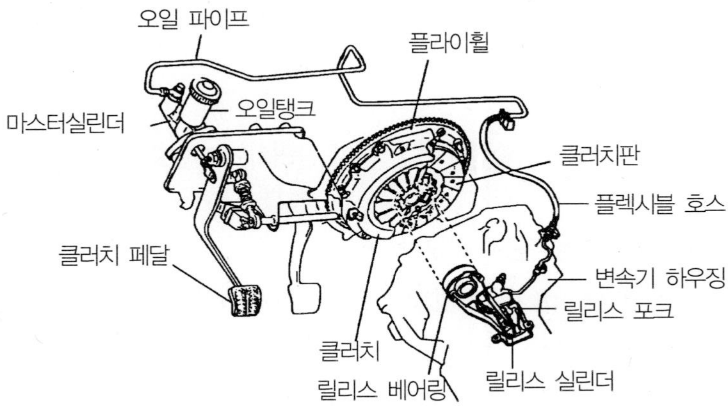

(b) 유압식 클러치

그림 1-6. 클러치의 구성도

2.2. 단판 클러치의 구조 및 작동

2.2.1. 클러치의 구조

단판 클러치는 클러치판, 압력판, 클러치 스프링, 릴리스 레버, 클러치 하우징 등과 이들이 설치되는 엔진 플라이휠 및 변속기 입력축 등으로 구성되어 있다. 엔진 동력이 전달될 경우에는 클러치 압력판 스프링에 의하여 클러치판이 엔진 플라이휠과 압력판 사이에 압착되어 크랭크축과 일체로 회전하게 된다.

클러치판이 회전하면 이것과 스플라인을 통해서 변속기 입력축이 회전한다. 엔진 동력이 차단될 경우에는 릴리스 베어링이 릴리스 레버를 밀게 되므로 압력판이 뒤로 밀리게 된다. 이로 인하여 클러치판이 플라이휠과 접촉하지 않게 되어 동력전달이 차단된다.

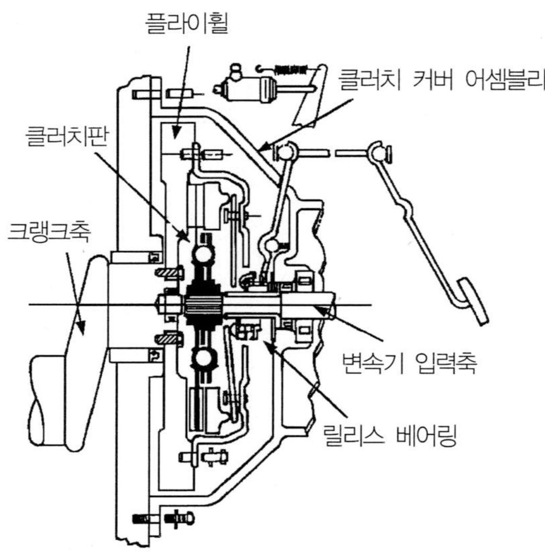

그림 1-7. 단판 클러치의 단면도

[1] 클러치판(clutch plate 또는 clutch disc)

클러치판은 클러치 중 가장 중요한 요소로서 접속시에는 서서히, 원활하게 동력을 전달하는 역할을 한다. 클러치판은 원형의 강판으로 되어 있으며 그 가장자리에 마찰 물질로 된 페이싱(facing)이 리벳으로 설치되어 있다.

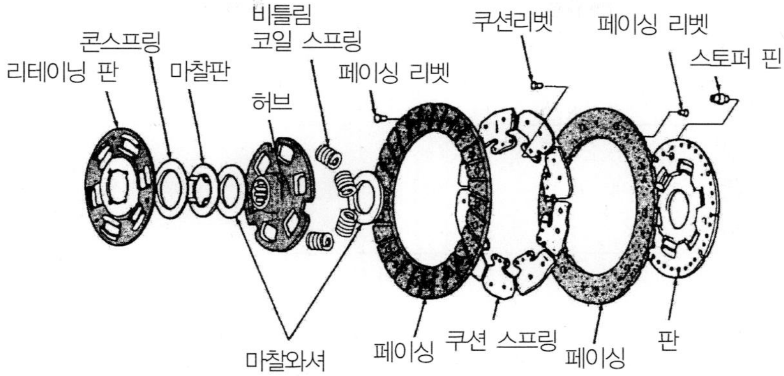

1-8. 클러치 디스크의 구조

클러치판의 중심부에는 허브(hub)가 설치되어 있고 그 내부에 클러치 축(변속기 입력축)에 끼우기 위한 스플라인이 있으며, 비틀림 코일 스프링(torsional coil spring, 댐퍼 스프링(damper spring))이 설치되어 있다. 이 비틀림 코일 스프링은 클러치판이 플라이휠에 접속되어 동력이 전달할 때의 회전 충격을 흡수하는 일을 한다. 또 쿠션 스프링은 클러치판의 접촉 충격을 흡수하는 역할을 한다. 쿠션 스프링은 파도 모양의 스프링으로 되어 있어서 클러치를 급격히 접속시켰을 때에도 스프링이 변형되어 동력전달이 원활히 되도록 하고 있다. 이 스프링은 클러치판의 변형, 편마멸, 파손 등을 방지한다.

클러치 페이싱의 요구조건은 적정한 마찰계수를 가져야 하고 내마멸성, 내열성이 크고, 온도변화에 따라 마찰계수의 변화가 없어야 한다. 따라서 페이싱은 석면(asbestos)을 주재료로 한 것이 사용되고 있으며, 긴 섬유의 석면 직물에 수지 가공한 위빙 라이닝(weaving lining)과 짧은 섬유의 석면과 합성수지를 혼합하여 가열 성형한 몰드 라이닝(mold lining)이 있다.

그러나 오늘날 환경문제로 인해 페이싱의 재료는 비석면 재료를 채용하고 있는 실정이다. 아래 표는 석면과 비석면 마찰재의 특성을 비교한 것이다.

[석면 마찰재와 비석면 마찰재의 특성 비교]

	석면 마찰재	비석면 마찰재
재 료	석면, 고무, 수지	유리섬유, 고무, 수지
특 징	가장 널리 사용되었으나, 석면의 심한 공해성 때문에 현재는 사용을 규제한다.	석면 대체 재질로 개발된 비석면이다.
장단점	① 마찰성능이 높다. ② 수명이 짧다. ③ 마찰계수가 0.3수준이다. ④ 가격이 싸다.	① 마찰성능이 높다. ② 마찰계수가 0.3수준이다. ③ 수명이 길고 내열성이 좋다. ④ 천이 아닌 실로 짜므로 탄력성이 좋고, 토크 전달이 매끄럽고 진동이 적다. ⑤ 발청 부착성이 없도록 특수 처리가 되었다. ⑥ 회전 파괴 강도가 충분하다.

페이싱의 마찰계수는 일반적으로 0.3~0.5 수준으로 제작되어야 가장 좋은 성능을 발휘할 수 있다. 그림 1-9는 클러치판의 구조를 보인다.

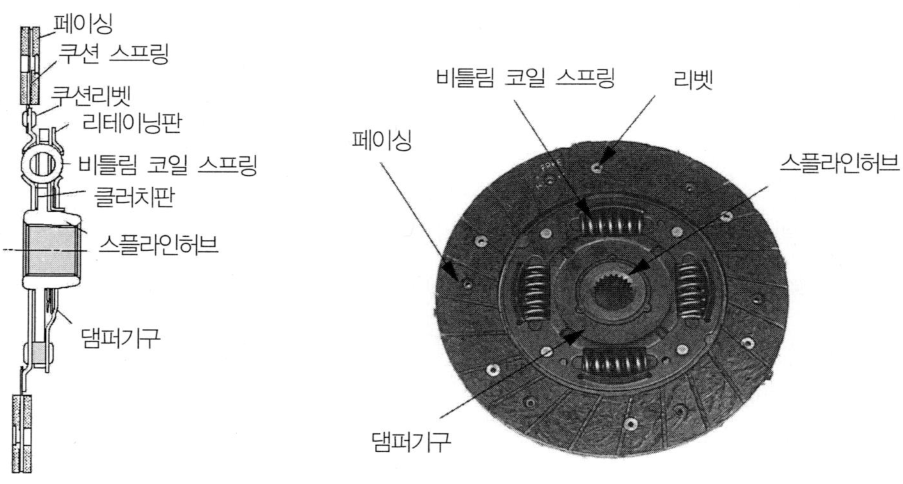

(a) (b)

그림 1-9. 클러치판의 구조

[2] 변속기 입력축(클러치 축)

변속기 입력축은 클러치판이 받은 엔진의 동력을 변속기에 전달하는 역할을 하며, 그 구조는 스플라인부, 베어링부 및 기어부로 되어 있다. 변속기 입력축의 스플라인부에는 클러치판 허브의 스플라인이 끼워져 클러치판이 길이 방향으로 미끄럼 운동을 한다. 그리고 베어링부는 변속기 케이스에 지지된다. 이 베어링에는 변속기 케이스 내의 오일이 클러치 하우징으로 누출되는 것을 방지하기 위한 실(seal)이 설치되어 있다.

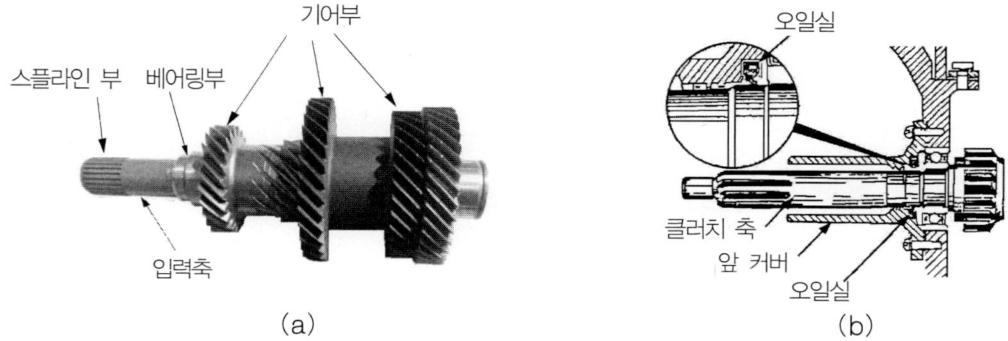

그림 1-10. 변속기 입력축과 오일 실

[3] 압력판(pressure plate)

① 압력판은 스프링의 장력으로 클러치판을 플라이휠에 압착시키는 역할을 하며, 클러치판과 접촉하는 면은 평면으로 정밀 가공되어 있고 그 반대쪽에는 스프링 시트와 릴리스 레버 설치부가 있다.

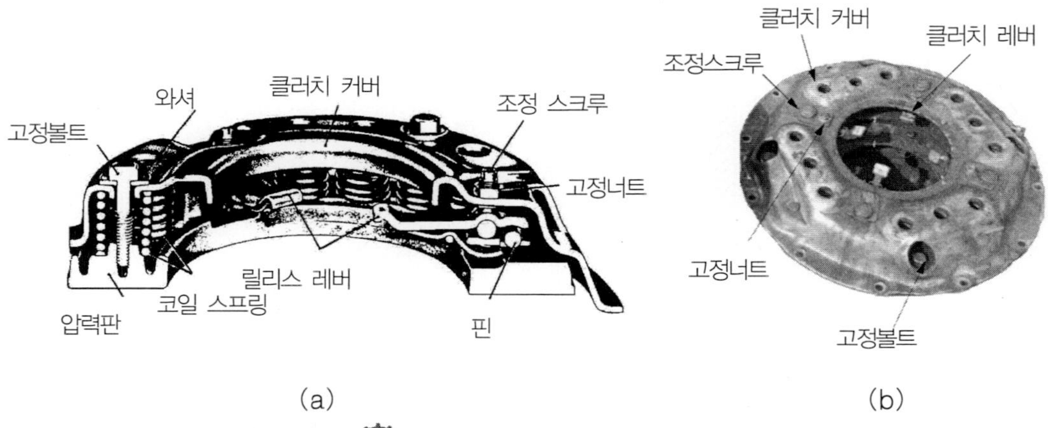

그림 1-11. 레버형 압력판의 구조

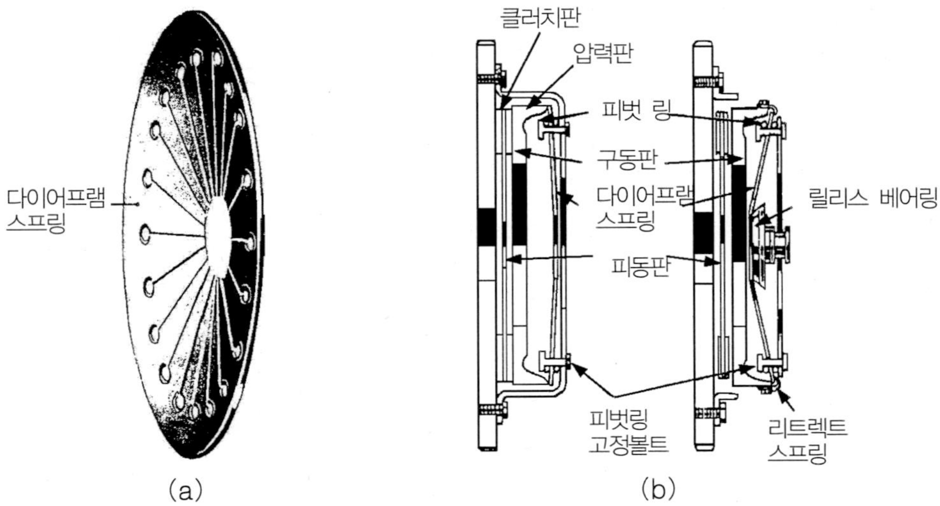

그림 1-12. 다이어프램형 압력판의 구조

② 압력판과 플라이휠은 항상 함께 회전하므로 동적 및 정적평형이 되어 있어야 한다.

③ 재질은 내마모성, 내열성 및 열전도성이 좋은 특수주철로 되어 있다.

[4] 릴리스 레버(release lever)

① 강판을 프레스 가공하여 제작하거나 특수 주철제로 되어 있다.

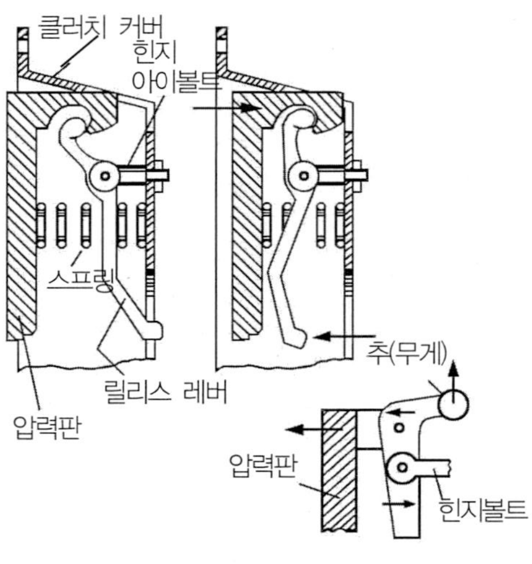

그림 1-13. 릴리스 레버

② 클러치 페달을 밟으면 릴리스 베어링이 릴리스 레버의 한쪽 끝을 누르면 클러치 커버의 피벗을 중심으로 다른 한쪽 끝이 클러치 스프링 장력을 이기고 클러치판을 누르고 있던 압력판을 분리시키는 역할을 한다. 릴리스 레버는 굽힘 응력이 반복하여 작용하므로 충분한 강성이 필요하다.

[5] 클러치 스프링(clutch spring)

① 클러치 스프링은 클러치 커버와 압력판 사이에 설치되어 있고, 압력판을 밀어서 클러치판이 플라이휠에 압착되도록 하는 역할을 한다.

② 단판 클러치의 클러치 스프링은 코일 스프링, 다이어프램 스프링이 있다.

③ 클러치 스프링은 동력전달 성능에 크게 영향을 미치기 때문에 주로 스프링 강으로 되어 있다.

④ 클러치 스프링의 점검사항은 스프링의 자유길이, 설치길이, 장력, 직각도이다.

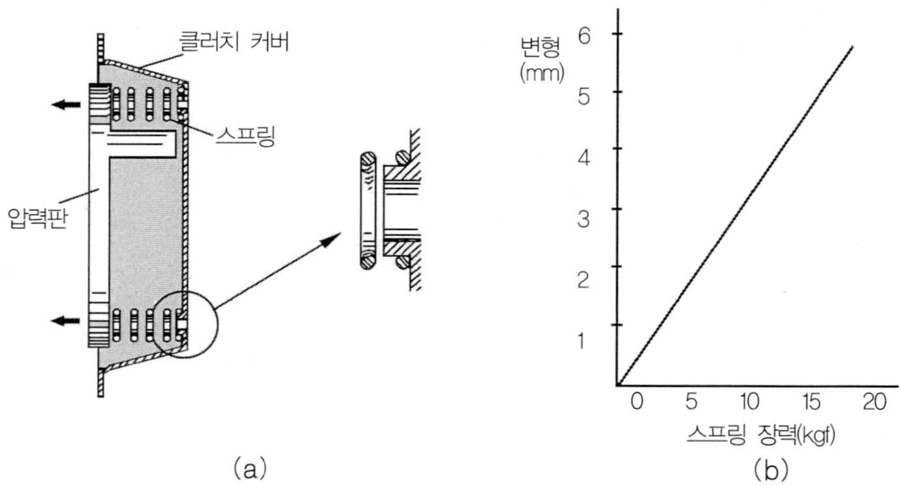

그림 1-14. 클러치 스프링 및 변형과 장력과의 관계

[6] 클러치 커버(clutch cover)

클러치 커버는 강판을 프레스로 성형한 것으로서 압력판, 릴리스 레버, 클러치 스프링 등이 조립되어 플라이휠에 함께 설치되며, 릴리스 레버 높이 조정장치가 설치되어 있는 것도 있다.

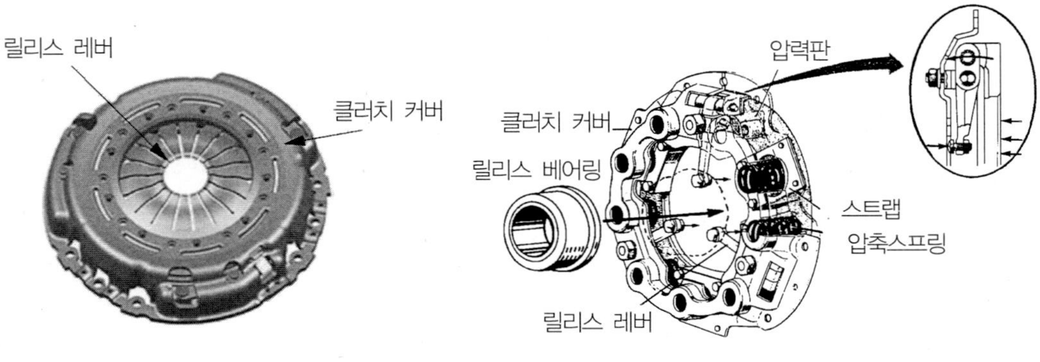

(a) 다이어프램형 (b) 코일형

그림 1-15. 클러치 커버의 종류

클러치 커버의 어셈블리의 종류는 오번형, 인너 레버형, 아웃 레버형, 반원심력형, 다이어프램형이 있다.

[7] 릴리스 베어링(release bearing)

릴리스 포크에 의해 클러치 축의 길이방향으로 작동하며 회전중인 릴리스 레버를 눌러 클러치를 개방한다. 스러스트 볼 베어링이 들어 있는 케이스로 되어 있고 베어링 칼럼에 압입되어 있으며, 보통 그리스가 채워지고 오일 주유를 별도로 하지 않는다.

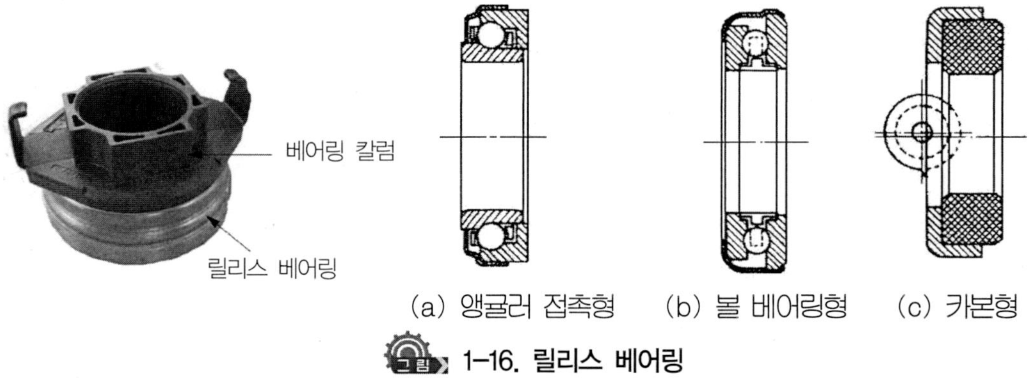

(a) 앵귤러 접촉형 (b) 볼 베어링형 (c) 카본형

그림 1-16. 릴리스 베어링

릴리스 베어링의 종류에는 앵귤러 접촉형, 볼 베어링형, 카본형, 자동 조심형이 있고, 카본형은 구리 또는 납을 포함한 특수한 흑연을 사용하므로 주유가 불필요하다. 특히 영구주유 베어링은 주유하지 않아도 되므로 분해 수리시에 솔벤트 등의 세척제를 사용해서는 안 된다.

[8] 릴리스 포크(release fork)

주철 또는 강판을 프레스 성형하여 베어링 칼럼에 끼워져 클러치 페달의 답력이 릴리스 포크의 선단에 가해지며, 그것을 레버 비에 의해 증대시켜 릴리스 베어링을 미는 작용을 하는데 요크부와 핀 고정부가 있고 끝부분에 리턴 스프링을 설치하여 페달을 놓았을 때 신속하게 복귀한다.

(a)

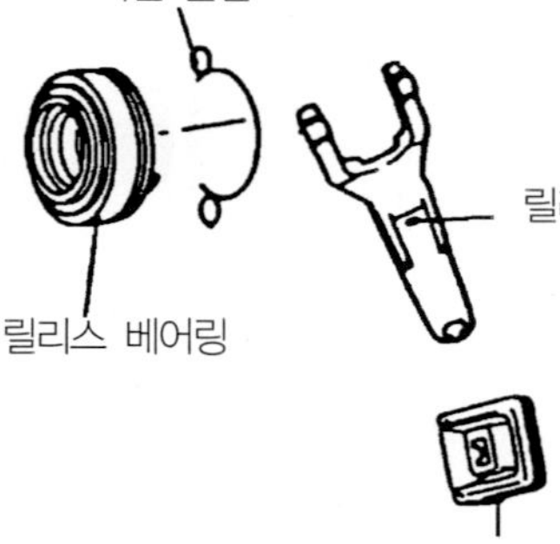

(b)

그림 1-17. 릴리스 포크

2.2.2. 클러치의 작동

[1] 코일스프링식 클러치의 작동

코일스프링형식은 몇 개의 코일스프링을 클러치 압력판과 커버사이에 설치한 것으로서 자유길이, 설치길이, 스프링장력, 직각도 등을 검사하며 기준치 이내여야 한다.

(1) 동력전달

① 동력전달시 : 압력판은 스프링 장력에 의해 항상 클러치판을 플라이휠에 압착하고 있어 그 마찰력으로 동력을 전달한다.

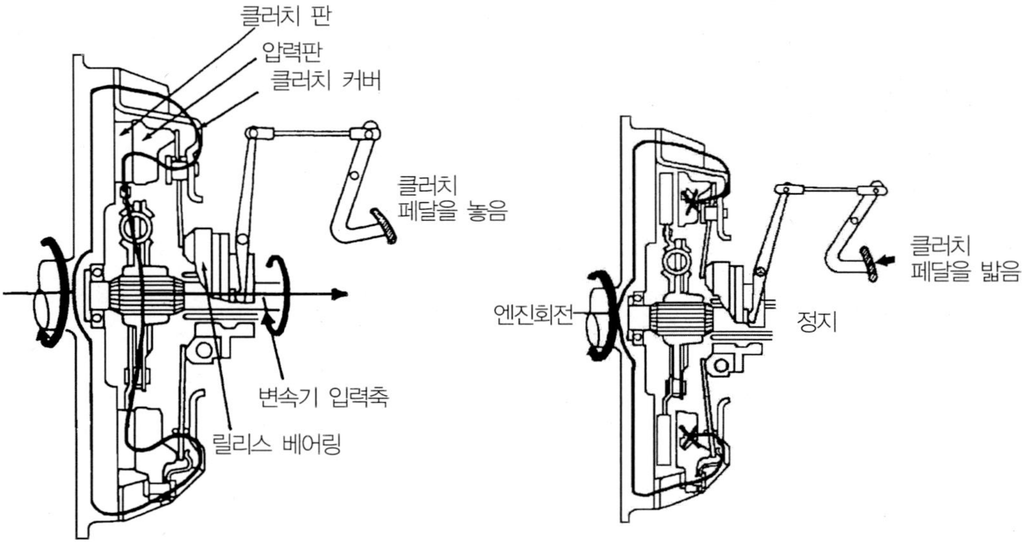

(a) 클러치 연결 (b) 클러치 분리

그림 1-18. 클러치의 작동

② 동력차단시 : 릴리스 베어링을 눌러 릴리스 레버에 의해 압력판과 플라이휠은 서로 떨어져 동력이 전달되지 않는다.

[2] 다이어프램 스프링식 클러치의 작동

다이어프램 스프링은 코일 스프링 형식의 릴리스 레버와 클러치 스프링의 역할을 동시에 하는 접시모양의 스프링(다이어프램 스프링)을 사용하는 것으로 다이어프램 스프링의 바깥쪽 끝은 압력판과 접촉하며 피벗 링(pivot ring)에 의해 지지된다.

작동은 중앙부의 핑거(finger : 코일 스프링의 릴리스 레버 역할)가 약간 볼록하게 되어 있는 것으로 바깥쪽 끝에 피벗 링을 사이에 두고 커버에 설치되어 있다. 이 피벗 링을 지점으로 하여 압력판을 누르고 있다. 릴리스 베어링이 핑거부에 압력을 가하면 전체 다이어프램 스프링이 안쪽으로 구부러지며 압력판을 뒤쪽으로 밀어 클러치를 차단한다. 핑거에 하중이 해제되면(클러치 페달을 놓으면) 다이어프램 스프링이 원위치로 복귀하여 다시 클러치가 동력을 전달하게 된다.

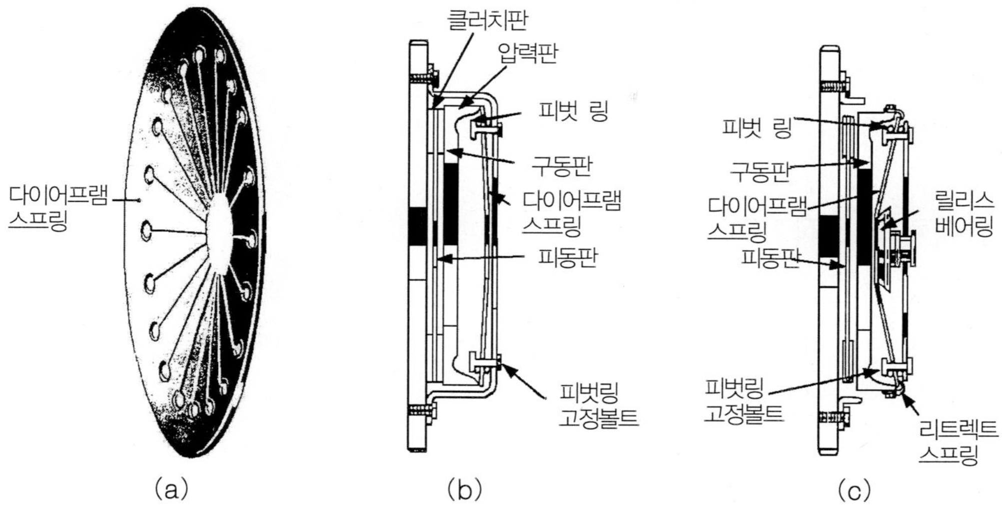

그림 1-19. 다이어프램 스프링형의 구성

(1) 다이어프램 스프링의 특성(코일 스프링과의 비교)

① 압력판에 작용하는 압력이 균일하다.

② 부품이 원판 형태이기 때문에 회전평형이 좋다.

③ 구조와 취급이 간단하다.

④ 클러치 페달을 밟는 힘이 가볍다.

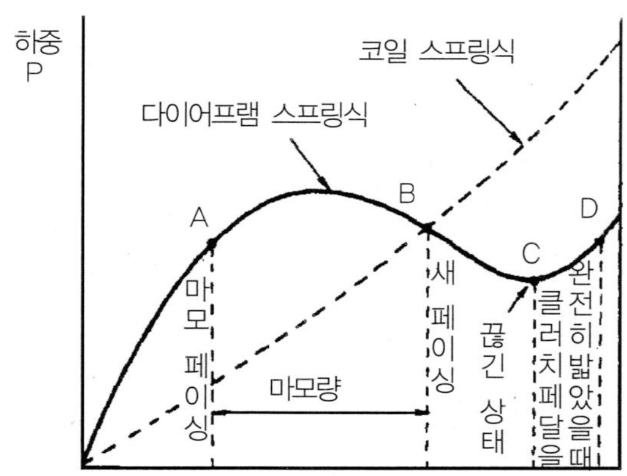

그림 1-20. 다이어프램 스프링의 특성

⑤ 클러치 페이싱이 어느 정도 마모되어도 압력판에 가해지는 압력의 변화가 거의 없다.

⑥ 코일스프링은 고속회전시 원심력이 작용하여 변형되어 스프링 장력이 작아지는 경향이 있으나 다이어프램 형은 이러한 현상이 없다.

2.3. 클러치의 조작기구

클러치 페달의 조작력을 클러치 본체에 전달하는 것으로 릴리스 베어링, 릴리스 포크(release fork), 클러치 페달, 페달의 조작력을 릴리스 포크에 전달하는 부분으로 되어 있다. 조작력을 전달하는 방법에는 와이어나 로드를 사용하는 기계식과 유압을 이용한 유압식이 있고 어느 경우에나 레버비, 링크의 배치, 피스톤의 단면적(유압식의 경우) 등을 적절하게 선정하여 페달 밟는 힘이 적게 들도록 설계하고 있다.

① 클러치 페달은 페달 답력을 줄이기 위해 지렛대의 원리를 사용하여 설계하고, 설치방법은 펜던트식(pendant type)과 플로어식(floor type)이 있다.

② 페달을 밟은 후부터 릴리스 베어링이 릴리스 레버에 닿을 때까지의 거리를 자유간극(또는 클러치 유격)이라고 한다.

㉮ 자유간극이 적을 경우 : 주행시 클러치가 미끄러질 염려가 있고 이 미끄럼으로 인해 클러치 페이싱이 과열되고 마모가 촉진된다.

㉯ 자유간극이 너무 클 경우 : 동력전달 차단이 제대로 이루어지지 않아 기어 변속시에 소음발생 및 기어의 손상을 초래한다.

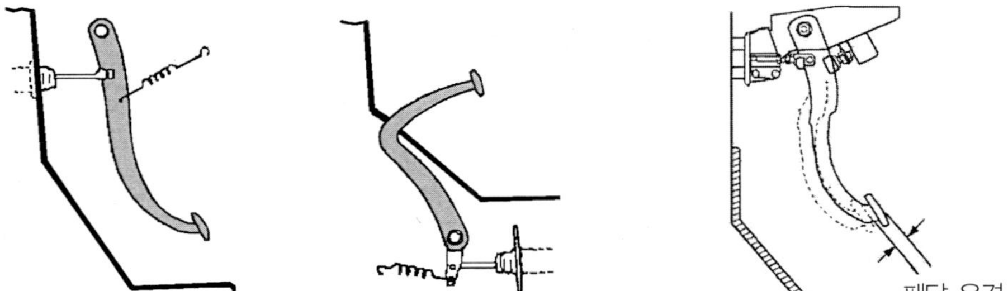

(a) 펜던트식 (b) 플로어식 (c) 클러치 페달의 자유간극

그림 1-21. 클러치 페달의 종류 및 자유간극

③ 클러치 페달의 자유간극은 기계식의 경우는 20~30mm 정도가 필요하며 클러치가 완전히 차단된 상태에서도 바닥과 페달의 간격도 20mm 이상 유지되어야 정상적인 클러치 조작이 행해진다.

④ 페달을 밟는 힘이 너무 크면 운전자의 피로가 증가되므로 중·소형 자동차는 8~15kgf, 대형 자동차는 15~20kgf 정도이다.

⑤ 릴리스 포크는 릴리스 베어링 칼라에 끼워져 릴리스 베어링에 페달의 조작력을 전달하는 역할을 하며, 요크(york)와 핀 고정부가 있고 끝부분에는 리턴 스프링을 두어 페달을 놓았을 때 신속하게 원위치로 복귀되도록 한다.

2. 3. 1. 기계식

① 클러치의 페달 답력을 로드나 와이어로 릴리스 포크에 전달하여 릴리스 베어링을 움직이게 한다.

② 구조가 간단하고 작동이 확실하나 작동력에 한계가 있으므로 소형 자동차에 주로 사용한다.

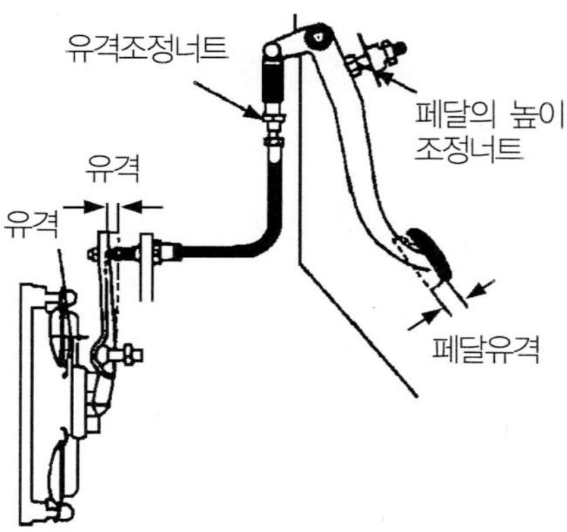

(a) 기계식

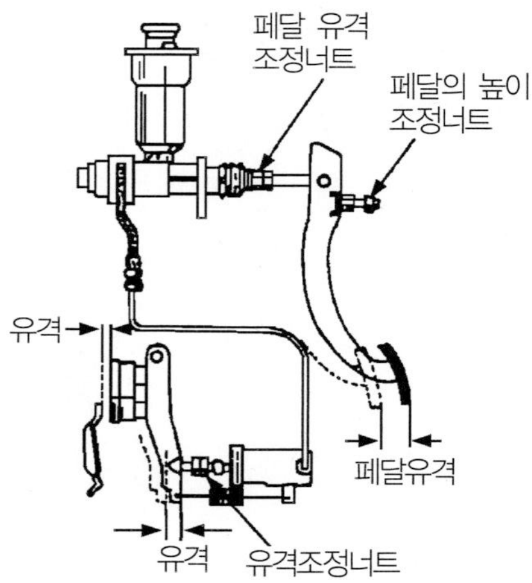

(b) 유압식

그림 1-22. 클러치 작동기구의 구성

2. 3. 2. 유압식

① 마스터실린더와 그 유압을 받아 릴리스 포크를 움직이는 릴리스 실린더(또는 슬레이브 실린더)로 구성되어 있으며, 대부분은 이 형식을 주로 사용한다.

② 작동 오일은 브레이크 오일을 사용한다.

[1] 유압식의 장점

① 각 부분의 마찰이 작기 때문에 페달 밟는 힘이 작아도 된다.

② 오일 압력 전달이 신속하기 때문에 클러치 조작이 신속하다.

③ 엔진과 클러치 페달의 설치 위치를 자유롭게 할 수 있다.

④ 엔진의 설치를 유연하게 할 수 있다.

[2] 유압식의 단점

① 구조가 복잡하다.

② 오일이 새거나 공기가 침입되면 조작이 둔감해진다.

2. 3. 3. 공기 배력식

① 유압식 조작기구와 압축공기로 작동하는 형태의 클러치이다.

② 클러치 부스터(clutch booster)를 사용하여 클러치 조작을 쉽게 하는 방식이다.

③ 클러치 페달 조작력을 크게 필요로 하는 대형 자동차에 사용하고 있다.

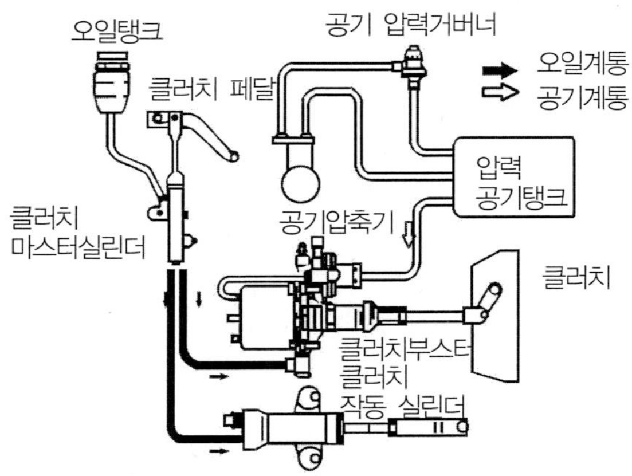

그림 1-23. 공기 배력식

2. 3. 4. 클러치 마스터실린더(clutch master cylinder)

① 실린더는 주철제 또는 알루미늄이고 위에는 오일을 보급하기 위한 오일탱크가 있다.

② 피스톤과 리턴 스프링이 조립되어 있고 그 내부에는 오일의 누유를 방지하는 피스톤 컵과 피스톤 패킹이 설치되어 있다.

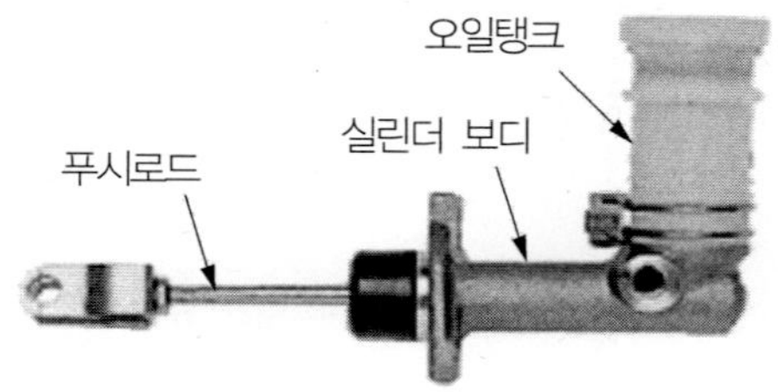

그림 1-24. 클러치 마스터실린더

[1] 페달을 밟았을 경우

푸시로드에 의해 피스톤이 움직이고 피스톤 리턴구멍이 피스톤 컵에 의해서 닫혀 질 때까지는 실린더 안의 오일이 피스톤 리턴구멍을 통해 탱크 안으로 들어가나 리턴 구멍이 피스톤 컵을 지나면 릴리스 실린더로 가압되어 보내진다.

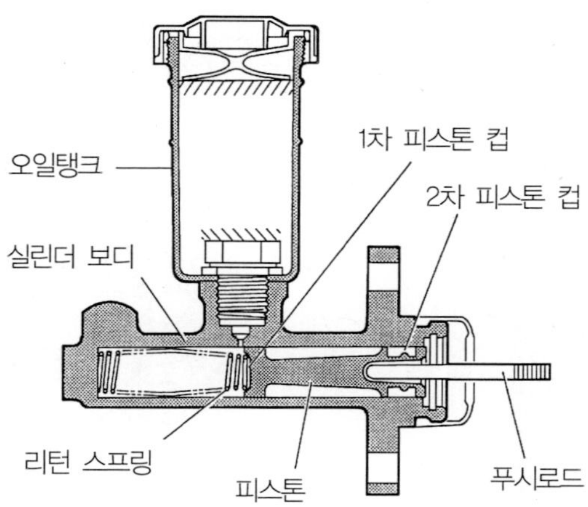

그림 1-25. 클러치 마스터실린더의 구조

[2] 페달을 놓았을 경우

피스톤은 리턴 스프링의 힘(장력)으로 원래의 위치로 복귀하고 이때 파이프 안의 오일은 점성과 관성으로 인해 피스톤이 복귀하는 시간에 비해 뒤떨어지게 되는데, 이를 보상하기 위하여 오일이 보충된다. 피스톤 내부의 유압이 저하되면 탱크 내의 오일이 실린더 안에 유입됨으로써 피스톤이 원래의 위치로 되돌아올 수 있게 하는 구조이다.

2.3.5. 릴리스 실린더(release cylinder)

① 클러치 마스터실린더에서 보내진 유압을 피스톤과 푸시로드에 작용시켜서 릴리스 포크를 미는 작용을 한다.

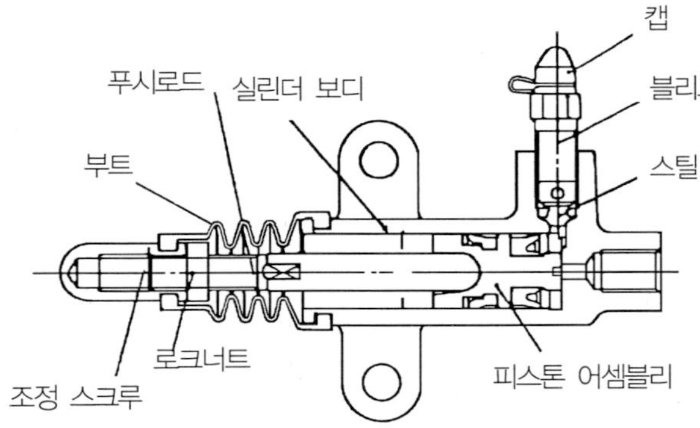

그림 1-26. 릴리스 실린더

② 오일에 포함되어 있는 공기를 빼기 위한 공기 블리더 스크루와 릴리스 포크를 푸시로드에 항상 접촉시키기 위한 리턴 스프링이 설치되어 있다.

(a)

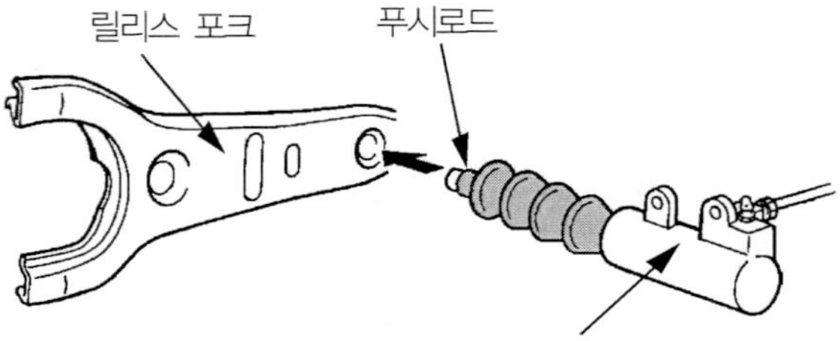

(b)

그림 1-27. 릴리스 실린더와 포크

2.4. 클러치의 성능

2.4.1. 클러치의 용량

클러치 용량이란 클러치가 전달 할 수 있는 회전력(torque)의 크기로서, 일반적으로 기관의 최대용량의 1.5~2.5배 정도로 설계한다.

[1] 클러치가 전달할 수 있는 회전력

클러치가 전달할 수 있는 회전력은 클러치가 슬립되지 않아야 하므로 다음과 같은 조건을 만족시켜야 한다.

$$T \leq F \cdot \mu \cdot r \cdot n \quad \cdots\cdots (1\text{-}1)$$

T : 전달 회전력[kgf·m]
F : 스프링 총장력[kgf]
μ : 마찰계수(보통 0.3~0.5)
r : 클러치판의 유효반경[m]
n : 접촉하는 마찰면의 수(단판 클러치의 경우 양면이므로 n = 2)

즉, 클러치가 회전하는 동안 토크(T) 전달은 접선방향의 힘(F)과 축의 중심거리의 곱으로 나타내며, 이 힘(F)은 평균반경에 작용한다고 가정한다. 여기서 클러치판의 유효반경(r)은 페이싱의 안쪽 반경을 r_1, 바깥쪽 반경을 r_2라 하면 다음과 같이 나타낼 수 있다.

$$r = \frac{(r_1 + r_2)}{2} \quad \cdots\cdots (1\text{-}2)$$

[2] 클러치 압력판의 압력

클러치 스프링이 압력판을 누르는 힘을 F, 클러치 페이싱의 외경을 D, 내경을 d 라고 하면 클러치 압력판에 작용하는 압력은 다음과 같이 나타낼 수 있다.

$$P = \frac{\text{전스프링의 힘}}{\text{마찰면의 접촉면적}} = \frac{F}{\frac{\pi}{4}(D^2 - d^2)} \text{ [kgf/cm}^2\text{]} \quad \cdots\cdots (1\text{-}3)$$

[3] 클러치 용량이 너무 크면

클러치의 조작이 힘들고 접속충격과 더불어 운전자의 의지와 무관하게 엔진이 정지하는 엔진 스톨(engine stall) 현상이 발생하기 쉽다.

[4] 클러치 용량이 너무 적으면

슬립이 발생하므로 동력을 충분히 전달할 수 없으며, 클러치 디스크 페이싱의 마모가 빨리 진행된다.

2.4.2. 클러치의 전달효율

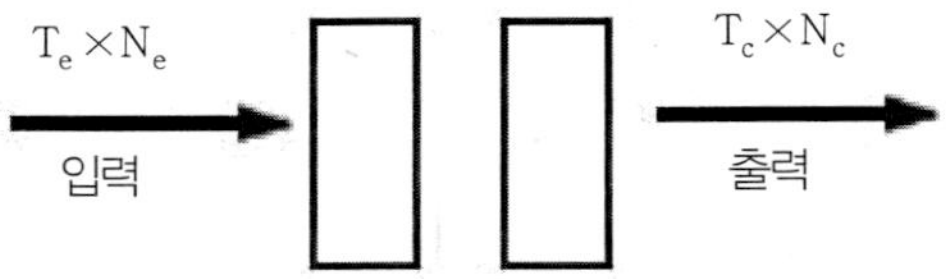

그림 1-28. 클러치의 전달 효율

$$\text{전달효율} = \frac{\text{클러치에서나오는동력}}{\text{클러치로들어가는동력}} \times 100 \quad \cdots\cdots (1\text{-}4)$$

회전마력은 토크와 회전수의 곱에 비례하므로 위 식은 다음과 같이 된다.

$$\eta = \frac{T_c \cdot N_c}{T_e \cdot N_e} \quad \cdots\cdots (1\text{-}5)$$

T_e : 엔진의 토크[kgf·m]
T_c : 클러치의 출력 토크[kgf·m]
N_e : 엔진의 회전수[rpm]
N_c : 클러치의 회전수[rpm]

3 클러치의 점검·정비

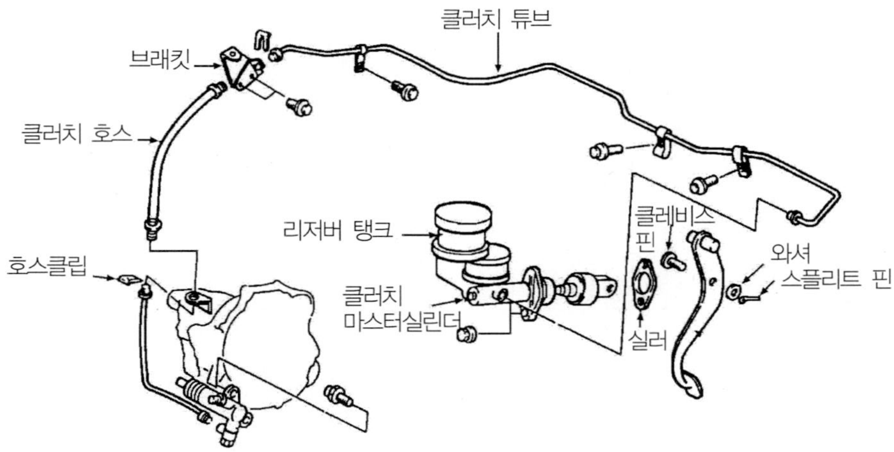

그림 1-29. 클러치의 구성

3.1. 클러치의 고장점검

NO	고장현상	원 인	정 비
1	미끄러짐 (slipping)	디스크 페이싱 과도한 마모	디스크 교환
		디스크 페이싱 표면에 오일이나 그리스가 묻어있는 상태임	누유 확인 및 신품 교환
		압력판, 플라이휠 손상	교환
		압력 스프링 손상 또는 약화	교환
		페달 자유간극이 너무 적을 때	재조정
		릴리스 레버의 작동이 원활하지 않음	릴리스 레버 지점을 점검하고, 이상 마모시 교환
		유압식의 경우 마스터실린더의 리턴 포터에 먼지 및 이물이 혼입	작동 점검의 조정

NO	고장현상	원 인	정 비
2	기어변속이 어렵다	디스크 손상 또는 휨 발생	수정 또는 신품 교환
		디스크 허브와 축 스플라인부 부식으로 작동이 원활하지 않음	녹 제거, 그리스 도포 또는 교환
		디스크 페이싱 표면에 오일이나 그리스가 묻음	누유 확인 및 교환
		압력 스프링 약화	교환
		페달 자유간극이 너무 클 때	규정간격으로 조정
		유압식의 경우 오일 누설, 공기유입, 막힘	수리 혹은 필요시 부품교환
3	발진시 떨림	디스크 페이싱 표면에 오일이나 그리스가 묻음	누유 확인 및 교환
		디스크 페이싱 과도한 마모	클러치 디스크 교환
		압력판과 플라이휠의 손상 및 과도한 런 아웃(run-out)	교환
		엔진 마운팅 러버(rubber)의 조립상태 풀림 또는 러버의 변형	풀림상태 조임 및 교환
4	페달 작동이 곤란	페달 축, 디스크 스플라인, 릴리스 레버축의 윤활이 불량함	윤활, 교환
소음	클러치를 사용하지 않을 때	페달 자유간극이 너무 적을 때	수정
		디스크 페이싱의 과도한 마모	교환
		허브와 축 과대마모 또는 소착	교환
	클러치 분리 후 소음	릴리스 베어링의 마모 및 손상	교환
	클러치가 분리 될 때 소음	베어링 섭동부에 그리스 부족	수정
		클러치 어셈블리 또는 베어링 장착이 불량함	수정

3.2. 클러치 페달(clutch pedal)

3.2.1. 클러치 페달 높이

[1] 클러치 페달 높이 측정

① 차실 내의 바닥에서 카펫을 들어낸다.

② 클러치 페달에 힘을 가하지 아니한 상태에서 곧은자를 밑판(토우 보드)과 클러치 페달의 패드 윗면에 직각이 되도록 설치하여 높이를 측정한다.

[2] 클러치 페달 조정방법

① 클러치 스위치가 부착된 자동차에서는 클러치 스위치의 커넥터를 분리시킨 다음 밑판과 클러치 페달 상부까지의 거리인 클러치 페달의 높이를 측정하여 규정 값 이내에 있는지를 확인한다.

② 페달의 높이가 규정 값을 벗어난 경우에는 그림의 고정너트 A를 풀고 클러치 스위치나 고정볼트(B)를 돌려 높이를 조정한 후 고정너트 A를 조인다.

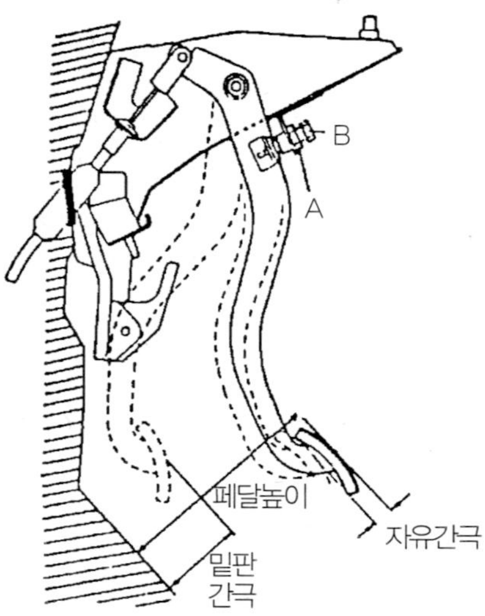

그림 1-30. 클러치 페달 간극

3. 2. 2. 클러치 페달의 자유간극

[1] 기계식 클러치 페달의 자유간극 점검방법

① 클러치 페달의 패드 쪽을 가볍게 누르면서 반작용의 저항을 느끼는 지점까지의 거리인 페달 자유간극을 측정하여 규정 값과 비교한다.

② 클러치가 분리되었을 때 클러치 페달과 밑판사이의 거리를 측정하여 규정 값 이내에 있는지를 확인한다.

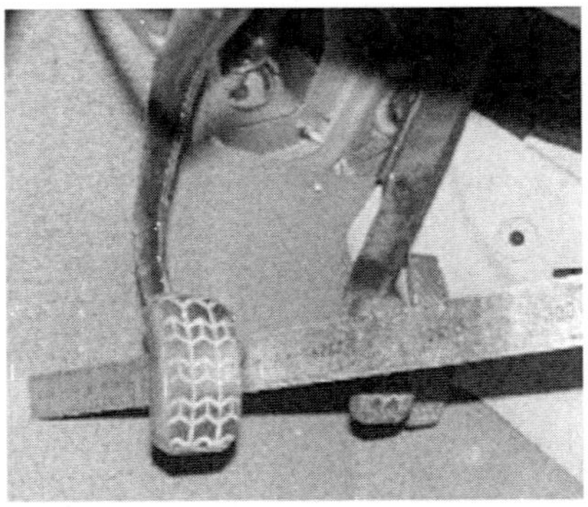

그림 1-31. 클러치 페달 자유간극 점검

[2] 기계식 클러치 페달의 자유간극 조정방법

조정너트를 시계 반대방향으로 돌리면 클러치 페달의 자유간극이 커지고, 시계방향으로 돌리면 자유간극이 작아진다.

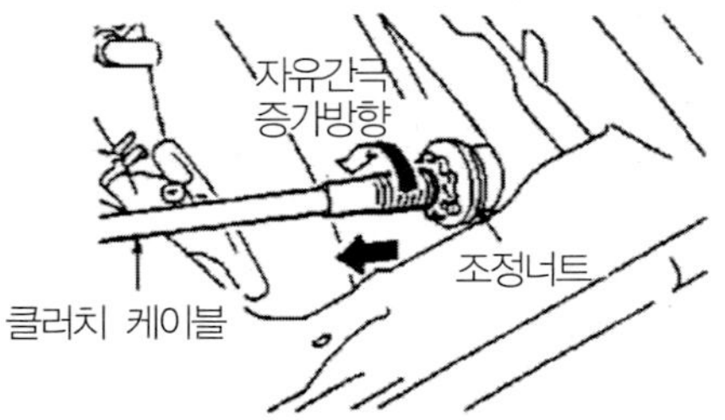

(a) 기계식

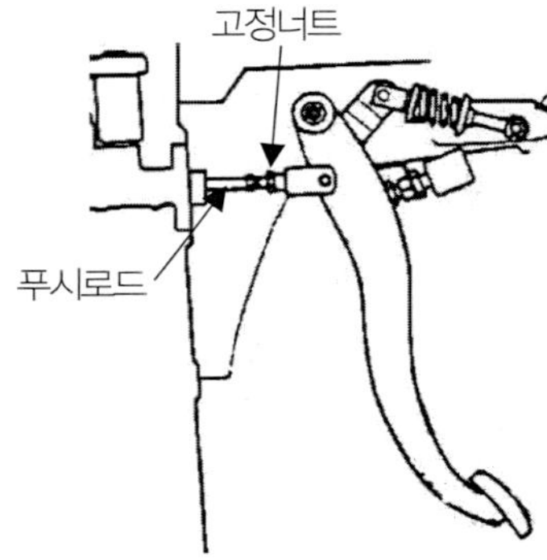

(b) 유압식

그림 1-32. 클러치 페달 자유간극 조정

[3] 유압식 클러치 자유간극 점검

클러치 마스터실린더의 오일탱크 내의 오일량을 점검한 후 부족하면 보충하고 점검하며, 페달의 자유간극 점검방법은 기계식과 동일하다.

[4] 유압식 클러치 페달의 자유간극조정

① 고정너트를 풀고 푸시로드를 돌려 조정한 다음 고정너트를 조인다.

② 조정을 끝 낸 후 클러치 페달을 완전히 눌렀을 때 클러치 페달의 패드 면에서 밑판까지의 거리를 측정하여 규정 값을 벗어난 경우에는 다시 조정하도록 한다.

3. 2. 3. 클러치 케이블 교환방법

① 계기판 아래쪽의 송풍기 덕트를 떼어낸다.
② 릴리스 레버로부터 고정너트 및 조정너트를 푼다.
③ 케이블 브래킷을 트랜스액슬로부터 떼어낸다.
④ 클러치 페달 지지대에서 케이블 고정클립을 분리한다.
⑤ 벌크 헤드의 구멍을 통하여 케이블을 빼낸다.

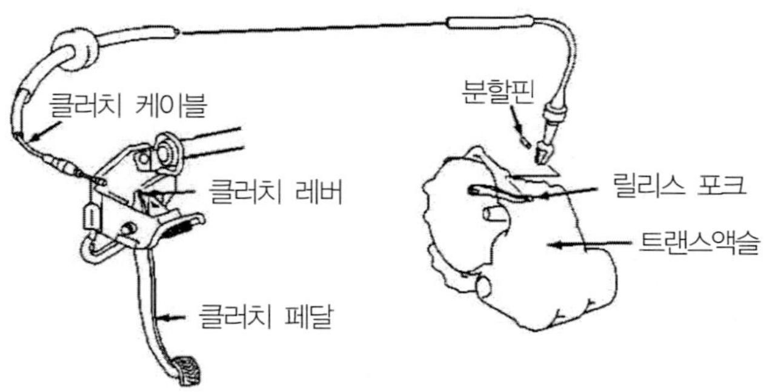

그림 1-33. 클러치 케이블 교환

3. 2. 4. 클러치 페달 떼어내기 및 설치하기

[1] 클러치 페달 떼어내기

① 클러치 페달 조정너트와 볼트를 풀고 클러치 케이블을 페달에서 그림 1-34와 같이 분리한다.
② 브레이크 페달과 브레이크 마스터실린더 푸시로드를 연결한 클레비스 핀을 빼내어 분해하고, 제동등 스위치 배선을 분리한다.
③ 클러치 페달과 브레이크 페달을 페달 지지대와 함께 떼어낸다.
④ 클러치 페달 고정너트를 풀고 클러치 페달 축에서 페달을 떼어낸다.

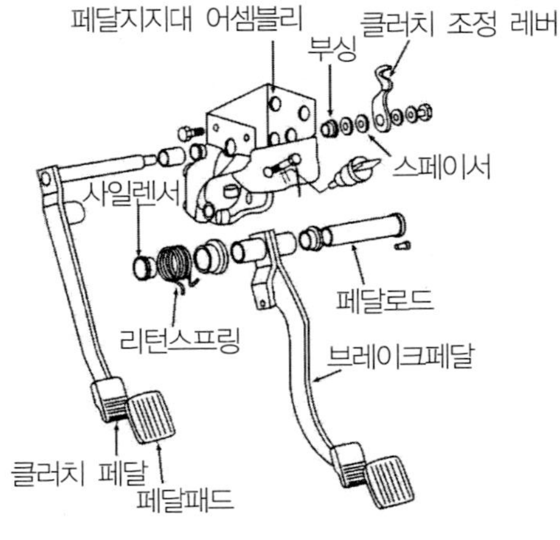

그림 1-34. 클러치 페달 떼어내기

[2] 클러치 페달 점검

① 페달 축 부싱과 페달 패드의 손상 및 마멸 등에 대하여 점검하고 이상이 있으면 교환한다.

② 페달의 휨과 비틀림에 대하여 점검하고 결함이 있으면 수정하거나 교환한다.

③ 리턴 스프링의 변형 및 손상에 대하여 점검하고 이상이 있으면 교환한다.

[3] 클러치 페달 설치

① 그리스를 페달축, 부싱의 안쪽과 바깥쪽 면에 바른 후 분해의 반대 순서로 조립한다. 그리고 클러치페달 암 끝의 클러치 케이블 연결부분에도 그리스를 얇게 바른다.

② 클러치 페달 축 고정너트를 규정 토크로 조인다.

③ 클러치 페달의 높이와 자유간극을 조정한다.

3.3. 클러치 마스터실린더

3.3.1. 마스터실린더 떼어내기

① 릴리스 실린더의 공기빼기 나사를 풀고 클러치 오일을 회수 통에 배출한다.

② 클레비스 핀, 와셔, 코터 핀(분할 핀)을 분리한 다음 클러치 페달과 마스터실린더 클레비스의 연결부분을 분리한다.

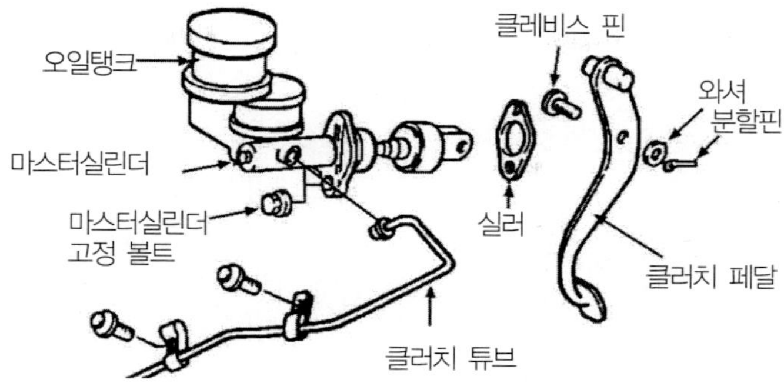

그림 1-35. 마스터실린더 떼어내기

③ 마스터실린더 쪽에서 클러치 튜브를 분리한다.

④ 마스터실린더 고정 볼트를 푼 다음 마스터실린더를 떼어낸다.

3. 3. 2. 마스터실린더의 분해 · 점검

[1] 마스터실린더 분해

① 푸시로드의 부트를 탈거하고 스냅링 플라이어를 사용하여 피스톤 스톱 링(stop ring)을 분리한 후 푸시로드를 빼낸다.

② 피스톤 어셈블리를 빼낸다.

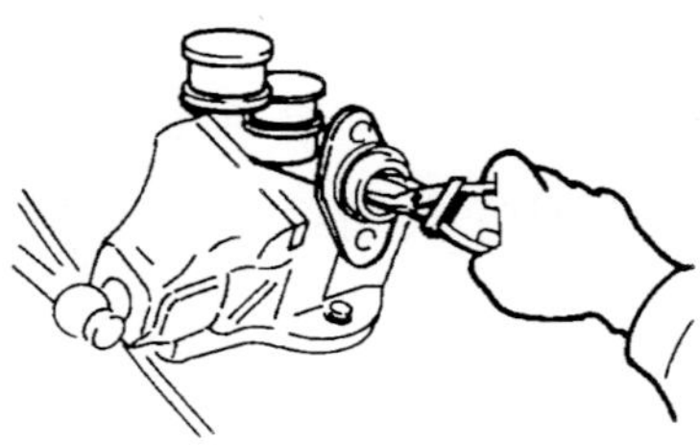

그림 1-36. 피스톤 스톱 링 분리

③ 오일탱크의 밴드를 풀고 오일탱크를 떼어낸다.

④ 피스톤 어셈블리에서 리테이너 로크를 바르게 한 다음 체크밸브, 밸브 로드, 리턴 스프링과 리테이너를 피스톤에서 분리한다.

⑤ 피스톤에서 피스톤 컵을 빼낸다.

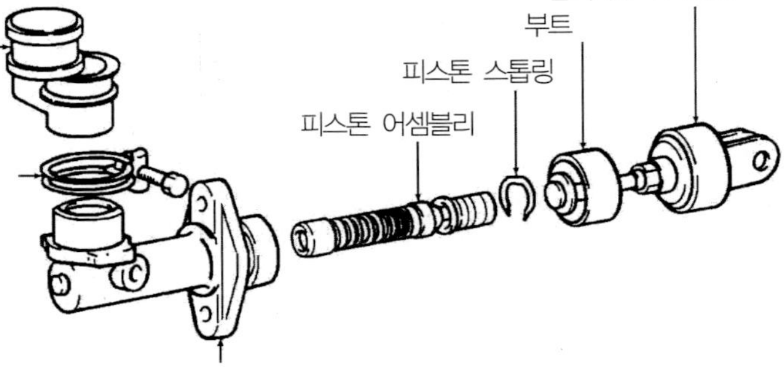

그림 1-37. 마스터실린더의 분해도

[2] 마스터실린더 점검

① 점검하기 전에 분해한 부품을 알코올이나 브레이크 오일로 세척한다.

② 마스터실린더 안쪽 면의 계단식 마멸, 긁힘, 부식 등을 점검한다.

③ 외측 마이크로미터로 피스톤의 바깥지름을, 실린더 게이지 또는 텔레스코핑 게이지를 사용하여 마스터실린더의 안지름을 3곳(상, 중, 하)을 측정하고, 마스터실린더와 피스톤의 간극이 한계 값(0.15mm 이하)보다 크면 마스터실린더와 피스톤 어셈블리를 교환한다.

④ 마스터실린더의 메인 포트와 리턴 포트가 막히지 않았는지를 점검하고, 필요하면 포트를 깨끗이 세척한다.

⑤ 피스톤 컵의 손상, 노후 및 립의 마멸을 점검하고, 필요하면 교환한다.

⑥ 피스톤 리턴 스프링의 자유길이를 측정하고 규정 값을 벗어난 경우에는 교환한다.

⑦ 튜브가 연결되는 마스터실린더의 나사부분의 손상을 점검한다.

⑧ 부트의 손상이나 노후 여부를 점검하고, 필요하면 교환한다.

⑨ 피스톤 스냅 링의 결함 유무를 점검하고, 필요하면 교환한다.

[3] 마스터실린더 조립

① 마스터실린더에 피스톤을 조립하기 전에 브레이크 오일에 부품을 담근다.

② 피스톤 컵을 피스톤에 맞춘 다음 리턴 스프링, 체크밸브 및 시트, 밸브 로드, 밸브 스프링을 설치하고, 피스톤 쪽으로 리테이너를 고정하고 피스톤 어셈블리를 조립한 후 실린더 보디에 끼운다.

③ 푸시로드로 피스톤을 누르면서 피스톤 스냅 링을 실린더의 홈 속에 고정시키고 실린더 보디에 부트를 끼운다.

④ 오일탱크를 실린더 보디에 설치한다.

⑤ 마스터실린더를 조립한 후 피스톤 운동이 원활한지 점검한다.

3.4. 클러치 릴리스 실린더

[1] 탈거

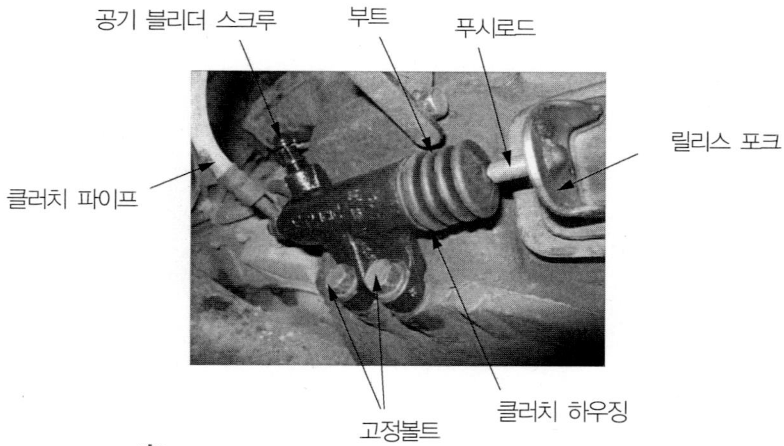

그림 1-38. 클러치 릴리스 실린더의 설치위치

① 릴리스 실린더로부터 클러치 파이프를 탈거한다.

② 클러치 하우징으로부터 릴리스 실린더를 탈거한다.

③ 압축공기를 사용하여 릴리스 실린더의 피스톤을 탈거한다.

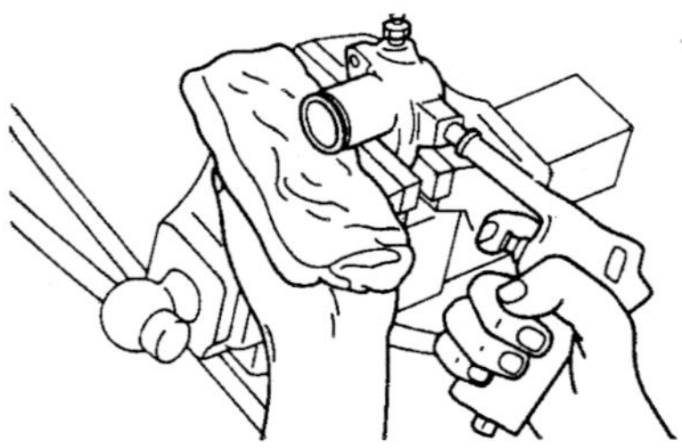

그림 1-39. 릴리스 실린더 피스톤 탈거

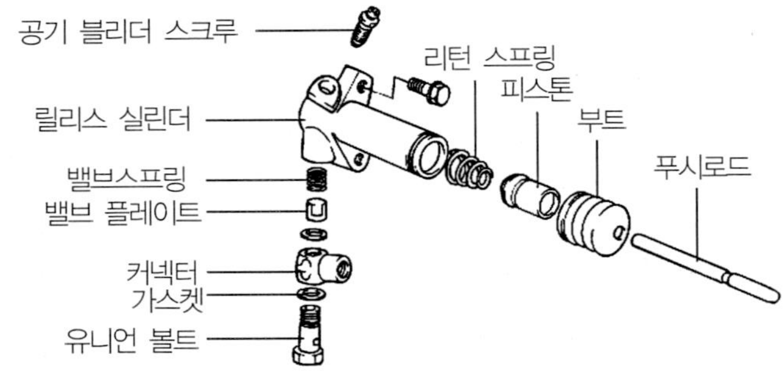

그림 1-40. 클러치 릴리스 실린더 분해도

④ 릴리스 실린더의 피스톤 외경은 마이크로미터로 실린더 내경은 실린더 게이지 또는 텔레스코핑 게이지를 사용하여 마스터실린더의 안지름을 3곳(상, 중, 하)을 측정한다(릴리스 실린더와 피스톤 간극 한계값 : 0.15mm 이하). 릴리스 실린더와 피스톤의 간극이 한계 값보다 크면 릴리스 실린더와 피스톤 어셈블리를 교환한다.

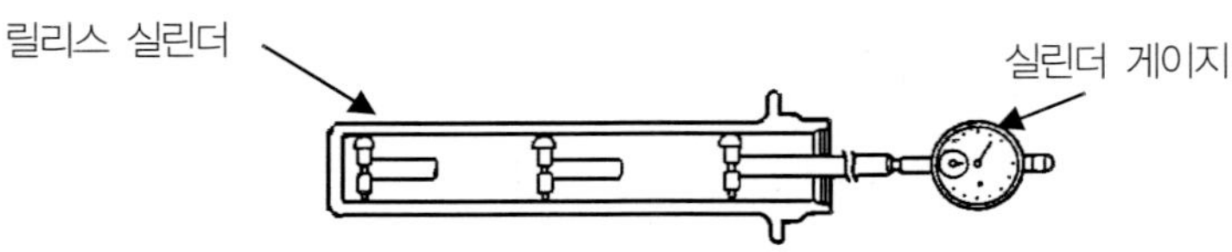

그림 1-41. 릴리스 실린더의 내경측정

[2] 장착

① 클러치 하우징에 릴리스 실린더를 장착하고 클러치 파이프를 연결한다.
② 릴리스 실린더에 부트(boot)가 잘 장착되어있는지 확인한다.
③ 클러치 유압 장치에 공기빼기 작업을 한다.
④ 블리더 스크류에 호스를 부착하고, 호스를 클러치 오일 용기에 연결한다.
⑤ 블리더 호스에서 공기가 배출될 때까지 페달을 밟는다.
⑥ 완료 후 규정된 클러치 오일을 마스터실린더에 채운다.
⑦ 클러치 오일은 보통 브레이크 오일을 같이 사용하지만 확인하고 사용해야 한다.

3.5. 클러치 압력판

[1] 탈거

트랜스액슬 어셈블리를 탈거한 후 플라이휠에 설치된 클러치 커버 장착볼트를 대각선 방향으로 푼다. 그리고 클러치 커버 및 클러치 디스크를 탈거한다.

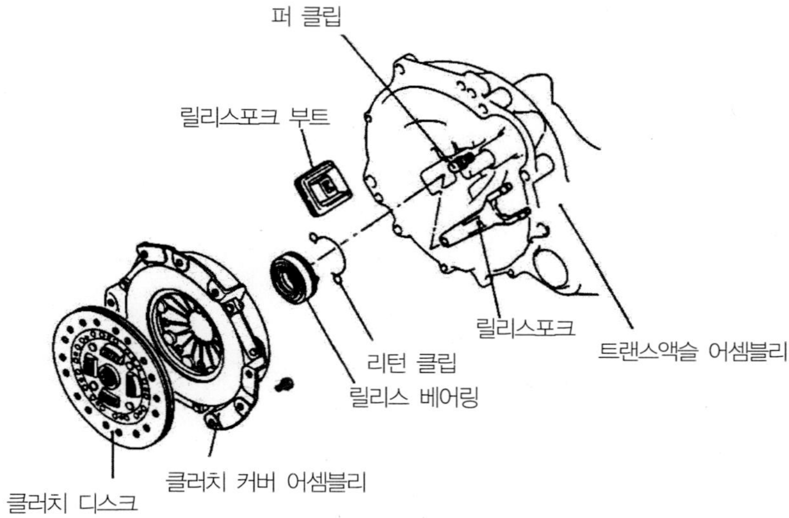

그림 1-42. 트랜스액슬, 클러치 커버, 클러치 디스크 설치도

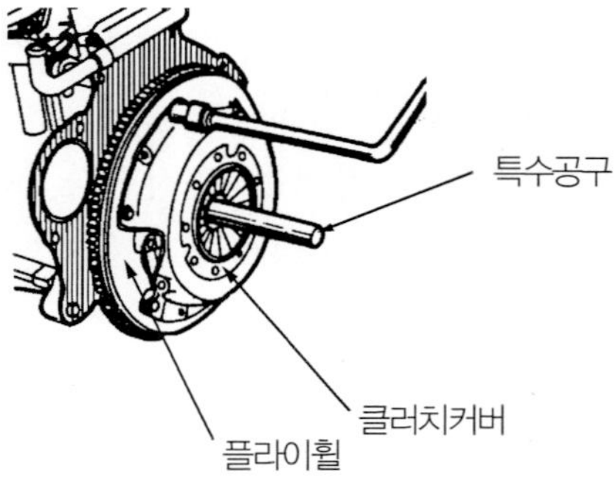

그림 1-43. 클러치 커버 및 클러치 디스크 탈거

[2] 점검

① 압력판의 표면의 마모, 갈라짐(crack) 또는 탄 흔적이 있는지 점검한다.

② 직각자와 간극 게이지를 가지고 압력판 표면의 편평도를 측정한다.

③ 세 곳 이상을 측정해야 하며, 측정값이 한계값(0.5mm 이하)을 벗어나면, 압력판을 교환해야 한다.

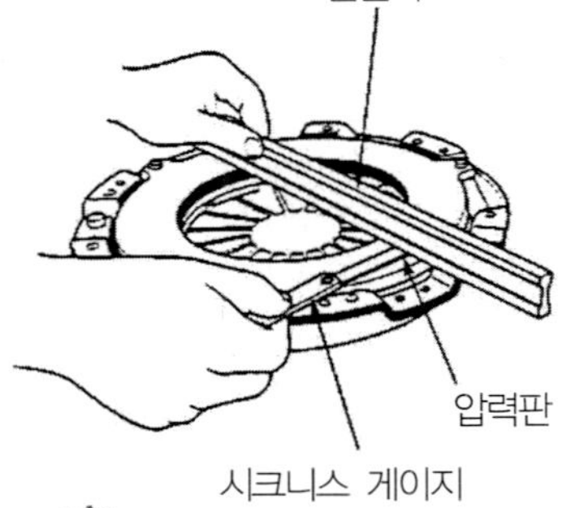

그림 1-44. 압력판 점검

3.6. 클러치 디스크

[1] 탈거

클러치 커버 어셈블리와 함께 디스크를 탈거한다.

[2] 점검

① 클러치 디스크 페이싱의 미끄러짐 또는 오일의 흔적이 있는지 점검한다. 만약 검게 탄 흔적이나, 오일에 젖어 있다면 교환해야 한다.

② 클러치 디스크의 두께를 측정한다.

③ 리벳에서 라이닝 표면까지의 깊이를 측정한다. 만약 측정값이 한계값(0.3mm)보다 적다면, 클러치 디스크를 교환한다.

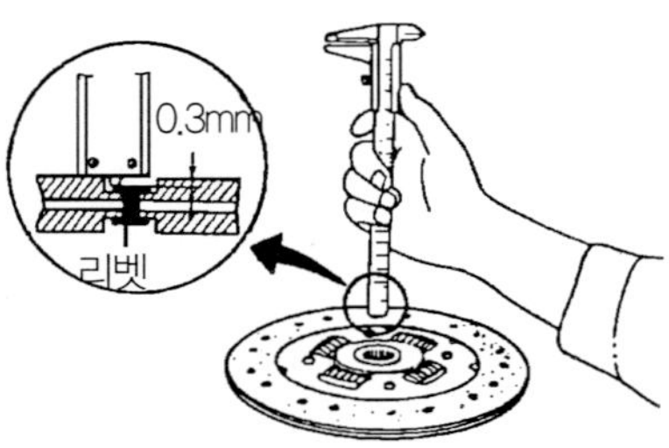

그림 1-45. 리벳 깊이측정

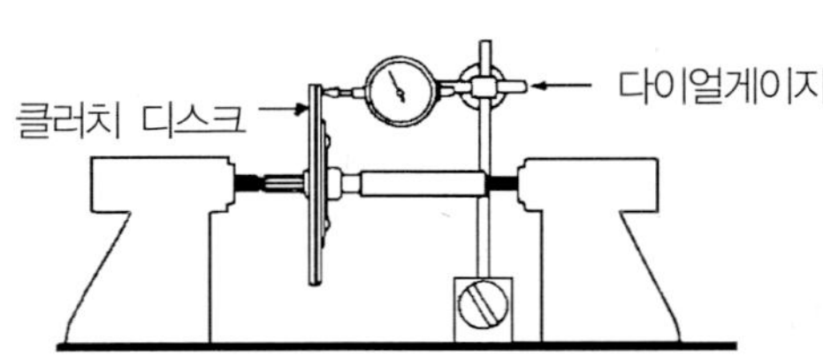

그림 1-46. 디스크의 편평도 측정

④ 클러치 디스크 편평도를 측정한다. 만약 측정값이 한계값(0.5mm 이하)보다 크면 클러치 디스크를 교환한다.

3.7. 클러치 디스크 및 압력판

[1] 장착

① 특수공구 링기어 홀더(ring gear holder)를 장착한다.

② 특수공구를 끼워놓고 클러치 디스크를 넣고 클러치 커버를 장착한다.

③ 클러치 커버에 마운팅 볼트를 대각선 방향으로 조인다. 다이어프램 스프링에 변형이 되지 않도록 여러 단계로 나누어서 조인다.

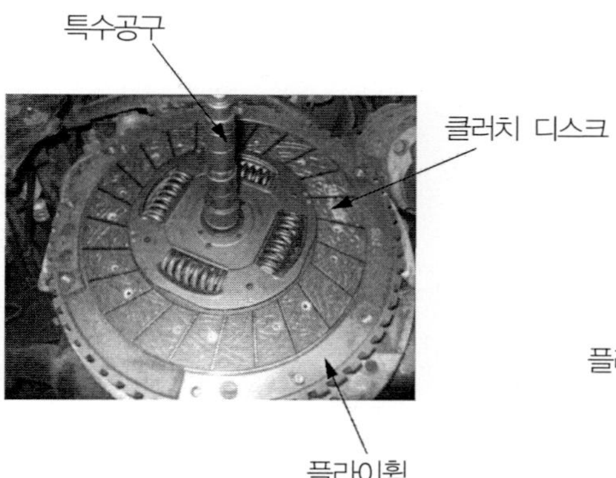

그림 1-47. 클러치 디스크 장착

그림 1-48. 클러치 커버 장착

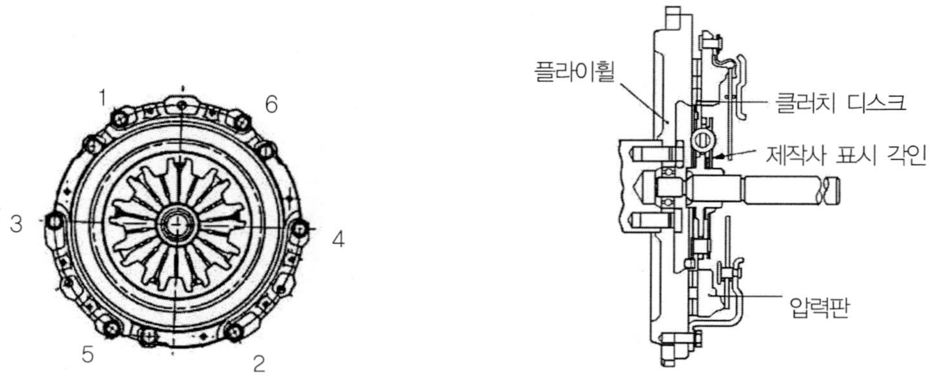

(a) 커버설치 (b) 조립상태

그림 1-49. 클러치 커버 설치

[2] 점검

① 클러치 하우징으로부터 릴리스 포크 부트(boot)를 탈거한다.

② 클러치 하우징으로부터 릴리스 포크를 탈거한다. 그리고 릴리스 베어링을 탈거한다.

③ 손으로 돌려 보면서 릴리스 베어링의 유격을 점검한다.

④ 유격이 과도하면 새것으로 교환한다.

⑤ 릴리스 베어링의 그리스는 영구 주유식이므로 솔벤트에 담구어서는 안된다.

[3] 장착

① 릴리스 포크 볼트 위에 릴리스 포크를 일치시킨다.

② 릴리스 포크를 좌, 우로 움직여 보아 릴리스 포크가 베어링과 잘 맞는지 릴리스 베어링이 부드럽게 움직이는지를 확인한다.

③ 릴리스 포크 부트(fork boot)를 장착한다.

3.8. 릴리스 베어링(release bearing) 점검

① 릴리스 베어링은 영구 주유방식으로 세척할 때 세척 오일을 사용하지 말고 깨끗한 헝겊으로 닦는다.

② 베어링의 열 손상, 충격, 비정상적인 소음, 회전불량을 점검하고 다이어프램 스프링과의 접촉 부위의 마멸도 점검한다.

③ 릴리스 베어링 칼라를 손으로 스러스트 방향으로 눌러서 회전시켜 회전이 원활하지 못하거나 소음발생 등의 이상이 있으면 교환한다.

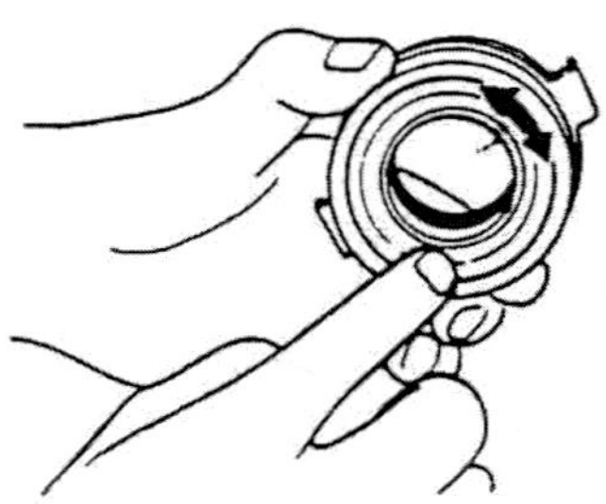

그림 1-50. 릴리스 베어링 점검

④ 릴리스 포크와 접촉하는 부분이 비정상적인 마멸이 있으면 베어링을 교환한다.

⑤ 베어링과 접촉부위가 비정상적으로 마멸되었으면 릴리스 포크를 교환한다.

3.9. 클러치 유압회로 공기빼기 작업

클러치 튜브 및 호스, 마스터실린더와 릴리스 실린더를 탈·부착할 때마다 또는 클러치 페달이 스펀지현상을 나타낼 경우에는 유압계통의 공기빼기 작업을 실시한다. 공기빼기 순서는 다음과 같다.

① 클러치 오일을 클러치 마스터실린더 오일탱크에 채운다.

그림 1-51. 오일탱크에 오일 채우기

② 비닐호스를 릴리스 실린더의 공기빼기 나사에 연결한 다음 끝부분을 클러치 오일을 받을 용기에 넣는다.

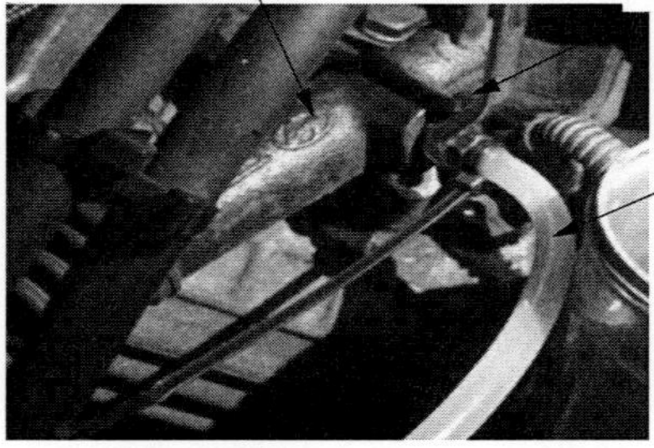

그림 1-52. 릴리스 실린더에 비닐호스 설치

③ 공기빼기 나사를 반쯤 풀고, 클러치 페달을 여러 번 밟아서 릴리스 실린더와 파이프로 오일을 압송하면서 오일양은 수시로 점검한다.

④ 릴리스 실린더와 클러치 파이프에 오일이 완전히 차면 공기빼기나사를 꼭 조인다.

⑤ 클러치 페달을 여러 번 밟은 후, 페달을 밟은 상태에서 공기빼기나사를 풀고 오일과 기포를 배출한다.

⑥ 클러치 페달을 놓기 전에 공기빼기 나사를 다시 조인다.

⑦ 오일탱크의 오일양을 수시로 점검하면서 용기 속으로 뽑아 낸 오일속에 기포가 발생하지 않을 때까지 앞의 작업 ⑤번과 ⑥번 작업을 반복하여 공기가 완전히 빠져 오일만 배출될 때 공기빼기나사를 완전히 조인다.

⑧ 규정된 양의 클러치 오일을 오일탱크에 채운다.

⑨ 클러치 페달을 여러 번 밟고 유압계통이 원활하게 움직이는지 점검하면서 유압계통에 오일누출 유무를 점검한다.

실습보고서 클 러 치

자동차번호 : 차량명 : 학번 성명

01. 주어진 자동차의 클러치에서 페달의 제원을 측정하고 이상이 있으면 이상 내용을 기록표에 기록하고 정비하시오.

측정항목	① 점검(또는 측정)		② 판정 및 정비(또는 조치)사항		득 점
	측정값	규정(정비한계)값	판 정 (□에 "✓" 표)	정비 및 조치할 사항	
자유간극			□ 양호 □ 불량		
페달높이			□ 양호 □ 불량		
밑판간극			□ 양호 □ 불량		

※ 참고

차 종 / 항 목	베르나	소나타	프라이드
페달높이	178mm	178mm	208±5mm
자유간극	20~30mm	20~30mm	9~15mm
밑판간극	80mm 이상	80mm 이상	20mm 이상

02. 주어진 자동차에서 클러치를 탈착하고 압력판 과 클러치를 기록표의 항목을 측정하고 이상이 있으면 이상 내용을 기록표에 기록 및 정비하고 클러치를 다시 조립하시오.

측정항목	① 점검(또는 측정)		② 판정 및 정비(또는 조치)사항		득 점
	측정값	규정(정비한계)값	판 정 (□에 "✓" 표)	정비 및 조치할 사항	
압력판 편평도			□ 양호 □ 불량		
리벳깊이			□ 양호 □ 불량		
디스크 편평도			□ 양호 □ 불량		

※ 참고

항 목	규정값
압력판 편평도	0.5mm 이하
리벳 깊이	0.3mm 이상
디스크 편평도	0.5mm 이하

03. 주어진 자동차의 유압클러치에서 클러치 마스터실린더 및 릴리스 실린더를 교환(탈부착)하고 에어빼기를 한 후에 작동상태를 확인하시오.

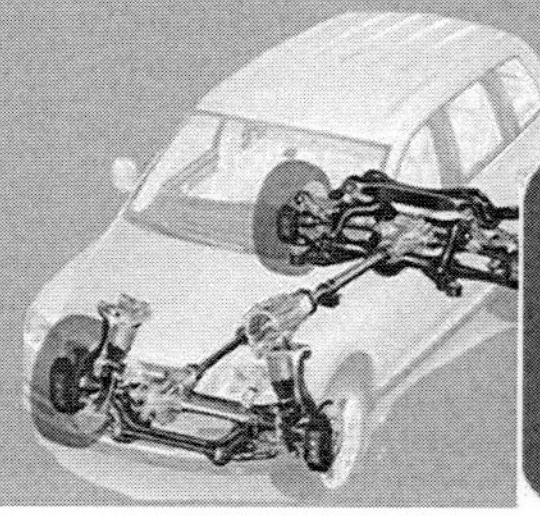

Vehicles Power Transmission Device

CHAPTER II 수동변속기 (manual transaxle)

1 변속기의 개요

변속기는 엔진과 추진축사이에 설치되어 엔진에서 발생한 동력을 자동차의 주행상태 및 도로 상황에 적절하게 토크와 속도를 변화시켜 구동바퀴에 토크를 전달하는 장치이며, 변속기의 필요성은 다음과 같다.

① 자동차용 엔진은 너무 고속으로 회전하며, 또한 자동차를 주행하기 위한 큰 동력을 내지 못하고 그 변화 폭이 적다. 자동차를 주행하기 위해서 도로 상황 및 주행저항에 적절히 대응하려면 회전수를 낮추고 회전력을 증대시키는 장치인 변속기가 필요하다.

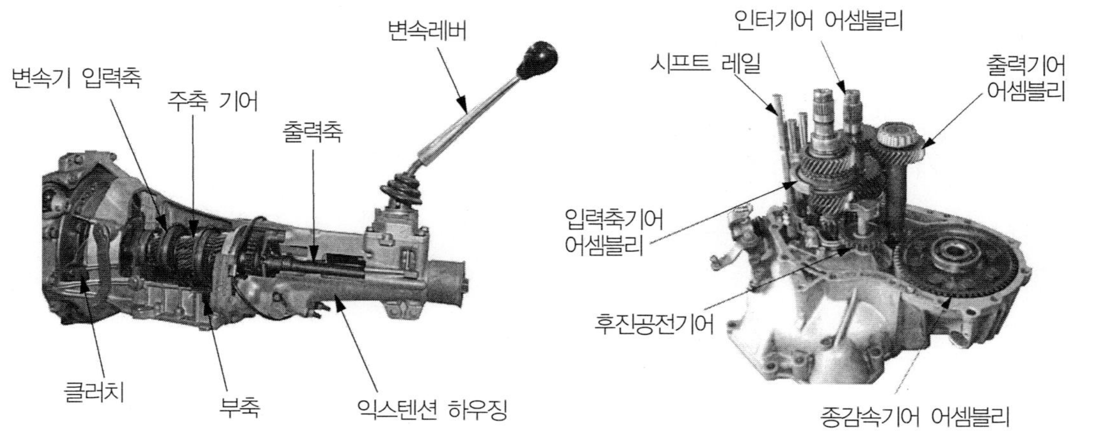

(a) FR 기어식 (b) FF 기어식

그림 2-1. 변속기의 종류

② 변속기를 중립상태로 두면 엔진의 동력전달이 차단되므로 클러치를 밟지 않고도 동력을 차단할 수 있다.

③ 엔진은 역회전이 불가능하므로 변속기에 역전 기어장치를 두어 자동차를 후진시키게 위함이다.

1.1. 변속기의 필요성 및 구비조건

[1] 변속기의 필요성

① 엔진의 토크를 변화시켜 전달한다.

② 엔진의 회전속도를 변화시켜 전달한다.

③ 엔진 기동시, 정차시 엔진의 공전운전을 가능케 한다.

④ 구동륜의 회전방향을 변화시킨다(후진).

[2] 변속기의 구비조건

① 소형 경량이고 내구성과 신뢰성이 있으며 취급이 용이할 것.

② 적절한 변속비에 의해 단계가 없이 연속적으로 변속될 것.

③ 조작이 쉬우며 신속, 확실, 정숙하게 행해 질 것.

④ 동력 전달 효율이 좋을 것.

2 변속기의 종류

2.1. 점진 기어식(progressive gear type)

보통 전진 3단, 후진 1단으로 되어 있으며 1단 → 2단 → 3단으로 점진적으로 변속이 가능하며 주로 트랙터 등 농기계와 오토바이에 많이 사용한다.

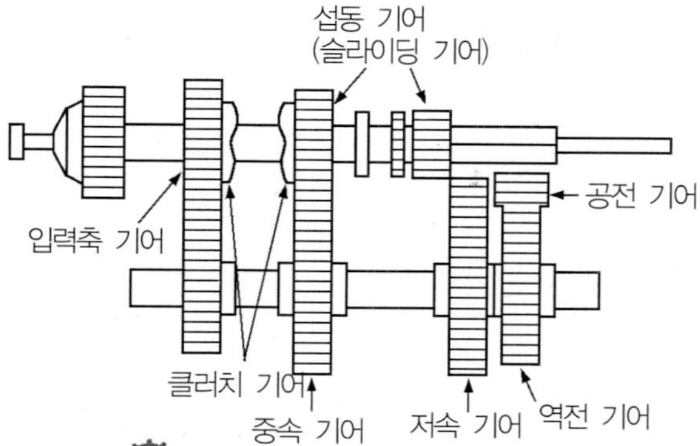

그림 2-2. 점진 기어식 변속기

2.2. 선택 기어식(selective gear type)

선택 기어식에는 섭동 기어식, 상시 물림식, 동기 물림식이 있다.

2.2.1. 섭동기어 물림식(sliding mesh type)

① 주축과 부축(카운터 샤프트)은 평행이고 주축상의 기어는 축의 스플라인 부분에 끼워져 축방향으로 이동하는 슬라이딩 기어가 있으며 부축상의 각 기어는 축에 고정되어 있으며 주 구동기어(메인 드라이브기어)에 의해 항상 회전한다.

② 변속기 변속레버의 조작에 의하여 주축상의 기어를 선택하여 축방향으로 밀어줌으로써 부축상의 기어와 물리게 되어 주축이 회전한다.

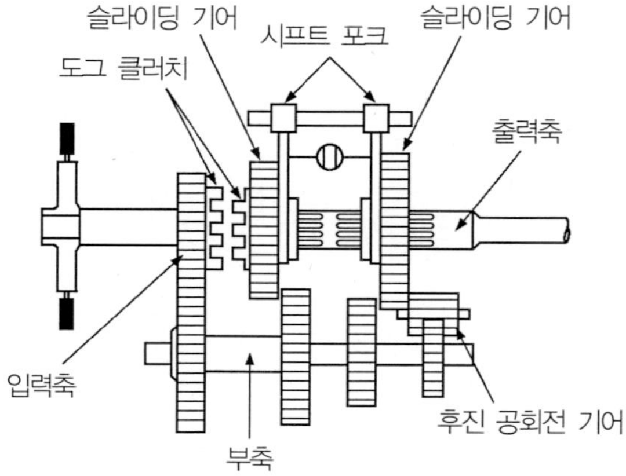

그림 2-3. 섭동 기어식 변속기

③ 구조가 간단하고 정비가 쉬운 장점이 있으며, 주행중의 기어 변속은 양축상의 원주속도가 서로 다를 경우 기어 물림이 어려워 기어를 손상시킬 수 있는 단점을 가지고 있다.

④ 후진시 일단 자동차를 정지시키고 기어 변속을 해야 손상을 방지할 수 있다.

⑤ 기어박스는 보통 특수 주철이며, 기어와 기어축은 큰 힘에 견디고 내마멸성을 높이기 위해 Cr강이나 Cr-Mo강으로 형타 단조하여 만들고 표면경화 시킨다.

⑥ 주로 사용하는 기어는 스퍼기어(spur gear)와 헬리컬기어(helical gear)이다.

2.2.2. 상시 물림식(constant mesh type)

① 주축상의 기어는 부축기어와 항상 맞물려 있고 주축상에서 공회전하고 있다.

② 도그 클러치(또는 클러치 기어)로 기어의 회전을 주축에 전달하는 역할을 하며 스플라인을 통해서 주축에 끼워져 있다.

③ 변속시 주축에서 공회전하고 있는 기어 안쪽의 도그 클러치에 끼워지므로 주축과 기어를 고정시켜서 동력을 전달한다.

④ 기어 자체를 이동시켜서 변속하지 않기 때문에 기어의 마모, 소음이 비교적 적어서 대형버스나 트럭 등에 사용되고 있다.

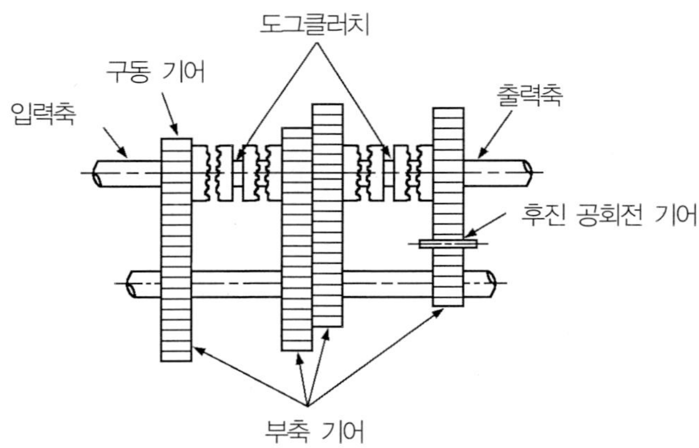

그림 2-4. 상시 물림식 변속기

2. 2. 3. 동기 물림식(synchro mesh type)

① 섭동 물림식이나 상시 물림식에서는 기어나 클러치를 물릴 때 물리는 기어의 주속도가 일치되는 것을 기다리지 않고 물리면 소음이 발생하고 심한 경우에는 기어가 파손된다. 따라서 고속기어에서 저속기어로 변속시 기어사이의 주속도의 차가 크기 때문에 더블 클러치(double clutch)를 조작해야 한다.

② 이와 같은 단점을 보완하기 위해서 상시 물림식의 도그 클러치를 개량하여 맞물리기가 더욱 쉽도록 주축 위를 항상 공회전하고 있는 변속기어와 주축에 스플라인으로 결합되어 있는 허브 기어사이에 원추모양의 마찰면을 가진 클러치(원추 클러치)를 설치하고 클러치 기어 대신에 슬리브를 사용한다.

③ 최대 장점은 변속시 더블 클러치 조작이 필요 없기 때문에 원활하게 기어 물림이 가능하고 전반적으로 변속조작이 신속 용이하므로 섭동 물림식이나 상시 물림식보다도 가속성을 크게 향상시킬 수 있다.

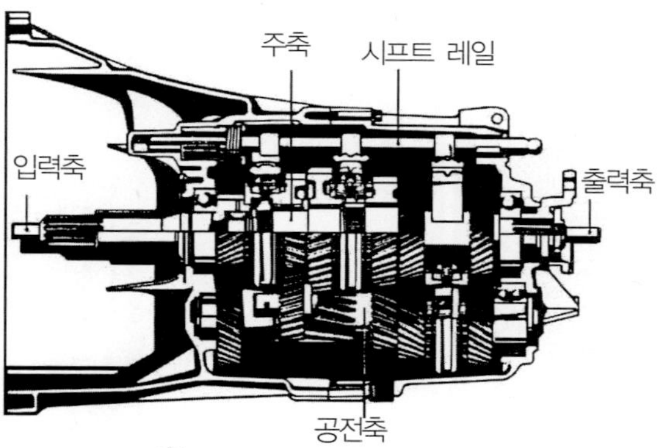

그림 2-5. 동기 물림식

[1] 동기 물림식의 장점

① 변속시 소음이 적고 변속이 쉽다.

② 변속시 가속페달을 밟거나 더블 클러치 조작이 불필요하다.

③ 기어가 보호되고 수명이 길다.

④ 헬리컬 기어형이므로 물림율이 커서 하중부담 능력이 크다.

동기화 또는 싱크로 메시란 싱크로나이저 링의 마찰력에 의해서 주축과 부축기어를 동조(同調)시키는 기구를 말한다. 즉, 주축과 부축상의 기어의 원주속도가 같아지는 것을 말한다. 싱크로 메시에는 일정 부하형, 관성 고정형이 있으며 관성 고정형에는 키 형식과 핀 형식이 있다.

[2] 일정 부하형(constant load type)

① 변속조작을 급격히 하여 완전히 동기(同期)되지 않았을 때에도 콘 기어를 물릴 수 있는 형식이다.

② 클러치에 작용하는 부하가 일정한 것이 특징이다.

[3] 관성 고정형(inertia lock type)

동기작용이 완전히 종료되지 않으면 기어 물림이 되지 않는 형식이다.

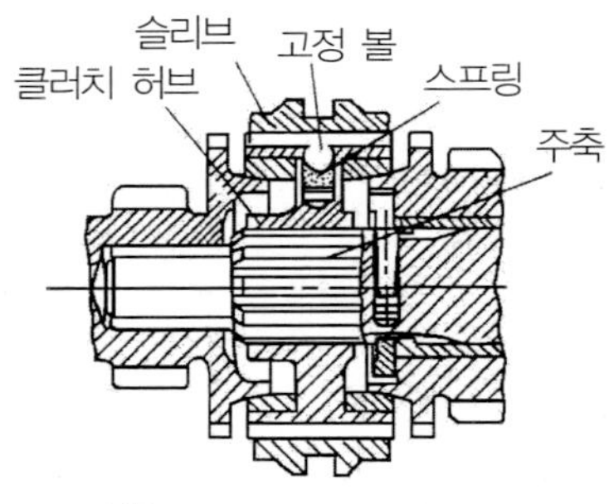

그림 2-6. 일정 부하형

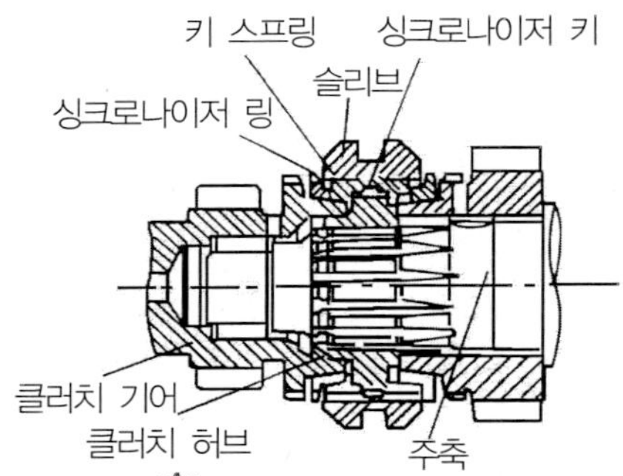

그림 2-7. 관성 고정형

(1) 키 형식(key type)

키식은 일명 블로그 워너식(borg warner type)이라고도 하며 많이 사용되고 있는 형식 중 하나이다.

① 싱크로나이저 허브는 주축 스플라인에 물리고 그 외부에 슬리브가 끼워져서 동력을 전달한다.

② 슬리브 내면의 스플라인과 허브가 서로 맞물리고 바깥둘레에는 변속 포크가 끼워지는 홈이 있어 변속레버의 조작에 의해 축방향으로 움직인다.

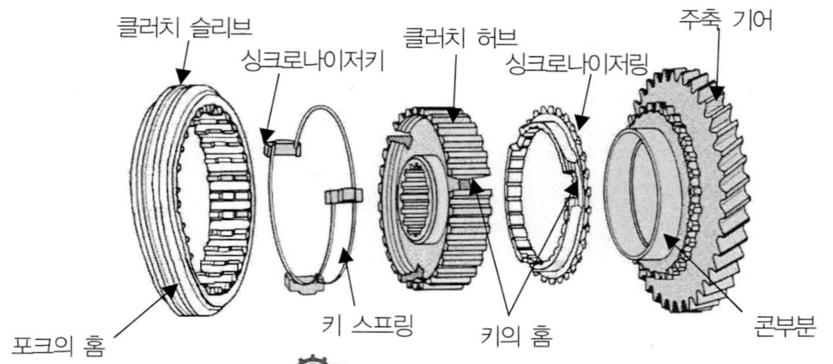

그림 2-8. 키형식의 구성

③ 싱크로나이저 링은 각 기어의 콘부에 물려 브레이크를 작용시키는 역할(클러치 역할)을 한다. 일반적으로 싱크로나이저 안쪽면에는 나사가 있어 클러치 작용을 유효하게 하도록 만들어져 있다.

④ 싱크로나이저 키(또는 변속 키)는 뒷면에 돌기부분이 있어 허브에 파진 3개의 홈에 들어가 싱크로나이저 링에 의해 슬리브 안쪽 면에 항상 눌려져 있다. 키의 양쪽 끝은 싱크로나이저 링의 홈에 일정한 틈새를 두고 끼어 있어 싱크로나이저 링을 미는 역할을 한다. 또한, 클러치 허브와 슬리브를 고정하여 기어물림이 빠지지 않게 한다.

⑤ 키 스프링은 싱크로나이저 키를 슬리브 내면에 압착시킨다.

1) 싱크로메시 기구의 작동(3단으로 변속하는 경우)

① 제1단계 : 클러치를 끊어 엔진에서의 동력을 차단하고 클러치 허브 슬리브를 화살표(그림 2-9(a) 및 (b) 참조)방향으로 이동하면 키 돌기에 의해서 클러치 허브 슬리브와 맞물려 있는 싱크로나이저 키가 클러치 허브 슬리브와 같이 움직여 키의 단면에서 싱크로나이저 링을 주축기어의 콘부를 눌러 이 마찰에 의해서 주축기어는 서서히 클러치 허브 슬리브의 회전과 같아진다.

② 제2단계 : 더욱 더 클러치 허브 슬리브를 이동시키면 클러치 허브 슬리브와 키의 돌기의 맞물림이 떨어져서 클러치 허브 슬리브의 단면이 직접 싱크로나이저 링을 눌러서 콘부의 마찰력이 강해지고 클러치 허브 슬리브와 주축기어의 회전 속도가 같아진다. 이것이 동기작용이다.

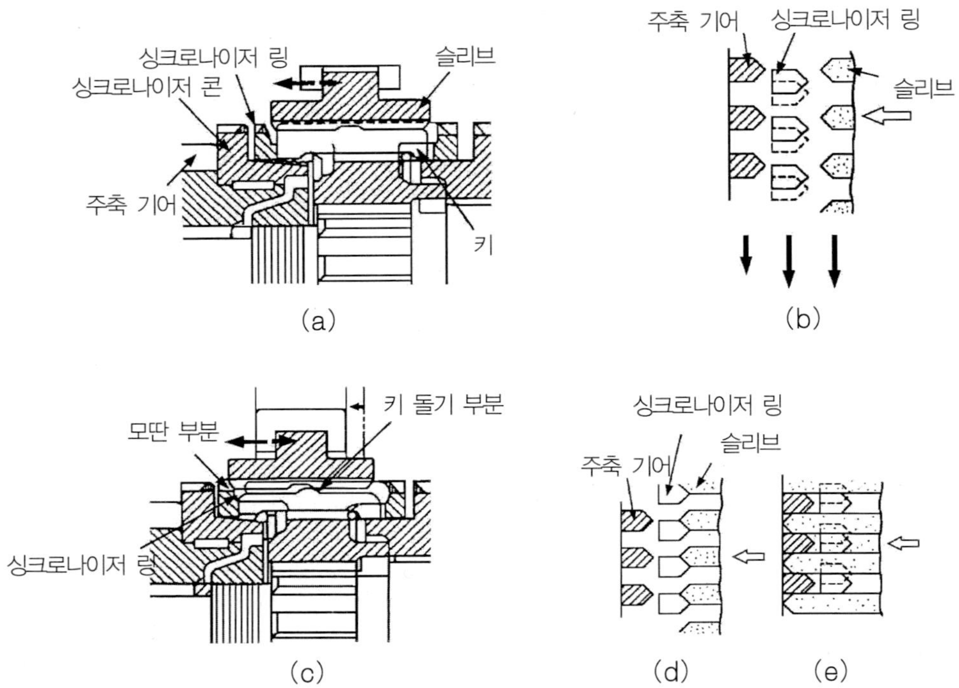

그림 2-9. 키형식 동기물림 작용

③ 제3단계 : 클러치 허브슬리브와 주축기어가 동기하면 싱크로나이저 링은 자유상태로 되고 클러치 허브슬리브는 원활하게 주축기어와 맞물려 변속을 완료한다.

(2) 핀식(pin type)

클러치 허브는 주축상의 스플라인에 끼워지고 그 외주에 변속 포크가 끼워지는 클러치 슬리브가 스플라인을 따라 전후방향으로 섭동할 수 있게 끼워져 있다. 클러치 슬리브의 주위에는 6개의 구멍이 있고 그 각각에 싱크로나이저 핀과 안내핀이 차례로 끼워져 있다.

싱크로나이저 핀은 앞뒤의 싱크로나이저 링과 결합되고 중앙부의 직경을 작게 하여 그곳에 필요한 만큼의 각도를 가지고 있다. 안내핀은 앞뒤의 싱크로나이저 링에 고정되지 않으며 중앙부의 계단은 클러치 슬리브에 두어진 고정 볼(locking ball)에 의해 밀려져 있다. 싱크로나이저 링과 함께 클러치 작용을 하는 콘(바깥 링, outer ring)은 각 기어의 스플라인에 걸쳐 설치되어 있다.

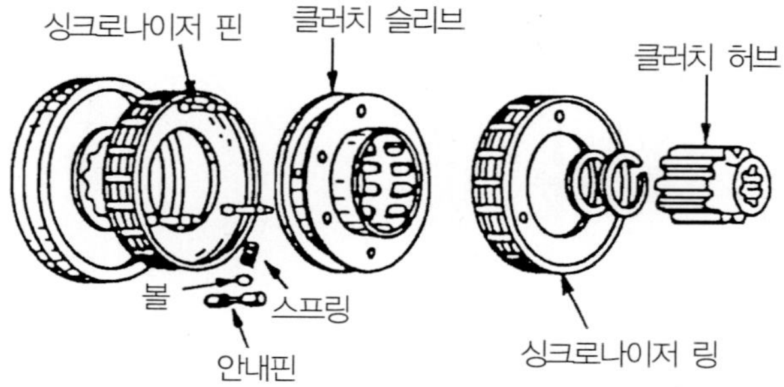

그림 2-10. 핀형식 싱크로메시 기구의 구성품

1) 작용

변속레버 조작에 의해 클러치 슬리브가 움직이면 로킹 볼을 사이에 두고 슬리브에 설치되어 있는 안내 핀이 싱크로나이저 링을 싱크로나이저 콘(아웃터 링)쪽으로 밀어붙인다. 이 때 그들 사이의 마찰에 의해 클러치 작용이 시작된다.

또한 싱크로나이저 핀은 그림 2-12와 같이 클러치 슬리브의 구멍과 핀 중앙부 사이에 간격이 있기 때문에, 물리려 하는 기어 사이에 회전차가 있을 경우에는 클러치 슬리브와 싱크로나이저 링은 서로 위치를 벗어난다. 다시 슬리브가 더 밀려지면 가이드 핀이 로킹 볼을 눌러 주면서 이동하여 슬리브의 구멍과 싱크로나이저 핀 단부가 접촉한다. 이 상태에서부터는 슬리브를 미는 힘이 핀을 거쳐 직접 싱크로나이저 링에 전달되어 강력한 클러치 작용이 일어나기 때문에 대형트럭 등에 주로 사용한다.

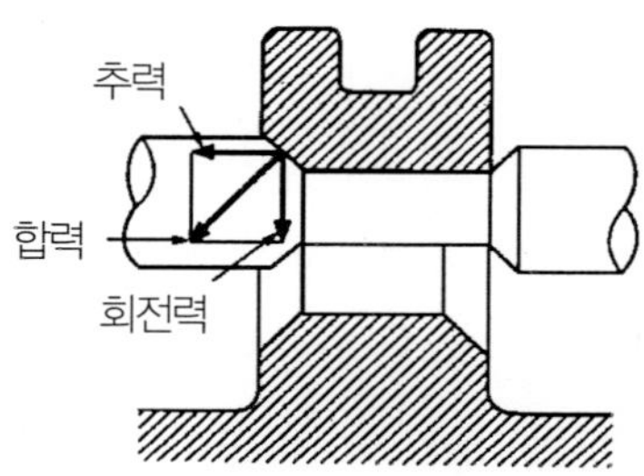

그림 2-11. 핀형 싱크로 메시의 작동

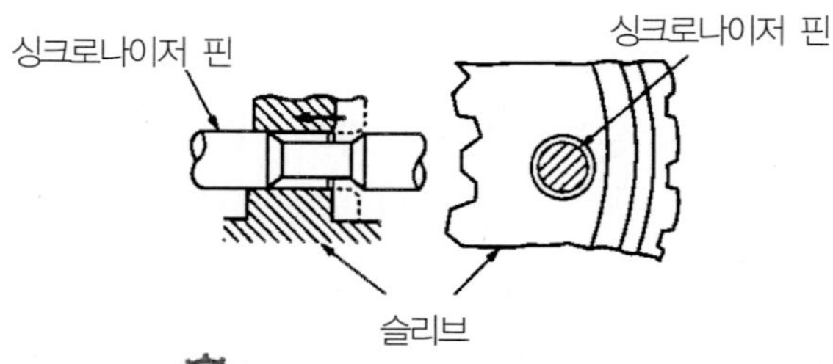

그림 2-12. 슬리브와 핀의 관계

싱크로나이저 콘과 링과의 클러치 작용으로 양쪽의 기어가 등속이 되면 클러치 슬리브와 싱크로나이저 핀과의 중심이 일치하기 때문에 클러치 슬리브가 핀의 단부를 이동하여 중심이 벗어나 있는 만큼 회전 전진하여 등속하는 기어에 물리게 된다.

(3) 서보식(servo type)

1) 구조

서보 효과(배력작용)를 이용하여 동기시키는 것이다.

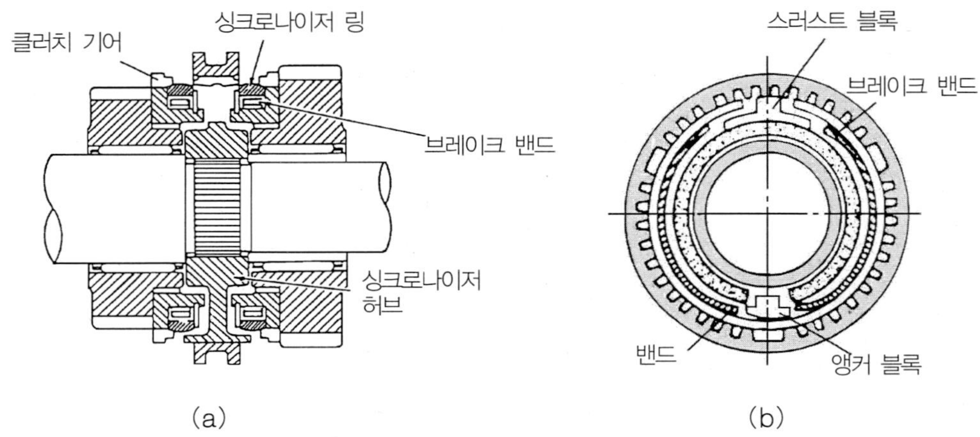

그림 2-13. 서보형의 구성부품

2) 작동

슬리브가 왼쪽으로 이동하면 싱크로나이저 링과 접촉하여 링을 오므라들게 한다. 이와 동시에 싱크로나이저 링은 슬리브와 마찰력으로 인해서 회전방향으로 움직이게 되고 동시에 스러스트 블록과 접촉되어 그것을 밀어낸다.

스러스트 블록은 브레이크 밴드를 밀게 된다. 브레이크 밴드는 앵커블록에 의해서 슬리브와 싱크로나이저 링의 마찰력을 클러치 기어에 전달하여 동기작용을 한다. 슬리브는 싱크로나이저 링을 압축하는 힘이 강해져서 마찰력이 증대되고 스러스트 블록을 통해 브레이크 밴드를 누르는 힘도 증대되어 앵커 블록은 브레이크 밴드에 의해서 밀려나 올라가고 브레이크 밴드를 벌어지게 한다.

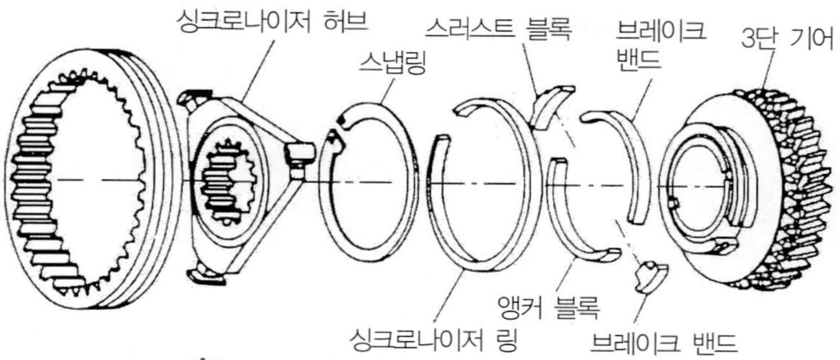

그림 2-14. 서보형의 구성부품 분해도

이와 같은 작동으로 싱크나이저 링과 슬리브의 마찰력은 더욱 강하게 됨으로써 싱크로나이저 링과 슬리브의 마찰력은 한층 더 강해져 동기물림을 완료한다. 이와 같은 방식은 고속회전에서 아주 가혹한 변속조작을 하는 경주용 자동차에 주로 사용되고 있다.

2.3. 후륜 구동 변속기

① 후륜 구동 변속차량은 구동방식의 차량종류에 따라 약간 상이하나 앞 엔진 뒷바퀴 구동차량은 입력방향과 출력방향이 한 직선상에 놓여 있으며, 변속기는 입력축, 부축 및 출력축으로 구성되어 있다. 변속기 케이스는 중량차인 경우는 주철제를 사용하고 승용차 등에는 연비향상을 위해 차량의 중량을 경량화시키는 차원에서 알루미늄 합금제를 사용한다.

② 클러치 축(clutch shaft)은 스플라인 부의 클러치 디스크가 마찰운동을 하게 되어 있고, 엔진회전은 클러치 축 후단의 입력축 기어를 경유하여 부축의 각단 기어를 회전시켜서 출력축 각단 기어를 회전시킴으로써 추력시킨다.

③ 출력축 기어는 1단 기어, 2단 기어, 3단 기어, 4단 기어, 5단 기어가 공전하여 주축에 회전력을 원활하게 전달하기 위해 싱크로메시 기구가 설치되어 있다.

④ 속도계 구동기어는 추진축 후단의 출력축에 설치되어 있으며 후진 기어는 변속포크에 의해서 섭동하고 후진기어와 출력축 후진 기어와의 사이에 아이들 기어를 물리게 하여 출력축을 역회전시킨다.

⑤ 그림 2-15는 5단 변속기의 동력전달 경로를 나타낸 것이다.

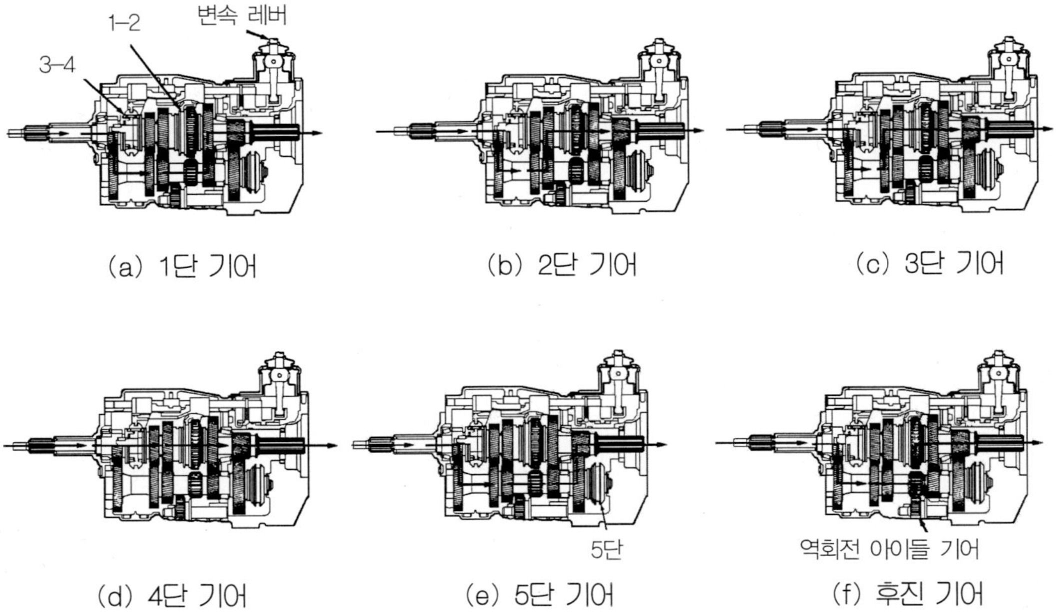

그림 2–15. 5단 변속기의 동력전달 경로

2.4. 전륜 구동 변속기

전륜구동(FF형식) 변속기는 변속기와 차동장치가 일체로 되어 있으므로 트랜스액슬(transaxle)이라 하며, 그림 2-16은 전진 5단, 후진 1단의 수동 트랜스액슬을 나타낸 것이다. 이 형식은 엔진과 트랜스액슬이 모두 엔진 룸(engine room)에 장착되며 장착방식으로 엔진과 트랜스액슬이 차축과 동일방향으로 설치되는 가로 배치방식과 차축과 직각으로 설치하는 세로배치 방식이 있다.

가로배치 방식은 FR구동 자동차의 엔진과 변속기를 설치한 것과 같으나, 종감속 기어를 클러치 바로 아래쪽에 설치한 점이 다르다. 또한 세로배치 방식은 현재의 승용차에서 주로 사용하는 방식으로서, 엔진과 트랜스액슬을 차축과 동일한 방향으로 설치하며, 이 방식도 종감속 기어는 클러치 아래쪽에 설치된다.

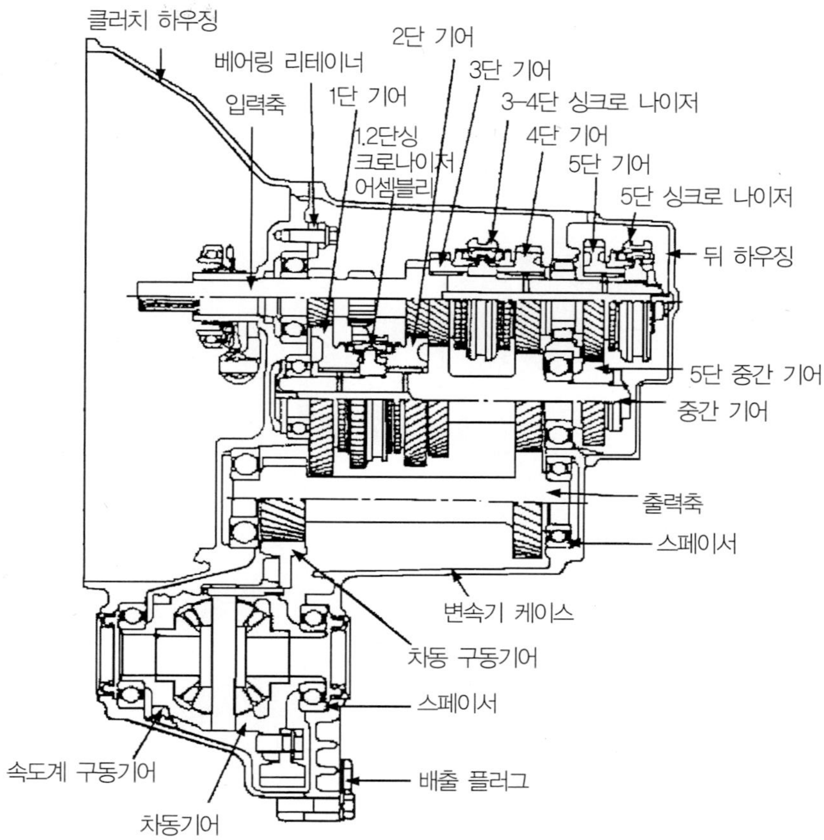

그림 2-16. 5단 수동 트랜스액슬

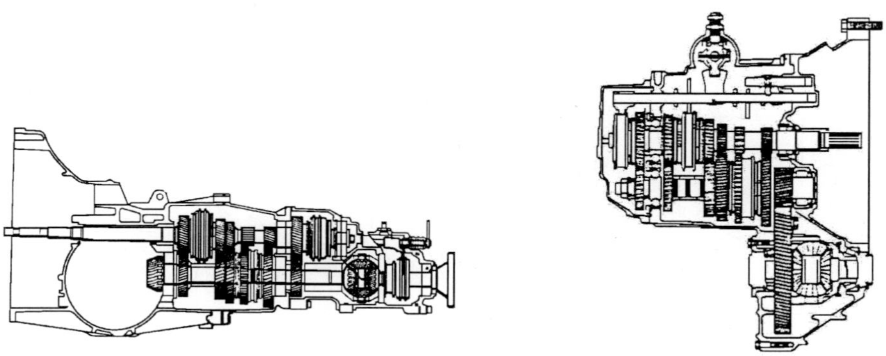

(a) 가로배치 방식 (b) 세로배치 방식

그림 2-17. 가로배치 방식과 세로배치 방식

[1] 트랜스액슬의 특징

① 구동축의 전달경로가 앞바퀴에 직접 전달됨으로써 차실 내의 유효공간이 넓다.

② 별도의 케이스를 사용하여 종 감속기어를 설치하지 않아도 되므로 자동차의 경량화로 연료소비율이 감소된다.

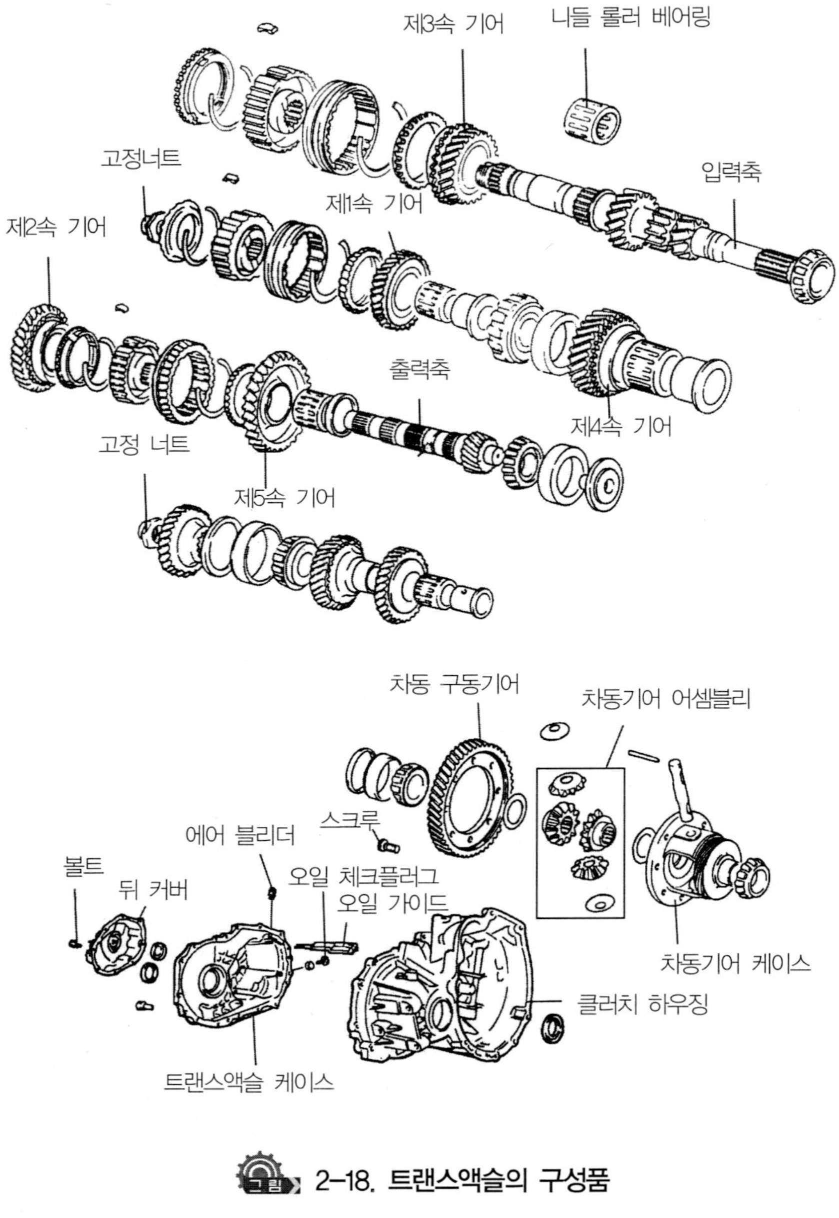

그림 2-18. 트랜스액슬의 구성품

③ 앞바퀴에 많은 하중이 작용하기 때문에 횡풍에 대한 안전성 및 직진성이 양호하다.

④ 방향 안전성과 험한 도로 주행시에 안전성이 양호하다.

⑤ 제동시의 안전성이 양호하다.

3 변속 조작기구

3.1. 직접 조작방식 변속기(floor shift type)

직접 조작방식은 그림 2-19와 같이 변속레버는 변속기의 뒷부분에 부착되어 변속레버에 의해 시프트 포크(shift fork)가 선택되고, 각 시프트 포크는 시프트 레일(shift rail)과 함께 앞뒤로 작동하며, 시프트 레일에 고정된 시프트 포크가 싱크로나이저 슬리브 홈에 들어가서 슬리브를 작동시킨다. 또한 슬리브는 각 기어의 클러치 기어와 싱크로 허브를 연결하게 되어 변속이 이루어진다.

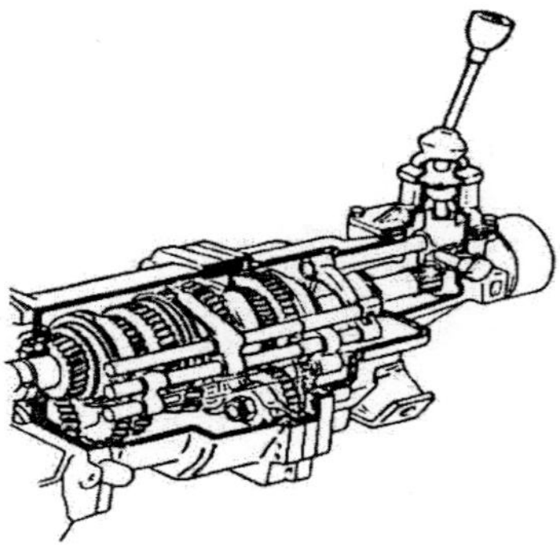

(a)

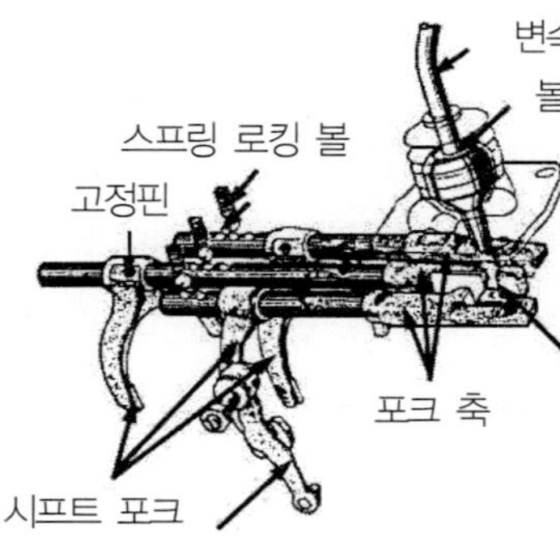

(b)

그림 2-19. 직접 조작방식

3.2. 원격 조작방식 변속기

원격 조작방식은 칼럼형과 플로어형으로 대별된다.

3.2.1. 원격 조작방식 변속기의 종류

[1] 컬럼형 원격 조작방식 변속기

컬럼형(column) 원격 조작방식 변속기는 연결로드를 이용한 것으로, 이 형식은 변속레버를 움직이면 연결로드가 움직이면서 시프트포크가 작동하여 변속이 이루어진다.

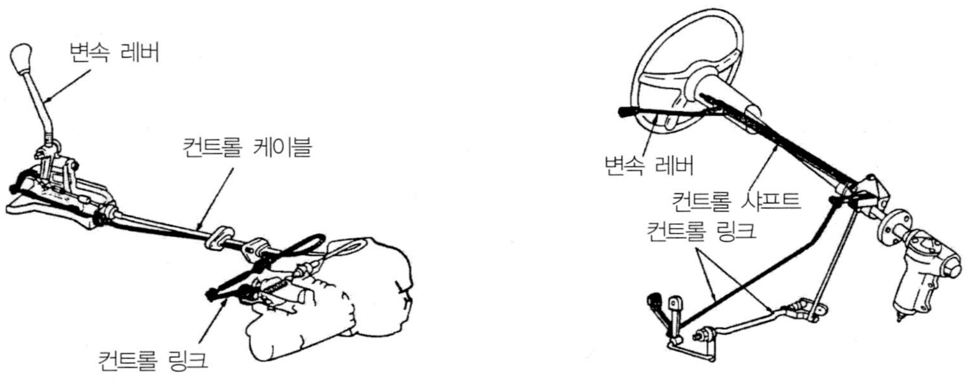

(a) 플로어 시프트식 (b) 칼럼 시프트식

그림 2-20. 원격 조작방식 변속기

[2] 플로어형 원격 조작방식 변속기

그림 2-21(a)는 앞바퀴 구동 승용차에서 사용되고 있는 트랜스액슬의 변속 조작기구를 나타낸 것으로 케이블을 이용한 플로어(floor)형 변속기이다. 이 형식은 운전석 옆에 있는 변속레버의 동작에 따라 시프트 케이블과 셀렉터 케이블이 움직이게 되고, 2개의 케이블은 시프트 레버와 셀렉터 레버를 움직여 변속이 이루어지게 된다. 즉, 셀렉터 케이블의 이동에 따라 셀렉터 레버는 컨트롤 샤프트 상하로 움직이고, 컨트롤 샤프트에 있는 컨트롤 핑거는(5단-후진) ↔ 중립(3단-4단) ↔ (1단-2단) 시프트 러그를 선택하게 된다.

한편 시프트 케이블이 움직이면 시프트 레버가 좌우로 움직이고, 컨트롤 핑거는(1, 3, 5단) ↔ 중립 ↔ (2단, 4단, 후진)쪽으로 시프트 러그를 움직이며, 시프트 러그는 레일에 시프트 포크와 함께 고정되어 있기 때문에 시프트 포크가 싱크로나이저 슬리브를 움직여 변속이 이루어진다.

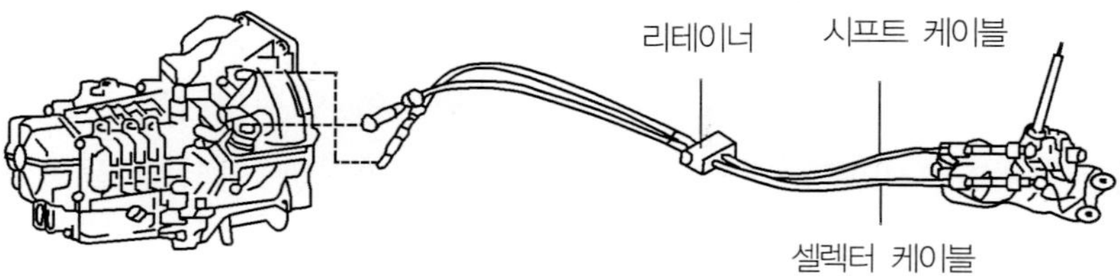

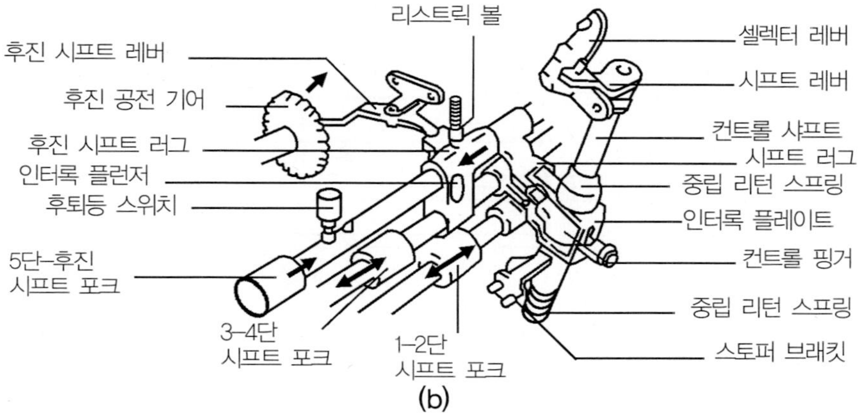

그림 2-21. 플로어형 원격 조작방식 변속기

(1) 5단으로 변속을 할 때

트랜스액슬의 후진 변속을 위한 기구는 5th-R(5단 및 후진) 시프트 레일, 후진 시프트 러그 및 인터록 플런저로 구성되며, 중립 또는 5단 변속을 할 때 후진 시프트 러그는 아래 그림과 같이 5th-R(5단 및 후진) 시프트 레일의 간섭을 받지 않는다.

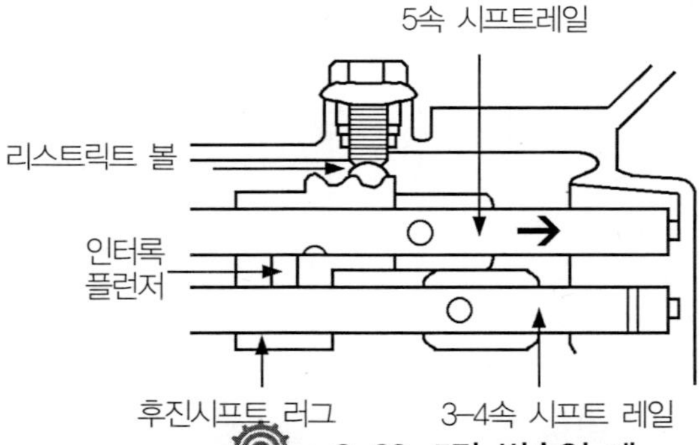

그림 2-22. 5단 변속일 때

(2) 후진으로 변속을 할 때

후진에서는 그림 2-23과 같이 5th-R(5단 및 후진) 시프트 레일과 후진 시프트 러그가 인터록 플런저에 의해 일체로 되어 후진 변속이 이루어지며, 후진에서 중립으로 변속할 때에는 3-4단 시프트 레일의 홈 위치(중립)까지만 인터록 플런저와 후진 시프트 러그가 일체로 이동하게 되며, 이때 리스트릭 볼은 후진 시프트 러그의 위치를 중립과 후진 위치가 되도록 제한하는 역할을 한다.

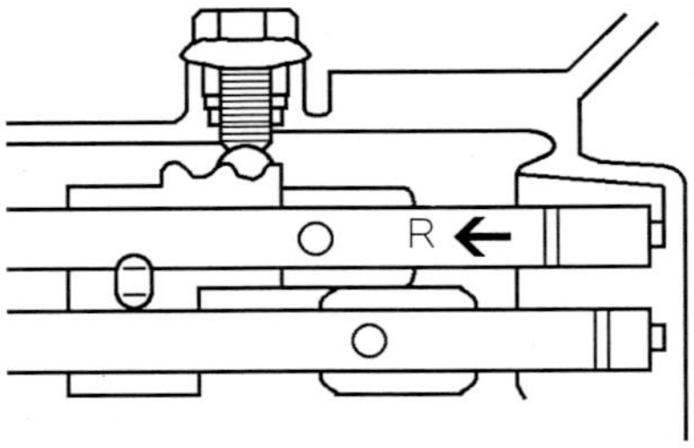

그림 2-23. 후진으로 변속할 때

3. 2. 2. 오조작 방지기구

[1] 2중 물림 방지기구

(1) 인터록 플런저(inter-lock plunger)

변속기에는 기어가 변속될 경우, 동시에 2중으로 변속이 이루어지지 않도록 아래 그림과 같이 인터록 플런저(2중 물림방지 장치)가 마련되어 있다.

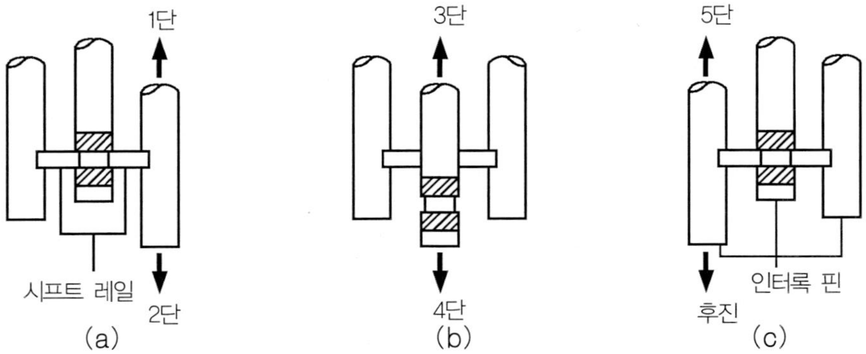

그림 2-24. 인터록 플런저

각 시프트 레일(바)에는 홈이 있고, 홈에는 인터록 플런저가 삽입되어 있으며, 시프트 레일을 움직이면 인터록 플런저가 밀려나면서 다른 2개의 축을 고정하여 1개의 기어 외에는 변속되지 못하도록 되어 있다.

(2) 인터록 플레이트(inter-lock plate)

트랜스액슬에는 2중 물림방지 기구로 다음의 그림과 같이 인터록 플레이트가 사용되고 있으며, 컨트롤 핑거가 3개의 시프트 러그중 하나를 선택하게 되면 다른 시프트 러그는 인터록 플레이트에 의해 고정되어 시프트 포크를 움직이지 못하게 하여 기어가 2중으로 선택되는 것을 방지하고 있다. 컨트롤 핑거가 중립 위치에서는 아래 그림과 같이 3, 4단 기어로 변속할 수 있는 곳에 위치한다. 이 위치에서는 인터록 플레이트에 의해 3, 4단을 제외한 다른 기어로는 변속이 이루어 질 수 없다.

아래 그림 2-25(a)에서 인터록 플레이트는 볼트에 의해 위아래로만 움직이는 구조로 되어 있다. 만약 그림 2-25(b)처럼 1, 2단 쪽을 선택하게 되면 3, 4단의 변속 레일과 5단, 후진의 레일은 인터록 플레이트에 의해 고정되어 진다. 따라서 이 위치에서는 1단과 2단만 선택할 수 있게 된다.

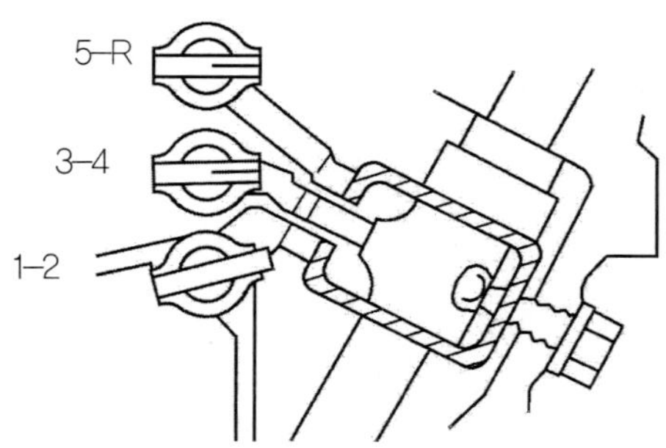

(a) 중립위치

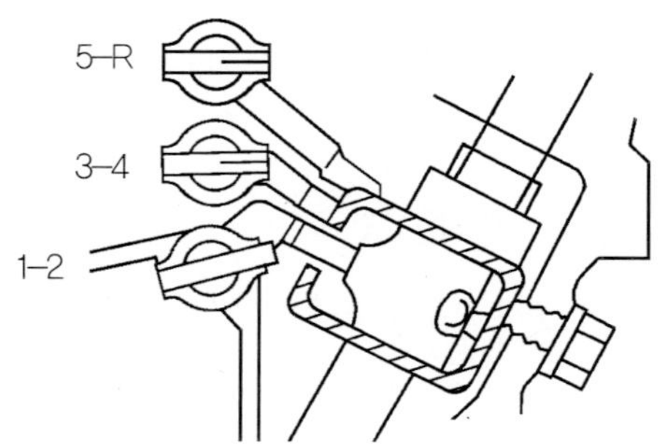

(b) 1-2단 위치

그림 2-25. 인터록 플레이트

[2] 포핏 스프링 및 플러그

포핏 스프링은 볼을 일정한 힘으로 밀어 시프트 레일의 헐거운 움직임을 제한하는 역할을 하며, 스프링에 가하는 장력은 플러그를 돌려 조정할 수 있도록 되어 있다.

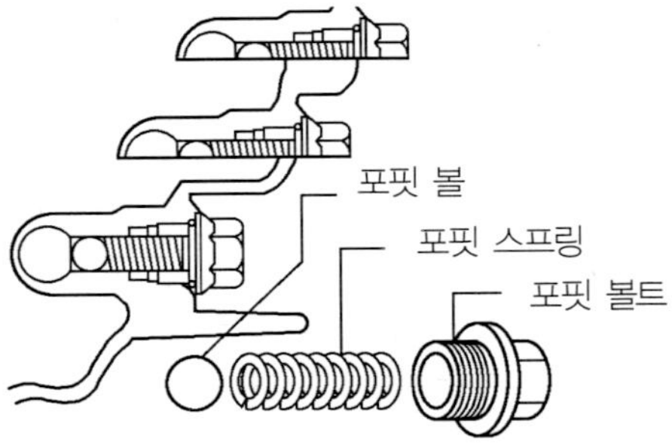

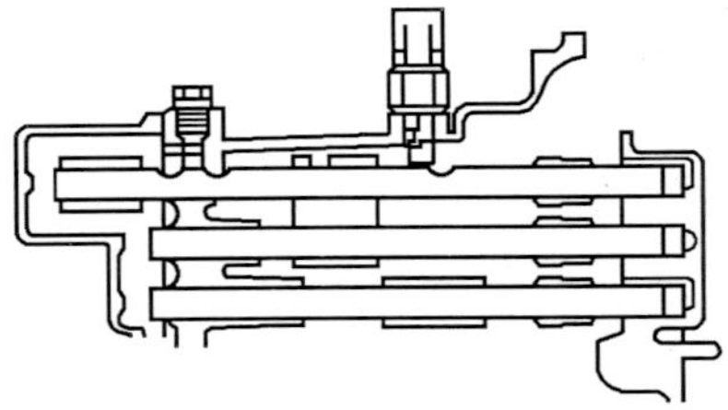

2-26. 포핏 스프링 및 플러그

만약 스프링의 장력이 너무 약하면 시프트 레일이 움직여 기어 빠짐의 원인이 될 수 있고, 장력이 너무 세면 시프트 레일이 움직이지 않거나 변속할 때 변속이 무거워진다. 일명 록킹볼(locking ball)이라고도 한다.

3.2.3. 후진 오작동 방지기구

5단용 트랜스액슬이 탑재된 자동차에서는 5단에서 중립으로 변속할 때 과도한 변속 조작, 즉 오버 시프트(over shift)에 의해 후진기어와 공전 기어의 잇면(齒面)이 크게 손상될 염려가 있기 때문에 후진 오작동을 방지할 목적으로 컨트롤 샤프트에 스토퍼가 장착되어 있어 5단에서 후진으로의 변속이 되지 않도록 하고 있다.

[1] 3-4단 변속을 할 때

컨트롤 샤프트에 있는 스토퍼의 위치는 스토퍼 브래킷과 떨어져 있다.

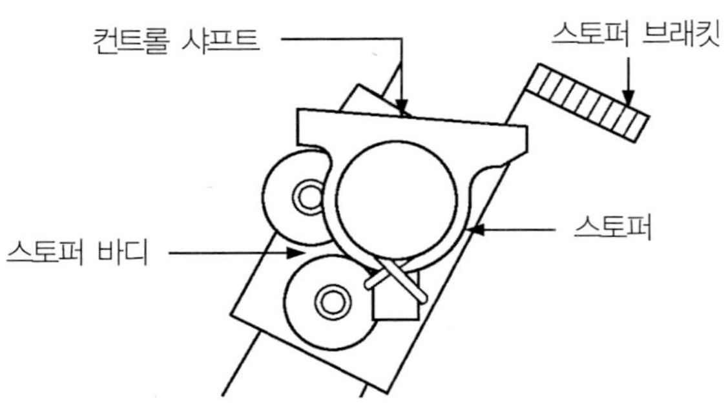

2-27. 3-4단 변속을 할 때

[2] 3-4단의 중립에서 5단 또는 후진으로 변속할 때

스토퍼의 위치는 그림과 같이 스토퍼 브래킷과 접촉되면서 쉽게 변속이 이루어진다.

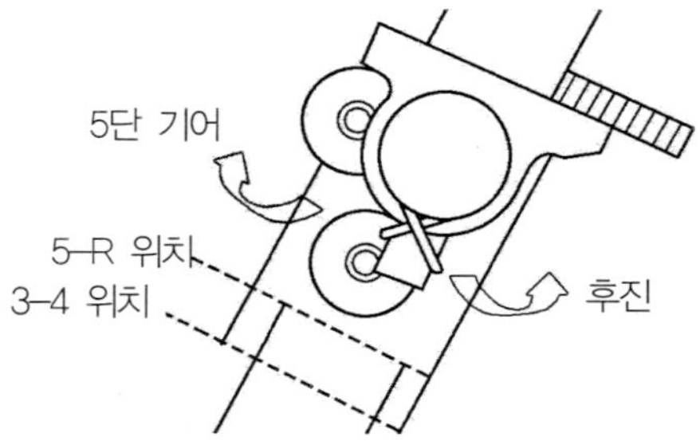

그림 2-28. 3-4단의 중립에서 5단 또는 후진으로 변속할 때

[3] 5단 변속 후 중립으로 변속될 때

스토퍼가 스토퍼 브래킷과 간섭이 되어 후진으로의 변속이 불가능하게 된다.

3.3. 구동력(tractive force)

구동력은 구동바퀴가 자동차를 미는 힘을 말하며, 구동바퀴의 반경을 R(m), 축의 회전력을 T(kgf · m)라 하면 구동력 F(kgf)는 다음과 같은 식으로 나타낼 수 있다.

$$F = \frac{T}{R} \qquad \cdots (2-1)$$

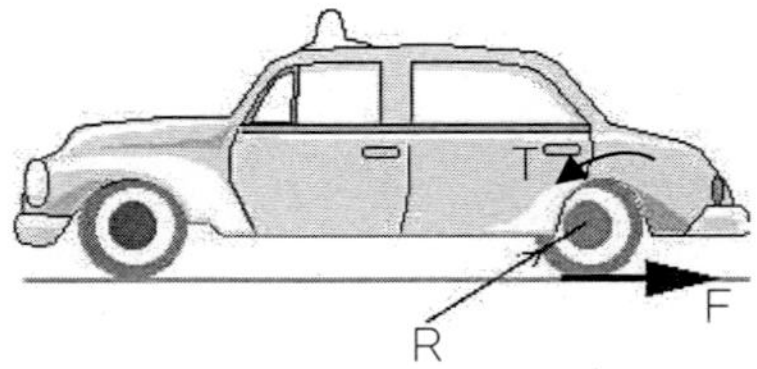

그림 2-29. 구동력과 축 회전력과의 관계

3.4. 변속비(gear ratio)

변속기는 여러 개의 기어로 구성 조립되어 있으며 기어 물림에 따라 구동바퀴에 전달되는 구동토크와 회전속도를 변화시킨다.

예를 들면 변속 레버를 저속으로 선택하면 바퀴의 회전속도는 느리지만 축의 토크는 증가한다. 이와 같이 토크의 증대를 가져오는 것이 변속비이고, 변속비는 다음과 같이 구한다.

$$변속비(i) = \frac{출력(피동)기어\ 잇수(Z_o)}{입력(구동)기어\ 잇수(Z_i)}$$

$$= \frac{입력축(엔진)\ 회전속도(N_i)}{출력축(추진축)\ 회전속도(N_o)}$$

$$= \frac{B}{A} \times \frac{D}{C} \quad \cdots\cdots (2-2)$$

변속비 〉 1 : 감속

변속비 〈 1 : 증속(오버 드라이브)

변속비 = 1 : 등속(직결)

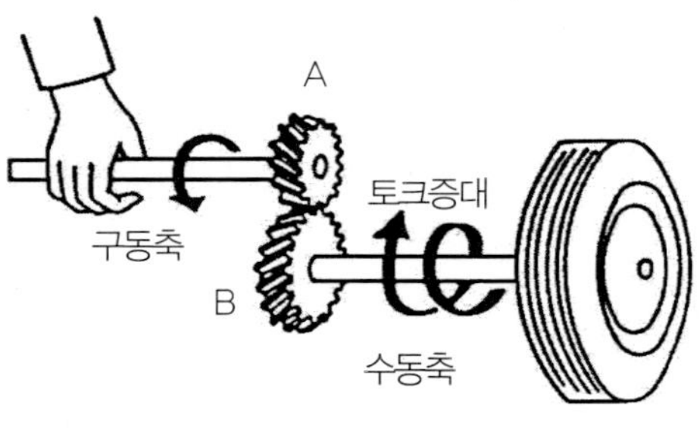

그림 2-30. 변속기의 원리

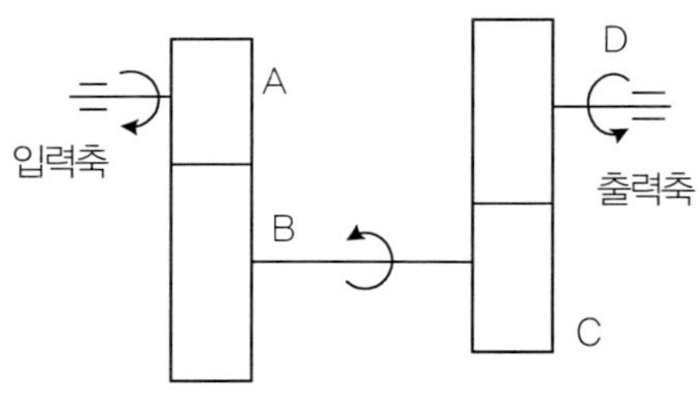

그림 2-31. 기어식의 변속비

이 변속비는 종감속 기어비와 함께 자동차의 주행성능 즉 최고속도, 가속성능, 등판성능, 연료소비율 등에 아주 밀접한 관계가 있을 뿐만 아니라 엔진 소음과 배출가스에도 영향을 준다. 자동차의 경우 변속은 변속기 이외에 최종 감속기어로도 감속을 하고 있으므로 엔진과 구동바퀴 사이의 변속비를 총 감속비라 한다.

총 감속비(i_t)= 변속기의 변속비(i_m) × 종감속 기어의 감속비(i_f) ········(2-3)

또, 구동 휠이 발생하는 구동토크는 엔진의 축 토크에 총 감속비를 곱한 것으로 다음과 같이 나타낸다.

$$구동토크(T)= 엔진의\ 축토크(T_E) \times 총감속비(i_t) \times 전달효율(\eta_t) \cdots\cdots\cdots(2-4)$$

3. 4. 1. 변속비의 결정

① 감속비(변속비)를 결정하는데 우선 그 자동차에 요구되는 최고속도, 가속능력 및 연료소비율 등이 얻어지도록 종감속 기어의 감속비를 결정한다.

② 다음으로 그 자동차에 부여할 최대등판능력으로부터 변속기의 최저기어의 변속비를 정한다. 이것에 의해 직결의 경우와 최저속 기어의 경우가 결정되므로 그 중간 기어의 변속비는 등비 급수적으로 부여해 주지만, 기어의 설계상의 형편이나 성능 및 운전방법에 대한 희망 등에 의해 어느 정도 수정한 값이 사용된다.

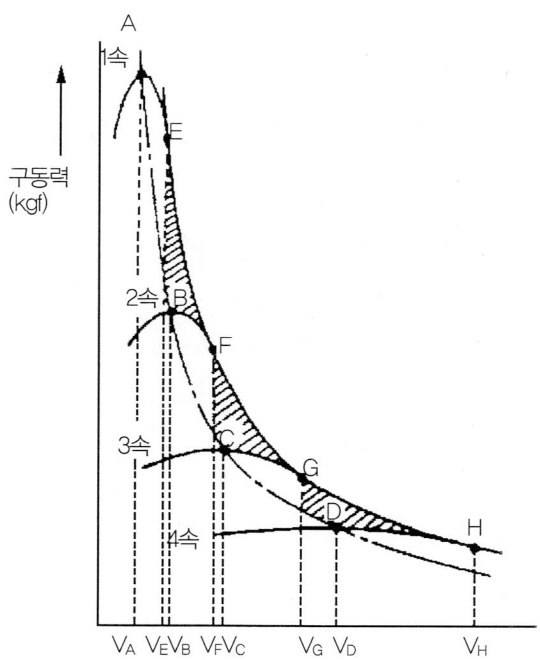

그림 2-32. 속도, 구동력 곡선의 예

③ 그림 2-32는 전진 4단식 변속기를 갖춘 경우의 예이다. 그림에 대해서 각 기어에 있어서 속도가 각각 V_A, V_B, V_C, V_D일 때 최대 구동력 A, B, C, D가 얻어지며 그 외의 속도에서는 구동력이 감소된다. 또, E, F, G, H는 엔진의 최고출력을 발휘하는 점을 나타내는 것으로 이들의 점을 연결하는 곡선이 이상 곡선에 합치되도록 변속비를 결정하면 되는 것이다.

그러나 속도가 각각 V_E, V_F, V_G, V_H일 경우는 엔진의 출력을 유효하게 이용하도록 할 수 있지만 그 외의 속도, 즉 그림에서 빗금을 그은 범위에서는 엔진 출력을 유효하게 이용할 수 없게 된다. 그 부분을 감소시키기 위해 변속단수를 증가시키면 되지만 변속기의 구조가 복잡해지고 동시에 운전조작도 복잡해지므로 이상적이라고는 할 수 없다.

3.4.2. 변속비와 주행속도

[1] 변속비의 계산

그림 2-33과 같이 전진 4단 후진 1단의 변속기에서 엔진이 2,000rpm으로 회전할 때 변속비와 추진축의 회전수는 다음과 같이 구한다.

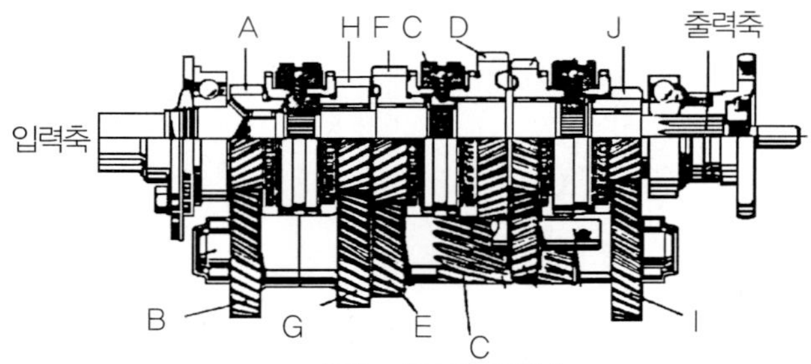

[각 기어의 잇수]

기호	구 분	잇수	기호	구 분	잇수
A	제4속 주축 기어 잇수	20개	B	제4속 부축 기어 잇수	35개
C	제3속 부축 기어 잇수	30개	D	제3속 주축 기어 잇수	25개
E	제2속 부축 기어 잇수	25개	F	제2속 주축 기어 잇수	30개
G	제1속 부축 기어 잇수	20개	H	제1속 주축 기어 잇수	35개
I	제5속 부축 기어 잇수	35개	J	제5속 주축 기어 잇수	15개

그림 2-33. 변속기 및 주축 회전수 구하기

① 제1속의 변속비는 변속기어 ABGH가 물리므로

$$i_1 = \frac{B}{A} \times \frac{H}{G} = \frac{35}{20} \times \frac{35}{20} = 3.06$$

② 제2속의 변속비는 변속기어 ABEF가 물리므로

$$i_2 = \frac{B}{A} \times \frac{F}{E} = \frac{35}{20} \times \frac{30}{25} = 2.10$$

③ 제3속의 변속비는 변속기어 ABCD가 물리므로

$$i_3 = \frac{B}{A} \times \frac{D}{C} = \frac{35}{20} \times \frac{25}{30} = 1.46$$

④ 제4속의 변속비는 직결이므로

$$i_4 = 1.00$$

⑤ 제5속의 변속비는 변속기어 ABIJ가 물리므로

$$i_5 = \frac{B}{A} \times \frac{I}{J} = \frac{35}{20} \times \frac{15}{35} = 0.75$$

또, 추진축의 회전수는 다음과 같다.

⑥ 제1속에서 $P_1 = \frac{2000}{3.06} = 654rpm$

⑦ 제2속에서 $P_2 = \frac{2000}{2.10} = 952rpm$

⑧ 제3속에서 $P_3 = \frac{2000}{1.46} = 1370rpm$

⑨ 제4속에서 $P_4 = \frac{2000}{1.00} = 2000rpm$

⑩ 제5속에서 $P_5 = \frac{2000}{0.75} = 2666rpm$

3.5. 자동차의 주행속도

자동차의 주행속도는 주행저항을 고려하지 않으면 엔진의 회전수, 변속비, 종감속비, 바퀴의 지름에 따라서 결정이 된다. 즉, 자동차의 주행속도는 다음과 같이 된다.

$$V = \frac{\pi \times D \times N}{i_m \times i_f} \times \frac{60}{1000} (\mathrm{km/h}) \quad \cdots\cdots (2-5)$$

V : 자동차 주행속도(km/h)　　D : 바퀴의 지름(m)
i_m : 변속비　　i_f : 종감속비
N : 엔진 회전수(rpm)

4 듀얼 클러치 변속기(DCT : dual clutch transmission)

4.1. 듀얼 클러치 변속기의 개요

듀얼 클러치 변속기는 클러치가 2개이고, 톱니바퀴가 배열된 회전축이 2개이다. 즉, 듀얼클러치 변속기는 각 단을 2개의 축으로 구분하여 배열하고(1-3-5, 2-4-6), 2개의 축을 각각 담당하는 클러치를 2개를 둠으로써 다음 변속을 최대한 빠르게 한 변속기이다.

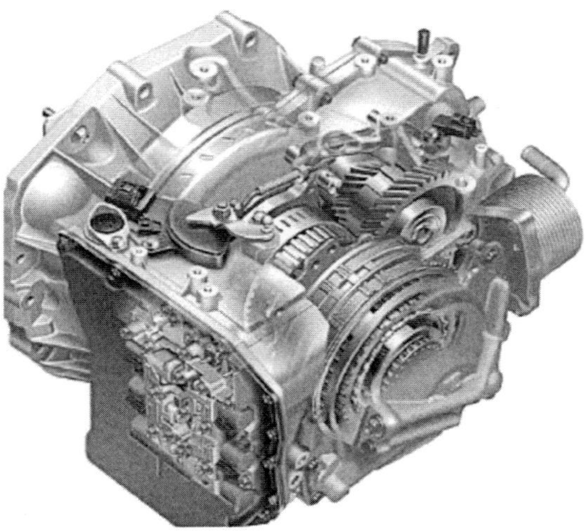

그림 2-34. DCT

하나의 회전축은 1-3-5단을 담당하고 다른 회전축은 2-4-6단을 담당하되, 클러치와 연결된 회전축선은 하나이지만 안쪽과 바깥쪽으로 구분하여 회전축을 구동한다. 즉, 1-3-5단이 물릴 때는 안쪽 회전축이 회전하고, 2-4-6단이 물릴 때는 바깥쪽 회전축이 회전한다.

클러치는 클러치 박스내에 2개의 클러치가 있어서 클러치 1은 1-3-5단 회전축과 물려있고, 클러치 2는 2-4-6단 회전축과 물려있다. 즉, 밀면 1번 클러치가 물리고 당기면 2번 클러치가 물리는 것이다. 기어 셀렉터 포크는 유압 또는 모터를 이용하여 작동한다.

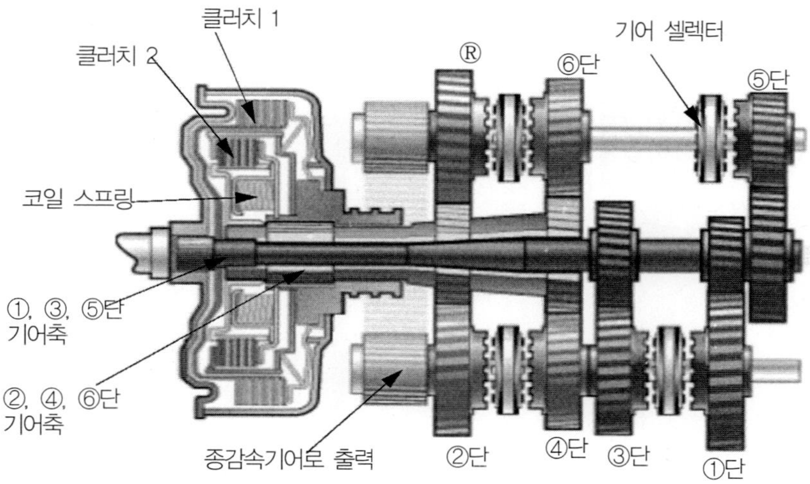

그림 2-35. DCT의 구조

[1] DCT의 장점

① 매우 빠르고 부드러운 변속

② 동력 손실이 매우 적고 연비가 좋다.

③ 일반 오토 미션과 같이 편리하다

[2] DCT의 단점

① 구조상 공간이 협소하여 클러치의 마찰면을 싱글 클러치만큼 크게 할수가 없다.

② 허용 토크값이 낮다.

③ 미션이 차지하는 공간과 무게가 크다.

듀얼클러치는 구조상 싱글클러치 만큼 마찰면을 크게 할 수 없으므로 싱글클러치 보다 작은 마찰면으로 인하여 허용 토크값이 낮을 수밖에 없는 구조적인 불리한 점이 있다. 이를 보완하기 위하여 습식클러치를 사용하는데, 습식클러치는 클러치의 마찰열을 식혀줌으로써 마찰력을 높이는 원리이기 때문에 습식 듀얼클러치(wet DCT) 방식이 건식 듀얼클러치(dry DCT) 방식보다 허용 토크를 높일 수 있고, 이로 인해 습식 듀얼클러치는 고성능 차량에 많이 사용되고 있다.

4.2. 주요 구성부품

① 수동 변속기
② 듀얼 클러치
③ 오일펌프, 오일 냉각기, 오일필터
④ 전자-유압식 변속기 컨트롤 유닛
⑤ 입력신호 감지용 센서들
⑥ 클러치1 및 클러치2 조작용 전자식 액추에이터

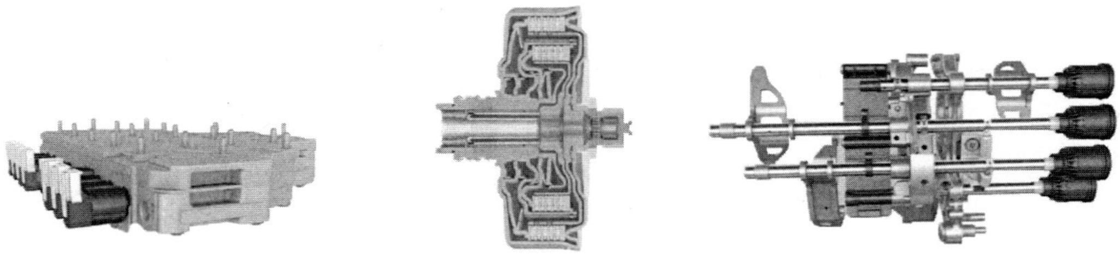

(a) DCT 유압 콘트롤 유닛 (b) DCT 듀얼 클러치 (c) DCT 셀렉터 로드

그림 2-36. DCT의 구성부품

4.3. 기어 변속과정

1단기어로 자동차가 주행하고 있을 때 엔진으로부터 온 회전력이 클러치 1을 통해 1-3-5단 회전축에 회전력을 전달하고, 1단 기어가 기어비 만큼 엔진 회전수를 줄여 토크를 높여서 구동축에 회전력을 전달한다. 이때 클러치2는 떨어져 있는 상태이므로 2-4-6단 회전축은 회전하지 않고 있는 상태이다. 2단으로 변속 시점이 가까이 오면 2단 기어 옆에 있는 도그기어가 2단 기어에 물리면서 회전할 준비를 한다.

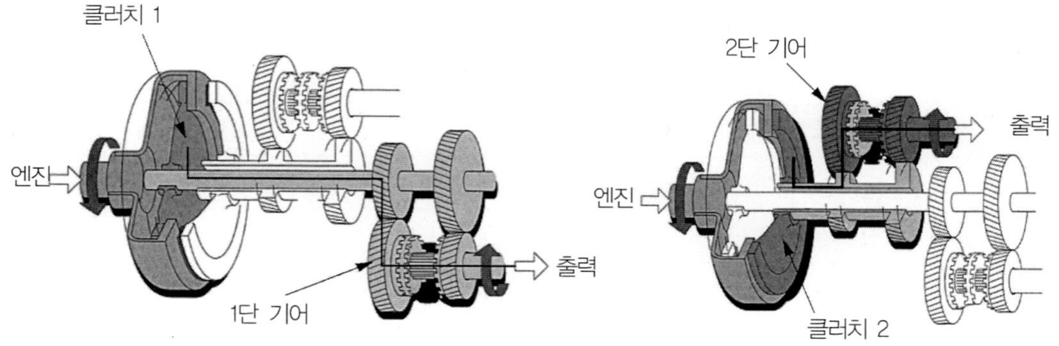

(a) 안쪽 회전축 (b) 바깥쪽 회전축

그림 2-37. 기어의 변속과정

TCU는 입력신호들을 평가하여 2단으로의 최적 변속시점에 도달하였음을 확인하면, 1단을 담당하는 클러치 1을 분리하고, 동시에 2단을 담당하는 클러치 2를 접속한다. 이때 클러치 1과 클러치 2의 분리와 접속과정은 서로 오버랩(overlap)된다.

그리고 전체 변속과정은 3/100~4/100초 범위 내에서 완료되므로 사실상 변속과정에서 기관으로부터 변속기 출력축으로의 동력전달은 중단됨이 없이 계속된다. 다운시프트는 반대순서이지만 다운시프트시 2개의 클러치와 회전축이 교대로 작동하기 때문에 6단에서 4단으로 바로 가지 못하고 6단에서 4단으로 가기 위해서는 5단을 거쳐 4단으로 순차적(6→5→4)으로 다운이 되어야 한다.

5 수동변속기의 점검•정비

5.1. 수동변속기의 고장진단

고장현상	원 인	정 비
소음, 진동	변속기 및 엔진 마운팅의 헐거움 및 파손	조임 및 마운트 교환
	샤프트 엔드 플레이(shaft end play) 부적당	엔드 플레이 수정
	기어의 마모 및 손상	기어 교환
	규격 불량 오일 사용	규정오일로 교환
	오일 부족	오일 보충
	엔진 공회전수가 규정 rpm과 일정치 않음	공회전 속도 조정

고장현상	원 인	정 비
오일 누설	오일 실(oil seal), O-링 파손 및 손상	오일 실, 오링 교환
	부적당한 실런트(sealant)사용	규정 실런트로 재봉합
기어변속 불량	컨트롤 케이블(control cable)의 불량	컨트롤 케이블 교환
	싱크로나이저 링과 콘 부의 접촉 불량 및 마모	수리 및 교환
	싱크로나이저 스프링 약화 및 파손	교환
	등급이 다른 오일 사용	규정 오일로 교환
기어 빠짐	기어 시프트 포크 마모	시프트 포크 교환
	포핏 스프링(poppet spring)절손	포핏 스프링 교환
	싱크로나이저 허브, 슬리브 스플라인 마모	교환

5.2. 변속기 기어오일 교환

① 먼저 차량을 평탄한 곳에 주차시킨 다음 드레인 플러그(drain plug)를 탈거하여 변속기 기어오일을 완전히 배출시킨 후 드레인 플러그를 잠근다.

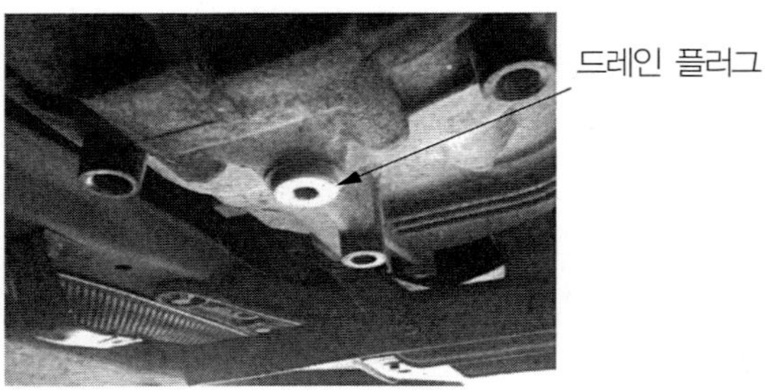

(a)

(b)

그림 2-38. 변속기 오일 배출

② 필러 플러그(filler plug)로 변속기 기어오일이 넘치는 수준까지 채우는 것이 기어오일의 규정량이다.

③ 변속기 기어오일은 차종별 기어오일의 종류와 규정량이 달라진다.

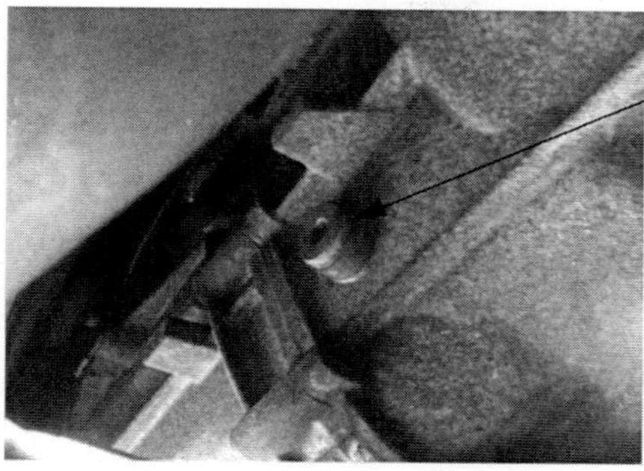

(a)

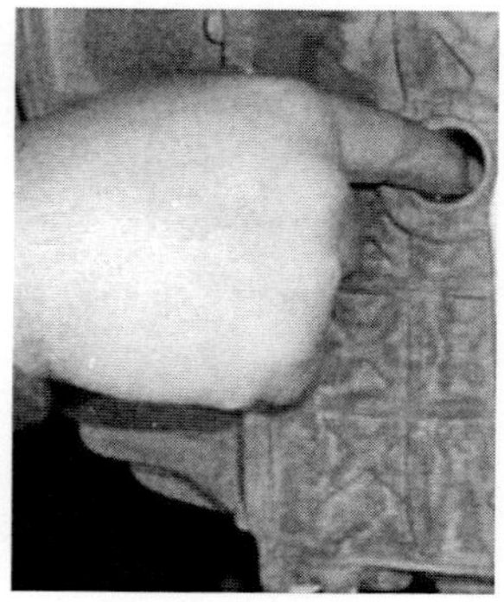

(b)

그림 2-39. 필러 플러그 및 오일점검

5.3. 컨트롤 케이블

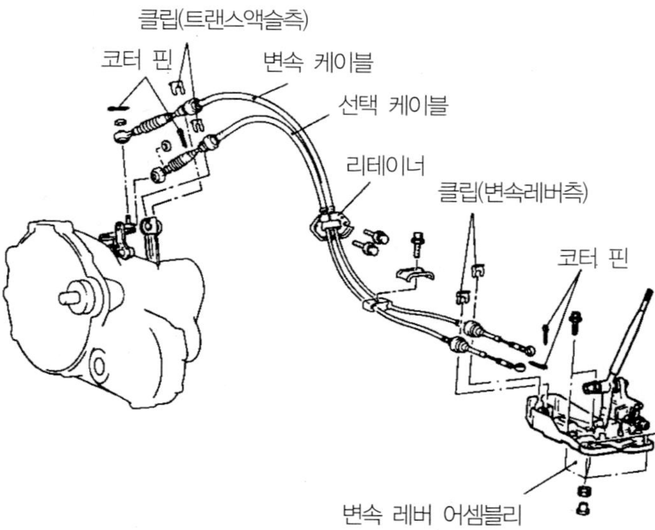

그림 2-40. 변속기 컨트롤 케이블

[1] 탈거

① 콘솔 어셈블리(console assembly)를 탈거한다.

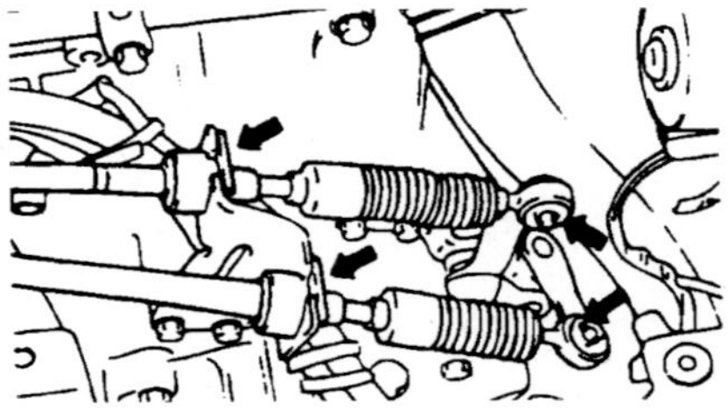

그림 2-41. 변속레버측 시프트 레버 어셈블리

② 변속 레버측 코터 핀과 클립을 탈거한다.

③ 시프트 레버 어셈블리를 탈거한다.

④ 리테이너와 볼트를 탈거한다.

⑤ 코터 핀과 클립을 탈거한다.

⑥ 변속 케이블과 선택 케이블을 탈거한다.

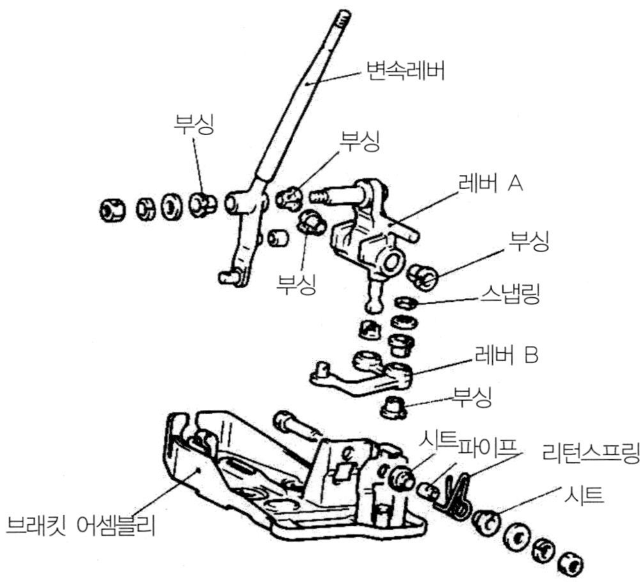

그림 2-42. 변속레버 어셈블리

[2] 점검

① 선택 케이블의 기능 및 손상여부를 확인한다.

② 변속 케이블의 기능 및 손상상태를 점검한다.

[3] 장착

① 시프트 레버 어셈블리를 장착한다.

② 선택 케이블 및 변속 케이블과 함께 코터 핀과 클립을 장착한다.

③ 리테이너와 볼트를 장착한다.

5.4. 변속기 탈•부착

[1] 트랜스액슬 떼어내기

① 축전지 (-)단자, 에어클리너 및 호스, 후진등 스위치 커넥터, 클러치 튜브 및 클립을 떼어낸다.

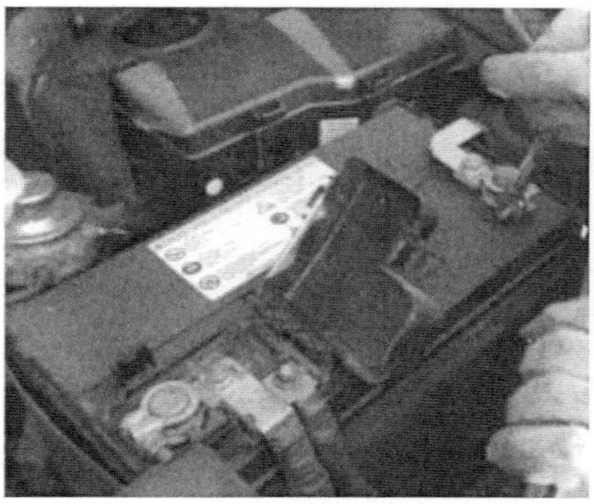

2-43. 축전지(-)단자 탈거

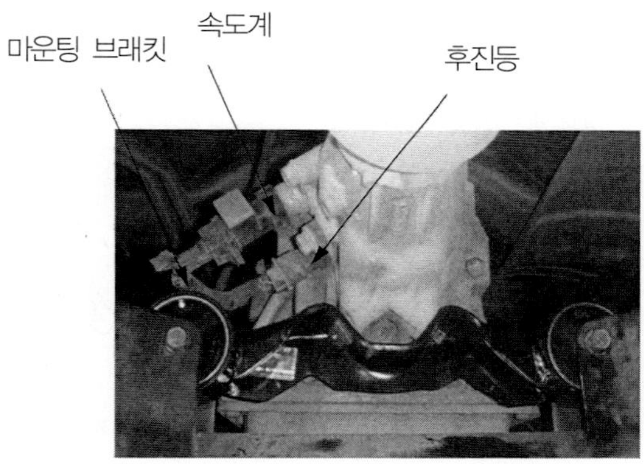

2-44. 후진등 커넥터, 속도계 및 마운팅 브래킷 탈거

② 클러치 릴리스 실린더, 속도계 케이블, 선택 케이블 및 변속케이블을 떼어낸다.

2-45. 에어클리너 탈거

2-46. 클러치 릴리스 실린더 탈거

③ 기동전동기 마운팅 볼트를 푼 다음 특수공구를 사용하여 엔진을 지지한다.

그림 2-47. 선택 케이블 및 변속케이블 탈거

그림 2-48. 특수공구로 엔진 지지

④ 트랜스액슬 마운팅 브래킷 및 인슐레이터를 떼어낸 후 자동차 들어 올리고 타이어를 떼어낸다.
⑤ 드레인 플러그를 풀고 오일을 배출시킨 후 타이로드, 로워 암 볼 조인트 및 구동축을 떼어낸다.
⑥ 기어박스 조인트 및 리턴 튜브 마운팅 볼트를 떼어낸 다음 앞 소음기, 보조 프레임 마운팅 볼트를 푼다.
⑦ 트랜스액슬 앞·뒤 마운팅 브래킷, 트랜스액슬 사이드 마운팅 브래킷을 떼어낸다.
⑧ 트랜스액슬을 잭으로 지지하여 떼어낸다.

그림 2-49. 잭으로 트랜스액슬 지지

[2] 트랜스액슬 설치하기

설치는 떼어내기 순서의 반대로 하며, 이때 마운팅 브래킷 설치는 엔진 마운팅 브래킷 → 트랜스액슬 마운팅 브래킷 → 뒤 롤 스토퍼 마운팅 브래킷 → 앞 롤 스토퍼 마운팅 브래킷 → 순서로 한다. 그리고 앞 스토퍼 롤 마운팅 브래킷을 설치할 때 인슐레이터가 손상되면 엔진 공전상태에서 심한 진동을 일으킨다.

5.5. 변속기의 분해•조립

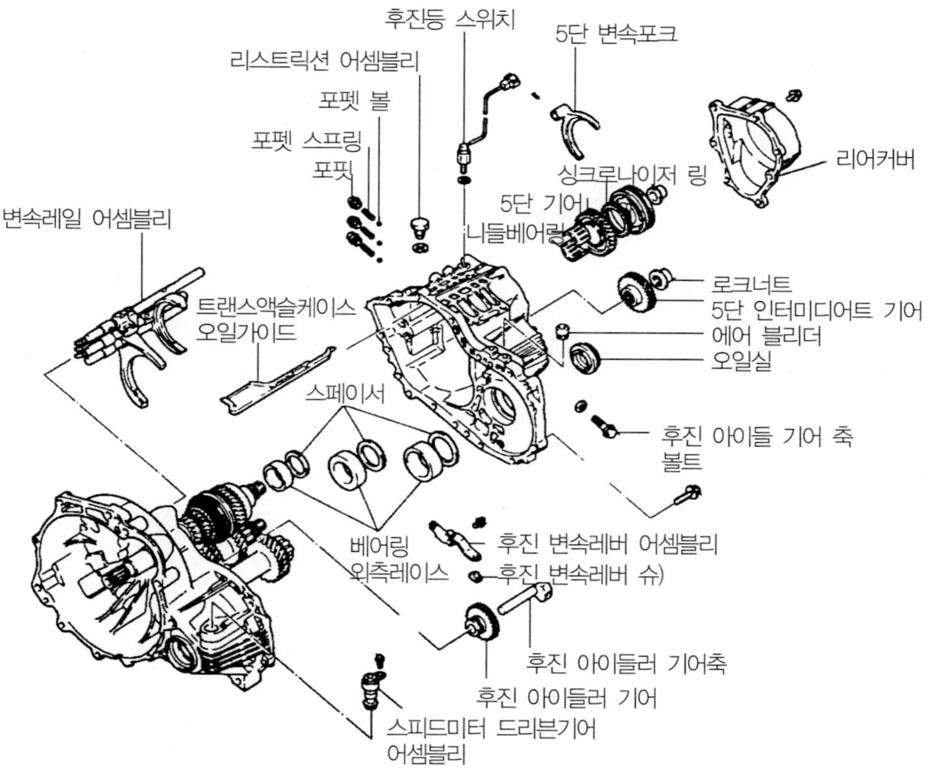

그림 2-50. 수동 트랜스액슬의 구조

5.5.1. 안전 및 주의사항

① 규정된 공구를 사용하도록 하고, 볼트와 너트를 조일 때 무리한 힘을 가하지 않도록 하며, 규정 토크로 죄어 고정시킨다.

② 모든 부품은 분해·조립순서에 준하여 작업을 실시하고, 분해된 부품 순서에 따라 작업대에 정리·정돈하여 분실되거나 조립할 때 방향이 틀리지 않도록 유의해야 한다.

③ 세척이 필요한 부품은 세척유(솔벤트, 석유, 경유 등)로 깨끗이 세척한 후 압축공기로 건조시킨다.

5. 5. 2. 분해

① 후진등 스위치 및 마운팅 브래킷을 탈거한다.

② 스피드미터(speedometer) 드리븐 기어 어셈블리를 탈거한다.

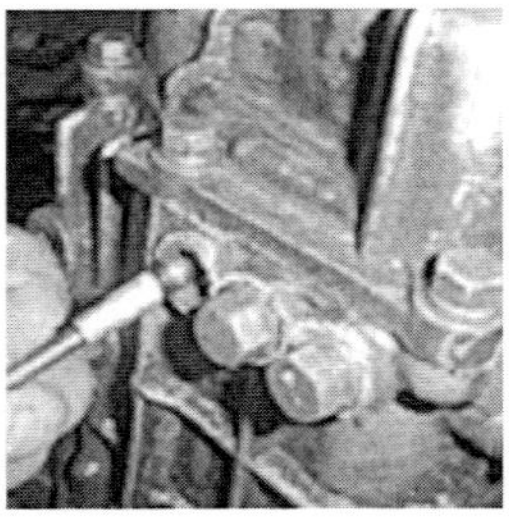

그림 2-51. 포핏 볼 탈거

그림 2-52. 리어 커버 탈거

③ 포핏 볼을 탈거한다.

④ 리어 커버 볼트와 리어 커버를 탈거한다.

⑤ 특수공구를 입력 축(input shaft)에 장착한다.

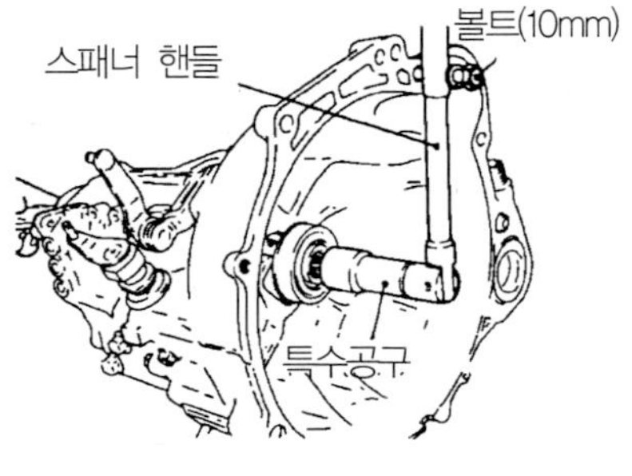

그림 2-53. 스패너 핸들 장착

그림 2-54. 로크너트 탈거

⑥ 클러치 하우징 둘레에 있는 볼트 구멍을 이용하여 스패너 핸들을 장착한다.

⑦ 특수공구를 사용하여 스프링 핀을 탈거한다.

⑧ 5단 싱크로나이저 슬리브와 5단 시프트 포크를 탈거한다.

⑨ 5단 싱크로나이저허브, 싱크로나이저 링, 5단 기어와 니들 베어링을 탈거한다.

⑩ 인터미디에이트 기어를 탈거한다.

그림 2-55. 스프링 핀 탈거

그림 2-56. 5단 슬리브 및 시프트 포크 탈거

그림 2-57. 5단 기어 탈거

그림 2-58. 인터미디에이트 기어 탈거

⑪ 리버스 아이들 기어 샤프트 볼트를 탈거한다.

⑫ 트랜스액슬 커버 볼트를 탈거하고 트랜스액슬 커버를 탈거한다.

그림 2-59. 아이들 기어 샤프트 볼트를 탈거

그림 2-60. 트랜스액슬 커버를 탈거

⑬ 베어링 리테이너를 탈거한다.

⑭ 후진기어축과 후진기어를 탈거한다.

그림 2-61. 리테이너 탈거

그림 2-62. 후진기어 탈거

그림 2-63. 스프링 핀 탈거

⑮ 특수공구를 사용하여 스프링 핀을 탈거한다.

⑯ 시프트 레일(shift rail)과 포크 어셈블리(fork assembly)를 분해한다.

그림 2-64. 시프트레일 탈거

그림 2-65. 시프트포크 탈거

그림 2-66. 기어 어셈블리 탈거

⑰ 1단-2단 시프트 포크를 2단으로 변속한다.

⑱ 3단-4단 시프트 포크를 4단으로 변속한다.

⑲ 1단-2단 선택 레버를 완전히 밀면서 3단-4단, 5단-후진 시프트 레일과 포크 어셈블리를 탈거한다.

⑳ 베어링 리테이너(bearing retainer)를 탈거한다.

㉑ 입력 축 어셈블리를 들어올리고, 인터미디에이트 샤프트 어셈블리를 탈거한다.

㉒ 출력축 어셈블리와 디퍼렌셜 기어 어셈블리를 탈거한다.

그림 2-67. 출력축 어셈블리 탈거

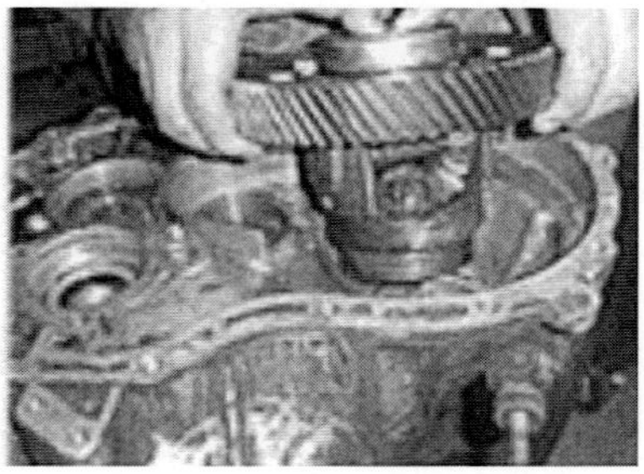

그림 2-68. 디퍼렌셜 기어 분해

㉓ 특수공구를 사용하여 인터미디에이트 샤프트 베어링 아웃레이스와 스페이스를 탈거한다.

㉔ 출력축 베어링 아웃 레이스와 스페이스를 탈거한다.

㉕ 디퍼렌셜 베어링 오일 실을 탈거한다.

㉖ 입력축 오일 실을 탈거한다.

5. 5. 3. 조립

① 특수공구를 사용하여 드라이브 오일 실을 장착한다.

② 특수공구를 사용하여 입력 축 프런트 오일 실을 장착 한다.

③ 특수공구를 사용하여 디퍼렌셜 기어 베어링 아웃 레이스와 스페이스를 장착한다.

④ 특수공구를 사용하여 출력 축 베어링 아웃 레이스와 스페이스를 장착한다.

⑤ 특수공구를 사용하여 인터미디에이트 샤프트 베어링 아웃레이스와 스페이스를 장착한다.

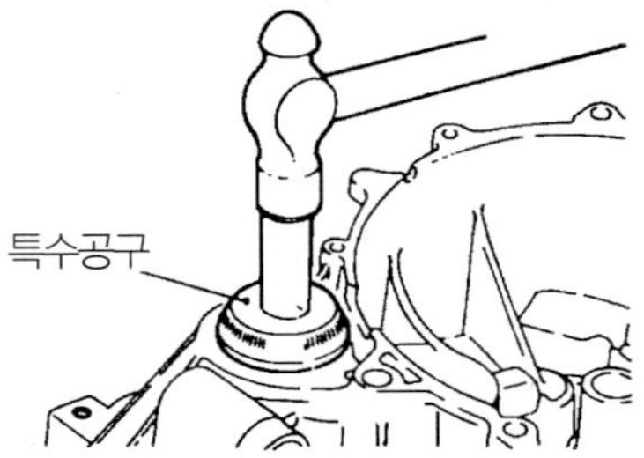

그림 2-69. 오일 실 장착

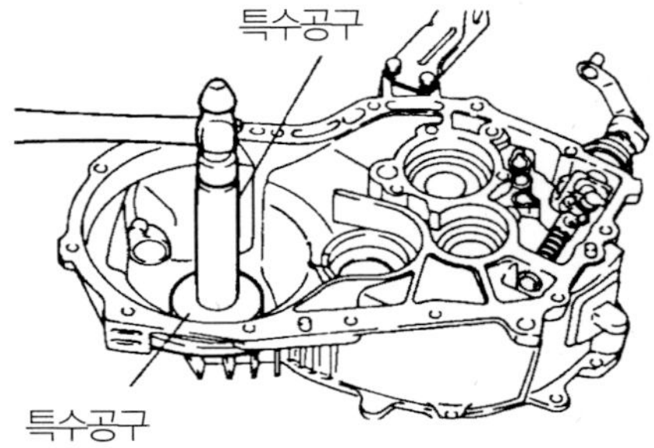

그림 2-70. 레이스와 스페이스 장착

⑥ 디퍼렌셜 기어 어셈블리와 출력 축 어셈블리를 장착한다.

⑦ 입력 축 인터미디에이트 샤프트를 동시에 장착한다.

⑧ 베어링 리테이너를 장착한다.

⑨ 시프트 레일 어셈블리를 조립한다.

⑩ 1단-2단 시프트 슬리브를 2단에 놓는다.

⑪ 3단-4단 시프트 슬리브를 4단에 놓는다.

⑫ 5단-후진 시프트 레일 쪽으로 선택 레버를 잡아당기면서 1단-2단 시프트 레일과 포크 어셈블리를 장착한다.

⑬ 1단-2단 레일 쪽으로 선택 레버를 잡아당기면서 3단-4단, 5단-후진 시프트 레일과 포크 어셈블리를 장착한다.

⑭ 시프트 레일을 시프트 포크 구멍에 집어넣는다. 이때 시프트 러그(lug)가 스토퍼 플레이트와 간섭되지 않도록 돌리면서 작업한다.

⑮ 시프트 레일을 돌려 시프트 러그에 끼운다.

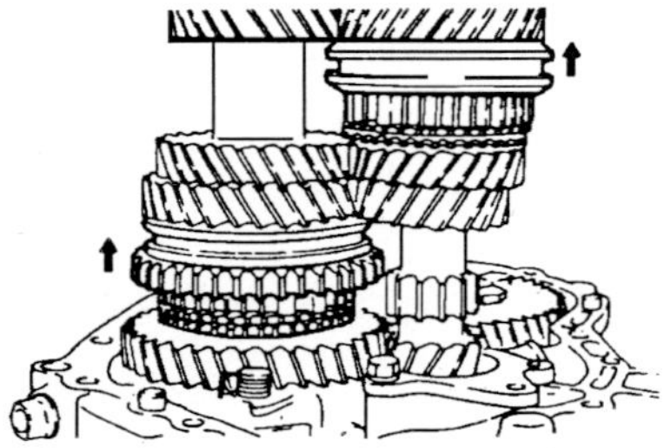

그림 2-71. 인터미디어트 샤프트 조립

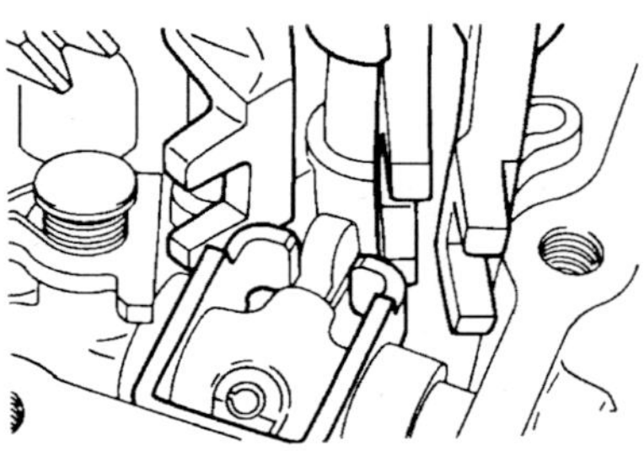

그림 2-72. 시프트 레일 장착

⑯ 스프링 핀을 장착함에 있어 한 번 사용한 스프링 핀은 재사용 하지 않는다.
⑰ 특수공구를 사용하여 스프링 핀을 장착한다.
⑱ 장착시 스프링 핀 스플릿(split)이 시프트 레일의 중앙선과 일치했는지 확인한다.
⑲ 후진기어 레버 어셈블리를 장착한다.
⑳ 후진 기어 축과 후진기어를 장착한다.
㉑ 후진 시프트 레버와 슈를 장착한다.

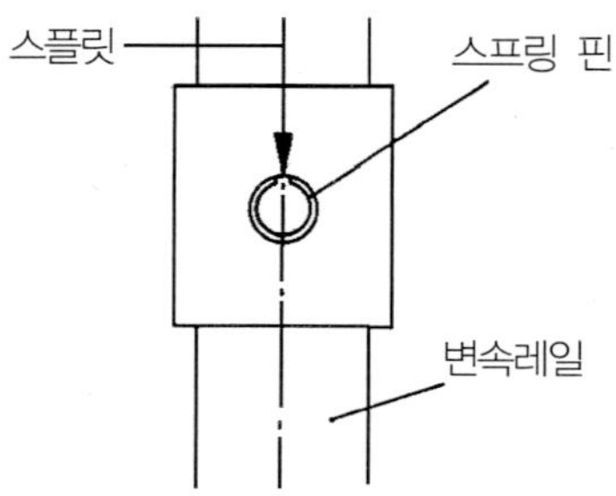

그림 2-73. 스프링 핀 조립

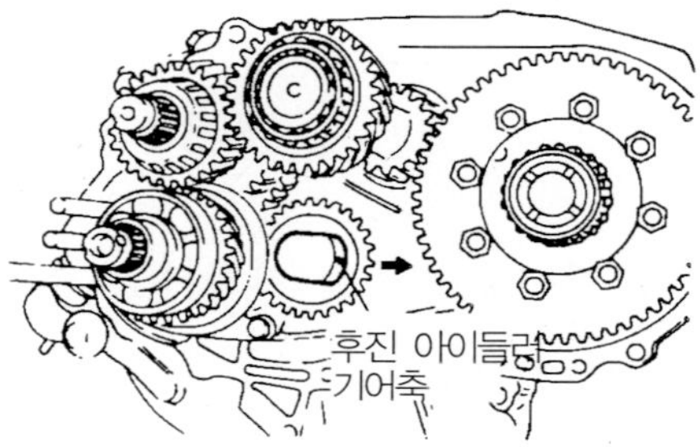

그림 2-74. 아이들 기어 장착

㉒ 특수공구를 사용하여 인터미디에이트 샤프트 베어링 아웃 레이스와 스페이스를 트랜스액슬 케이스에 장착한다.
㉓ 특수공구를 사용하여 출력축 베어링 아웃 레이스와 스페이스를 트랜스액슬 케이스에 장착한다.
㉔ 디퍼렌셜 베어링 스페이스를 트랜스액슬 케이스에 장착한다.
㉕ 특수공구를 사용하여 드라이브 샤프트 오일 실을 트랜스액슬 케이스에 장착한다.
㉖ 스페이스 조립시 엔드 플레이를 조정한다.
㉗ 길이 10mm이고, 직경이 3mm인 솔더(solder : 납으로 된 판)를 스페이스위에 놓고 베어링 아웃 레이스를 장착한다.

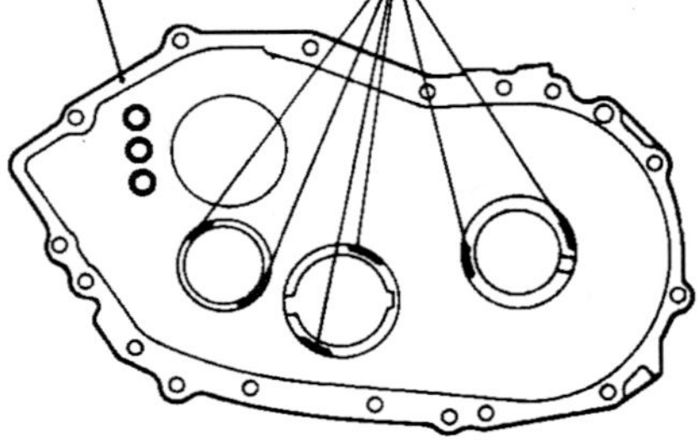

(a) 장착

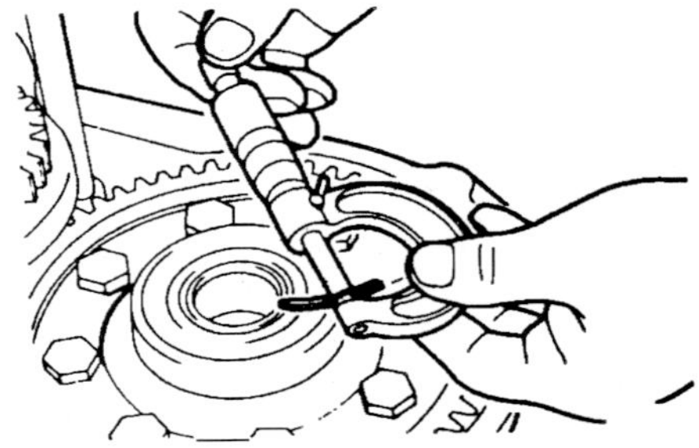

(b) 솔더 두께 측정

그림 2-75. 솔더의 장착 및 측정

㉘ 트랜스액슬 케이스를 장착하고 볼트를 규정 토크로 조인다.

㉙ 트랜스액슬 케이스를 탈거하고 아웃 트레이스와 솔더를 탈거한다.

㉚ 납작해진 솔더의 두께를 측정하여 엔드플레이를 규정치로 조정해주는 두께의 스페이스를 장착한다.

㉛ 인터미디에이트 샤프트 엔드 플레이 측정

㉜ 출력축의 엔드 플레이(end play) 측정

㉝ 디퍼렌셜 케이스 엔드 플레이 측정(※ 엔드 플레이 규정값 : 0.5~0.1mm)

㉞ 오일 가이드를 트랜스액슬 케이스에 장착한다.

㉟ 트랜스액슬 케이스의 클러치 하우징 측에 규정된 실런트(sealant)를 도포한다.

㊱ 클러치 하우징 어셈블리에 트랜스액슬 케이스를 장착하고 볼트를 조인다.

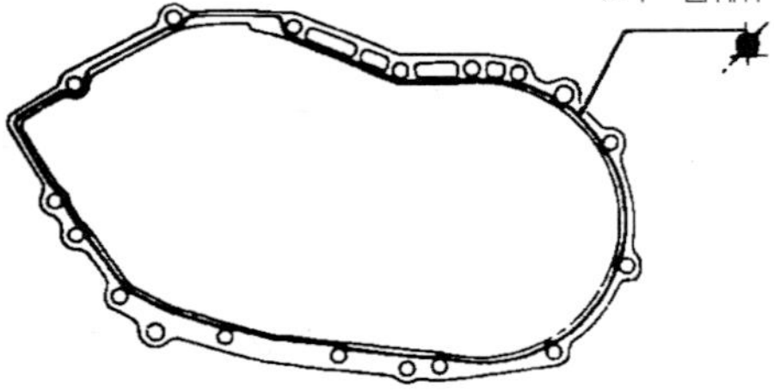

그림 2-76. 실런트 도포

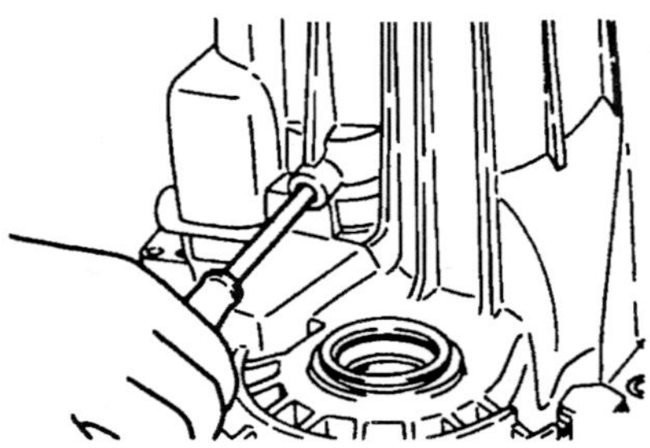

그림 2-77. 후진 아이들러 샤프트 중심 조정

㊲ 리스트릭션(restriction) 볼을 장착한다.

㊳ 스크류 드라이버로 후진 아이들러 기어 축을 중심에 놓는다.

㊴ 후진 아이들 기어 축 볼트를 규정 토크로 조인다.

㊵ 포핏 볼, 포핏 스프링, 포핏 플러그를 장착한다.

㊶ 후진등 스위치를 장착한다.

㊷ 특수공구를 사용하여 인터미디에이트 기어를 장착한다.

㊸ 5단 기어, 니들 롤러 베어링, 싱크로나이저 링, 싱크로나이저 허브를 장착한다.

㊹ 5단 시프트 포크와 5단 싱크로 나이저 슬리브를 동시에 장착한다.

㊺ 특수공구를 사용하여 스프링 핀을 장착하며, 이때 스프링 핀을 재사용하지 않는다.

㊻ 장착하기 전에 스프링 핀 스플릿과 시프트 레일의 중앙선이 일치했는지 확인한다.

㊼ 로크너트를 장착하고 특수공구를 입력 축에 장착한다.

㊽ 클러치 하우징의 구멍에 볼트를 장착하고 스패너 핸들을 특수 공구에 부착한다.

㊾ 선택 레버와 조절 레버를 사용하여 트랜스액슬을 후진으로 변속시킨다.

㊿ 로크너트를 규정토크로 조이고 로크너트를 완전히 조인다.

51 리어 커버에 규정 실런트를 도포하고 리어커버를 장착한다.

52 마운팅 브라켓을 장착하고 스피드미터 드리븐 기어 어셈블리를 장착한다.

5.6. 싱크로나이저 어셈블리

[1] 점검

① 싱크로나이저 슬리브와 허브를 맞추고 부드럽게 작동되는지 점검한다.

② 슬리브의 안쪽 앞부분과 뒤쪽 끝이 손상되지 않았는지 점검한다.

③ 허브 앞쪽 끝부분이 마모되지 않았는지 점검한다.

④ 스프링, 싱크로나이저 허브와 슬리브는 일체로 교환한다.

⑤ 싱크로나이저 키의 중앙 돌출부가 마모되지 않았는지를 점검한다.

⑥ 스프링의 약화, 변형, 파손을 점검한다.

그림 2-78. 싱크로나이저 구성

[2] 조립

① 싱크로나이저 허브, 슬리브, 키의 방향에 주의하여 장착한다.

② 싱크로나이저 허브와 슬리브를 장착할 때 기어 이빨이 없는 두 곳의 중앙에 싱크로나이저 키가 접촉되도록 한다.

③ 싱크로 나이저 스프링의 단층부위가 싱크로나이저 키에 놓이도록 장착한다.

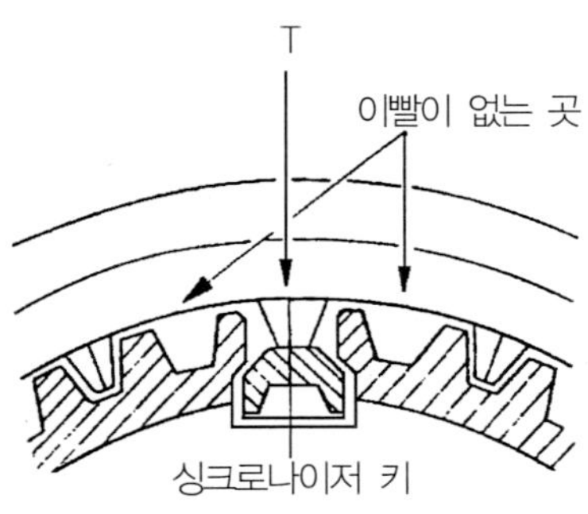

그림 2-79. 슬리브와 키

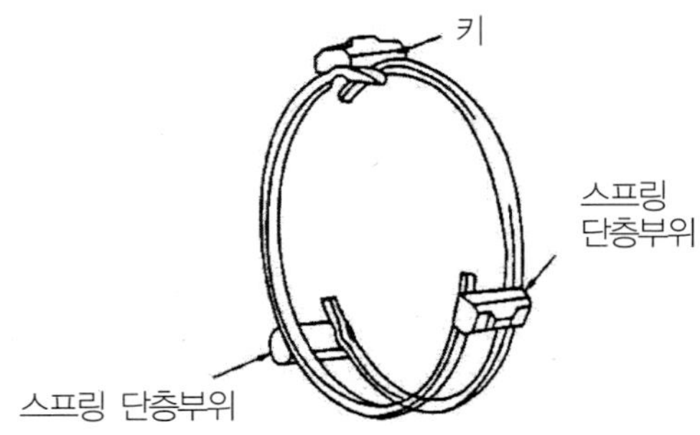

그림 2-80. 키와 스프링

5.7. 변속기 축

[1] 입력축의 구조

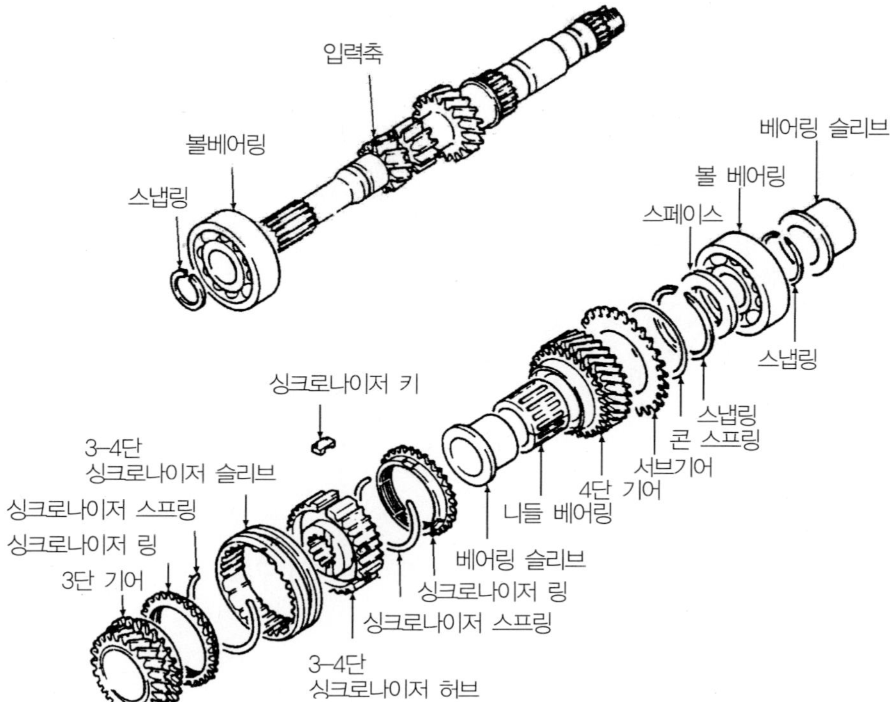

그림 2-81. 입력축의 구조

① 입력축의 니들 베어링과 싱크로나이저 링의 마모 및 손상상태를 확인한다.

② 싱크로나이저 링을 해당 기어쪽으로 밀면서 배면간극(A)를 측정한다.

※ 각 단별 배면간극의 한계 값 : 0.5 mm 이상

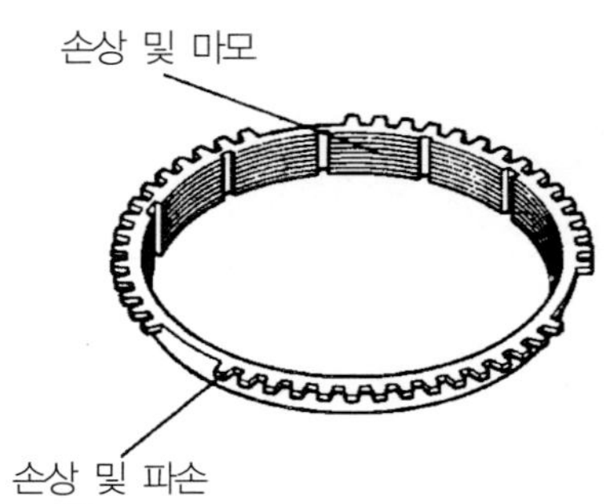

그림 2-82. 싱크로나이저 링

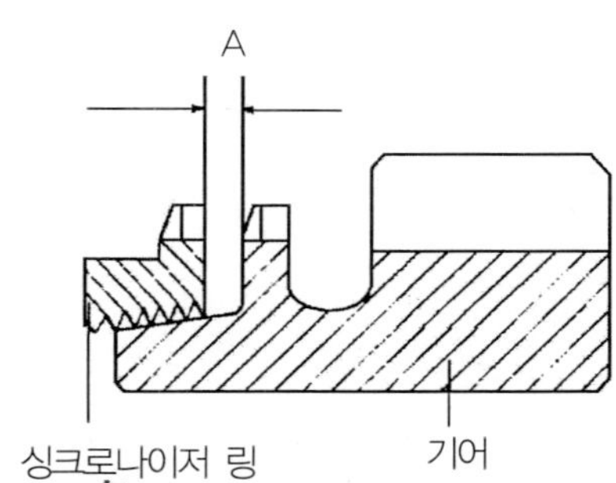

그림 2-83. 배면간극(A) 측정

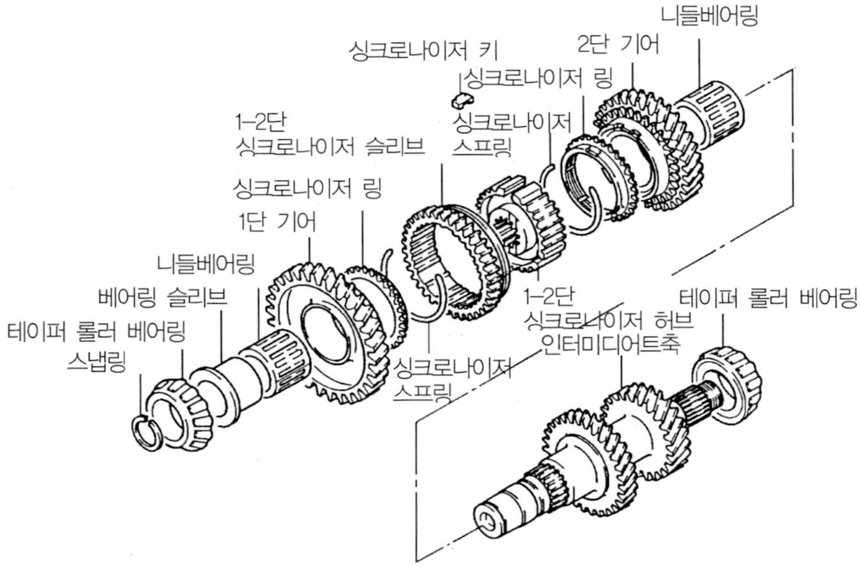

그림 2-84. 인터미디어트 샤프트의 구조

[2] 출력축의 구조

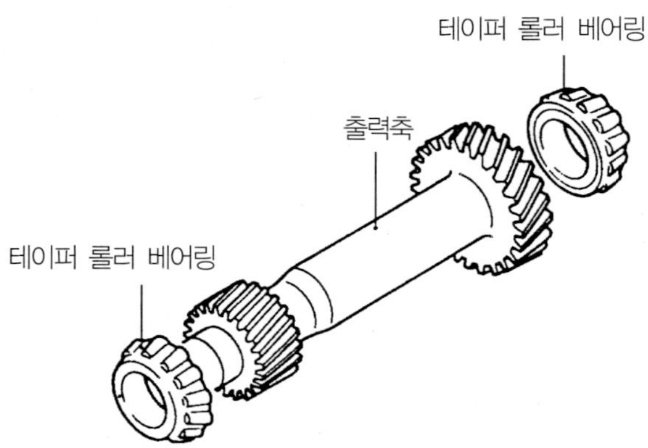

그림 2-85. 출력축의 구조

5.8. 종감속 차동기어

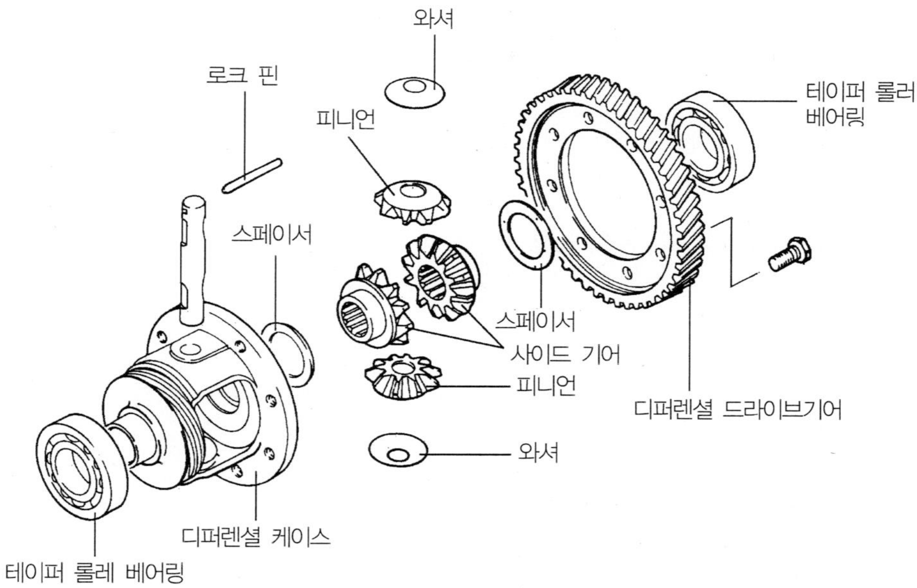

그림 2-86. 종감속 차동기어의 구조

[1] 분해

① 바이스에 디퍼렌셜 케이스를 고정시킨다.

② 디퍼렌셜 케이스로부터 디퍼렌셜 드라이브기어 장착 볼트와 디퍼렌셜 드라이브기어를 탈거한다.

③ 특수공구를 사용하여 테이퍼 롤러 베어링을 탈거한다.

④ 펀치를 사용하여 록크 핀(lock pin)을 빼낸다.

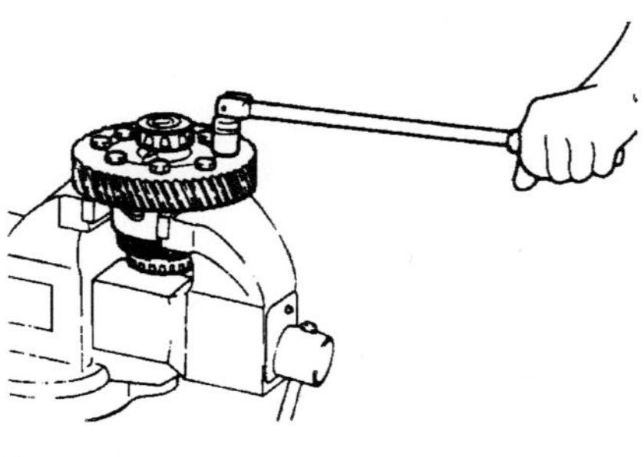

그림 2-87. 구동기어 분해

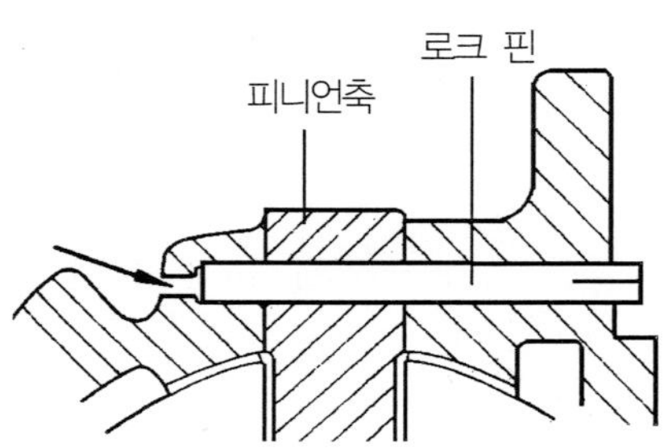

그림 2-88. 록크 핀 제거

⑤ 피니언 샤프트를 빼낸다.

⑥ 피니언기어, 와셔, 사이드 스페이스를 탈거한다.

[2] 조립

① 사이드기어 뒤에 스페이스를 장착하고, 디프렌셜 케이스에 사이드기어를 장착한다.

② 각 피니언 뒤에 와셔를 놓고 2 개의 피니언을 사이드기어와 맞춰 돌려가면서 규정된 위치에 집어넣는다.

③ 피니언 샤프트를 집어넣는다.

④ 신품의 사이드기어를 장착할 때는 중간 두께의 스페이스를 사용하며, 록크 핀은 재사용해서는 안 된다.

⑤ 사이드기어와 피니언의 백래시를 측정한다.

⑥ 백래시가 표준값을 벗어나는 경우는 다른 스페이스를 선정하여 다시 기어를 분해, 조립하여 측정한다.

Reference »»

- 사이드와 피니언 기어의 백래시 규정값 : 0.05~0.15mm
- 구동 피니언과 링 기어의 백래시 규정값 : 0.11~0.6mm

⑦ 양쪽 사이드 기어의 백래시가 균등하게 되도록 조정한다.

⑧ 피니언 샤프트의 록크 핀 구멍을 케이스의 록크 핀 구멍에 맞추고 록크 핀을 삽입한다.

⑨ 특수공구를 사용하여 디퍼렌셜 케이스의 양쪽에 테이퍼 롤러 베어링을 장착한다.

⑩ 록크 핀을 재사용하지 않는다. 록크 핀의 머리부가 디퍼렌셜 케이스 플랜지(flange)면보다 낮아야 하며, 베어링을 압입할 때 인너 레이스만을 누른다.

⑪ 볼트를 재사용할 때는 나사부에 묻어있는 실런트를 완전히 제거해야 한다.

⑫ 볼트의 나사부에 규정 실런트를 도포하고 규정토크로 조인다.

실습보고서 수동변속기

자동차번호 : 차량명 : 학번 성명

01. 주어진 수동변속기 자동차에서 변속기를 탈·부착 하시오.
02. 주어진 수동변속기를 분해 조립하시오.
03. 주어진 수동변속기를 기록표 항목을 측정하고 이상이 있으면 이상 내용을 기록표에 기록하고 정비하시오.

측정항목	① 점검(또는 측정)		② 판정 및 정비(또는 조치)사항		득 점
	측정값	규정(정비한계)값	판 정 (□에 "✓" 표)	정비 및 조치할 사항	
싱크로나이저 배면간극			□ 양호 □ 불량		
사이드 기어와 피니언 기어의 백래시			□ 양호 □ 불량		
구동피니언기어와 링 기어의 백래시			□ 양호 □ 불량		
입력축 엔드플레이			□ 양호 □ 불량		

※ 참고

측정 항목	규정값 또는 한계값
싱크로나이져 배면간극	한계값 0.5mm 이상
사이드 기어와 피니언 기어의 백래시	규정값 0.05~0.15mm
구동피니언기어와 링 기어의 백래시	규정값 0.11~0.6mm
입력축 엔드플레이	규정값 0.5~0.1mm

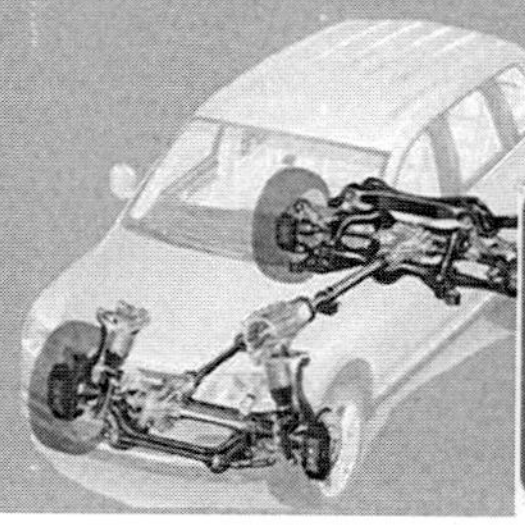

CHAPTER III 자동변속기 (automatic transmission)

1 자동변속기의 개요

자동변속기는 클러치와 변속기의 작동이 자동차의 주행속도나 부하에 따라 자동적으로 이루어지는 장치이다. 자동변속기에는 변속 조작방법에 따라 여러 가지 형식이 있으나 주로 토크컨버터와 유성기어 변속기에 유압 조절장치를 두며, 최근에는 컴퓨터로 조절하는 전자제어 자동변속기가 사용되고 있다. 자동변속기의 특징은 다음과 같다.

① 기어 변속 중 엔진 정지(engine stall)가 줄어들어 안전한 운전이 가능하다.

② 저속쪽의 구동력이 크기 때문에 경사로 출발이 쉽고 최대 등판능력도 크다.

③ 오일이 충격 완화(damper)작용을 하므로 충격이 적고, 엔진 보호에 의한 수명이 길어진다.

④ 클러치 조작이 필요 없이 자동 출발이 된다.

⑤ 조작 미숙으로 인한 엔진 작동 정지가 없다.

⑥ 엔진의 토크(torque)를 오일을 통하여 전달하므로 연료 소비율이 수동변속기에 비해 약 10% 정도 증가된다.

⑦ 구조가 복잡하고 정비성이 나쁘며 값이 비싸다.

⑧ 기관 공회전시에도 크리크(creep : 변속레버 D레인지에서 가속페달을 밟지 않은 상태에서도 자동차가 천천히 주행하게 되는 것) 현상으로 인한 운전감응도가 저하된다.

⑨ 유압을 이용한 자동변속으로 인한 작동지연의 발생이 우려된다.

⑩ 내리막길에서의 부하감소로 인한 체인지 업(change up)현상이 발생되어 엔진 브레이크(engine brake) 효과가 저하된다.

1.1. 자동변속기의 분류

자동변속기는 제어방법에 따라서 완전 자동변속기(full automatic)와 반자동변속기(semi automatic), 무단변속기(CVT)로 분류되며, 작동방법에 따라서 기계-유압식, 전자-유압식, 전자식 등으로 구분할 수 있다.

1.1.1. 완전 자동변속기

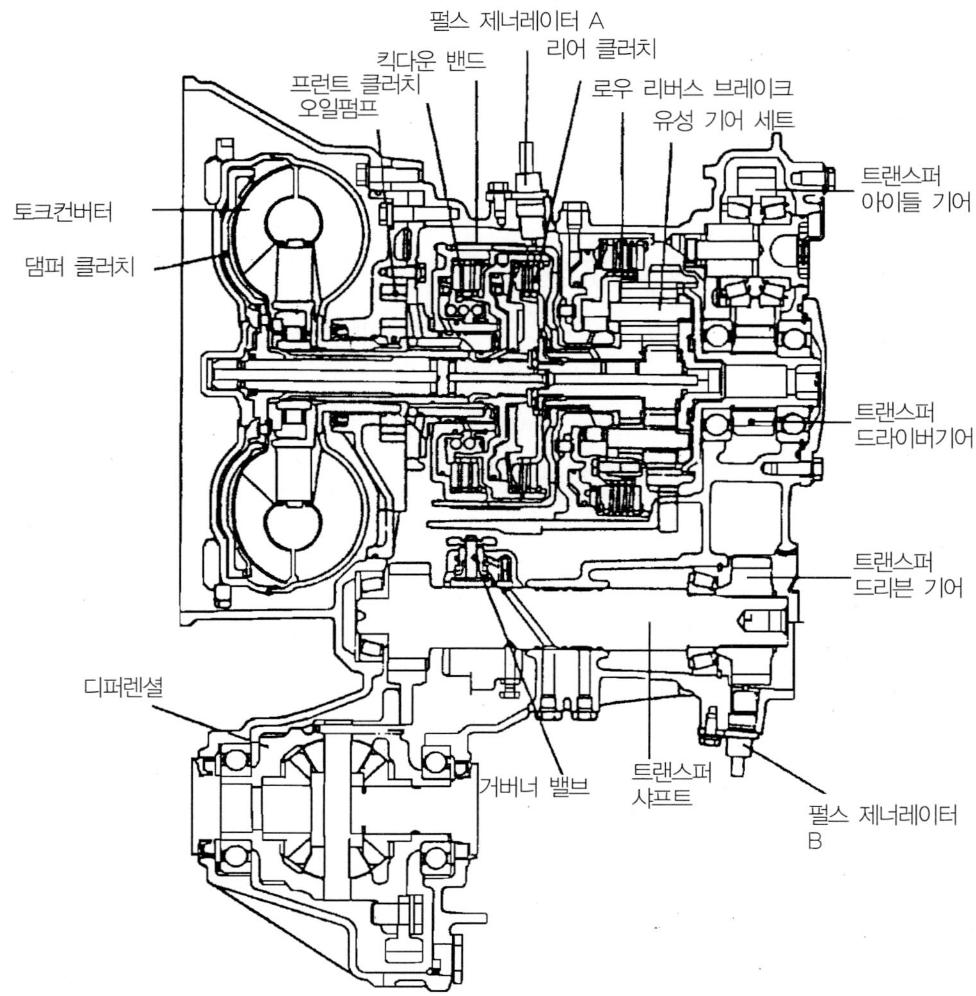

그림 3-1. 자동 트랜스액슬의 단면도

완전 자동변속기의 구성은 토크컨버터를 비롯하여 유성 기어장치, 각종 제어장치(스로틀밸브의 열림량, 엔진 회전속도, 주행속도 등)가 조합된 것으로 조건에 따라 변속이 자동적으로 이루어지는 것이다.

1.1.2. 반 자동변속기

반자동변속기의 종류는 다음과 같다.

① 토크컨버터와 동기 물림방식의 변속기를 조합한 형식

② 토크컨버터와 유성 기어장치를 조합한 형식

③ 토크컨버터와 상시 물림방식의 변속기를 조합한 형식

반자동변속기는 가속페달과 브레이크 페달 등 2개의 페달이 있으나 변속 기어를 수동으로 선택하여야 하는 특징이 있다. 엔진의 토크를 전달하기 위해서 토크컨버터를 사용하며 변속기는 변속만 하는 장치이다.

반자동식은 일반적으로 저속구간과 고속구간의 2개의 범위가 있고 어느 쪽으로 선택하는지를 결정하는 조작 레버가 있다. 저속구간은 큰 토크를 필요로 하는 출발, 등판, 내리막길에서 엔진 브레이크를 사용하는 경우에 사용된다.

1.1.3. 무단변속기

동력을 전달방법으로 대부분 각 기어의 변속비를 일정하게 유지하지만 가끔 변속비를 주기적으로 변화시켜야 하는 경우도 있다. 변속기의 상태에 따라 구동축의 회전속도가 일정할 때 피동축의 회전속도를 자유롭게 조절하고 싶을 경우 마찰차를 무단 변속기에 응용하면 운전 중에 쉽게 각 기어의 변속비를 변화시킬 수 있을 뿐만 아니라 그 변속을 연속적으로 실행할 수 있어 매우 편리하다.

그러나 미끄럼으로 인해 확실한 변속을 얻기가 어렵고 큰 동력을 전달할 수 없는 결점이 있다. 이 마찰차를 이용한 무단 변속기구의 종류는 다음과 같다.

① 원판 마찰차를 이용하는 경우

② 원뿔 마찰차를 이용하는 경우

③ 구면 마찰차를 이용하는 경우

④ PIV(positive infinitely variable speed chain gear box)기구를 이용하는 방식

1.2. 자동변속기의 효율

일반적으로 자동변속기 효율은 입력 토크와 회전속도에 따라 변화한다. 특히 자동변속기의 경우 여러 가지 장치의 구동으로 인하여 손실이 크게 증대되어 수동변속기에 비해 동력 전달효율이 약 10% 정도 감소한다. 자동변속기 효율에 영향을 주는 요소는 다음과 같다.

1.2.1. 토크컨버터의 효율

토크컨버터가 유체 클러치 영역(일반적으로 속도비 0.85 이상)에서 운전될 때 약 85% 이상의 효율을 유지하지만 토크증대 영역(특히 속도비 0.6 이하)에서는 효율이 85% 이하로 급격히 저하한다.

그러나 실제 자동차의 전체 운전시간 중 토크 증대 영역에서의 운전시간은 많지 않으며, 이 영역에서의 토크 증대작용은 출발을 하거나 가속할 때 매우 유용하게 사용된다. 한편 유체 커플링 영역에서는 토크 증대 작용이 없고, 사용 영역의 대부분을 차지하므로(정속주행을 할 경우) 이 영역에서는 가급적 토크컨버터를 직결시켜 손실을 0으로 할 필요성이 있다.

1.2.2. 오일펌프 구동손실

자동변속기 내에서 필요한 유량(流量)과 유압(油壓)을 생성하기 위해 대부분 오일펌프를 사용하고 있다. 오일펌프를 구동하는데 필요한 만큼의 동력이 항상 엔진으로부터 손실된다. 이 오일펌프의 구동력은 오일펌프에서 생성하여야 하는 유량이 클수록, 변속기 제어 및 변속장치에서 요구하는 압력(라인압력)이 클수록 증가한다. 따라서 오일펌프에 의한 동력을 감소시키려면 기어 종류, 체인, 베어링, 부싱(bushing), 원 웨이 클러치 및 습식 다판 클러치 등과 같은 윤활부분 및 스풀밸브, 솔레노이드밸브 등과 같은 부분에서 오일이 누출되는 것을 최소화함으로 서 변속기 내에서 필요로 하는 유량을 감소시켜 오일펌프 용량을 작게 하여야 한다.

또한 운전기간 중 가능한 라인압력을 낮추어 최소 유압이 생성되도록 하면 오일펌프의 구동력을 감소시킬 수 있다.

1. 2. 3. 클러치 미끄럼 저항

클러치 미끄럼 저항은 공전하고 있는 습식 다판 클러치(또는 브레이크) 및 밴드 브레이크의 판 사이의 간격 또는 밴드와 드럼사이의 간격에 남아있는 자동변속기 오일의 점성에 의해 발생한다.

토크컨버터가 록업(lock up)되었을 경우 자동변속기의 손실에서 클러치 미끄럼에 의한 손실이 차지하는 비중은 오일펌프의 구동손실과 비슷하거나 경우에 따라서는 클 수도 있다. 클러치 미끄럼 저항을 감소시키기 위해서는 판 사이의 간격, 공전속도, 윤활하는 유량 등을 적절하게 선정하여야 한다.

1. 2. 4. 기 타

그밖에 자동변속기 내의 손실은 기어, 실(seal), 베어링 및 부싱 등에 의한 마찰 손실과 자동변속기 오일의 비산(飛散)에 의한 것이 있다.

1.3. 변속레버 위치별 기능

그림 3-2. 변속레버

[1] P(주차 : parking)레인지

P위치는 차량을 주차할 때 사용하는 위치로 P레인지에서는 각 작동요소가 완전히 작동하지 않는다. 따라서 엔진의 출력은 출력축으로 전달되지 않으며, 출력축은 주차기구에 의해 완전히 고정되어 있으므로 자동차는 전·후진이 되지 않는다. 그리고 P레인지에서는 엔진 시동이 가능하다.

차량에는 BTSI(brake transmission shift interlock)시스템이 장착되어 있기 때문에 시동 버튼이 ON모드에 있고 브레이크 페달을 밟지 않으면, 변속레버가 P위치에서 움직이지 않는다. 시동을 건 후 변속레버를 P레인지에서 다른 위치로 변속하려면, 반드시 브레이크 페달을 밟은 상태에서 변속레버의 버튼을 누르면서 변속레버를 이동해야 한다.

[2] R(후진 : reverse)레인지

R레인지는 변속기 내부에서 후진기어가 연결된 상태로 차량을 후진할 때 사용하는 위치이다. R레인지 에서는 엔진 시동이 불가능하며 아웃 사이드미러가 오토다운 되고, 후방카메라 및 후방경보장치가 함께 작동하여 안전한 후진을 할 수 있도록 한다.

[3] N(중립 : neutral)레인지

N레인지에서는 엔진 시동이 가능하며 변속기 내부에서 기어 연결이 중립상태를 유지한 위치로 P레인지와 같이 엔진의 출력은 출력축으로 전달되지 않는다. 주로 신호대기가 긴 경우 처럼 일시적으로 차량을 멈출 경우, 이중주차 할 경우, 차량이 이미 움직이는 상태에서 다시 엔진에 시동을 걸 경우, 또는 차량을 견인할 때에 사용한다.

[4] D(주행 : drive)레인지

D레인지는 일반 주행할 때 사용하는 위치로 운행조건에 따라 1단 기어에서 6단 기어까지 자동으로 변속이 이루어지며 최적의 연비를 제공한다. 또한 운전자가 운전조건에 따라 수동모드(driver shift control : 운전자 변속 컨트롤)는 변속레버 D위치에서 수동변속 위치로 선택한 다음 +/-(레버를 앞으로(+) 움직이면 높은 기어로 변속되고 뒤로 움직이면(-) 낮은 기어로 변속된다)위치로 변속레버를 움직여 차량속도와 엔진 RPM에 따라 수동변속기와 유사하게 자동변속기를 사용하는 기능이다.

수동모드에서는 차량속도와 엔진 RPM에 적합한 기어로만 변속할 수 있도록 허용하여 차량속도가 너무 낮을 때 고단 기어를 선택하거나 차량속도가 너무 높을 때 저단 기어를 선택하면 기어변속이 실행되지 않는다.

[5] O/D 및 HOLD 기능

(1) O/D(over drive)

수동변속기로 3단에 해당하는 범위까지 변속이 되는 기능으로 차종에 따라 이 기능이 없이 3단이 있는 변속기도 있다. O/D기능은 가다 서다하는 정체구간이나, 고갯길에서 강력한 힘이 필요할 때 또는 빗길 눈길에서 감속운행이 필요할 때도 사용한다.

(2) HOLD

HOLD 스위치를 누르면 2단으로 운행되며 눈길에서 운전을 시작할 때 1단으로 운전을 시작할 경우 자동차 동력이 너무 많아 헛돌기 때문에 노면이 험난한 빙판길이나 눈길에서 차량을 출발시킬 때 타이어가 헛바퀴를 돌면서 앞으로 나가지 못하는 현상을 막기 위해 2단으로 출발시키도록 하는 장치이다. 자동차 회사에 따라 이 기능을 스노우(SNOW)라고 표기한 것도 있다.

1.4. 변속패턴 읽는 방법

① 세로축은 엔진 스로틀밸브의 열림량, 가로축은 주행속도, 트랜스퍼 드라이버 기어 회전속도(펄스 제너레이터 B에서 검출)를 나타낸다.

② 변속패턴 중의 실선은 업 시프트, 일점쇄선은 다운 시프트를 나타낸다. 업 시프트와 다운 시프트의 변속점에 차이가 있는 것은 변속점 부근에서 주행할 경우 업 시프트와 다운 시프트가 빈번히 일어나도록 함으로서 승차감을 향상시키기 위한 것으로 이것을 히스테리시스(hysteresis)라 한다.

③ 자동변속기 자동차는 저속(약 7km/h)주행 중 가속페달을 밟지 않은 상태일 경우 2단으로 홀드(hold)시켜 공전상태에서의 진동 감소 및 크리프(creep) 감소를 도모한다. 이때 가속페달을 밟으면 가속페달 스위치 또는 공전스위치 기능에 의해 1단으로 출발한다.

④ 스로틀밸브를 많이 열 때에는 스로틀밸브를 적게 열 때보다 저속 영역이 길게 되어 있다. 이것은 같은 주행속도에서 스로틀밸브가 많이 열린 주행일 경우 자동차의 주행저항이 큰 상태를 나타내는 것으로 구동력이 큰 저속 주행상태를 오랫동안 요구하기 때문이다.

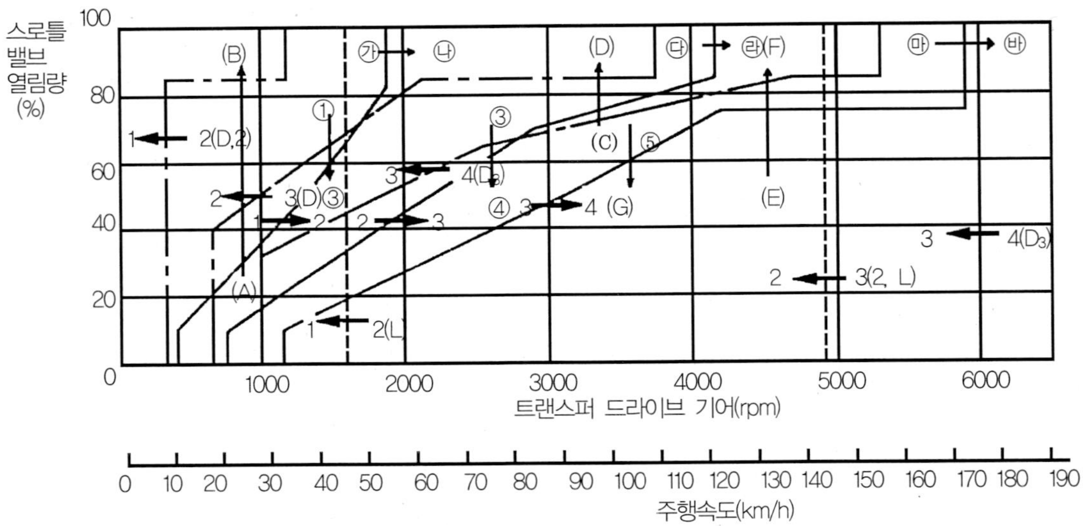

그림 3-3. 변속패턴 읽기

1.4.1. 주행패턴

변속형태	조작방법	변속 유형	판독방법
킥다운	적은 스로틀밸브의 열림량에서 일정한 주행속도로 주행 중 스로틀밸브의 열림량을 갑자기 증가시키면(85% 이상) 위 방향으로 다운 시프트 선을 지나 다운 시프트 되어 큰 구동력을 얻을 수 있다.	4 → 3 3 → 2 2 → 1	(E) → (F) (C) → (D) (A) → (B)
킥업(kick up)	킥다운 시켜 큰 구동력을 얻은 후 스로틀밸브의 열림량을 계속 유지할 때 트랜스퍼 드라이브 기어 회전속도가 증가되면서 업 시프트 시점을 지나 업 시프트가 실행된다.	1 → 2 2 → 3 3 → 4	㉮ → ㉯ ㉰ → ㉱ ㉲ → ㉳
리프트 풋 업(lift foot up)	스로틀밸브가 많이 열린 주행상태에서 갑자기 스로틀밸브의 열림 량을 낮추어(가속페달을 놓는다)업 시프트 선을 지나 고속으로 변속된다.	1 → 2 2 → 3 3 → 4	① → ② ③ → ④ ⑤ → ⑥
스로틀밸브 일정 열린상태에서의 증변속	일정하게 스로틀밸브 열림량을 유지할 때 변속 패턴에 의해 주행속도가 증가함에 따라 증속 또는 변속되는 패턴	1 → 2 → 3 → 4 4 → 3 → 2 → 1	·실선(정 증속) ·일점쇄선(정 감속)

변속 형태	조작 방법	변속 유형	판독 방법
수동 선택패턴	변속레버를 사용하여 인위적으로 변속패턴을 조정	D레인지 3단→2 2 → L	실선부분에서 변속
O/D ON, OFF 패턴	O/D 스위치를 이용하여 4단 변속 제한	4 → 3 3 → 4	다만, 변속패턴 상의 3단 범위를 넘어서면 자동 증속된다(변속기 보호)

1. 4. 2. 변속패턴 선도

[1] 히스테리시스(hysteresis)

업 시프트와 다운 시프트의 변속점 차이를 말하며, 변속점 부근에서 주행할 경우 업 시프트와 다운 시프트가 빈번히 일어나도록 함으로서 승차감을 향상시키기 위한 것이다.

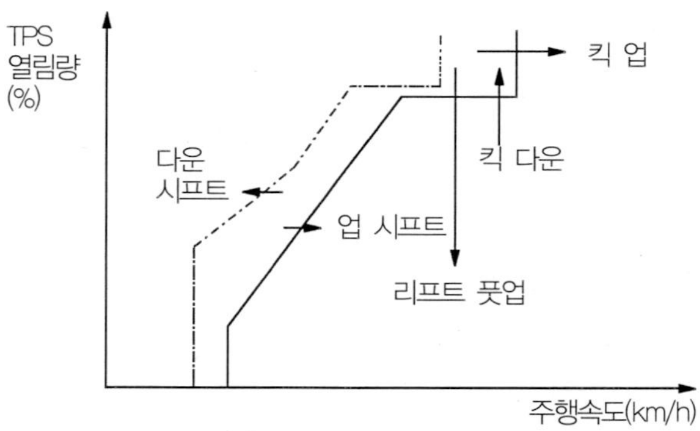

그림 3-4. 변속패턴 선도

[2] 킥다운(kick down)

스로틀밸브 열림량이 적은 상태로 주행 중 큰 구동력을 얻기 위해 가속페달을 갑자기 밟으면 다운 시프트 선을 지나 저속기어로 변속됨을 의미한다.

[3] 킥업(kick up)

킥다운시켜 저속기어로 주행 중 스로틀밸브의 열림량을 일정하게 계속 유지하면 주행속도가 증가하면서 업 시프트 선을 지나 고속기어로 변속됨을 의미한다.

[4] 리프트 풋 업(lift foot up)

스로틀밸브의 열림량이 많은 상태에서 갑자기 스로틀밸브의 열림량을 감소시키면(가속 페달을 놓으면) 업 시프트 선을 지나 고속기어로 변속됨을 의미한다.

1.5. 자동변속기 오일(ATF : automatic transmission fluid)

1.5.1. ATF의 기능

① 토크컨버터의 작동유체로서 변속기로 동력을 전달한다.

② 기어, 베어링 등에 윤활한다.

③ 클러치 및 브레이크 밴드의 작동유 역할과 윤활한다.

④ 유압장치의 작동유로 작용한다.

1.5.2. ATF의 구비조건

[1] 기어오일로서의 고착 방지성 및 내마모성 특성

기어가 작동할 때 기어사이에서 높은 압력에 의해 유막(油膜)이 끊어진다면 금속 사이의 마찰로 높은 열에 의한 고착(눌어붙음) 현상이 발생하거나 마모가 촉진된다. 이에 따라 오일은 높은 압력이 발생하여도 유막이 계속 유지되어야 한다.

[2] 작동유로서의 점도 특성과 저온 유동성

오일의 점도는 유압밸브들의 작동에 많은 영향을 미친다. 고온에서 점도가 너무 낮아지면 제어밸브(control valve), 클러치 피스톤, 오일실 등에서 오일이 새는 것이 많아져 유압 저하가 일어난다. 반대로 저온에서 점도가 너무 높아지면 밸브의 작동이 원활하지 못하여 변속 불량 등이 발생한다. 그러므로 ATF는 저온에서는 낮은 점도가 요구되며, 온도변화에 대하여 점도 변화가 가능한 적은(점도 지수가 큰) 것이 좋다.

[3] 클러치판 재질에 적합한 마찰특성

ATF의 마찰특성은 자동변속기의 변속 느낌(shift feeling)과 밀접한 관계가 있으며, 마찰계수에는 정 마찰계수(구동축과 피동축의 회전속도 차이가 1rpm일 때의 마찰계수 : μs), 동 마찰계수(구동축과 피동축의 회전속도 차이가 30rpm일 때의 마찰계수 : μd)가 있다.

만약, 동 마찰계수(μd)가 작으면 변속시간(클러치 접속시간)이 길어져 미끄럼에 의한 발열 때문에 클러치판의 표면온도가 상승하여 클러치가 타는 경우가 일어나며, 정 마찰계수(μs)가 크면 변속 마지막 단계에서 급격한 토크 변화가 일어나 충격이나 이상한 소리가 발생한다.

[4] 청정 분산성과 산화 안정성

동력손실에 의한 발열 및 습식 클러치 작동에 의한 온도상승을 분산시키는 청정 분산성이 있어야 하며, 장시간 사용하여도 ATF의 기본 특성 변화가 작은 산화 안정성이 필요하다.

[5] 실(seal)재료 및 냉각계통 재료에 대한 안정성

자동변속기 내의 각종 실 재료, 클러치 페이싱 재료 등이 ATF에 의해 화학적 변화를 일으키거나 경화, 수축, 팽창 등이 일어나지 않아야 한다.

[6] 기포가 발생하기 어려울 것

ATF에 기포(氣胞)가 발생하면 오일펌프의 토출 능력 저하 및 유압이 저하되어 마모나 고착현상이 발생할 수 있다. 일반적으로 점도가 낮을수록, 온도가 높을수록 기포 발생이 감소한다.

[7] 방청성이 있어야 한다.

2 자동변속기의 구성

2.1. 유체 클러치(fluids clutch)

2.1.1. 유체 클러치의 작동원리

유체 클러치는 2개의 날개 차 사이에 오일을 가득 채운 후 한쪽의 날개 차를 회전시키면 오일은 원심력에 의해 상대편 날개 차를 회전시킬 수 있다.

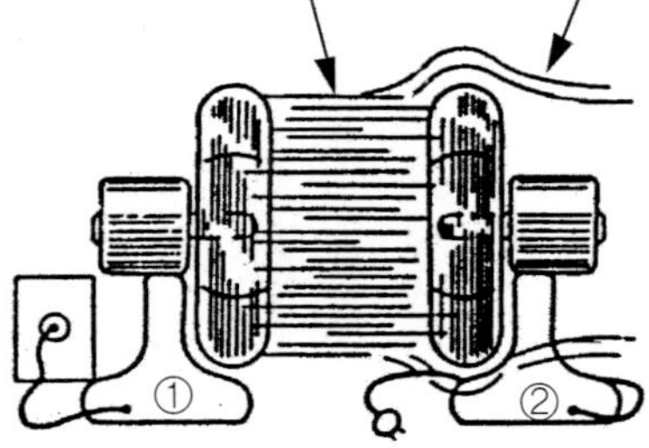

그림 3-5. 유체 클러치의 원리

이 작용을 이용하여 엔진의 동력을 오일의 운동 에너지로 바꾸고, 이 에너지를 다시 토크로 바꾸어 변속기로 전달하는 장치이다.

2. 1. 2. 유체 클러치의 구조

유체 클러치는 엔진 크랭크축에 펌프 임펠러(pump impeller)를, 변속기 입력축에 터빈 런너(turbine runner)를 설치하고, 오일의 맴돌이 흐름(와류)을 방지하기 위하여 가이드 링(guide ring)을 두고 있다. 그리고 유체 클러치의 날개는 모두 반지름 방향으로 직선 방사선 상을 이루고 있다.

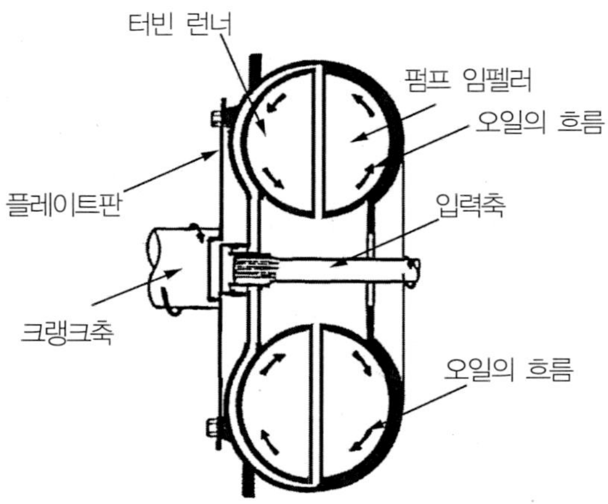

그림 3-6. 유체 클러치의 구조

2.1.3. 유체 클러치의 작동

엔진에 의해 펌프 임펠러가 회전을 시작하면 펌프 임펠러 속에 가득 찬 오일은 원심력에 의해 밖으로 튀어 나간다. 그런데 펌프 임펠러와 터빈 런너는 서로 마주보고 있으므로 펌프 임펠러에서 나온 오일은 그 운동 에너지를 터빈 런너의 날개 차에 주고 다시 펌프 임펠러 쪽으로 되돌아오며, 이에 따라서 터빈 런너도 회전하게 된다.

(a) 펌프 임펠러가 회전할 때 오일작용

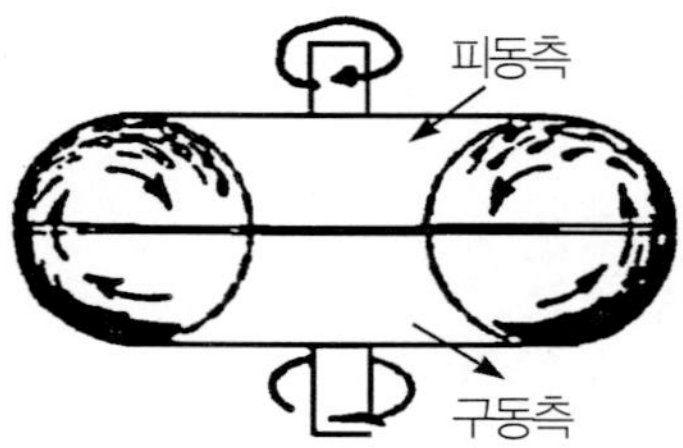

(b) 펌프 임펠러의 회전과 오일의 흐름

그림 3-7. 펌프 임펠러

이때 오일은 맴돌이 흐름(vortex flow)을 하면서 회전흐름(rotary flow)을 한다. 그리고 오일의 순환을 최대한 이용하기 위해서는 손실을 최소화하여야 한다. 이에 따라 원형(圓形)으로 함으로서 마찰손실과 충돌 손실을 최소화시키고 있다.

그러나, 맴돌이 흐름 내부에서는 오일 충돌이 발생하여 효율을 저하시킨다. 이를 방지하기 위해 가이드 링(가이드 코어라고도 함)을 그 중심부에 두어 오일 충돌이 감소되도록 하고 있다.

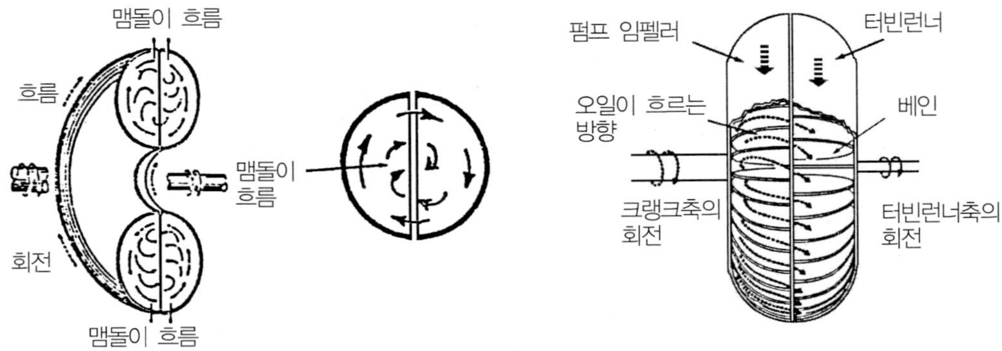

3-8. 오일의 회전 및 맴돌이 흐름

유체 클러치는 일종의 자동 클러치이다. 따라서 터빈 런너의 회전속도가 증가하여 펌프 임펠러와 같은 속도가 되었을 때에는 오일의 순환운동이 정지된다. 이때 토크 변환율은 1 : 1이 되어 마찰 클러치와 같은 역할을 한다.

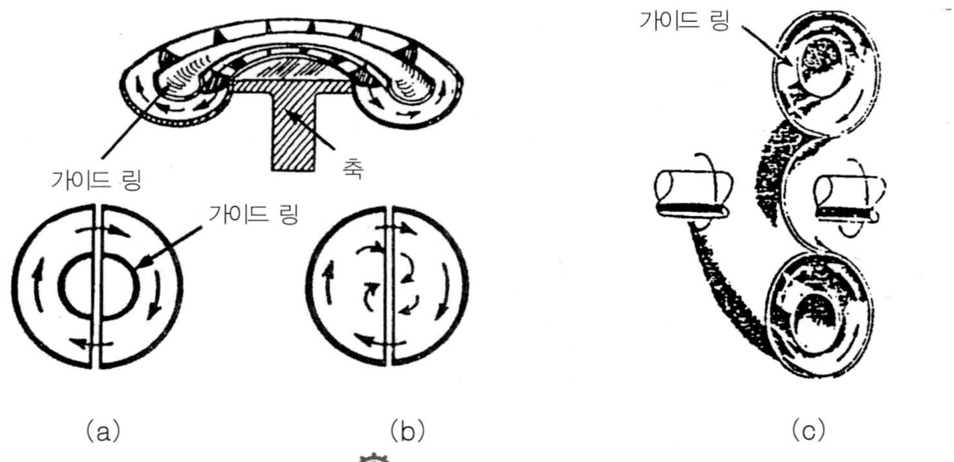

3-9. 가이드 링

Reference

① 유체 클러치 펌프 임펠러의 회전속도를 NP(rpm), 터빈 런너의 회전속도를 NT(rpm)라고 하면 미끄럼 비율 $S = \frac{NP-NT}{NP} \times 100$ 으로 표시하며 전달 토크의 크기는 미끄럼 비율 S가 클수록(또는 속도 비율) NT/NP = 0에 가까워질수록 커진다.

② 유체 클러치의 특성은 속도 비율 감소와 함께 토크가 증가하며, 속도 비율 0에서는 최대 값이 된다. 이 점을 스톨 포인트(stall point)라 한다. 즉, 스톨 포인트란 NT/NP = 0을 말하며 이때의 토크를 드래그 토크(drag torque)라고 한다.

2. 1. 4. 유체 클러치의 성능

유체 클러치는 터빈 런너의 회전속도가 펌프 임펠러의 회전속도와 거의 같아 졌을 때 최대 효율로 토크를 전달한다. 펌프 임펠러가 터빈 런너보다 훨씬 빨리 회전할 때에는 터빈 런너에 전달되는 토크 효율이 작아진다. 이것은 펌프 임펠러가 터빈 런너보다 빨리 회전할 때 오일은 터빈 런너 날개에 매우 큰 힘으로 전달된다. 이 오일은 터빈 런너 날개를 때리고 나서 펌프 임펠러를 회전 반대방향으로 다시 때린다. 이 힘은 펌프 임펠러가 효율적으로 작용하는 것을 방해하고, 펌프 임펠러와 터빈 런너의 회전속도 차이가 클 때에는 펌프 임펠러 토크의 많은 부분이 이 힘을 이겨내기 위해 사용된다. 이에 따라 유체 클러치에 의해 토크 손실이 발생한다. 이를 방지하고 유체 클러치와는 반대로 토크를 증대시키기 위해 토크컨버터를 개발하였다.

유체 클러치에서는 오일이 순환운동을 하지 않으면 토크가 전달되지 않는다. 따라서 오일에 항상 순환운동을 할 만큼의 운동 에너지를 남겨 두지 않으면 안 된다. 또한 오일이 보유한 순환운동의 에너지만큼 미끄럼(slip)이 되어 터빈 런너가 받는 에너지는 엔진의 에너지 보다 작게 된다. 실제에 있어서 유체 클러치의 펌프 임펠러와 터빈 런너사이의 토크 비율은 미끄럼 때문에 1 : 1이 되지 못한다. 미끄럼 값은 2~3%이며, 전달효율 η 는 최대 98% 정도이다.

2. 1. 5. 유체 클러치 오일의 구비조건

① 점도가 낮을 것
② 비중이 클 것
③ 착화점이 높을 것
④ 내산성이 클 것
⑤ 유성이 좋을 것
⑥ 비등점이 높을 것
⑦ 응고점이 낮을 것
⑧ 윤활성이 클 것

2.2. 토크컨버터(torque converter)

2.2.1. 토크컨버터의 개요

토크컨버터는 그 내부에 오일을 가득 채우고 자동차의 주행저항에 따라 자동적, 연속적으로 구동력을 변환시킬 수 있으며 그 기능은 다음과 같다.

① 엔진의 토크를 변속기에 원활하게 전달하는 기능

② 토크를 변환시키는 기능

③ 토크를 전달할 때 충격 및 크랭크축의 비틀림 완화 등의 기능을 한다.

자동차에서는 특별한 경우를 제외하고는 대부분 3요소 1단 2상형을 사용하고 있으며 1단의 토크컨버터로 얻을 수 있는 최대 토크 비율은 4 : 1 정도이며 효율은 80% 정도이다. 최대 효율을 90% 이상 유지하려면 최대 토크 비율을 2.0~2.5 : 1로 해야 하며, 더욱 큰 토크 비율을 얻으려면 1단 또는 3단으로 해야 한다. 이때 최대 토크 비율은 4~6 : 1 정도가 된다.

그러나 이것은 자동차보다도 건설기계에서 많이 사용되고 있다. 토크컨버터는 펌프 임펠러에 의하여 엔진의 기계적 에너지를 오일의 운동 에너지로 변환하여 터빈 런너를 구동시키고 다시 기계적 에너지로 변환시켜 변속기 입력축에 동력을 전달한다. 즉 엔진의 플라이휠에 조립된 펌프 임펠러가 회전하면 토크컨버터 하우징 내의 오일을 원심력에 의하여 터빈 런너로 보내서 변속기 입력축에 동력을 전달한다.

터빈 런너에서 나온 오일은 정지되어 있는 스테이터를 통과하면서 그 흐름방향이 바뀌어 다시 펌프 임펠러로 들어가 순환한다. 이때 펌프 임펠러, 터빈 런너, 스테이터가 받는 토크의 크기를 각각 Tp, Tt, Ts라고 하고, 그 회전방향을 고려하여 (+), (−)로 하면 다음의 식이 성립된다.

$$Tt = Tp + Ts \quad \cdots\cdots (3-1)$$

단, 이 경우 마찰 등으로 인한 에너지 손실은 없는 것으로 한다.

따라서 터빈 런너가 받는 토크, 즉 변속기 입력축이 받는 토크 Tt는 펌프 임펠러를 회전시키는데 필요한 엔진의 토크 Tp에 스테이터가 오일로부터 받는 토크 Ts만큼 증가한다. 이것이 토크컨버터를 사용하였을 때 토크를 변환시킬 수 있는 이유이다.

그림 3-10(a)과 같은 기구에서 물을 분출할 경우를 생각하면 단위시간에 출구로부터 질량 m의 물이 V의 흐름속도로 분출되면 반대방향으로 F = mV의 반발력이 생긴다. 따라서 이 물 탱크는 전진하게 될 것이다.

한편 그림 3-10(b)에서 날개가 평면 판일 경우에는 P의 힘만 발생하지만, 그림 3-10(c)과 같이 컵(cup)모양의 날개일 경우에는 노즐에서 같은 P의 힘을 분출하더라도 반발력 R이 발생하여 P+R의 힘이 발생한다. 또 여기서 그림 3-10(d)과 같이 스테이터를 설치하면 2P+2R이라는 큰 힘이 발생되어 토크가 매우 크게 증대된다.

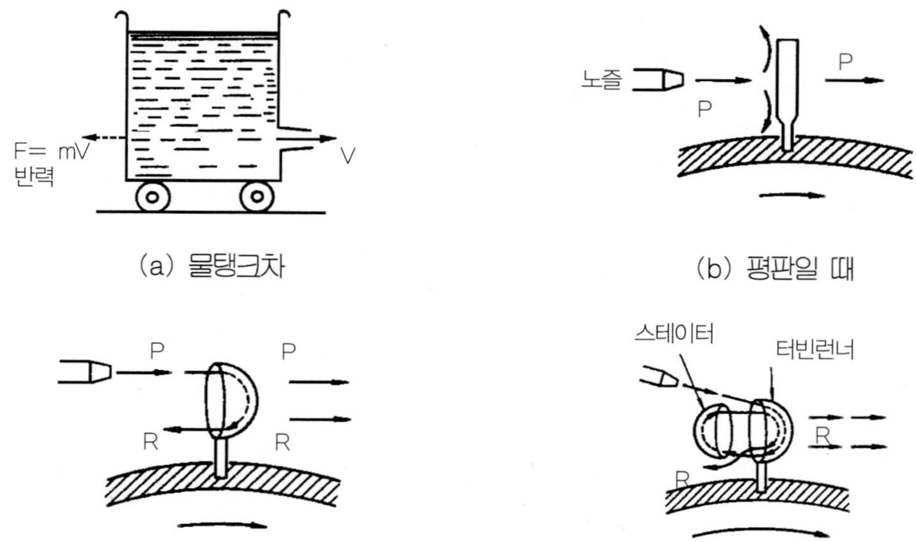

(a) 물탱크차 (b) 평판일 때
(c) 만곡판일 때 (d) 스테이터가 있을 때

그림 3-10. 토크 증가의 원리

그러나 이 경우 엔진의 출력 L은 일정하므로 엔진으로부터의 입력 이상의 출력을 얻을 수는 없다.

즉,

$$L = \frac{TN}{716} \quad \cdots\cdots (3-2)$$

에서 엔진의 출력 L이 일정할 때 토크 T가 증가되려면 회전속도 N이 작아야 한다.

따라서 터빈 런너의 토크 Tt가 펌프 임펠러의 토크 Tp보다 크게 되려면 그 회전속도 Nt는 펌프 임펠러의 회전속도 Np보다 작아야 한다. 이에 따라 마찰 등에 의한 에너지 손실이 없다고 가정하면 이들 사이에는 항상

$$Tp \times Np = Tt \times Nt \quad \cdots\cdots (3\text{-}3)$$

의 관계가 성립한다. 이 관계는 2개의 크고 작은 기어로 회전시킬 경우 큰 기어 쪽은 작은 기어 쪽보다 전달 토크는 커지고, 회전속도는 낮아지는 경우와 같은 원리이다.

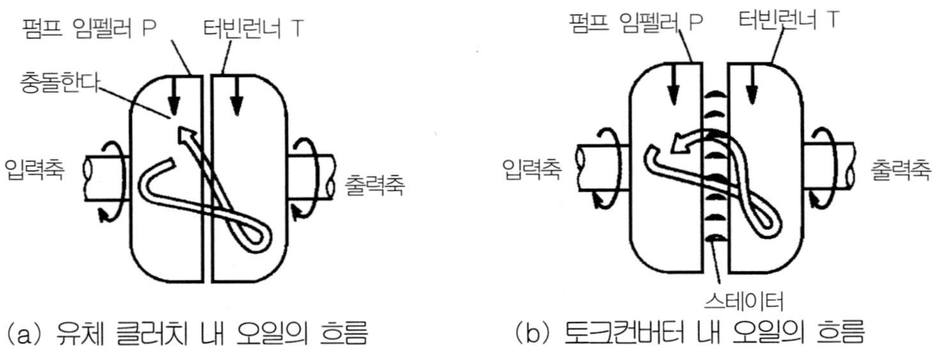

그림 3-11. 유체 클러치와 토크컨버터 내의 오일흐름 비교

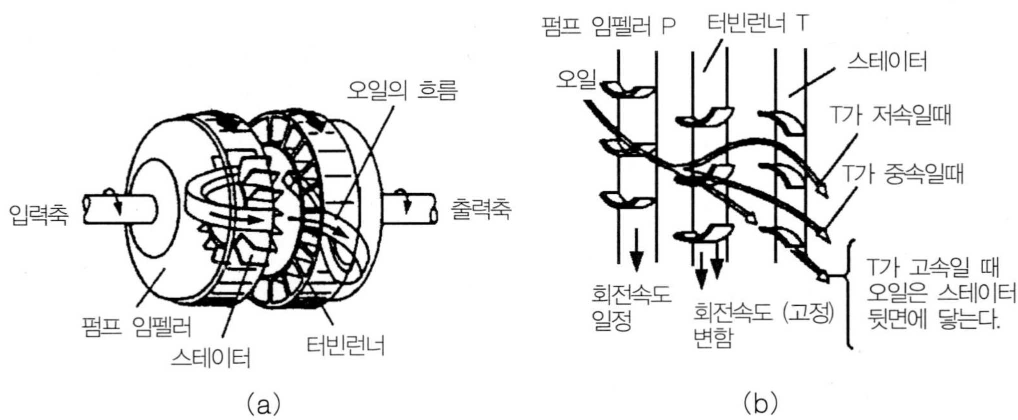

그림 3-12. 토크컨버터의 오일흐름과 날개의 관계

2. 2. 2. 토크컨버터의 구조

토크컨버터는 펌프 임펠러(pump impeller), 스테이터(stator), 터빈 런너(turbine runner)로 구성되어 있으며 분해할 수 없는 구조이다. 펌프 임펠러는 구동판을 통해 크랭크축에 연결되어 있으며, 스테이터는 한쪽 방향으로만 회전 가능한 원웨이 클러치(one way clutch : 일방향 클러치)를 통해 토크컨버터 하우징에 지지되어 있다.

그리고 터빈 런너는 펌프 임펠러에서 전달된 구동력을 동력 전달계통으로 전달하는 변속기 입력축과 스플라인으로 결합되어 있으며, 토크컨버터는 오일이 가득 채워진 하우징 내에 이들 3요소가 들어 있다. 또 토크컨버터는 엔진 플라이휠에 볼트로 체결되어 있다.

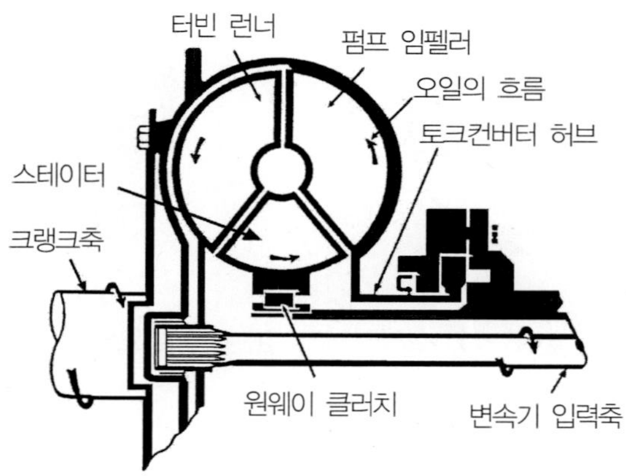

그림 3-13. 3요소 토크컨버터의 구성

Reference >>> 토크컨버터형식과 호칭

① 요소와 수 : 펌프 임펠러, 터빈 런너, 스테이터가 각각 1개인 것을 3요소라 한다.
② 단과 수 : 터빈 런너가 1개인 것을 1단이라 하고 터빈 런너가 2개인 것을 2단이라고 한다.
③ 상과 수 : 토크를 전달하는 양식의 변화 수, 토크컨버터 기능을 하여 클러치 포인트 현상이 나타나는 것을 2상이라 하며 그 밖에 엔진과 직결하는 다일렉트 클러치 등을 3상, 4상, 5상이라고 한다.

2.2.3. 토크컨버터의 기능

토크컨버터는 2가지 주요기능을 가지고 있다. 그 하나는 토크컨버터는 엔진의 동력을 오일을 통해 변속기로 원활하게 전달하는 유체 커플링의 기능이고, 또 다른 하나는 엔진으로부터 토크를 증가시켜 주는 역할을 한다. 그리고 펌프 임펠러는 엔진 플라이휠과 기계적으로 연결되어 있으며, 엔진이 작동될 때 엔진의 회전속도와 같은 속도로 회전한다. 따라서 엔진이 작동하면 펌프 임펠러도 회전을 하여 중앙부의 오일을 날개로 방출한다. 펌프 임펠러의 날개 사이에서 배출된 오일은 터빈 런너의 날개를 치게 되므로 터빈 런너를 회전시킨다.

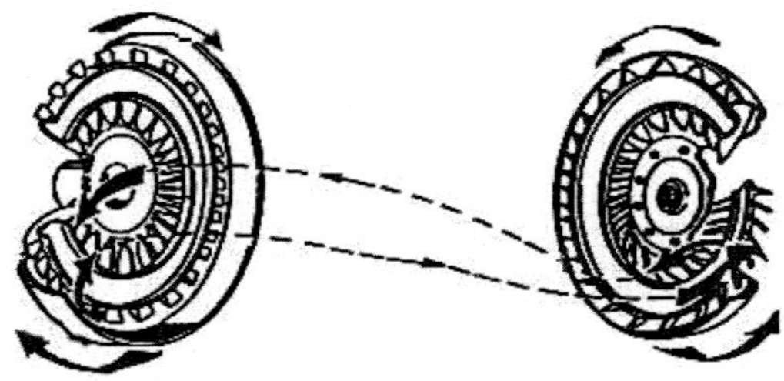

그림 3-14. 스테이터가 없는 경우 오일의 흐름

엔진이 공전상태일 때에는 펌프 임펠러에서 배출되는 오일의 힘은 터빈 런너 회전시킬 수 있는 만큼 충분하지 못하므로 공전상태에서 정지상태로 있게 된다. 가속페달을 밟아 엔진이 가속되어 펌프 임펠러의 속도가 증가함에 따라 오일의 힘이 증가되어 엔진의 동력이 터빈 런너와 변속기로 전달된다.

오일은 터빈 런너에 힘을 전달한 후 하우징과 날개를 따라서 흐르며, 엔진 회전방향과 반대방향으로 역류하려는 오일을 터빈 런너가 흡수한다. 만약 터빈 런너에서 반 시계방향으로 회전하는 오일이 토크컨버터 펌프 임펠러의 안쪽으로 계속해 들어온다면 엔진 회전방향과 반대방향으로 펌프 임펠러의 날개를 치게 되어 펌프 임펠러의 힘이 감소하게 된다. 이것을 방지하기 위해 펌프 임펠러와 터빈 런너사이에 스테이터가 설치되어 있다. 스테이터에는 원웨이 클러치가 설치되어 반 시계방향으로 회전하지 못하도록 되어 있다.

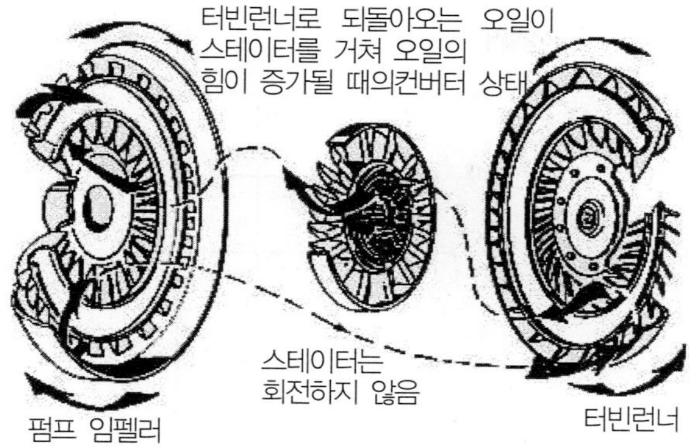

그림 3-15. 스테이터가 정지되어 있을 때의 오일의 흐름

스테이터의 역할은 터빈 런너로부터 되돌아오는 오일의 회전방향을 펌프 임펠러의 회전 방향과 같도록 바꾸어 주는 것이다. 따라서 오일의 에너지는 펌프 임펠러를 회전시키는 엔진의 동력을 보조해 주게 되며, 터빈 런너를 회전시키는 오일의 힘을 증가시키게 되어 엔진으로부터 나오는 동력과 토크가 증가한다.

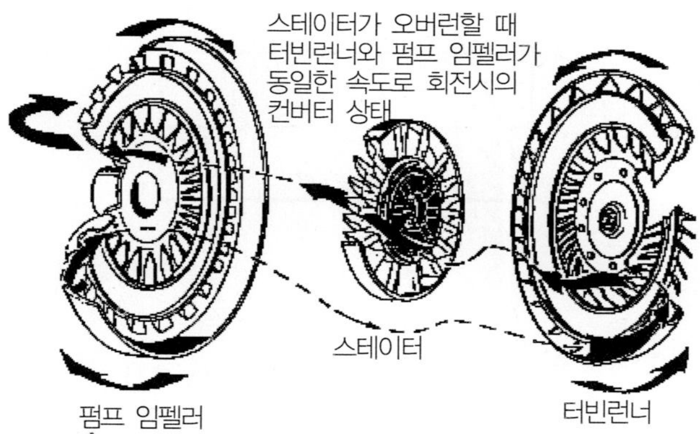

그림 3-16. 스테이터가 회전할 때 오일의 흐름

2.2.4. 토크컨버터의 성능

그림 3-17은 토크컨버터의 성능 곡선도이며 터빈 런너와 펌프 임펠러와의 회전 속도 비율 $e = \frac{Nt}{Np}$에 대하여 그 토크 비율 $t = \frac{Tt}{Tp}$ 및 동력 전달효율 $\eta = t \times e$를 나타내고 있다. 토크 t는 속도비율 e = 0에서 최대가 되며 이 점을 스톨 포인트(stall point)라고 한다.

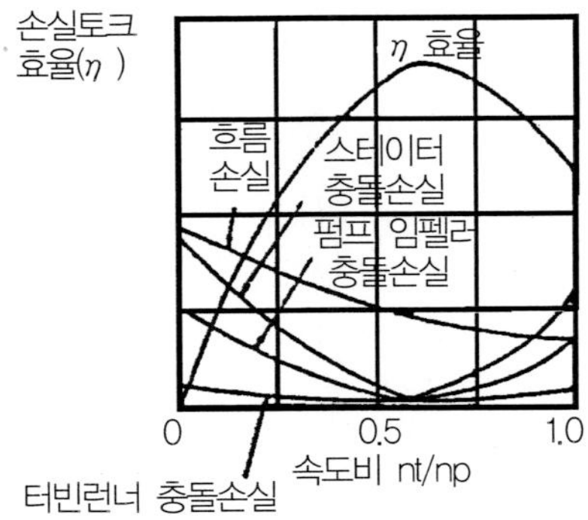

(a) 토크컨버터의 효율과 충돌손실

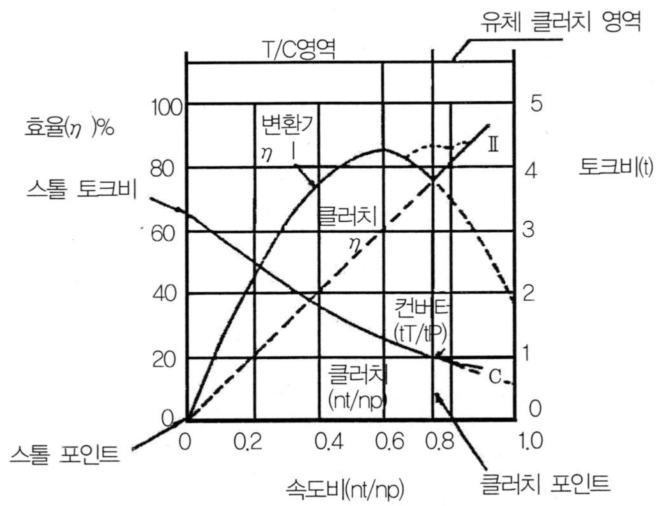

(b) 토크컨버터의 성능곡선

그림 3-17. 토크컨버터의 성능곡선

토크 비율 t는 속도 비율 e가 증가함에 따라 감소하며 어떤 속도 비율에서는 토크 비율 t = 1이 된다. 이 점을 클러치 포인트(clutch point)이라 한다. 그 이상의 속도 비율에서는 토크 비율 t = 1 이하가 된다.

효율 η 는 스톨 포인트에서는 0이 되고 속도 비율 e가 증가함에 따라 효율이 증가하며 일반적으로 클러치 포인트보다 낮은 속도 비율에서 최대가 되고 이후에는 급격히 저하한다. 이상은 토크컨버터의 일반적인 특성으로 토크 비율 t= 1의 클러치 포인트에서 유체 클러치로 변환한다.

따라서 스테이터와 프레임사이에 원 웨이 클러치(one way clutch)를 두고 있는데 원 웨이 클러치에 의하여 클러치 포인트에 도달하면 지금까지 정지하고 있던 스테이터 날개의 뒷면에 오일이 작용하기 때문에 스테이터가 회전하기 시작하여 스테이터가 없는 유체 클러치와 같은 작용(동력만 전달)한다.

따라서 그림 3-17(b)의 실선에서 나타낸 것과 같이 토크 비율 $t = 1$의 상태가 계속되고 효율 η 도 이 점보다 크게 상승한다. 이 클러치 포인트까지의 범위를 토크컨버터 레인지라고 하며 그 이후의 범위를 유체 커플링 레인지(fluid coupling range)라고 한다. 이 유체 커플링 레인지에서는 유체 클러치와 같은 성능곡선으로 된다. 일반적으로 1세트의 토크컨버터로 얻을 수 있는 토크 비율 t는 일반적으로 2~3 : 1 정도이다.

그러나 이 정도의 토크 비율로는 수동변속기만큼의 큰 토크 비율(수동변속기의 감속 비율)을 얻을 수 없고 또 후진을 하기 위해서는 후진용 기어 장치가 필요하다. 이상의 이유로 인하여 토크컨버터를 사용하는 자동변속기에서는 토크컨버터만을 사용할 수 없고 반드시 기어 장치를 포함하는 보조 변속기를 사용하여 토크 비율의 증대와 회전 방향의 변환을 도모하고 있다.

2.2.5. 토크컨버터의 작용

토크컨버터 각 요소에 작용하는 토크는 오일의 각 운동량과 직접적인 관계가 있다. 각 요소의 날개는 오일이 통과하는 동안 각 운동량이 변화하도록 설계되어 있으며, 이와 같은 각 운동량의 변화에 의해 각 축으로 토크가 전달된다.

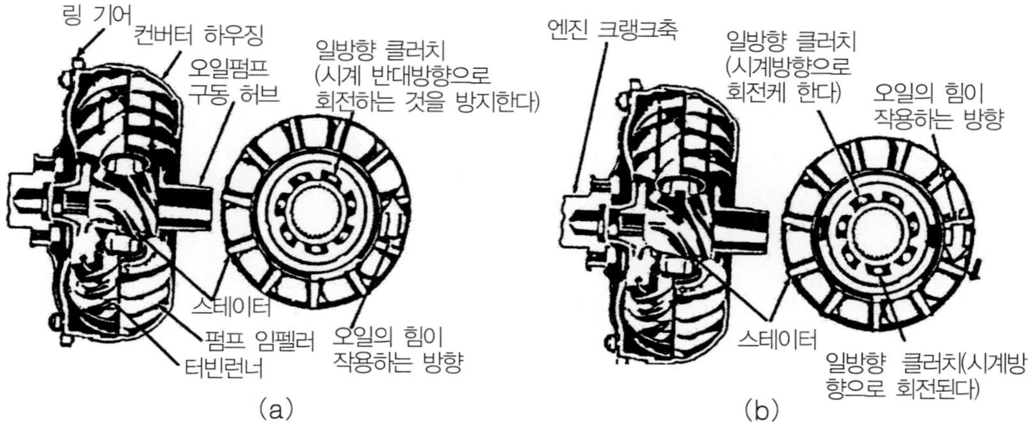

그림 3-18. 토크컨버터 내에서의 오일흐름

토크컨버터 내부의 오일순환은 펌프 임펠러에 의해 시작되는데, 펌프 임펠러가 회전함에 따라 펌프 임펠러 내에 들어있는 오일이 원심력에 의해 출구 쪽으로 분출되며 곧 이어 터빈 런너의 입구로 들어간다. 터빈 런너에 유입된 오일은 날개 차를 지나는 동안 각 운동량이 변화되어 출구를 통하여 분출되고 이 과정에서 터빈 런너는 펌프 임펠러와 같은 방향으로 토크를 받으면서 회전하기 시작한다.

그러나 터빈 런너의 출구로 분출된 오일은 펌프 임펠러의 회전방향과 반대방향의 속도 성분을 지니게 되므로 스테이터를 통하여 펌프 임펠러와 같은 방향의 속도 성분을 갖도록 흐름방향을 바꾸어 펌프 임펠러에 각 운동량을 더해준다. 스테이터는 반지름 변화에 의한 각 운동량의 변화보다는 터빈 런너에서 분출되는 오일 흐름방향을 펌프 임펠러의 회전방향과 같게 해주는 것이 주 기능이다.

[1] 터빈 런너가 정지하고 있을 때(스톨(stall)일 때)

그림 3-19는 터빈 런너가 정지하고 있을 때의 오일의 흐름을 보인 것이다. 펌프 임펠러가 회전하면 오일은 화살표 P_1방향으로 나와 터빈 런너에 운동 에너지를 전달하고 P_2방향으로 흘러 들어간다.

이때 스테이터는 터빈 런너에서 흘러나오는 오일을 처음의 방향 즉, P_1과 같은 P_3방향으로 바꾸어준다. 이 스테이터에 의해 방향을 바꾼 오일은 펌프 임펠러에서 새롭게 나오는 오일과 합세하여 터빈 런너를 회전시키는 힘에 합세한다. 이 오일은 상당히 큰 운동 에너지를 가지고 있으며 펌프 임펠러 날개의 뒷면에 작용하게 된다. 이때 터빈이 정지상태(자동차가 정지 상태)에 있으므로 토크 변환 비율은 최대(2~3 : 1)가 된다.

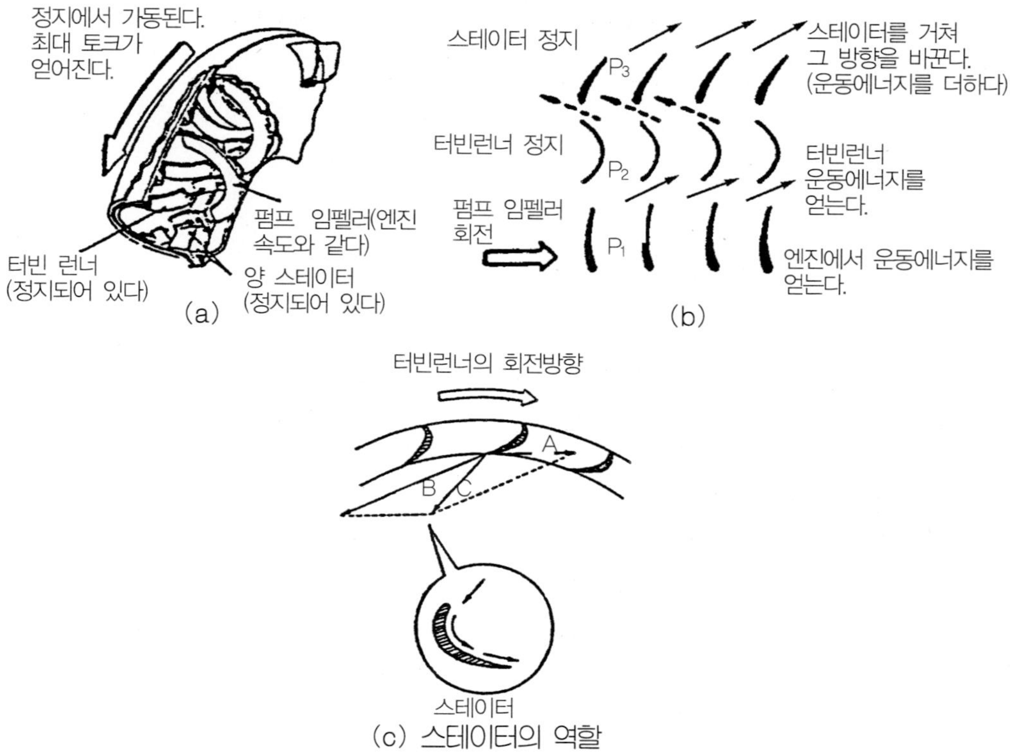

그림 3-19. 터빈 런너가 정지하고 있을 때(스톨일 때)

[2] 터빈 런너가 펌프 임펠러의 1/2 회전을 할 때(속도가 증가될 때)

그림 3-20은 터빈 런너가 펌프 임펠러의 1/2회전을 할 때의 오일의 흐름을 보인 것이다. 이때에도 오일은 터빈 런너가 정지된 경우와 마찬가지로 P_1방향에서 터빈 런너에 운동 에너지를 전달하고 P_2 및 P_3의 방향으로 흐른다.

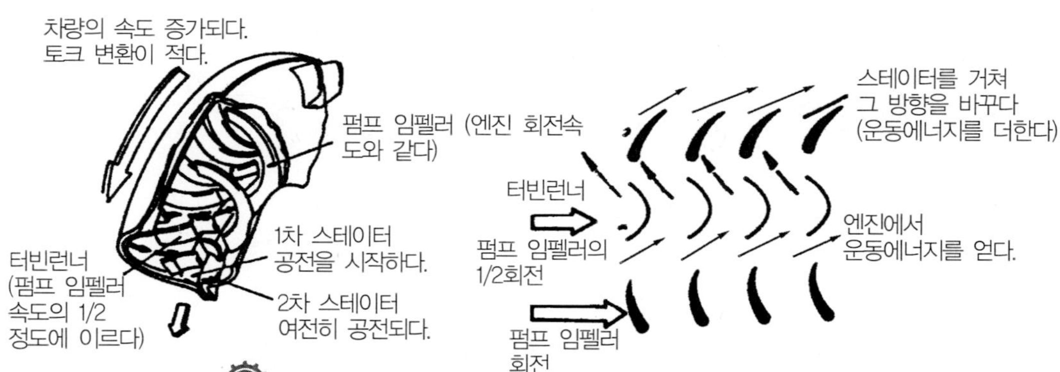

그림 3-20. 터빈 런너가 펌프 임펠러의 1/2회전을 할 때

그러나 이때에는 터빈 런너의 회전속도가 펌프 임펠러의 1/2이므로 P_2의 방향이 (1)의 경우 1/2 정도 터빈의 회전방향으로 곡선이 된다. 따라서 스테이터에 의한 오일의 흐름 방향의 변환이 감소된다. 이 경우 토크의 변환 비율은 터빈 런너가 정지된 경우의 1/2 정도(1.5 : 1)가 된다.

[3] 펌프 임펠러와 터빈 런너의 회전 속도가 거의 같아졌을 때(정속 주행)

그림 3-21은 펌프 임펠러와 터빈 런너의 회전속도가 거의 같아졌을 때 즉, 터빈 런너와 펌프 임펠러의 속도 비율(Nt/Np)이 9/10 정도가 되었을 때의 오일 흐름을 보인 것이다. 이때에는 터빈 런너의 회전속도가 펌프 임펠러의 회전속도와 거의 같으므로 터빈 런너를 떠나는 오일의 방향이 펌프 임펠러의 회전속도와 거의 같으므로 터빈 런너를 떠나는 오일의 방향이 펌프 임펠러의 회전방향과 거의 일치한다.

따라서 스테이터는 그 뒷면에서 오일의 작용을 받아 원웨이 클러치작용을 하여 펌프 임펠러 및 터빈 런너와 함께 회전하게 된다. 이때 토크컨버터로서의 기능은 정지되며 유체 클러치로서 작동하게 된다. 토크 변환 비율은 유체 클러치와 마찬가지로 1 : 1이 된다.

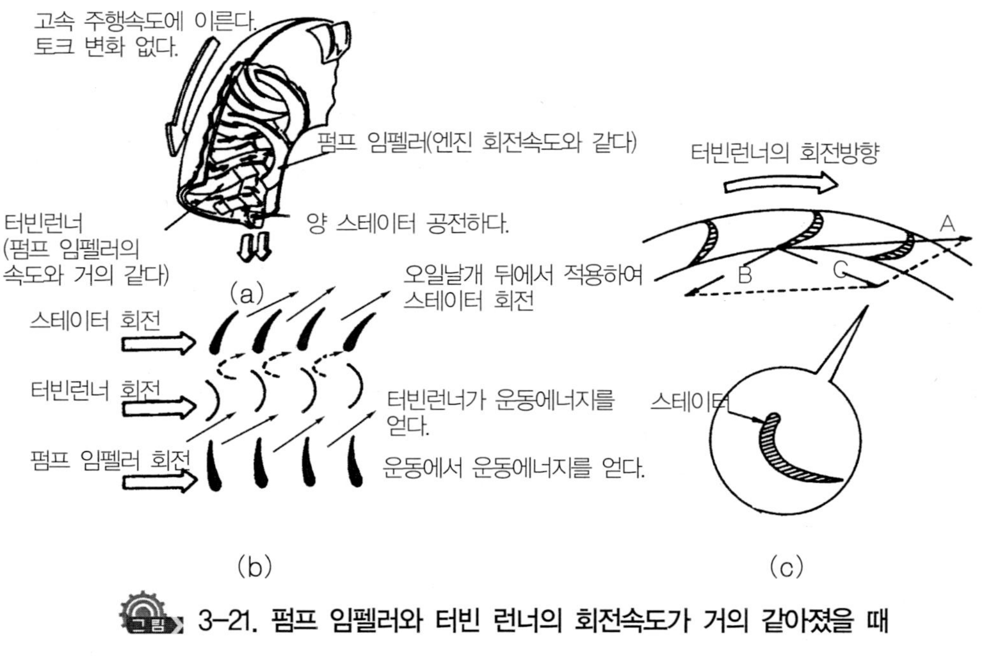

그림 3-21. 펌프 임펠러와 터빈 런너의 회전속도가 거의 같아졌을 때

Reference

Nt/Np = 1 부근에서 토크컨버터의 기능이 정지되는 것은 스테이터에 의해 변환되는 오일 흐름의 변환이 없어지기 때문이다.

2.3. 원웨이 클러치(one way clutch : 일방향 클러치)

스테이터는 펌프 임펠러와 터빈 런너의 회전속도의 차이가 클 때는 유효하지만 반대로 회전속도가 적을 때는 토크컨버터 내의 오일 흐름에 변화가 생기게 된다. 오일이 터빈 런너로 흘러 스테이터의 앞쪽에 부딪쳐 흐름의 방향을 바꾸고 있었으나 회전차이가 없어지면 오일의 흐름도 대부분 와류상태가 되어 펌프 임펠러와 터빈 런너는 같은 속도로 회전하려 한다.

이때 스테이터가 스테이터축에 고정되어 있으면 스테이터의 뒷면에서 오일이 흘러 들어가 스테이터도 펌프 임펠러나 터빈 런너와 함께 회전하려고 한다. 이때 스테이터를 회전시키지 않으면 전달효율이 불량해져 토크 비율은 1 이하가 된다. 이것을 방지하기 위해서 스테이터에는 펌프 임펠러의 회전방향과 같은 방향으로 회전시키는 힘이 작용했을 때 회전하며, 반대방향으로 힘이 가해졌을 때 고정시키는 원웨이 클러치를 두고 있다.

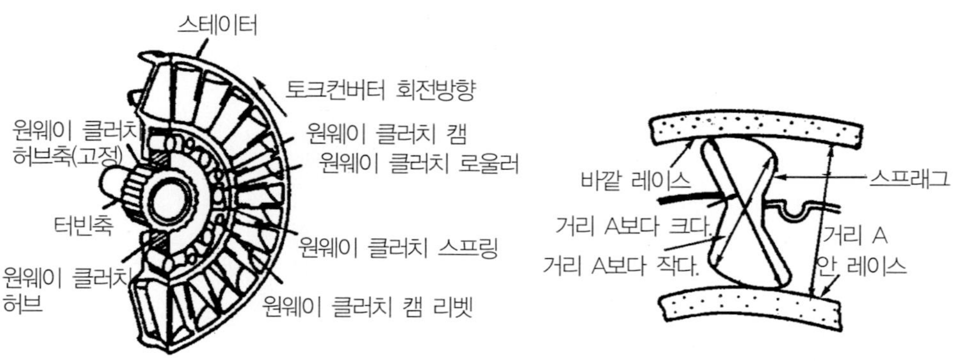

(a) 롤러형식 (b) 스프래그형식

그림 3-22. 원웨이 클러치의 형식

스테이터가 회전을 시작하는 시점을 클러치 포인트(clutch point)라고 한다. 이것을 경계로 해 유체 클러치로 변환되어 토크증대 작용이 일어나지 않기 때문에 토크 변환 비율은 1이 된다. 만약 스테이터의 원웨이 클러치가 고착되거나 회전방향으로 회전하지 않을 때 스톨 테스트의 결과는 양호하더라도 어느 속도(약 70~80km/h) 이상이 되면 주행속도가 올라가지 않고 과열하기 쉽게 된다.

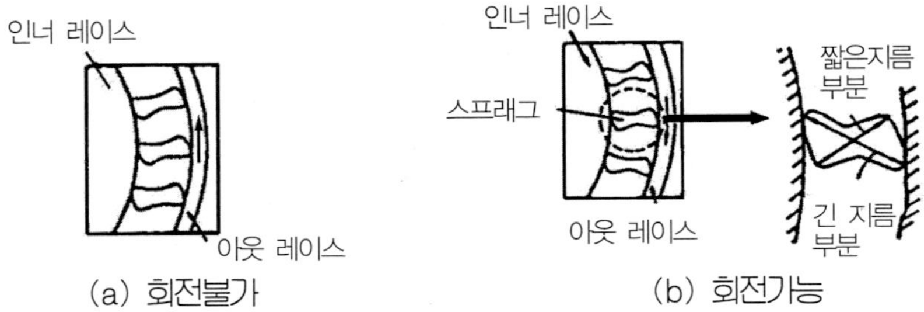

그림 3-23. 스프래그형 원웨이 클러치의 작동

2.4. 자동변속기의 기어 트레인

2.4.1. 기어 트레인(gear train)의 개요

자동변속기의 기어 트레인은 변속 단수나 기어비 선정의 자유도, 변속제어의 용이성, 신뢰성, 차량 탑제성 등에 의해 선정된다. 기어 트레인으로 가장 많이 사용하고 있는 1축에서의 변속이 가능한 유성 기어방식과 수동변속기에서 많이 사용하고 있는 팽행축 기어방식이다.

[1] 유성 기어 세트

유성 기어 세트의 구성요소는 선 기어, 링 기어, 유성 피니언과 캐리어로 되어 있으며 입력 및 출력요소로 선 기어, 링 기어, 캐리어를 이용한다. 유성 기어세트는 3요소 중 2요소가 작동하면 일체로 작동된다. 유성 기어의 회전속도 관계는 단일 유성 기어일 경우 다음과 같다.

$$Nr + \alpha \times Ns - (1 + \alpha) \times Nc = 0 \quad \cdots (3\text{-}4)$$

Nr : 링 기어의 회전속도, Ns : 선 기어의 회전속도

Nc : 캐리어의 회전속도

α : 잇수 비(α = Zs / Zr ; 선 기어 잇수 / 링 기어 잇수)

더블 피니언을 사용할 경우는 다음과 같다.

$$Nr - \alpha \times Ns - (1 - \alpha) \times Nc = 0 \quad \cdots\cdots (3-5)$$

Nr : 링 기어의 회전속도
Ns : 선 기어의 회전속도
Nc : 캐리어의 회전속도
α : 잇수 비(α = Zs / Zr ; 선 기어 잇수 / 링 기어 잇수)

일반적으로 단순 유성 기어와 더블 유성 기어는 다음과 같다. 일반적으로 자동변속기에서 채택하고 있는 기어 트레인형식은 심프슨 방식(simpson type), 라비뉴 방식(ravigneaux type), CR－CR 방식으로 나눈다.

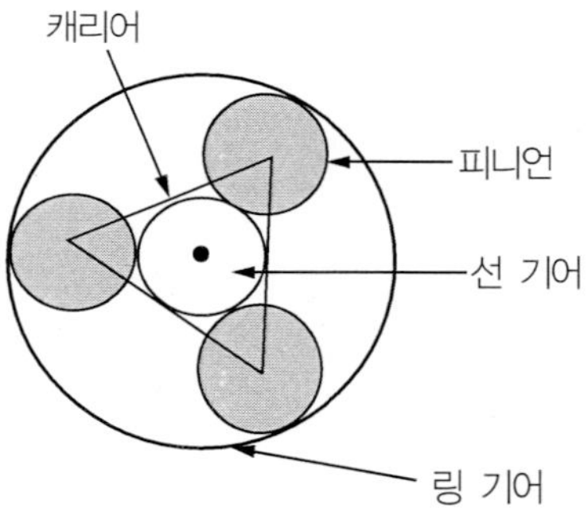

(a) 단순 피니언 유성 기어

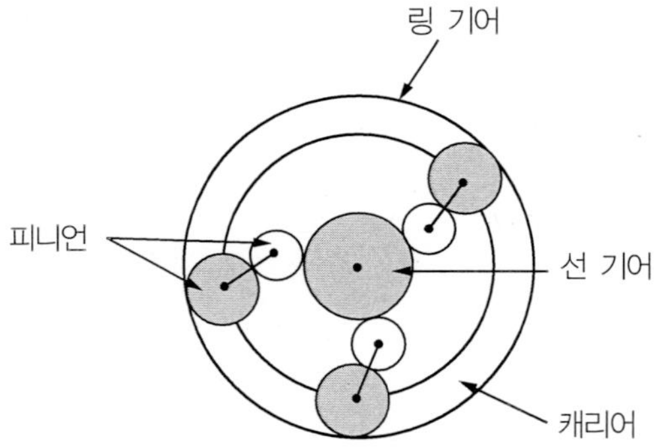

(b) 더블 피니언 유성 기어

그림 3-24. 단순 피니언 유성 기어와 더블 피니언 유성 기어

(1) 심프슨방식

이 방식은 2세트의 단일 유성 기어의 각각에 선 기어를 결합하고 다시 한쪽의 링 기어와 다른 한쪽의 캐리어를 결합한 기어 트레인이다. 특징은 링 기어 입력으로 인하여 강도 상 유리하고 동력순환이 없으며 구성요소의 회전속도가 낮고 효율이 좋다.

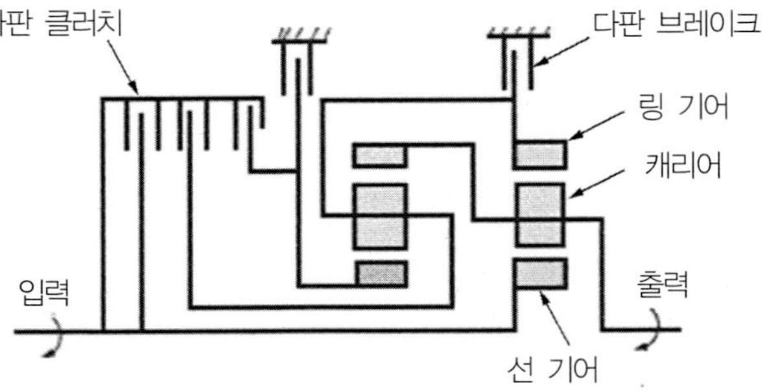

그림 3-25. 심프슨방식

(2) 라비뉴방식

이 방식은 1 세트의 단일 유성 기어와 다른 한 세트의 더블 유성 기어세트를 조합한 기어 트레인이다. 특징은 구성요소가 적고 축방향의 치수가 짧고 구성요소의 회전속도가 낮다.

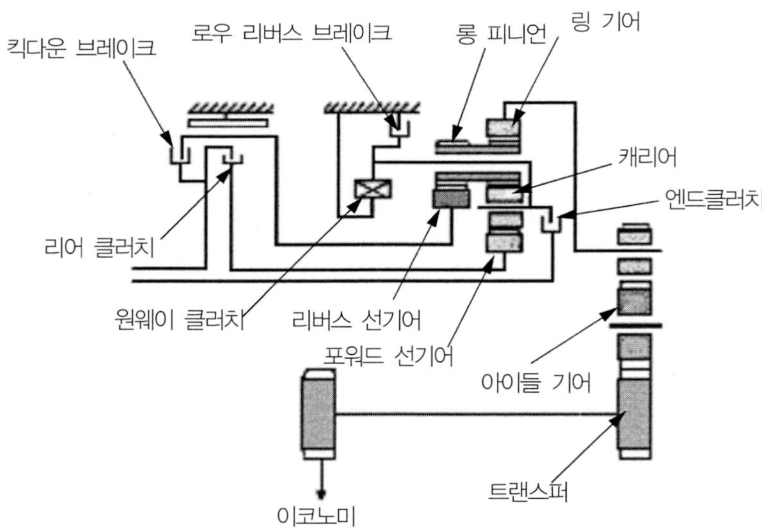

그림 3-26. 라비뉴방식

(3) CR－CR식

이 방식은 2세트의 단일 유성 기어의 캐리어와 링 기어를 각각 결합한 기어 트레인이다. 특징은 변속비를 크게 할 수 있고 효율이 좋으며 구성요소의 회전속도가 낮다.

[2] 평행축 기어방식

이 방식은 수동변속기와 유사하며, 기본구조는 평행 2축 방식 또는 3축 방식으로 항상 맞물려 있는 복수의 기어와 건식 또는 습식 클러치로 구성되어 있다. 특징은 각 기어 단의 변속비의 자유도가 크며 효율이 좋고 수동변속기와 부품 공용화가 가능하다.

2.4.2. 유성 기어세트의 작용

유성 기어 변속장치는 유압 제어기구에 의한 변속 제어장치에 의하여 자동차의 주행속도에 따라 자동변속이 이루어진다. 이것에 의하여 토크컨버터의 토크변환 능력부족분을 보충하여 자동차의 구동력을 증대시키고 또 후진할 때 회전방향을 변환하여 자동변속기의 기능이 충분히 발휘되도록 한다. 유성 기어세트의 작동은 다음과 같다.

[1] 증속(增速)시킬 경우

① 링 기어를 증속시키고자 할 경우에는 선 기어를 고정시키고, 유성 기어를 구동하면 증속되며, 링 기어의 증속은 다음 공식으로 산출된다.

$$N = \frac{A + D}{D} \times n \quad \cdots\cdots (3-6)$$

N : 링 기어의 회전
A : 선 기어 잇수
D : 링 기어 잇수
n : 유성 캐리어의 회전속도

② 선 기어를 증속시키고자 할 경우에는 링 기어를 고정시키고, 유성 캐리어를 구동하면 증속된다.

[2] 감속(減速)시킬 경우

① 선 기어를 고정시키고 링 기어를 구동하면 유성 캐리어가 감속한다.
② 링 기어를 고정시키고 선 기어를 구동하면 유성 캐리어가 감속한다.

(1) 후진(역회전)시키고자 할 경우

① 유성 캐리어를 고정하고 선 기어를 회전시키면 링 기어가 역전 증속한다.

② 유성 캐리어를 고정하고 링 기어를 회전시키면 선 기어가 역전 감속한다.

(2) 직결시킬 경우

선 기어, 유성 캐리어, 링 기어의 3요소 중에서 2요소를 고정하면 동력은 직결(top gear)된다. 또한, 유성 기어를 자동변속기의 보조 변속기로 사용하는 이유는 다음과 같다.

① 유성 기어 트레인의 각 기어는 항상 물려 있기 때문에 동력전달 중에도 기어의 변속이 가능하다.

② 1세트의 유성기어 트레인으로 2가지의 변속비율 얻을 수 있다. 예를 들어 2세트의 유성기어세트인 경우 전진 3단, 후진 1단의 변속비율을 얻을 수 있다.

③ 수동변속기에 비해 소형화할 수 있다.

3 자동변속기 구성부품의 구조와 작동원리

3.1. 자동변속기 구성부품의 개요

자동변속기를 구성하는 부품 중에는 엔진의 동력을 변속기에 전달하는 토크컨버터와 적절한 토크를 얻기 위한 변속기구로 구성되어 있으며, 토크컨버터에는 댐퍼 클러치가 설치되어 토크컨버터 미끄럼에 의한 동력손실을 감소시키고 있다.

변속기구에는 프론트(front), 리어(rear), 엔드(end) 클러치의 다판 클러치와 로 & 리버스(low & reverse) 브레이크, 밴드 브레이크(band brake), 원웨이 클러치(one way clutch) 및 유성 기어세트(planetary gear set) 등으로 구성되어 있다. 2조 또는 3조의 클러치와 유성 기어세트는 동력을 제어하는 요소이고, 2조의 브레이크와 원웨이 클러치는 유성 기어세트 각 부분의 고정 또는 회전을 저지하기 위한 요소이다. 따라서 이러한 작동요소에 의해 유성 기어 세트의 어느 곳으로 동력이 입력되고 어느 곳을 고정시키는 가에 따라 운전조건에 알맞은 변속 비율을 얻는다.

3.2. 클러치와 브레이크

자동변속기를 구성하는 부품 중에서 클러치와 브레이크에 관련된 부품은 변속기마다 다소 차이는 있으나 전체 부품 중 약 40~50%를 차지하고 있다. 이들 클러치와 브레이크에는 습식 다판 클러치(wet multi disc clutch) 및 밴드 브레이크(band brake)가 주종을 이루며, 유압 제어장치에 의해 공급되는 유압으로 작동되거나 해제된다. 클러치와 브레이크의 주요 작용은 변속할 때 유성 기어세트의 입력요소에 동력을 전달해주거나 차단하며 필요할 때 반력 요소를 고정시켜 유성 기어세트에서 변속이 이루어지도록 한다.

자동변속기에서 사용되고 있는 클러치와 브레이크를 마찰요소라고 부르는데 이것은 클러치나 브레이크가 마찰 재료의 마찰력을 이용하여 엔진의 동력을 전달하거나 유성 기어세트의 요소를 고정시키는 역할을 하기 때문이다.

3.2.1. 습식 다판 클러치의 구조와 작동

[1] 디스크(disc)

디스크에는 마찰재료가 강철판(鋼鐵板)으로 제작된 코어판(core plate)의 양쪽 면에 특수 접착제로 부착되어 있으며, 코어판 안쪽에는 스플라인이 가공되어 있다. 또한 디스크와 연결되는 클러치 허브에도 스플라인이 가공되어 있어 디스크로부터 토크를 전달받아 유성 기어세트 등에 동력을 전달한다.

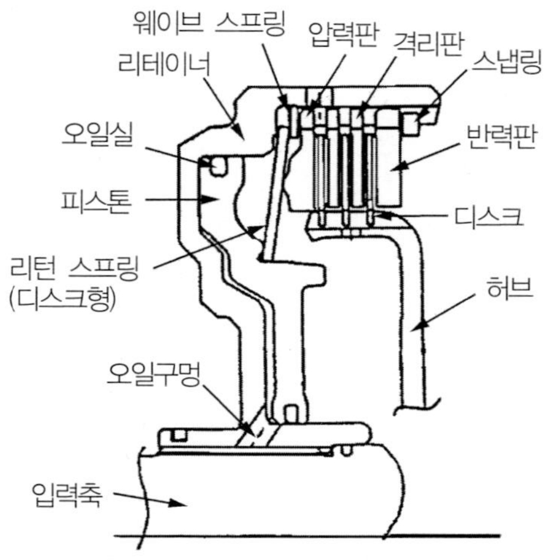

그림 3-27. 습식 다판 클러치의 구조

각 디스크사이에는 클러치판 또는 격리판(separator plate)이 1장씩 끼워지는데 클러치판의 바깥쪽에는 러그(lug)나 스플라인이 가공되어 있어 이를 통해 클러치 리테이너로부터 동력을 전달받도록 되어 있다. 클러치판은 디스크와 마찰재료와 항상 접촉하므로 표준 조도 및 평면도가 정밀하게 유지되어야 하며, 클러치가 작동할 때 발생하는 열을 흡수할 수 있도록 충분한 두께가 있어야 한다.

[2] 반동판(reaction plate)

반동판은 클러치판과 동일한 형상으로 되어 있으나 두께가 훨씬 두꺼우며 맨 바깥쪽에 설치되어 스냅 링에 의해 피스톤으로부터 전달되는 하중을 균일하게 지지하는 역할을 한다.

[3] 압력판(pressure plate)

압력판은 피스톤으로부터의 하중을 클러치판과 디스크로 전달하는 역할을 한다. 피스톤은 유압에 의해 작동되며 디스크와 클러치판을 압축시켜 마찰력에 의해 동력을 전달할 수 있도록 한다. 피스톤의 바깥쪽과 안쪽에는 실(seal)이 설치되어 오일의 누출을 방지한다.

[4] 리턴 스프링(return spring)

리턴 스프링은 클러치를 해제시킬 때 피스톤에 작용하는 유압을 제거하면 피스톤을 원 위치로 밀어주는 역할을 한다.

3. 2. 2. 클러치에 작용하는 원심 유압

자동변속기에서 토크컨버터나 클러치와 같이 밀폐된 공간에서 고속회전하고 있는 오일에는 원심력에 의한 유압이 발생하는데 습식 다판 클러치는 구조상 유압으로 작동하고, 또 고속회전하므로 피스톤과 클러치 리테이너 사이에 갇혀 있는 오일에는 회전에 의한 원심 유압이 항상 작용한다. 따라서 클러치 피스톤이 작동할 때에는 공급유압에 의한 힘에 원심 유압에 의한 힘이 더해진다.

3. 2. 3. 체크 볼(check ball)의 역할

클러치 피스톤이 작동할 때에는 항상 원심유압이 피스톤에 가해지므로 클러치를 해제시키기 위해 공급 유압을 제거하여 클러치 실린더 내에는 유량이 잔류되어 있어 상당한 양의 원심유압이 피스톤에 작용한다. 따라서 클러치가 작동시키므로 클러치에서 많은 양의 미끄럼 저항(drag torque)이 발생하는 원인이 된다. 이를 해결하게 위해 리턴 스프링의 장력을 크게 하면 되나 클러치를 작동시킬 때의 유압이 필요 이상으로 커져 여러 가지 문제점을 초래한다.

따라서 클러치에는 그림 3-28과 같이 클러치 피스톤이나 리테이너에 체크볼을 설치하여 유압이 작동하지 않을 때에는 볼에 작용하는 원심력에 의해 배출구멍이 열려 잔류 유량이 배출되도록 하고 있다. 체크볼의 특성은 클러치에 유압이 작용하고 있을 때에는 최고 속도로 클러치가 회전하고 있어도 볼이 시트(seat)에 압착되어 피스톤이 리턴 스프링의 반발력을 이기고 작동되어야 하고, 클러치에 가해지는 유압이 해제되었을 경우에는 어떤 회전속도에서도 볼이 시트를 이탈하여 잔류 유량이 배출구멍을 통해 배출되도록 되어 있다.

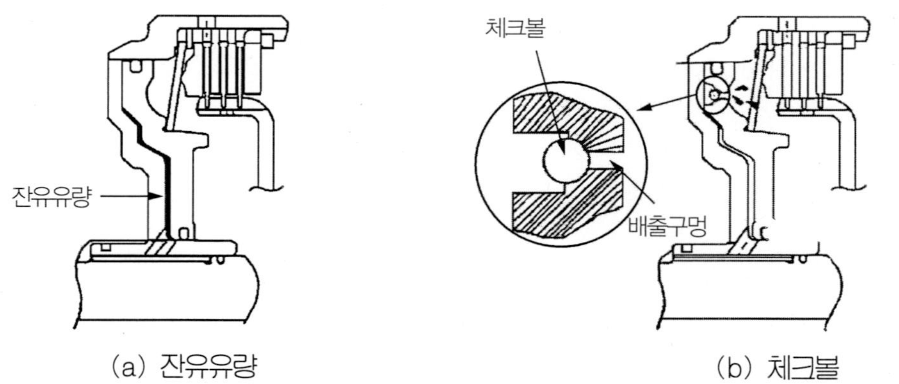

(a) 잔유유량 (b) 체크볼

그림 3-28. 체크볼의 작용

3.3. 자동변속기구

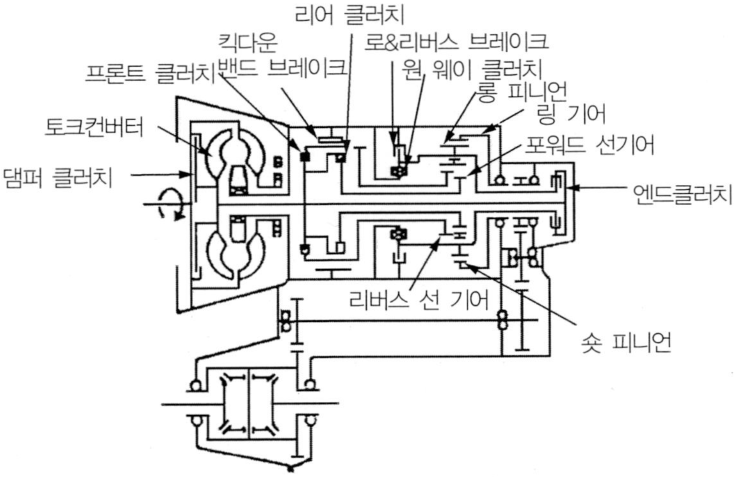

그림 3-29. 자동변속기구의 구성

3.3.1. 자동변속기구 구성부품의 기능

[1] 프론트 클러치(front clutch)

(1) 프론트 클러치의 구성

프론트 클러치는 다판 형식이며, 프론트 클러치 리테이너, 디스크, 클러치판, 피스톤 등으로 구성되어 있다.

(2) 프론트 클러치의 작동

프론트 클러치가 작동되면 입력축으로 부터 구동력을 유성 기어 세트의 리버스 선 기어(revers sun gear)에 전달하며 3단 또는 후진을 할 때 작동한다.

동력전달 경로는 입력축 → 리어 클러치 리테이너 → 프론트 클러치 작동 → 킥다운 드럼 → 리버스 선 기어 구동 → 롱 피니언 → 링 기어 → 트랜스퍼 구동기어 → 공전 기어 → 트랜스퍼 피동기어 → 트랜스퍼축 → 차동장치 → CV조인트 → 바퀴이다.

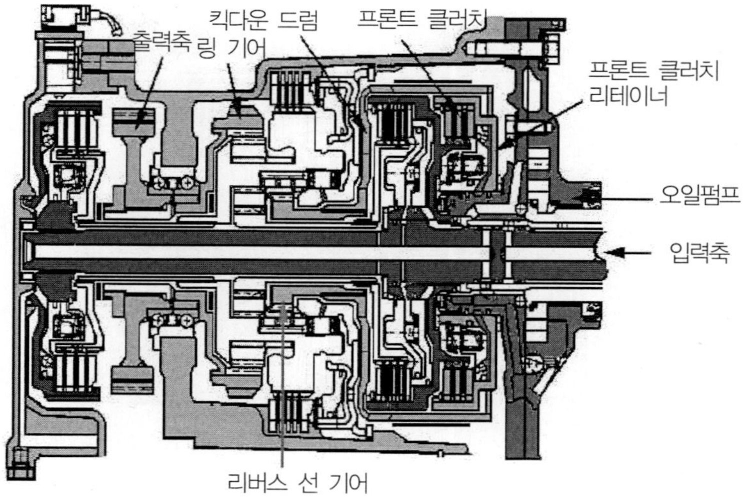

(a) 구조

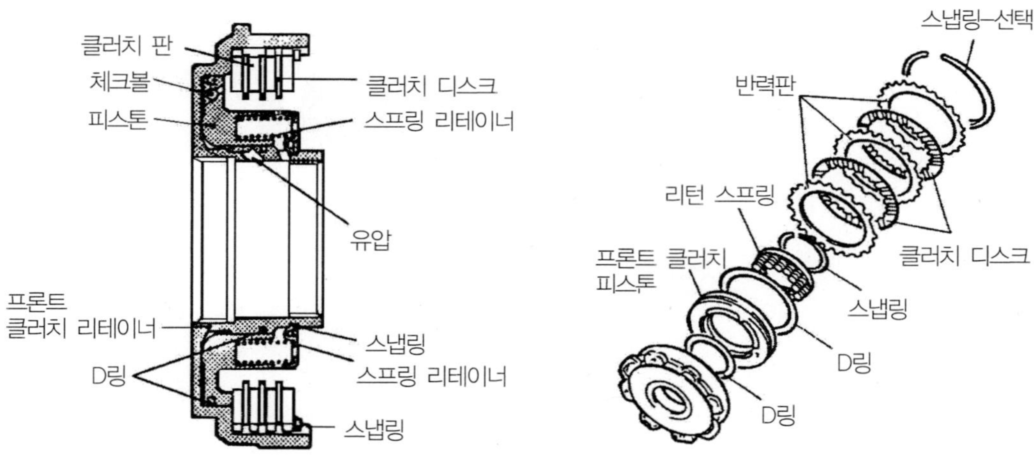

(b) 구성부품

그림 3-30. 프론트 클러치의 구조 및 구성부품

[2] 리어 클러치(rear clutch)

(1) 리어 클러치의 구성

리어 클러치는 다판형식이며, 리어 클러치 리테이너, 디스크, 클러치 판, 피스톤 등으로 구성되어 있다.

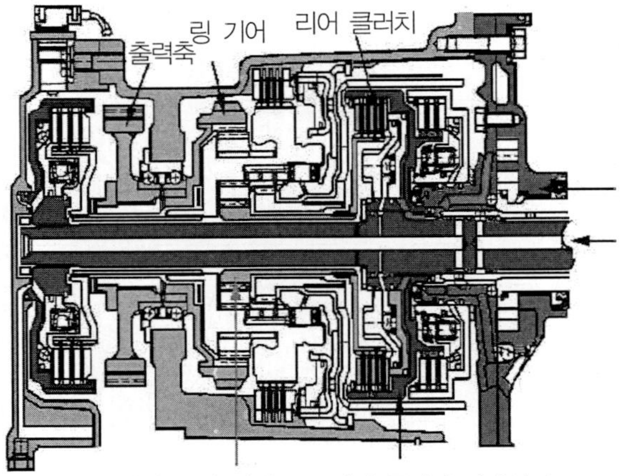

(a) 리어 클러치의 구조

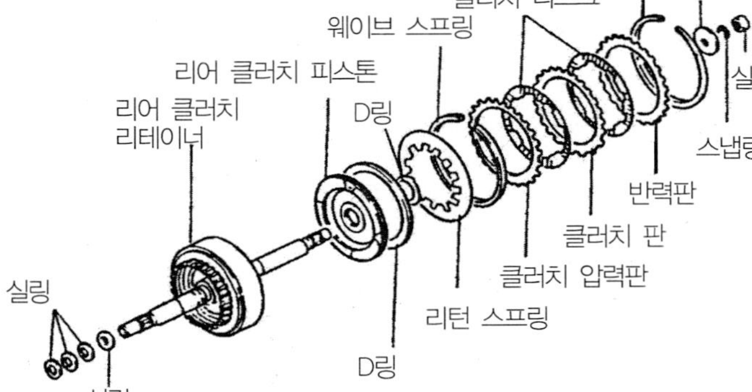

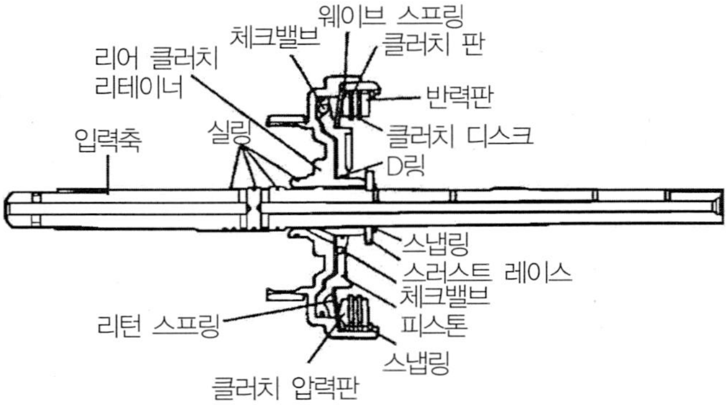

(b) 리어 클러치의 구성부품

그림 3-31. 리어 클러치 구조 및 구성부품

(2) 리어 클러치 작동

리어 클러치가 작동되면 입력축으로부터 구동력을 유성 기어 세트의 포워드 선 기어(forward sun gear)에 전달하며 1 → 3단(L레인지 1단 포함)일 때 작동한다.

동력전달 경로는 입력축 → 리어 클러치 리테이너 → 리어 클러치 작동 → 리어 클러치 허브 → 포워드 선 기어 구동 → 숏 피니언 → 링 기어 → 트랜스퍼 구동 기어 → 공전 기어 → 트랜스퍼 피동 기어 → 트랜스퍼축 → 차동장치 → CV 조인트 → 바퀴이다.

[3] 엔드 클러치(end clutch)

(1) 엔드 클러치의 구성

엔드 클러치는 단판형식이며, 엔드 클러치 리테이너, 디스크, 클러치판, 피스톤 등으로 구성되어 있으며, 입력축 뒤쪽에 조립되어 있다.

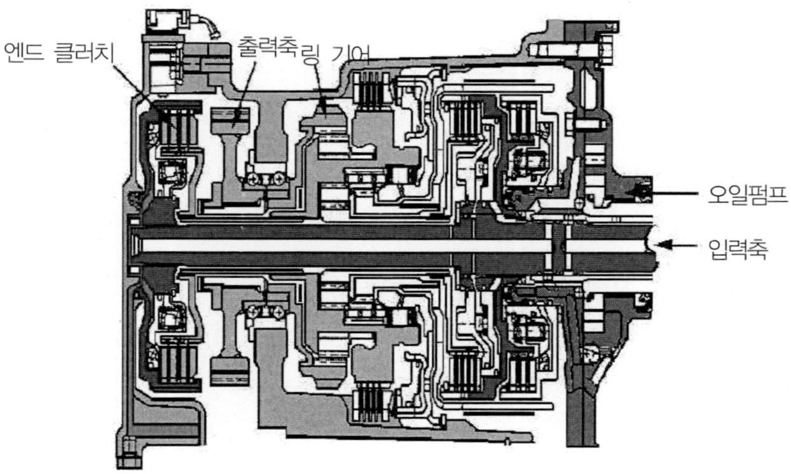

그림 3-32. 엔드 클러치의 구조

(2) 엔드 클러치의 작동

엔드 클러치가 작동하면 입력축으로 부터의 구동력을 유성 기어세트의 캐리어로 전달하며, 4단 오버 드라이브(O/D)일 때 작동된다. 실제로는 3단에서도 작동하나 이것은 4단으로의 변속을 원활하게 하기 위함이다.

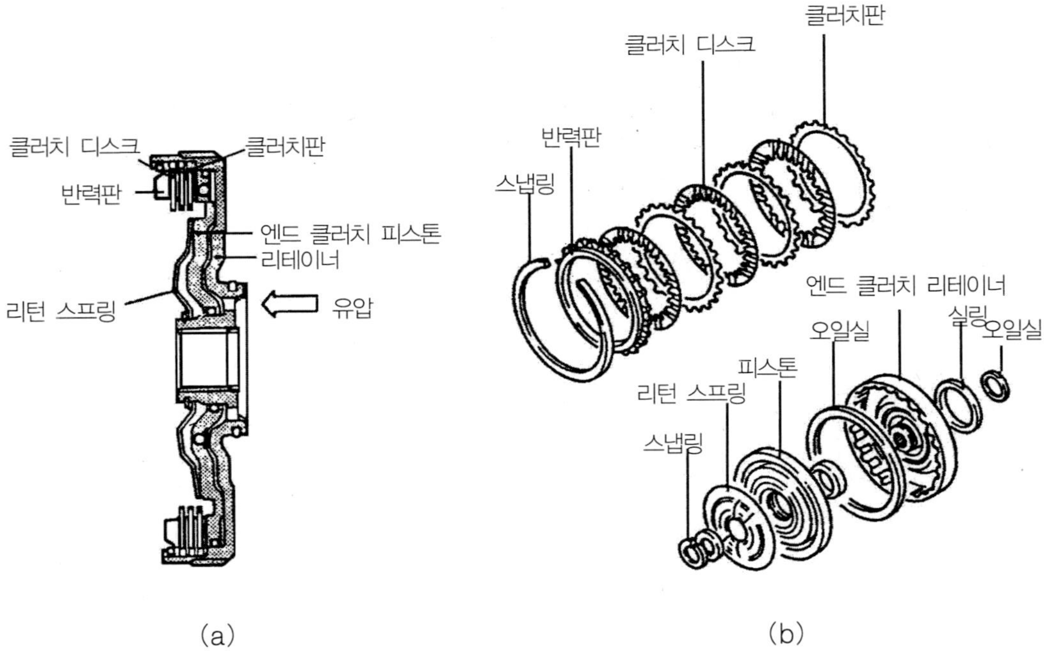

그림 3-33. 엔드 클러치의 구성부품

프론트 클러치와 리어 클러치는 작동할 때 미끄럼이 발생하지만 엔드 클러치는 디스크와 클러치판사이에서 미끄럼 없이 작동한다. 즉, 2단에서 3단으로 변속될 때 밸브보디의 엔드 클러치밸브 작동에 의해 클러치 작동순서가 리어 클러치 → 프론트 클러치 → 엔드 클러치 순서로 먼저 리어 클러치와 프론트 클러치가 작동하여 유성 캐리어의 회전속도와 입력축의 회전속도가 같아지므로 엔드 클러치의 디스크와 클러치판은 미끄럼 없이 밀착된다.

동력전달 경로는 입력축 → 엔드 클러치 리테이너 → 엔드 클러치 작동 → 엔드 클러치 허브 → 엔드 클러치축 → 유성 캐리어 구동 → 링 기어 → 트랜스퍼 구동 기어 → 공전 기어 → 트랜스퍼 피동 기어 → 트랜스퍼축 → 차동장치 → CV 조인트 → 바퀴이다.

[4] 로 & 리버스 브레이크(low & reverse brake)

(1) 로 & 리버스 브레이크의 구성

로 & 리버스 브레이크는 다판식이며, 센터 서포트, 브레이크 디스크, 브레이크판 및 피스톤 등으로 구성되어 있으며, 로 & 리버스 브레이크의 디스크는 변속기 하우징에 부착되어 있다.

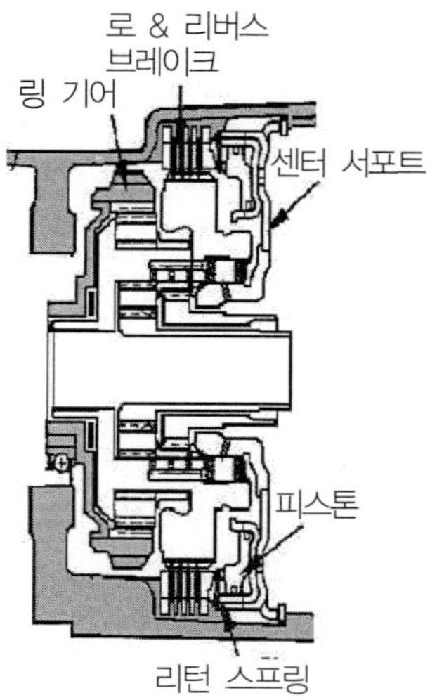

(a)

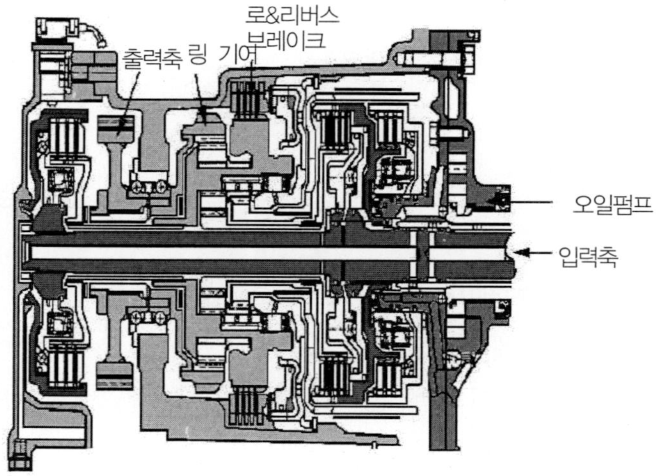

(b)

그림 3-34. 로 & 리버스 브레이크의 구조

(2) 로 & 리버스 브레이크의 작동

로 & 리버스 브레이크는 L레인지의 제1단 및 후진에서 작동하여 유성 기어세트의 유성 캐리어 즉, 롱 피니언과 숏 피니언의 축을 고정하여 피니언이 포워드 선 기어(forward sun gear) 둘레를 회전하지 못하도록 한다. 동력전달 경로는 로 & 리버스 브레이크 작동 → 유성 기어 세트의 유성 캐리어 고정이다.

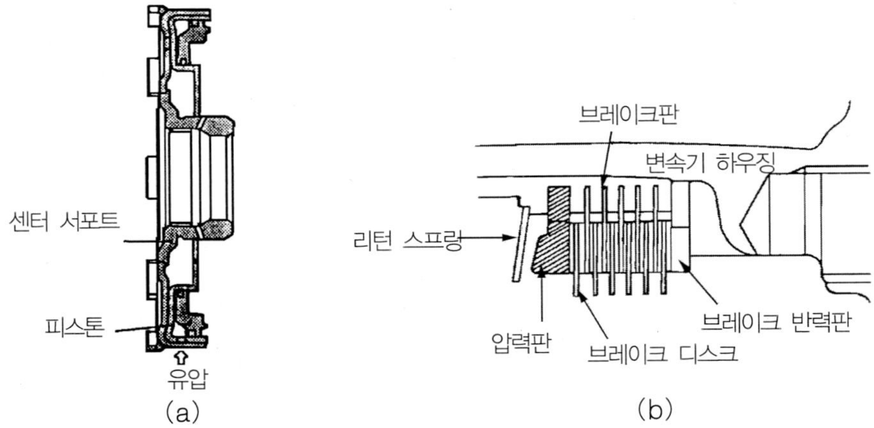

그림 3-35. 로 & 리버스 브레이크의 구성부품

[5] 킥다운 브레이크(kick down brake)

(1) 킥다운 브레이크의 구성

킥다운 브레이크는 밴드식이며, 브레이크 밴드, 브레이크 드럼, 서보 피스톤, 앵커로드, 서보 스위치 등으로 구성되어 있다.

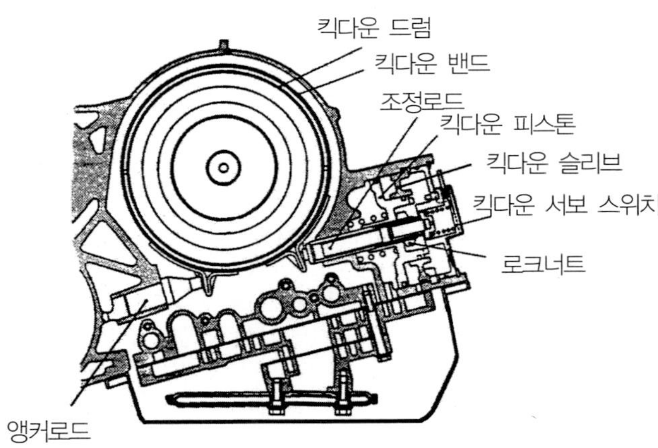

그림 3-36. 킥다운 브레이크의 구성부품

(2) 킥다운 브레이크의 작동

킥다운 브레이크는 제2단 및 제4단에서 작동하며, 작동할 때에는 킥다운 브레이크 밴드가 드럼을 고정하므로 킥다운 드럼에 연결된 유성 기어 세트의 리버스 선 기어(reverse sun gear)를 고정한다. 동력 전달경로는 킥다운 브레이크 작동 → 킥다운 브레이크 드럼 고정 → 유성 기어세트 리버스 선 기어 고정이다.

[6] 원웨이 클러치(OWC : one way clutch)

(1) 원웨이 클러치의 구성

원웨이 클러치는 스프래그방식으로 2개가 설치되어 있다. 하나는 유성 기어세트의 유성 캐리어와 센터 서포트 사이에 조립되어 있으며, 또 하나는 토크컨버터의 스테이터에 설치되어 있다. 유성 기어세트에 설치된 원 웨이 클러치는 D 또는 2레인지의 1단의 경우 롱 피니언이 시계방향으로 회전하기 때문에 유성 캐리어가 아래 그림 3-37의 화살표 방향에서 볼 때 반 시계방향으로 회전하려고 하는 것을 방지하여 구동력을 롱 피니언으로부터 유성 기어세트의 링 기어로 전달한다.

따라서 원 웨이 클러치의 아웃 레이스와 결합된 유성 캐리어는 시계방향으로만 회전이 가능하며 D 또는 2레인지 1단일 때 링 기어 쪽으로부터 회전 또는 엔진 브레이크가 작동할 때 유성 캐리어가 시계방향으로 공회전하여 엔진 브레이크가 작동되지 않고 1단과 2단 사이의 변속이 원활하게 되도록 한다.

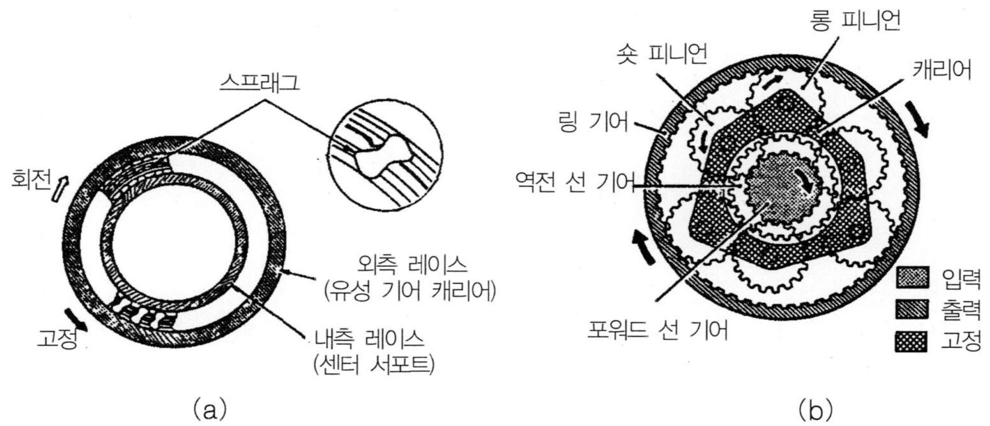

그림 3-37. 원웨이 클러치의 구성부품

(2) 원웨이 클러치의 작동

원 웨이 클러치의 동력 전달경로는 롱 피니언 시계방향 회전 → 원웨이 클러치 작동(반 시계방향으로 회전하려는 것을 방지) → 링 기어이다.

[7] 유성 기어세트(planetary gear set)

(1) 유성 기어세트의 구성

유성 기어세트는 포워드 선 기어, 리버스 선 기어, 롱 피니언, 숏 피니언과 2개의 축을 지지하는 유성 캐리어 및 링 기어로 구성되어 있으며, 링 기어 바깥 둘레에는 주차 스프래그용 기어가 부착되어 있다.

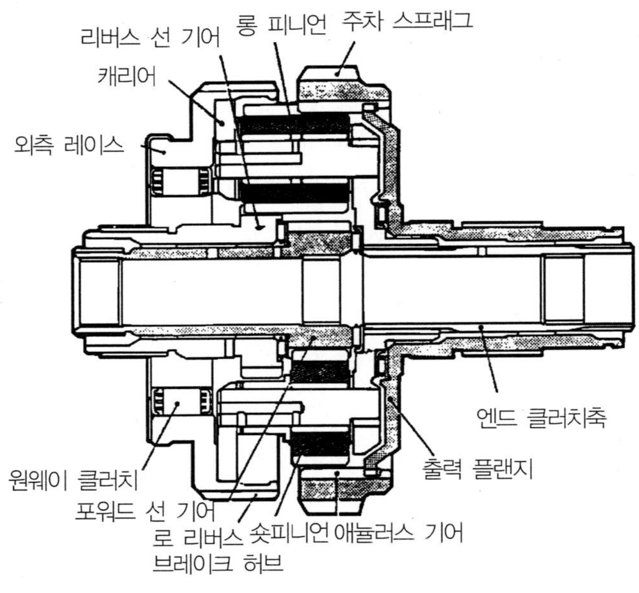

그림 3-38. 유성 기어세트의 구성부품

(2) 동력전달

① 포워드 선 기어(forward sun gear) : 전진용 선 기어이며, 리어 클러치 허브를 통하여 구동력이 전달되면 포워드 선 기어는 숏 피니언을 구동한다.

② 리버스 선 기어(reverse sun gear) : 후진용 선 기어이며, 프론트 클러치 리테이너에 설치되어 프론트 클러치가 작동할 때 킥다운 드럼의 중계로 구동력이 리버스 선 기어에 전달되어 롱 피니언을 구동한다.

③ 유성 캐리어(planetary carrier) : 유성 캐리어는 로 & 리버스 브레이크 허브 및 원웨이 클러치 아웃 레이스와 일체로 되어 있으며, 4단 자동변속기에서 엔드 클러치축의 중계로 엔드 클러치와 연결되어 있으며, 엔드 클러치가 작동될 때 구동력을 링 기어로 전달한다.

④ 링 기어(ring gear or annulus gear) : 출력 플랜지와 연결되어 있으며, 출력 플랜지에 설치된 트랜스퍼 구동기어로 구동력을 전달한다.

[8] 주차기구

주차기구는 주차 로드, 스프래그 기어, 지지대 등으로 구성되어 있다. 변속 레버를 P레인지로 선택하면 주차 로드가 화살표 방향으로 이동하고 주차 스프래그를 밀어 올려 주차 스프래그 기어를 고정한다. 주차 스프래그 기어는 유성 기어 세트의 링 기어 바깥 둘레에 설치되어 있어 링 기어를 기계적으로 고정함으로 서 출력축이 고정되어 자동차가 앞·뒤로 움직이지 못하도록 하는 역할을 한다.

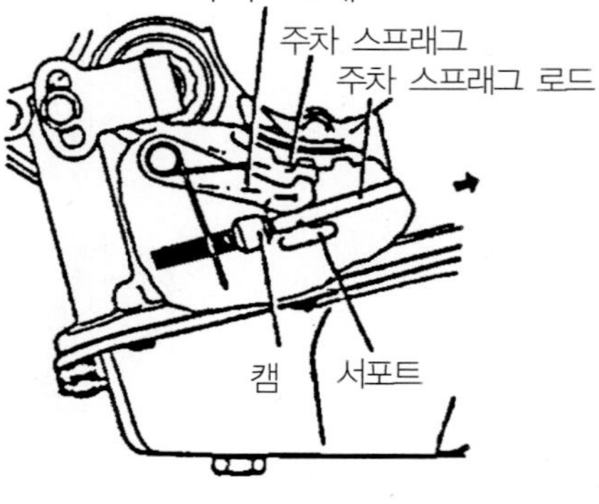

그림 3-39. 주차기구

(1) 동력전달 경로

1) 주차 및 중립일 때

주차 및 중립에서는 전체 클러치가 해제되어 있으므로 입력축의 구동력은 유성 기어 캐리어로 전달되지 않는다. 다만 1속 및 후진의 변속을 신속히 실행하기 위해 로 & 리버스 브레이크(LR)와 리덕션 브레이크(RED)는 작동하여 변속을 준비한다.

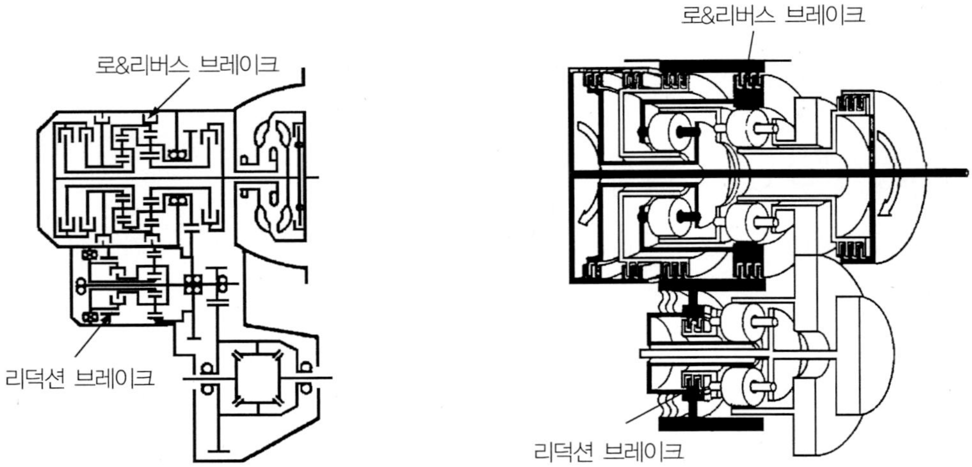

(a) (b)

그림 3-40. 주차 및 중립일 때

2) 1단에서의 동력전달 과정

입력축의 구동력은 언더 드라이브 클러치(UD)를 통하여 언더 드라이브 선 기어를 구동하며 출력 피니언은 반 시계방향으로 회전한다.

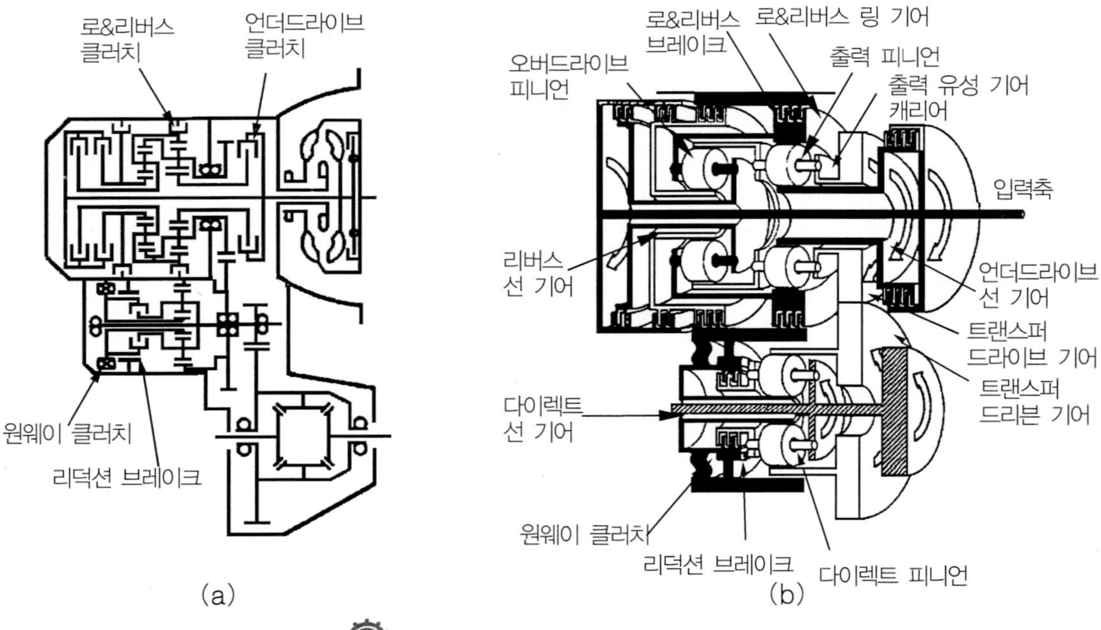

(a) (b)

그림 3-41. 1단에서의 동력전달 과정

이때 로 & 리버스(L/R) 링 기어가 고정되어 있으므로 출력 유성 기어 캐리어만 우회전을 한다. 그리고 다이렉트 선 기어는 원웨이 클러치에 의해 고정되어 있기 때문에 다이렉트 피니언은 선 기어 바깥둘레를 공전하여 다이렉트 유성 기어 캐리어는 우회전한다. 이때 출력축은 우회전하며 제1단의 변속비를 얻는다.

3) 2단에서의 동력전달 과정

리버스 선 기어가 고정되어 출력 링 기어로부터의 구동력은 바깥둘레의 오버 드라이브 캐리어를 우회전시킨다. 오버 드라이브 유성 기어 캐리어는 로 & 리버스(L & R) 링 기어와 연결되어 있으므로 로 & 리버스 링 기어도 우회전한다. 로 & 리버스 링 기어의 자전한 분량이 출력 유성 기어 캐리어의 회전에 가산되어 2단의 변속비를 얻는다.

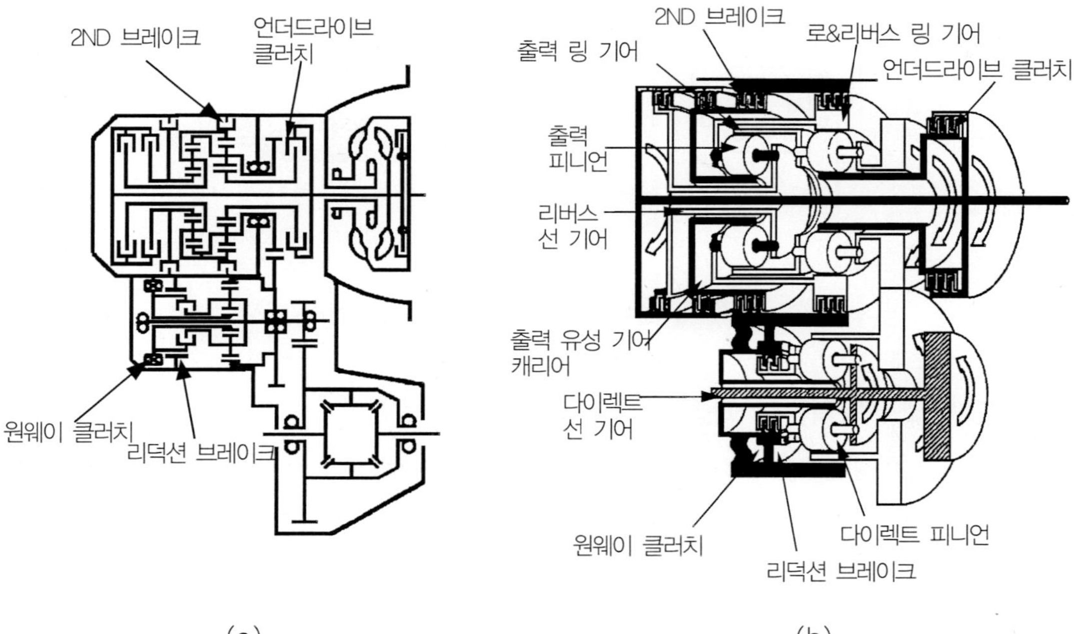

그림 3-42. 2단에서의 동력전달 과정

4) 3단에서의 동력전달 과정

오버 드라이브 클러치(OD)와 언더 드라이브 클러치(UD)가 동시에 작동하여 언더 드라이브 선 기어와 로 & 리버스 링 기어와 회전속도가 같아져 유성 기어세트를 고정시킨 상태로 일체로 회전한다. 즉 직결상태이다. 부 변속의 상태는 2단과 마찬가지이므로 3단의 변속비를 얻는다.

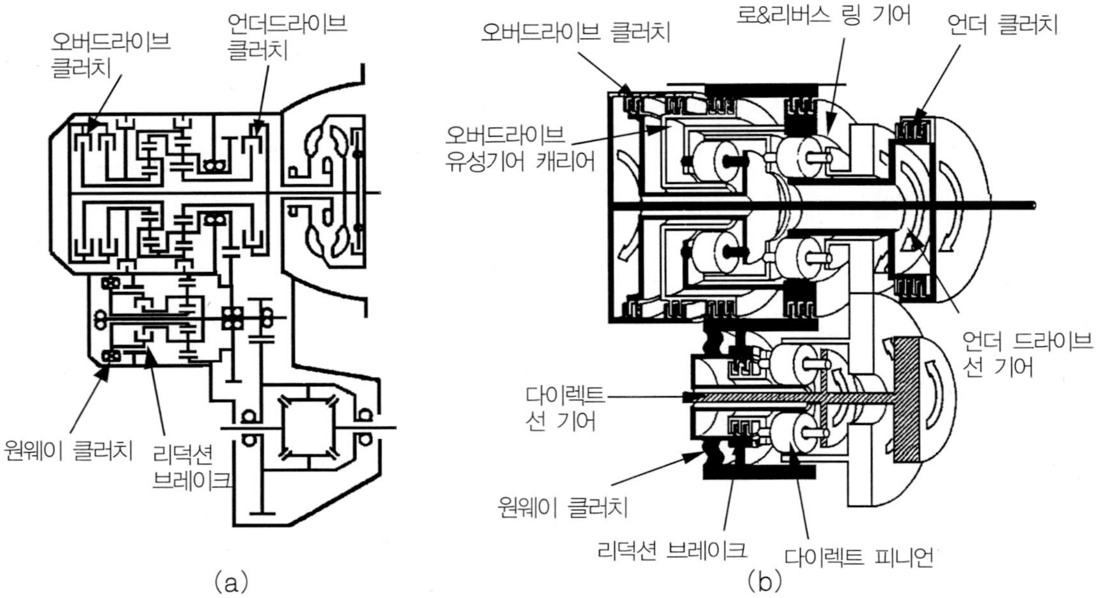

그림 3-43. 3단에서의 동력전달 과정

5) 4단에서의 동력전달 과정

4단일 경우에도 주 변속상태는 3단 상태와 마찬가지로 일체로 회전한다. 다이렉트 링 기어로부터 다이렉트 피니언을 경유하여 다이렉트 선 기어를 좌회전시킨다. 이때 다이렉트 클러치에 의해 다이렉트 선 기어는 다이렉트 유성 기어 캐리어 및 출력축에 연결되어 있기 때문에 일체로 회전하여 4단(1 : 1)의 변속비를 얻는다. 즉, 3단에서 약 1.4 : 1로 감속되어다가 4단에서는 부 변속 장치의 변속비로 1 : 1이 되므로 3단에 비해 회전속도가 증가한다.

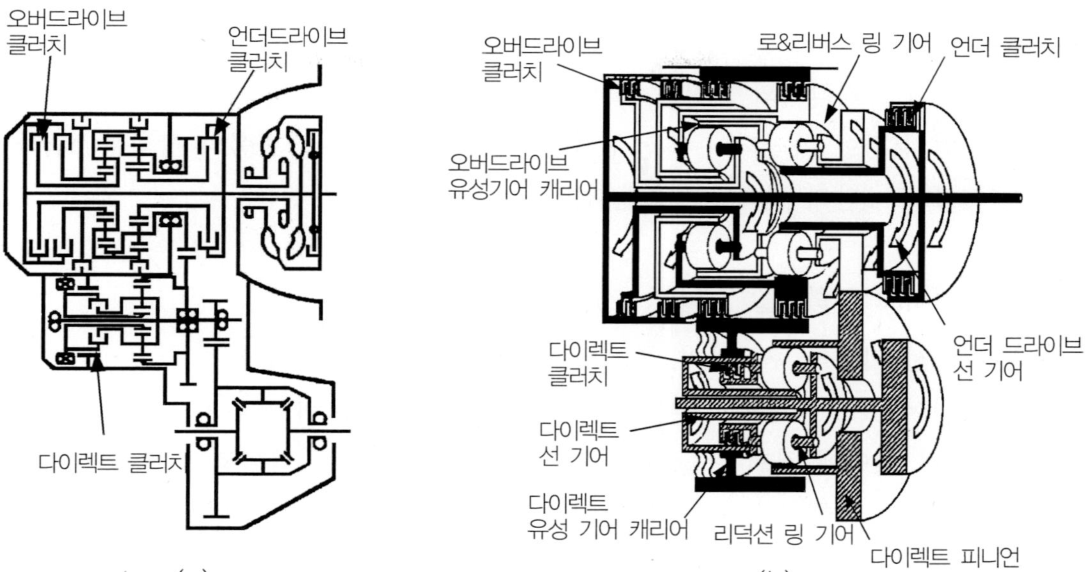

(a) (b)

3-44. 1단에서의 동력전달 과정

6) 5단에서의 동력전달 과정

입력축으로부터 구동력은 리버스 클러치를 통하여 오버 드라이브 유성 기어 캐리어로 전달된다.

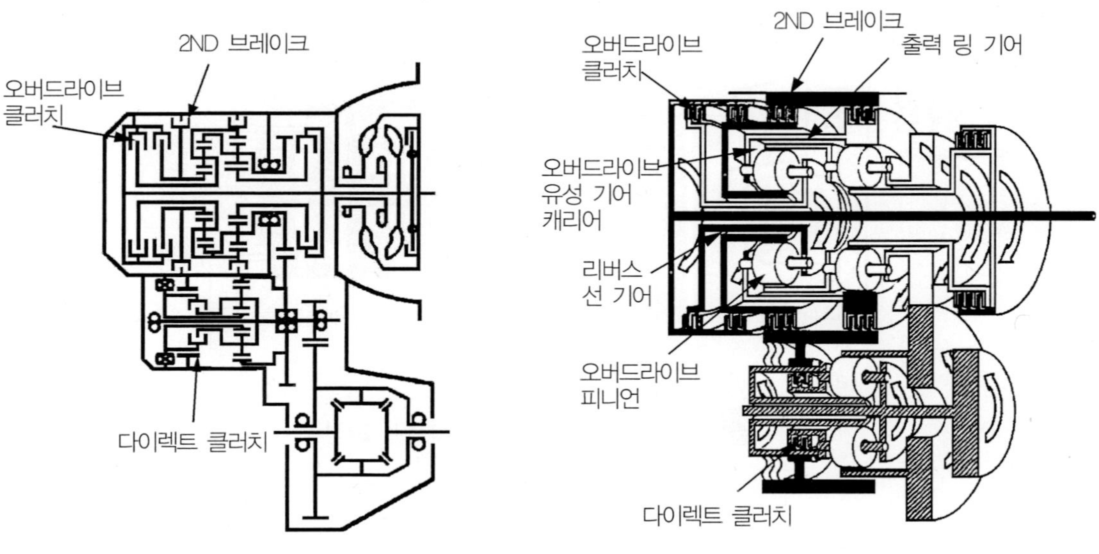

(a) (b)

3-45. 5단에서의 동력전달 과정

한편 리버스 선 기어는 2ND 브레이크에 의해 고정되기 때문에 출력 링 기어에는 오버 드라이브 캐리어의 회전에 오버 드라이브 피니언이 리버스 선 기어의 바깥둘레를 공회전 분량이 가산되어 회전속도가 증가한다. 이때 부 변속의 상태는 4단과 마찬가지이므로 5단의 변속비를 얻는다.

7) 후진에서의 동력전달 과정

리버스 선 기어를 구동하며, 오버 드라이브 캐리어는 로 & 리버스 브레이크에 의해 고정되어 있기 때문에 리버스 선 기어의 구동력은 오버 드라이브 피니언을 통하여 출력 링 기어에 좌회전 방향의 토크를 전달한다. 이때 다이렉트 선 기어는 리덕션 브레이크에 의해 고정되어 있으므로 다이렉트 피니언이 다이렉트 선 기어 바깥둘레를 공회전하는 분량이 가산되어 다이렉트 캐리어를 우회전 방향으로 회전시켜 후진 변속비를 얻는다.

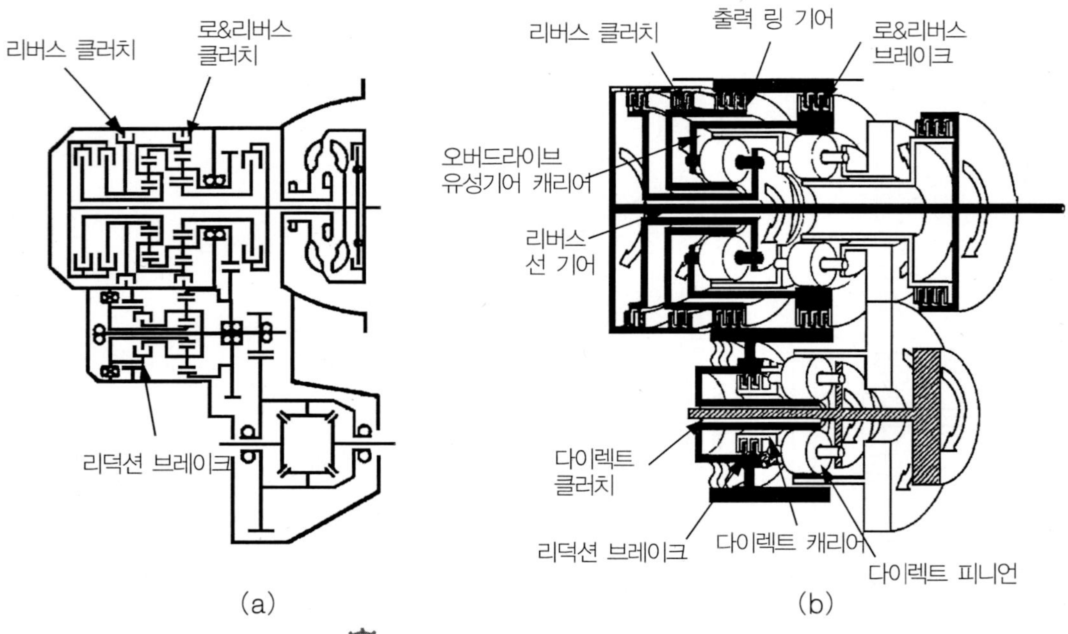

그림 3-46. 후진에서의 동력전달 과정

(2) 감속비(변속비)

1) 기어 감속비의 종류

① 각 단 기어의 감속비 : 이 감속비는 자동차가 주행할 때, 자동적으로 변속될 때 유성 기어세트의 물림상태에 따라 얻어지는 것이다. 즉 포워드 선 기어, 리버스 선 기어, 유성 캐리어의 회전 및 고정상태에 따라 물림조건이 변화하므로 각각 다른 감속비를 얻을 수 있다.

② 제1차 감속비 : 제1차 감속비는 출력축에 연결된 트랜스퍼 구동기어와 트랜스퍼 피동 기어 사이의 감속비이다.

③ 제2차 감속비 : 제2차 감속비는 트랜스퍼 기어와 차동장치 구동기어 사이의 감속비이다.

④ 종 감속비 : 종 감속비는 제1차 감속비 × 제2차 감속비이다.

⑤ 총 감속비 : 총 감속비는 각단 기어의 감속비 × 종 감속비이다.

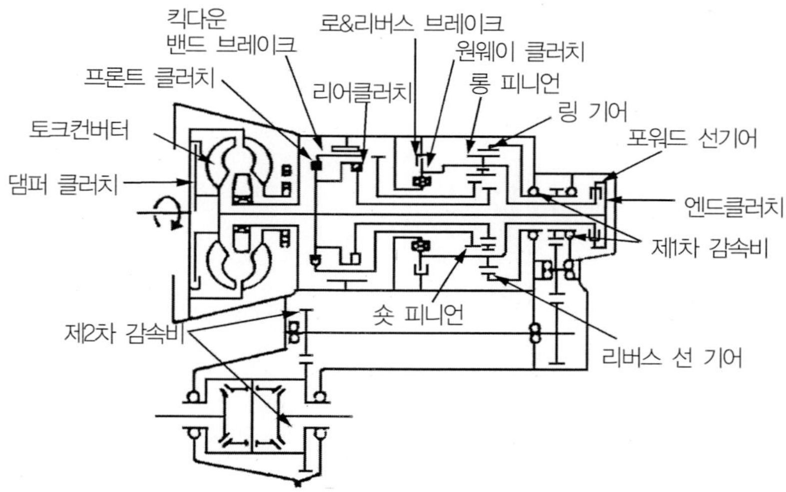

그림 3-47. 4단 변속기의 기어 감속비

2) 감속비(변속비) 결정

감속비를 정하는데는 먼저 그 자동차에 요구되는 최고속도, 가속능력 및 연료 소비율 등이 얻어지도록 최종 감속기어의 감속비를 결정한다. 다음으로 그 자동차에 부여할 최대 등판능력으로부터 변속기의 최 저속기어의 감속비를 정한다.

이것에 의해 직결의 경우와 최 저속기어의 감속비가 결정되므로 그 중간 기어의 감속비는 등비 급수적으로 부여해 주지만, 기어의 설계상의 형편이나 성능 및 운전 방법에 대한 희망 등에 대해 어느 정도 수정한 값이 사용된다.

그림 3-48은 전진 4단 변속기의 경우이다. 그림에서 각 기어의 속도가 V_A, V_B, V_C, V_D일 때 최대 구동력 A, B, C, D가 얻어지며, 그 밖의 속도에서는 구동력이 감소한다. 또, E, F, G, H는 엔진이 최고 출력을 발휘하는 점을 나타낸 것으로 이들의 점을 연결하는 직선이 그림의 이상 곡선에 일치하도록 감속비를 결정하면 된다.

그러나 속도가 각각 V_E, V_F, V_G, V_H일 때에는 엔진의 출력을 유효하게 이용할 수 있도록 할 수 있지만, 그 밖의 속도 즉, 그림 3-48의 빗금부분에서는 엔진의 출력을 유효하게 이용할 수 없게 된다. 이 부분을 감소시키기 위해서는 변속 단수를 증가시키면 되지만 변속기의 구조가 복잡하게 되고 동시에 운전 조작도 번잡스러워지므로 이상적이라고 할 수는 없다.

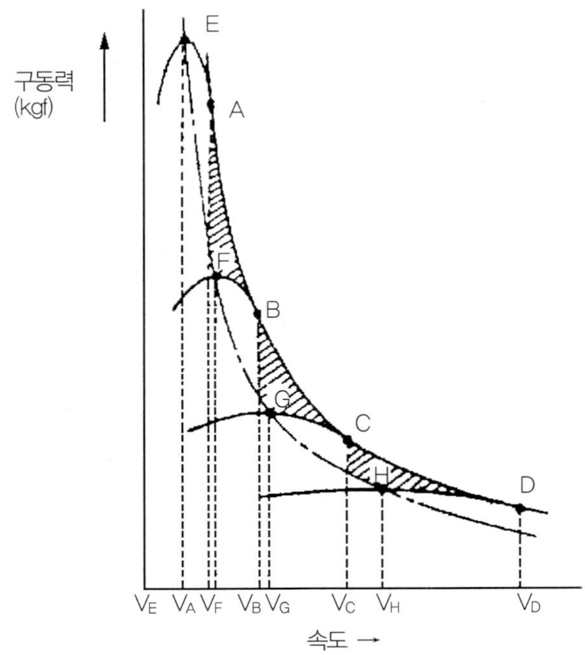

그림 3-48. 속도·구동력 곡선의 예

4 유압 제어장치

4.1. 유압 제어장치의 개요

자동변속기에서 모든 변속과 각종 기능은 유압에 의해 제어된다. 즉, 유압으로 마찰 요소를 작동하거나 해제시켜 변속장치에서 변속이 이루어지도록 하여 오일을 매개로 동력을 전달한다. 또한 변속기 내의 윤활과 냉각도 적절한 유량의 제어로 이루어진다. 이와 같은 유압과 유량제어는 자동변속기 내의 유압 제어장치 또는 밸브보디를 통해 이루어진다. 밸브보디에는 각종 스풀밸브(spool valve)와 솔레노이드밸브 등이 복잡한 오일 회로를 통하여 연결되어 있다.

그러나 아무리 복잡하더라도 몇 가지 기본적 기능을 수행하는 서브시스템(sub system)으로 나눌 수 있으며, 이러한 기본 서브시스템을 하나씩 이해해 나가면 전체 시스템을 이해할 수 있게 된다.

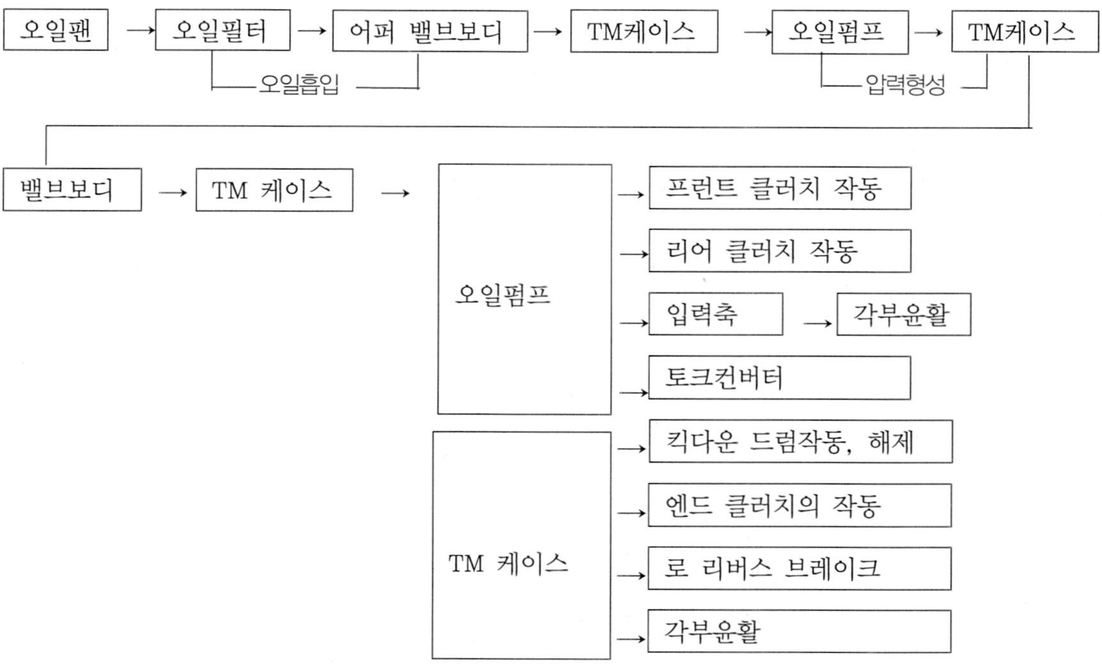

그림 3-49. 유압경로

최근에 개발되는 자동변속기에서는 대부분 전자제어장치를 채용하여 예전에 유압 제어장치가 수행하던 기능을 상당부분 수행하고 있다. 그러나 자동변속기에서의 제어는 기본적으로 유압과 유량의 제어를 통하여 이루어지므로 먼저 유압 제어장치를 이해하는 것이 전자제어장치를 이해하는 첩경이라 할 수 있다.

4.2. 변속제어 기본 장치

운전자의 의지와 주행상태를 변속기구의 제어요소에 전달하여 자동차를 원활하게 주행시키기 위해서는 여러 가지 정보가 필요하지만 가장 기본적인 정보는 변속레버의 위치, 엔진의 부하(스로틀밸브의 열림량), 주행속도 등이 있다.

4.2.1. 기본 정보

[1] 변속레버의 위치

이것은 운전석 옆에 있는 선택레버이며, P, R, N, D(1~4단 또는 요즘은 6단 혹은 그 이상)등 어느 한곳을 선택한다. 변속레버는 자동변속기 본체와 변속레버를 케이블로 연결하며, 매뉴얼축을 경유하여 밸브보디의 매뉴얼밸브(manual valve)를 움직이도록 되어 있다.

이때 인히비터 스위치(inhibitor switch)는 매뉴얼 축의 위치를 검출하여 P와 N 레인지에서만 엔진 시동이 가능하도록 하는 기능과 R레인지에서는 후퇴등을 점등시키는 역할을 한다. 즉, 변속레버의 위치를 인히비터 스위치가 검출하여 컴퓨터(TCU : transmission control unit)에 입력시키면 컴퓨터는 이 신호를 변속 제어에 이용한다.

[2] 엔진의 부하(스로틀밸브의 열림량)

엔진 회전속도는 스로틀밸브의 열림량에 따라 변화하며, 스로틀밸브가 많이 열리면 엔진 회전속도가 빨라지며, 밸브를 닫으면(가속 페달을 놓으면) 회전속도도 감소한다. 또한 자동차의 부하에 따라서도 부하가 클수록 스로틀밸브의 열림량이 커져야 한다. 스로틀밸브의 열림량은 스로틀 포지션 센서에 의해 검출하도록 되어 있다.

[3] 주행속도 검출

펄스 제너레이터는 트랜스퍼축에 스플라인으로 결합된 트랜스퍼 피동기어의 일정시간 동안 회전속도를 검출하여 기전력을 발생하여 주행속도를 감지하도록 되어 있다.

4.2.2. 주행조건에 따른 변속제어

자동변속기는 주행조건(스로틀밸브의 열림량, 주행속도)에 의해 자동적으로 변속이 된다.

① 천천히 가속할 때 : 변속이 빨리된다.
② 급가속 할 때 : 늦게 변속이 되거나 킥 다운이 된다.
③ 언덕길을 오를 때 : 늦게 변속이 되거나 킥 다운이 된다.
④ 코스트다운 : 최고 단을 유지한다.

이와 같은 명령(제어명령)은 컴퓨터에 의해 전자제어로 이루어진다.

4.3. 유압 제어장치의 기능과 구성품

4.3.1. 유압 제어장치의 기능

[1] 유압발생장치

엔진 구동력에 따라 오일펌프를 구동하여 압력이 발생되는 곳이다. 내접 기어 크레센트 타입 오일펌프나 베인 타입펌프를 주로 사용하고 있다.

[2] 압력 조절장치

클러치나 브레이크에 작용하는 라인 공급압, 토크컨버터측으로 공급압, 전자제어를 위한 솔레노이드밸브 측 공급압 등의 각각의 요소에 필요한 압력을 조절하는 기능을 가지고 있다. 라인압을 고정압으로 매뉴얼 변속모드에 따라 2~3 가지로 상이하게 사용하거나 엔진 부하 및 매뉴얼 변속모드에 따라 가변시켜 압력을 알맞게 조절하여 사용하기도 한다.

압력조절밸브를 조정 스크류를 이용하여 압력을 알맞게 조절 가능한 것도 있고 압력을 알맞게 조절 가능하지 않는 것도 있다. 또한 압력조절은 용도에 따라 라인압을 조절하는 제1 압력 조절밸브와 토크컨버터와 윤활 측을 공급하는 압력 조절용 제2 압력 조절밸브가 있다.

솔레노이드 공급의 안정과 소형화를 위해 감압으로 알맞게 조절 가능하게 압력조절 밸브(감압밸브)를 사용하기도 한다. 한편 "P" 내지 "N" 레인지에서 최 저압으로 압력을 알맞게 조절하여 저온 시동성 향상과 NVH에 도움을 주도록 압력을 알맞게 조절하여 사용되기도 한다.

Reference NVH(Noise/Vibration/Harshness : 소음, 진동, 충격)

① Noise : 소음 또는 잡음으로 듣기 싫은 시끄러운 소리를 말한다. 자동차 소음은 외부소음과 내부소음으로 나눌 수 있는데 외부에서 나는 소음은 엔진작동시 작동음, 타이어 구동시 노면과의 마찰음, 주행시 바람의 저항으로 인한 풍절음, 머플러 배기소음 등이 있다. 내부소음은 대부분이 실내 내장제로 인한 소음으로 대쉬보드, 계기판, 시트, 콘솔, 썬루프 등에서 마찰이나 떨림으로 인해 소음이 생긴다.

② Vibration : 진동이나 떨림, 흔들림을 의미하며, 엔진작동시나 주행시에 운전자와 탑승자가 핸들, 시트, 실내바닥, 도어 등에서 몸으로 느껴지는 것이 진동이다. 자동차 진동은 외부진동과 내부진동으로 나눌 수 있으며 외부진동은 차량 주행시에 타이어가 노면을 구르면서 생기는 진동들이 현가장치, 서브프레임을 통해 차체와 실내로 전달되는 것을 말한다. 내부진동은 엔진가동으로 인해 생기는 진동들이 실내로 전달되는 것이다.

③ Harshness : 충격으로 거친, 불쾌함을 뜻한다. 도로의 이음새나 과속방지턱과 같은 요철구간을 지날 때, 쿵 하는 소리와 충격으로 생기는 소음과 진동을 말한다.

[3] 변속모드 유압제어장치(변속 명령 제어)

자동과 수동으로 구분되며 자동은 유압제어식과 전자제어식으로 구분되고, 모두 작동 신호 발생장치의 신호유압에 의해 제어된다. 수동은 운전자가 선택레버를 작동하여 각 위치를 선택하여 매뉴얼 변속 모드를 형성하여 준다. 자동인 경우는 시프트 컨트롤 밸브를 유압제어로 할 경우는 주행속도에 따라 발생한 거버너압과 엔진부하에 따라 발생한 스로틀압으로 대응하여 작동된다. 이때 각각의 변속밸브 스프링으로 변속을 결정해야 한다.

전자제어용 솔레노이드밸브를 이용할 경우는 미리 정한 변속패턴에 따라 ON/OFF 조합으로 작동시키며 연비 및 동력을 고려하여 변속을 정한다. 즉, 에코노미모드, 파워 모드, 홀드모드 등이 사용되기도 하고, 수동인 경우는 매뉴얼밸브를 이용한다.

[4] 작동신호 발생장치(변속 명령 및 제어를 결정)

유압제어식인 경우 차량 주행속도 변화를 감지하는 거버너 밸브로서, 엔진 부하정도를 대응하는 엔진 스로틀 개도에 따라 액셀레이터 케이블로 연동되어 작동하는 스로틀밸브 또는 흡기다기관의 압력에 의해 작동되는 모듈레이터밸브에 의해 각각 신호 유압을 발생하여 변속밸브에 보내 주도록 되어 있다.

전자제어식의 경우 차량속도를 속도센서와 엔진부하를 스로틀 포지션센서(TPS)의 신호를 받고 각종 변속에 영향을 주는 파라메타들의 신호와 함께 조합하여 판단하는 TCU에서 신호전압으로 솔레노이드밸브를 작동할 수 있도록 한다. 솔레노이드밸브는 2-웨이와 3-웨이를 사용하는데 최근 유량손실이 적고 압력을 알맞게 조절하기 좋은 3-웨이를 사용하는 유압제어 장치가 많다.

[5] 변속시 제어장치(변속 쇼크 경감 및 변속시간 제어)

변속시 수동이나 자동 모두 변속성능(변속감과 변속응답성)에 관련되어 전자제어식 및 유압제어식으로 클러치 압력제어하는 기능을 보유하고 있다. 전자 유압 제어식은 솔레노이드밸브의 듀티비에 의해 압력제어밸브를 작동하여 제2차 제어압으로 클러치를 제어하거나 직접 압력제어하는 방법으로 나눌 수 있다. 유압 제어식은 작동측 유량제어밸브인 오리피스와 모듈레이터밸브 및 어큐뮬레이터에 의해 제어된다. 이때 각 변속단 별로 어큐뮬레이터가 각각 필요하다.

[6] 유압 배분장치(유량회로 전환 및 안전장치)

각 변속 모드별 클러치 및 브레이크에 유압 공급시 유압 배분기능 및 동시 물림방지 기능을 보유하고 있다. 방향전환용 밸브와 안전밸브가 주로 사용된다. 셔틀밸브로 체크밸브를 이용하는 경우도 있다.

[7] 댐퍼클러치(록업 클러치) 작동 제어장치

동력전달 효율을 증대시키기 위해 토크컨버터가 직결이 되도록 댐퍼클러치를 작동시키는 제어장치를 말한다. 이때 솔레노이드밸브를 이용하여 변속패턴에 따라 작동 시점을 정하고 부드러운 작동 제어도 수반된다. 효과는 고속 및 고 스로틀 영역인 토크컨버터의 커플링 영역에서 크고 최근 연비향상을 위해 저속까지 영역을 확대하고 있다.

유압제어 만하는 일부 자동변속기에서는 기어배열을 직결모드로 사용하는 경우도 있으나 모든 주행상태 조건에 맞추어 작동하기가 어려워 엔진 브레이크 감이 있다.

4. 3. 2. 유압 제어장치의 구성품

자동변속기의 유압제어 기본 장치는 오일팬, 오일펌프, 오일밸브기구 및 유압작동요소로 되어 있다.

(a) 오일 팬 (b) 오일필터 (c) 오일펌프

그림 3-50. 유압 제어 기본장치

[1] 오일펌프(oil pump)

오일펌프는 오일팬 속 오일을 필터를 거쳐 토크컨버터와 유압제어 기구에 필요한 작동유압을 공급하며 유성기어세트, 입력축, 각종 요소 등의 마찰부분에 윤활유압을 공급한다. 오일펌프는 토크컨버터의 바로 뒷부분이나 밸브보디, 혹은 변속기 케이스의 최후단부에 설치된다.

오일펌프는 엔진에 의해 구동되며 토크컨버터의 후방에 설치될 경우 토크컨버터의 펌프 임펠러 커버 허브에 의해 구동된다. 변속기의 후방이나 밸브바디에 설치될 경우 오일펌프는 토크컨버터와 연결된 별도 장치에 의해 오일펌프가 구동된다.

(1) 오일펌프의 기능

① 토크컨버터에서 오일이 원활하게 전달되도록 공급압력을 제공한다.

② 클러치나 브레이크 등 유압 액추에이터(마찰요소)에 작동 유량을 제공한다.

③ 유압 제어장치에서 각종 제어 필요한 유압을 밸브보디를 통하여 공급한다.

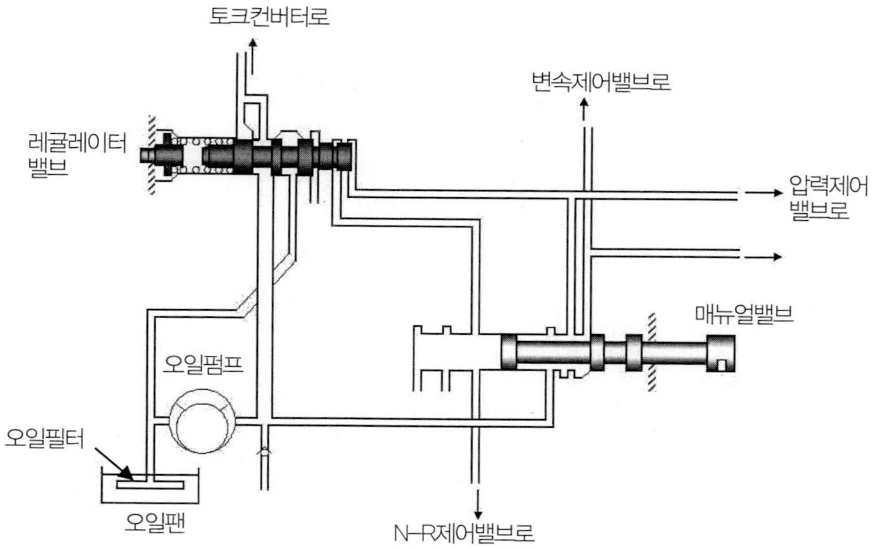

그림 3-51. 자동변속기 오일펌프와 유압 제어회로

④ 변속기 내의 오일온도를 일정하게 유지시키기 위해 냉각기로 순환되는 유량을 제공한다.

(2) 오일펌프 동력손실

① 오일 누출손실 : 어떤 종류의 오일펌프에서든 오일이 기어 이 사이의 틈새나 측면 틈새에 의해 토출 쪽으로 송출되지 못하고 흡입 쪽으로 잔류되는 현상. 즉 미끄럼 흐름이 발생하는데 이것이 체적 효율을 저하시키는 요인이 된다.

② 전단손실 : 전단(剪斷)손실은 오일펌프에서 토크의 손실 중 오일의 전단응력에 대한 손실이며, 주로 기어나 로터의 이끝 그리고 기어나 로터의 측면과 펌프 하우징 또는 커버사이에서 발생하며 회전속도와 오일의 점성이 비례한다.

③ 마찰(摩擦)손실 : 마찰 토크손실은 유막이 매우 얇은 부분이나 건조 마찰되는 부분에서 발생하는 손실이며, 회전속도나 오일의 점성과는 거의 관계없으며 로터나 기어에서 발생하는 압력 불균형 양에 비례한다.

(3) 오일펌프의 동력손실 감소방법

자동변속기에서 토크컨버터 다음으로 오일펌프가 효율에 큰 영향을 미친다. 따라서 가급적 오일펌프의 구동토크를 감소시키는 것이 자동변속기의 효율향상을 위하여 바람직한데 이를 위한 방법으로 다음과 같은 사항을 고려해 볼 수 있다.

① 변속기에서 요구되는 유압, 즉, 라인압력을 최소로 할 것 : 클러치나 밴드 브레이크 등의 피스톤 면적을 크게 하면 낮은 유압으로도 적정 토크용량을 확보할 수 있다. 자동변속기의 효율향상에 가장 효과적인 방법 중의 하나이다.

② 변속기 내의 오일 누출량을 최소로 할 것 : 솔레노이드밸브 수와 유압밸브의 수를 최소로 하고 유압밸브, 부싱(bushing), 실링(seal ring) 등의 틈새를 작게 한다. 또한 밸브보디에 알루미늄밸브를 사용하는 것도 효과적이다.

③ 최대 필요 유량을 감소시킬 것 : 각 변속단 별로 제어되는 클러치 수를 최소로 하고 특히, 엔진이 공회전할 때의 변속이나 필요 유량을 최소화하고, 또한 윤활이 필요한 부분을 최소화시킨다.

[2] 밸브보디의 구조

자동변속기의 유압장치를 구성하는 각종 밸브와 스프링 그리고 솔레노이드밸브 등은 밸브보디 내에 설치되어 있으며, 각종 입·출력장치도 밸브보디와 기계적으로 또는 전기적으로 연결되어 있다. 이 밸브보디 어셈블리는 변속기 케이스 하부에 조립되어 있으며, 오일필터와 함께 오일팬으로 보호된다. 오일회로는 금형으로 성형되며, 각종 스풀밸브의 구멍은 특수 드릴로 정밀 가공되어 있다.

그림 3-52는 밸브보디의 분해도를 나타낸 것이다. 그림에서 보듯이 밸브보디 사이에는 얇은 강철판으로 제작된 분리판을 설치하여 각 밸브보디에 형성된 오일회로를 서로 연결하거나 분리한다. 분리판에는 오리피스(orifice)기능을 하는 여러 개의 작은 구멍들이 뚫어져 있다. 분리판은 두께가 약 1mm 정도의 강철판을 스탬핑(stamping)으로 제작하며 매우 정밀한 평면도와 표면 거칠기를 지니고 있다. 한편 밸브보디에는 컴퓨터로 제어되는 4개의 제어 솔레노이드밸브가 조립되어 있다.

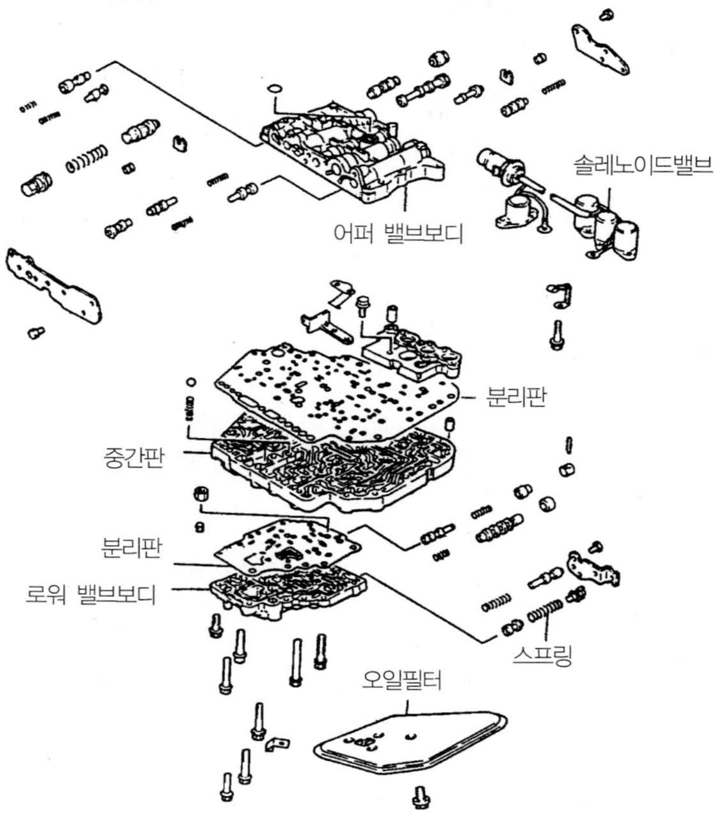

그림 3-52. 밸브보디의 분해도

[3] 유압 제어밸브

밸브보디 내에서 유압 제어밸브는 오일흐름의 정지, 방향제어(변환), 유량제어, 압력제어 등의 역할을 한다.

(1) 방향 제어밸브

방향 제어밸브의 종류에는 매뉴얼밸브, 1-2단 변속밸브, 2-3/4-3단 변속 조절밸브 등이 있다. 일반적으로 유압회로의 오일 흐름방향을 제어하는 밸브를 말하며, 스위칭밸브(switching valve)라고도 부르며 작동상으로 분류하면 역류방지, 분류방지, 왕복방지, 방향 변환작용으로 나누어진다. 이 방향 제어밸브의 구체적 형상은 밸브 기능에 따라 달라지나 기본적으로는 그림 3-53과 같은 구조로 되어 있다.

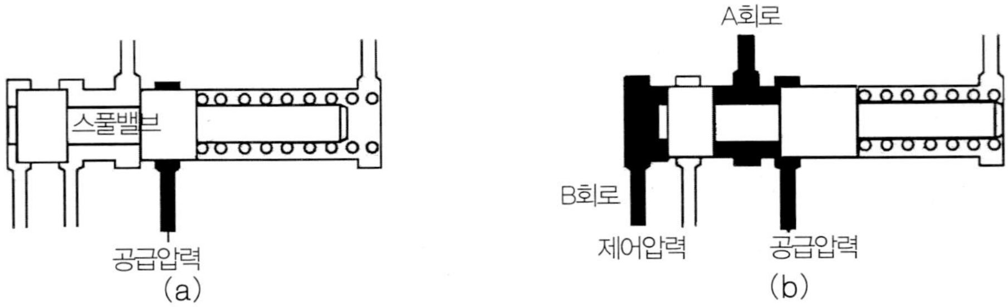

그림 3-53. 2-3/4-3방향 제어밸브의 작동 예

그림 3-53에서 신호 유압이 밸브 왼쪽 랜드에 작용하면 스풀밸브는 오른쪽으로 밀리게 된다. 따라서 공급압력은 A회로에 작용한다. 그리고 신호 유압을 제거하면 스프링의 장력에 의하여 스풀밸브는 왼쪽으로 이동하고 공급압력은 회로 B에 작용한다. 가끔 두 회로로 중 외부로 바이패스(by pass)되는 배출회로와 연결되기도 한다. 방향 제어 밸브에서는 밸브를 원위치로 복귀시키기 위해 스프링을 주로 사용하는데 경우에 따라서는 스프링과 함께 보조 유압이 사용되기도 하고 스프링 없이 양끝 랜드의 면적 차이에 의해 스풀밸브의 위치를 변환시키기도 한다.

(2) 압력 제어밸브

압력 제어밸브의 종류에는 레귤레이터밸브, 감압밸브, 토크컨버터 조절밸브 등이 있다. 압력 제어밸브는 유압회로의 압력이나 유량을 제어하는 역할을 하며, 열림 위치와 닫힘 위치사이에서 진동을 하듯이 연속적으로 움직여 공급되는 유량을 외부로 배출(바이패스)시켜 유량과 유압을 제어한다. 즉 압력 제어밸브는 출력 유압을 신호 압력 또는 제어압력으로 되받아 이 압력의 크기에 대해 바이패스시키는 유량을 제어한다.

그림 3-54는 압력 제어밸브의 한 작동 예로서 먼저 밸브를 통한 출력 압력이 오리피스를 거쳐 밸브의 맨 오른쪽 랜드로 피드백(feed back)되고 이에 의해 오른쪽 랜드에서는 스프링에 대항하는 힘이 발생한다. 출력 압력이 낮을 경우에는 오른쪽 랜드에 작용하는 힘이 작아지므로 스프링 장력에 의해 밸브는 오른쪽으로 이동하며, 이에 따라 바이패스 회로는 차단된다. 따라서 밸브로 입력되는 유량은 출력 쪽으로 연결되어 출력되는 유량과 압력은 상승한다.

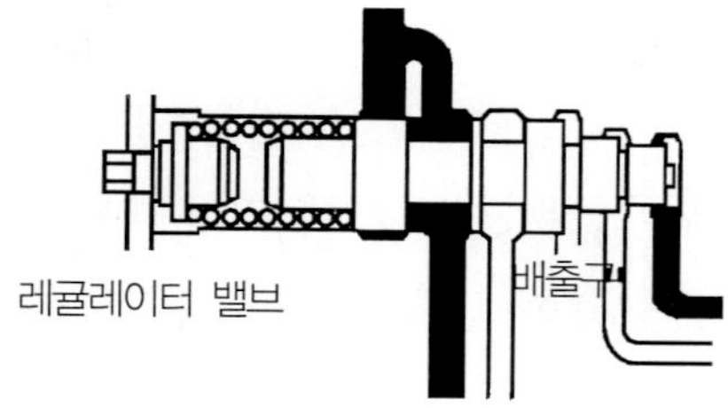

그림 3-54. 레귤레이터밸브의 압력제어 예

반대로 출력 압력이 높을 때에는 밸브는 스프링 장력을 이기고 왼쪽으로 이동하여 바이패스 회로를 열고 입력되는 유량을 배출시키므로 출력되는 유량과 유압이 낮아진다. 이러한 원리로 압력 제어밸브는 일정한 수준의 유압을 제어하게 되는데 그 특성상 출력 압력은 맥동을 한다. 따라서 이 맥동 폭을 감소시키기 위해 피드백 되는 유압회로에는 오리피스를 두고 있다.

(3) 어큐뮬레이터(accumulator : 뒷바퀴 구동차량에 사용됨)

어큐뮬레이터는 자동변속기 유압장치에서 스풀밸브 이외에 가장 자주 사용되는 장치이며, 주로 변속할 때 작동 마찰요소의 유압을 조절하는데 사용된다. 즉, 어큐뮬레이터는 클러치 유압회로에 설치되어 변속할 때 클러치로 공급되는 유압을 일시적으로 축적하여 클러치가 급격하게 작동하는 것을 방지하여 충격을 완화시킨다.

그림 3-55는 어큐뮬레이터의 작동 예를 나타낸 것인데 먼저 유압은 오리피스를 거쳐 클러치와 어큐뮬레이터에 동시에 작동한다. 어큐뮬레이터에 작용하는 유압은 피스톤으로 하여금 스프링 장력을 이기고 오른쪽으로 이동하도록 한다.

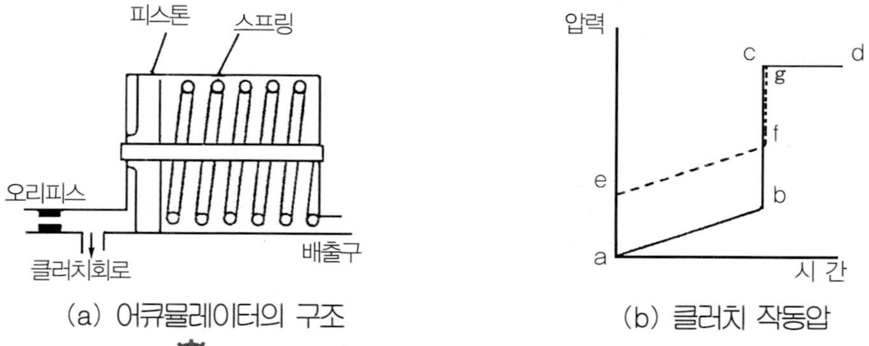

그림 3-55. 어큐뮬레이터의 구조와 클러치 작동 유압

이러한 어큐뮬레이터의 작용에 의해 클러치에 작용하는 유압은 그림 3-55(b)와 같이 상승한다. 만약 스프링에 프리로드(pre load)를 준다면 유압은 e-f-g-d의 단계로 상승한다. 이와 같이 어큐뮬레이터는 클러치에 작용하는 유압을 천천히 상승시켜 급격하게 작동되는 것을 방지하여 원활한 변속이 이루어지도록 하는 작용을 한다.

그림 3-55(b)에서 a점에서 b점까지의 시간은 오리피스의 크기와 어큐뮬레이터의 용량에 따라 변화하며, 이 구간에서의 압력 상승률은 스프링 상수에 비례한다. 어큐뮬레이터의 행정이 끝나면 c−d로 일정한 유압이 가해지는데 이 압력이 라인 압력이다.

(4) 릴리프밸브(압력 경감밸브 : pressure relief valve)

자동변속기 유압회로에서 유압이 비정상적으로 높아질 경우, 변속기 내의 유압 관련 부품이 손상될 수 있다. 이를 방지하기 위해 유압회로에 어느 한계값 이상으로 유압이 높아지면 릴리프밸브가 작동하여 압력을 낮추어준다.

릴리프밸브는 그림 3-56과 같이 볼과 스프링으로 이루어지며, 일반적으로 릴리프밸브는 라인압력 회로에 설치된다. 자동변속기 내에서 대기의 온도가 낮아 오일의 점도가 높아질 경우 라인압력이 비정상적으로 상승하는 경우가 있는데 이때 볼이 스프링을 밀어내고 오일의 일부를 배출시킴으로서 유압을 일정하게 유지시킨다.

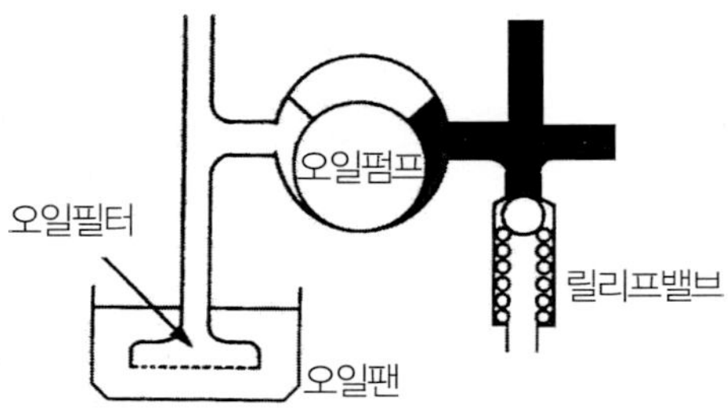

그림 3-56. 릴리프밸브

(5) 체크볼 밸브(check ball valve)

체크볼 밸브는 자동변속기의 유압밸브 중에서 가장 간단한 밸브이지만 매우 중요한 역할을 한다. 이 밸브는 한쪽 방향으로만 유압이 작용하도록 한다. 즉, 유압이 역 방향에서 작용할 경우에만 유압회로를 열어 유압이 전달하도록 한다.

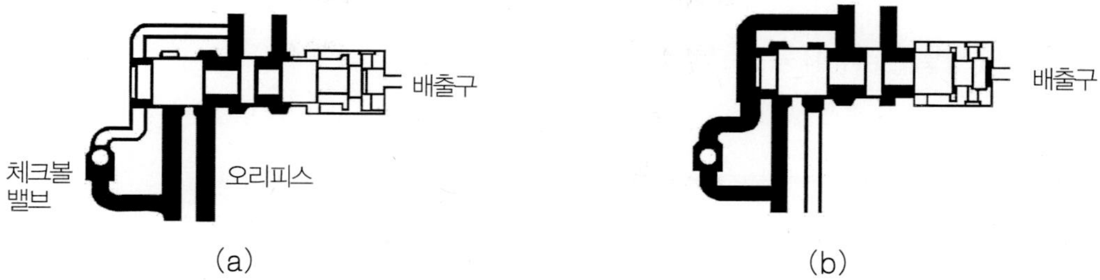

그림 3-57. N-D 제어밸브에서 체크볼 밸브 작동 예

5 전자제어장치

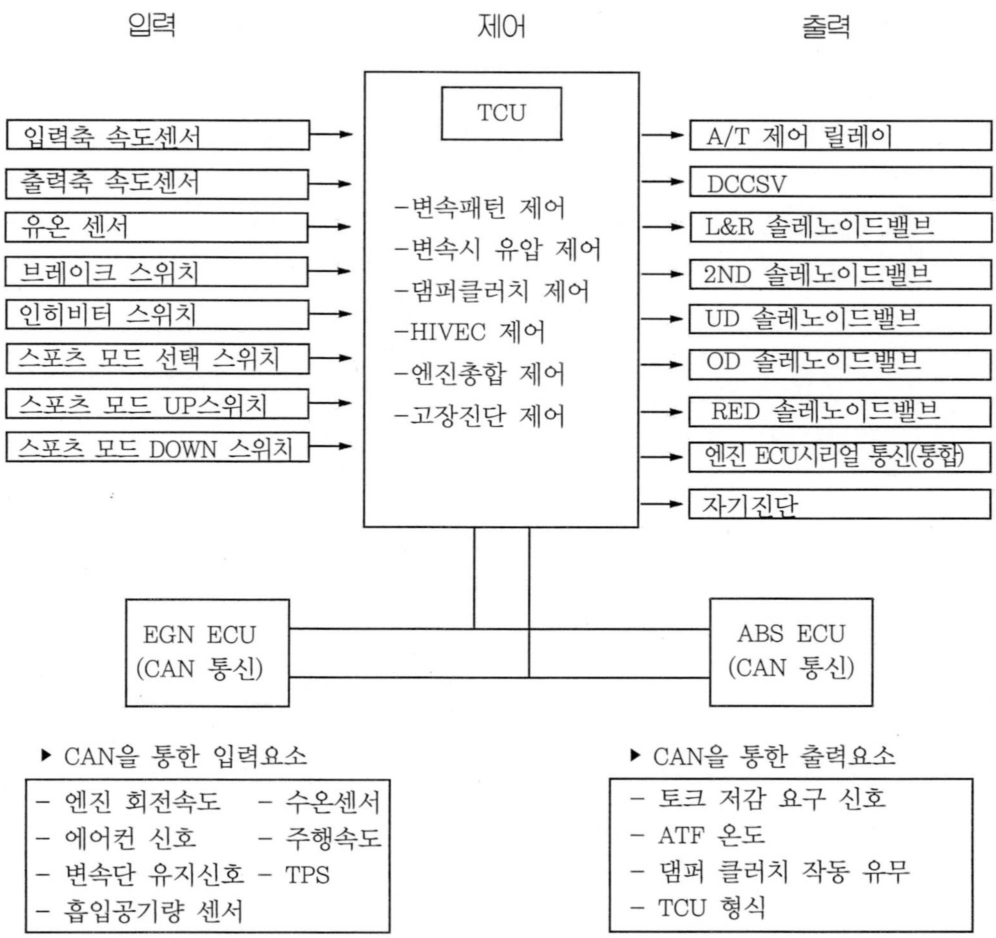

그림 3-58. 자동변속기 전자제어 구성도

5.1. TCU(transmission control unit)통신의 개요

5.1.1. 시리얼(serial)통신 및 CAN통신

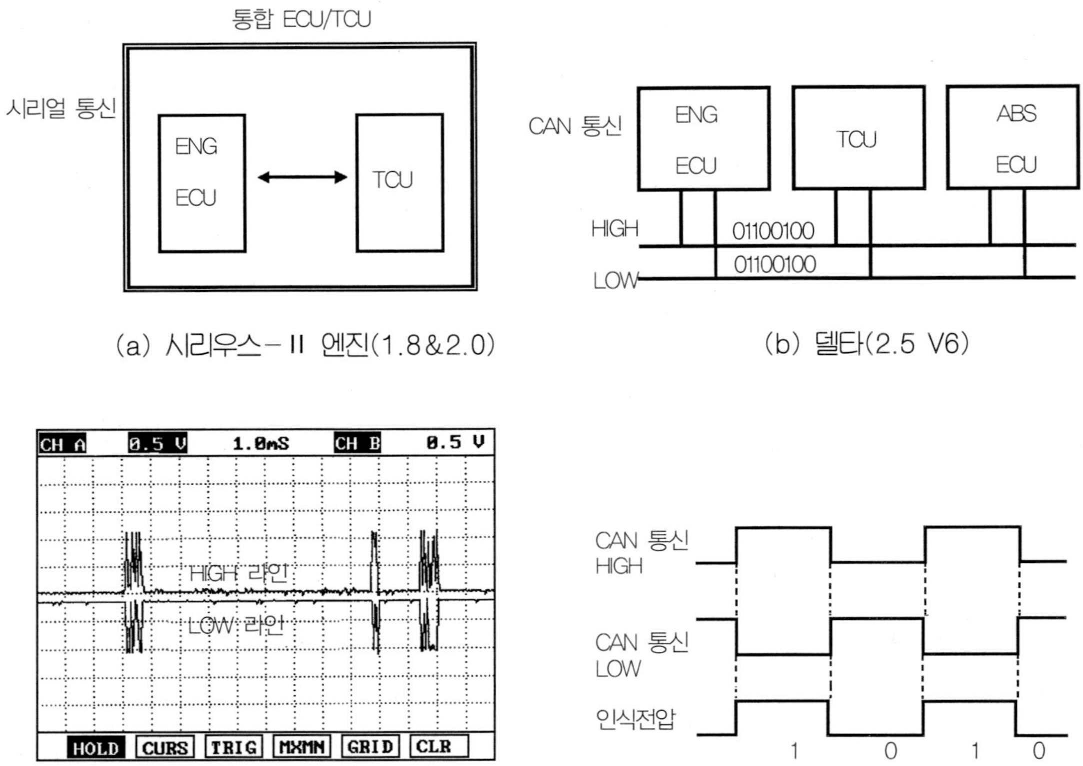

(a) 시리우스-II 엔진(1.8&2.0)

(b) 델타(2.5 V6)

(c) CAN통신 파형측정

(d) CAN통신 전압 인식

그림 3-59. 시리얼(serial)통신과 CAN통신

5.1.2. 통신내용과 불량일 경우의 조치

[1] ECU-TCU 통신내용

① 스로틀 포지션센서(TPS) : 변속단 설정 및 실행, 급가속 제어(차량의 주행상태 및 부하를 간접 연산함)

② 엔진부하

㉮ 시리얼통신 : 엔진 회전속도(흡입 공기량)와 함께 데이터 처리한다.

㉯ CAN통신 : 엔진 부하를 CAN통신을 통하여 데이터를 처리한다.

③ 엔진 회전속도 : 댐퍼 클러치 제어 및 엔진부하를 연산한다.

④ **주행속도 신호** : 변속기에 설치된 차속센서(VSS : vehicle speed sensor)에서 엔진 ECU로 입력통신을 통한 TCU로 입력한다. 입력축 및 출력축 속도센서의 고장을 판정할 때 참조 신호로 이용된다.

㉮ 냉각수 온도 신호 : 초기 변속단 및 유압 설정신호로 사용한다.

[2] ECU−TCU 통신이 불량할 때 조치 내용

① **스로틀 포지션센서(TPS)** : 고장일 때 가속페달의 밟은 정도 50%(2.5V)로 간주하므로 변속 지연이 발생한다.

② **엔진부하**

㉮ 시리얼통신 : 흡입 공기량을 최대 70%로 간주하여 데이터를 처리한다.

㉯ CAN통신 : 엔진 부하를 CAN통신을 통하여 데이터를 처리한다.

③ **엔진 회전속도** : 3000rpm으로 간주한다.

④ **차속센서** : 무 입력(0km/h)로 인식하며 입·출력 속도센서의 고장 판정을 금지한다.

㉮ 에어컨 작동신호 : 에어컨 OFF로 인식한다.

㉯ 데이터 통신 : 각종 통신을 금지시킨다. 통신 금지에 따른 변속 및 각종 인텔리전트 기능을 금지시킨다.

Reference >>> 시리얼 통신과 CAN통신

① **시리얼통신** : 시리얼 통신이란 연속적인 데이터 처리방법 중의 하나이며, 차량에서 대표적인 방법이 자기진단 시험기와 진단 케이블을 연결한 데이터 처리방법이라 생각하면 된다. 즉 자기진단 시험기와 TCU가 1개의 케이블을 이용하여 고장 코드, 서비스 데이터를 서로 교환하는 것처럼 일반적인 통신방식에는 1개의 배선을 사용한다. 통신을 하고자 하는 개체가 통신 의사를 밝히는 행위인 통신 언어를 먼저 전송하고 그 전속 데이터를 수신한 개체는 해당하는 시스템과 맞는지를 인식한 후 맞으면 통신을 시작한다.

② **CAN(controller area network)통신** : CAN통신이란 좁은 범위의 지역 내에서 서로 네트워크를 형성한 각각의 개체가 통일된 통신 언어를 구사하는 것이다. CAN통신은 우선(지배)적인 컨트롤러(컴퓨터)가 입·출력과 관련된 신호 값을 먼저 측정하고 인식하여 다른 컨트롤러로 하여금 인식하기 편리한 통신 언어를 사용하여 매우 빠른 속도로 전송한다.

현재 차량에서 사용하는 CAN통신 라인은 HIGH라인과 LOW라인으로 구성되어 있으며 LOW라인이 지배적인 방식을 사용하며 두 라인의 전압을 상호 비교, 인식하여 데이터 프레임으로 인식한다. CAN통신 데이터 프레임으로 측정하여 판독 및 해석하는 것은 불가능하다.

5.1.3. CAN통신 고장코드 및 서비스 데이터 분석

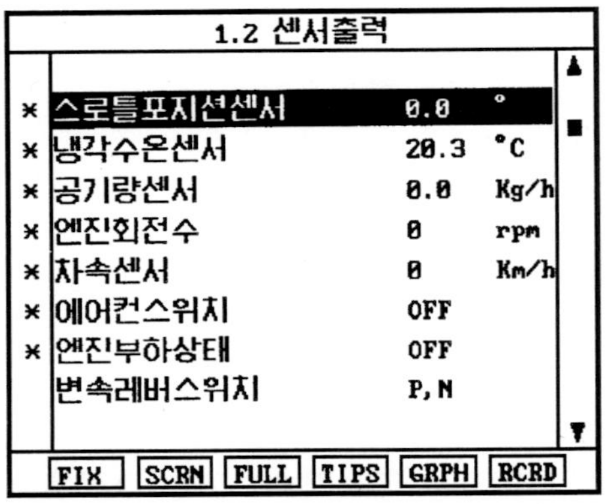

엔진 서비스데이터 중 CAN통신 항목만 표출 현재 차량은 키온시 중립상태임

(a) 엔진 ECU 서비스 데이터

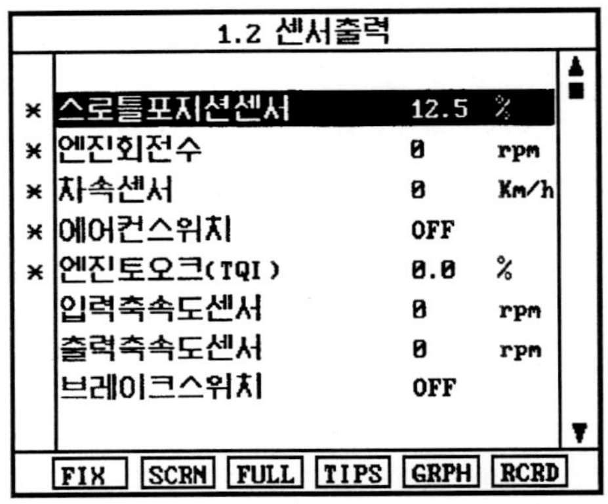

변속기(TCU)의 CAN통신 항목만 표출 차량은 키온시 중립상태(ECU에서 전송된 CAN통신 항목)

(b) 자동변속기 서비스 데이터 항목

그림 3-60. CAN통신 항목

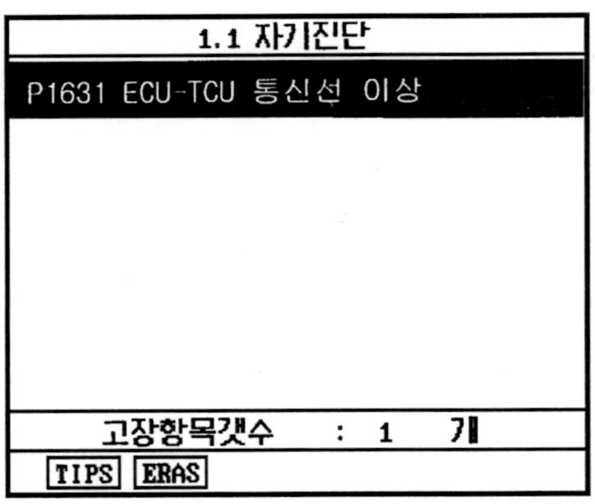

※ 고장코드 P1631 CAN 통신블량 표출

(a) 고장코드

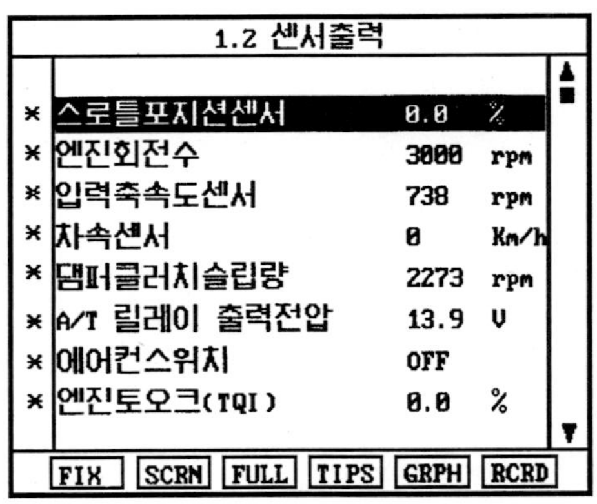

CAN 통신불량시 TCU의 보정수치 항목 TPS 개도량이 현재 0%로 무입력 상태와 같음
엔진 회전수 고정 : 엔진 토크(엔진부하) 현재 0%로 무입력
댐퍼 클러치 슬립량 2273rpm은 엔진회전수 3000rpm에서 입력축 회전수를 뺀 수치임(실제 슬립량과 틀림)

(b) 서비스데이터 항목

그림 3-61. CAN통신 불량

5.2. 각종 센서와 액추에이터

① 입력축 속도센서 : 입력축 회전속도(터빈 런너의 회전속도)를 언더 클러치(UD) 리테이너 부분에서 검출한다.

② 출력축 속도센서 : 출력축 회전속도(트랜스퍼 구동기어 회전속도)를 4단 자동변속기에서는 트랜스퍼 구동기어 부분에서, 5단 자동변속기는 다이렉트 유성 기어 캐리어 부분에서 각각 검출한다.

③ 크랭크 각 센서 : 엔진의 회전속도를 크랭크축에서 검출하여 ECU와 TCU가 통신한다.

④ 스로틀 포지션 센서(TPS) : 가속페달 밟은 정도를 포텐셔미터로 검출하여 ECU와 TCU가 통신한다.

⑤ 가속페달 포지션 센서(APS) : 가속페달 밟은 정도를 포텐셔미터로 검출하여 ECU와 TCU가 통신한다.

⑥ 오일 온도(유온)센서 : 자동변속기용 오일(ATF)온도를 서미스터로 검출한다.

⑦ 인히비터 스위치 : 변속 레버의 위치를 접점형 스위치로 검출한다.

⑧ 브레이크 스위치 : 브레이크의 작동 여부를 브레이크 페달 부분에서 접점형 스위치로 검출한다.

⑨ 차속센서 : 차량의 주행속도를 속도계 기어 부분에서 검출한다.

⑩ 에어컨 부하스위치 : 에어컨 압축기의 작동여부를 오일 압력스위치로 검출한다.

⑪ 스포츠 모드 선택 스위치 : 스포츠 모드의 선택을 변속레버 부분의 접점형 스위치로 검출한다.

⑫ 스포츠 모드 업 시프트(up shift) 스위치 : 스포츠 모드에서의 업 시프트(상향 변속)요구를 변속 레버 부분의 접점형 스위치로 검출한다.

⑬ 스포츠 모드 다운 시프트(down shift) 스위치 : 스포츠 모드에서의 다운 시프트(하향 변속)요구를 변속레버 부분의 접점형 스위치로 검출한다.

⑭ A/T TCU 제어 릴레이 : 솔레노이드밸브로 전원을 공급한다.

⑮ 댐퍼 클러치 조절(DCC) 솔레노이드밸브 : 댐퍼 클러치 제어를 위한 댐퍼 클러치 조절밸브로의 유압을 조절한다.

⑯ 로 & 리버스 클러치(LR) 솔레노이드밸브 : 변속제어를 위한 압력 조절밸브로의 유압을 조절한다.

⑰ 2ND 솔레노이드밸브 : 변속제어를 위한 압력 조절밸브로의 유압을 조절한다.

⑱ 오버 드라이브(OD) 솔레노이드밸브 : 변속제어를 위한 압력 조절밸브로의 유압을 조절한다.

⑲ 리덕션 브레이크(RED) 솔레노이드밸브 : 변속제어를 위한 압력 조절밸브로의 유압을 조절한다.

⑳ 언더 드라이브 클러치(UD) 솔레노이드밸브 : 변속제어를 위한 압력 조절밸브로의 유압을 조절한다.

㉑ 클러스터 : 현재의 변속단(D레인지/스포츠 모드)을 계기판의 램프의 점등으로 표시한다.

㉒ 토크감소 요구신호: 토크 감소요구를 엔진 ECU에 신호를 송신한다(ECU→TCU).

㉓ TCL－ECU : TCU와의 통신으로 제어상 필요한 정보를 접수한다.

㉔ 엔진 ECU : TCU와의 통신으로 제어상 필요한 정보를 접수한다.

5.2.1. 입·출력축 속도센서

센서의 형식은 홀 센서(hall sensor)이며, 피드백 제어, 클러치 대 클러치 제어, 댐퍼 클러치 제어, 변속단 제어, 동기 어긋남 연산, 기타 센서의 고장 판정기준 신호로 이용된다.

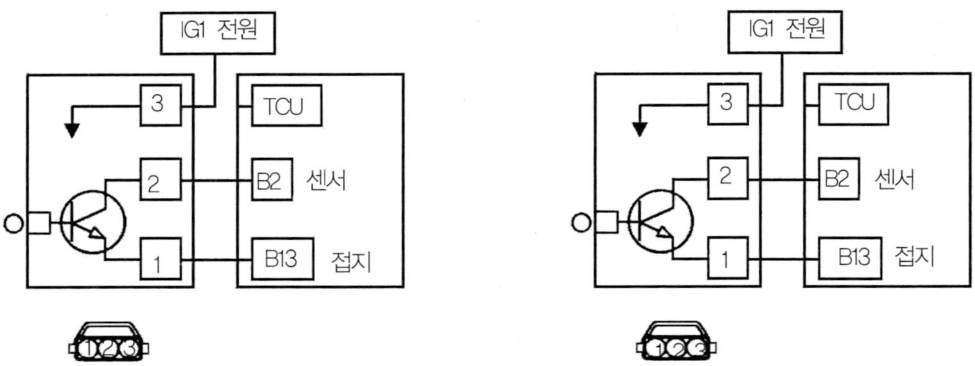

(a) 입력축 (b) 출력축

그림 3-62. 속도센서의 회로

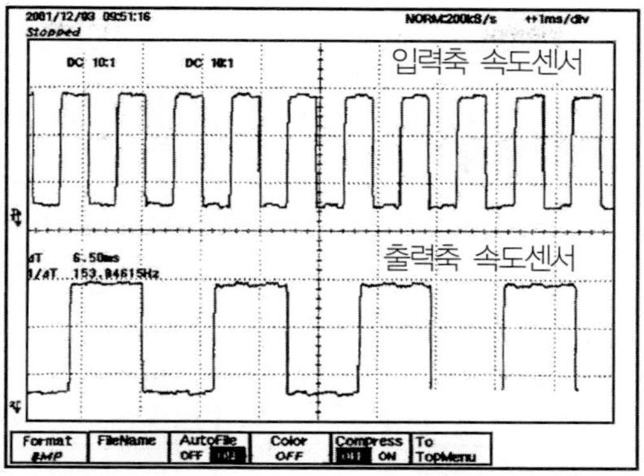

그림 3-63. 입·출력축 속도센서의 파형

[입•출력축 속도센서의 제원]

항 목	센서이름	규정값
간극	입력축 속도센서	1.3mm
	출력축 속도센서	0.85mm
절연저항	입력축 속도센서	4MΩ 이상
	출력축 속도센서	4MΩ
전압측정	HIGH측	4.8~5.2V
	LOW측	0.8V 이하

[1] 입·출력축 속도센서의 고장 판정

입력축 속도센서의 신호는 기관을 시동할 때부터 검출되며, 출력축 속도센서의 신호는 주행시 발생된다. 입·출력축 속도센서의 고장 판정은 차속센서의 신호를 TCU가 인식하여 차속센서의 주행속도가 30km/h 이상일 때 두 센서를 판정하여 입력축에서는 입력이 되지 않을 때, 출력축은 차속센서 신호보다 50% 미만일 경우이며, 서비스 데이터에서 기관 회전속도 대비 입력축 속도센서의 회전속도를 비교한다.

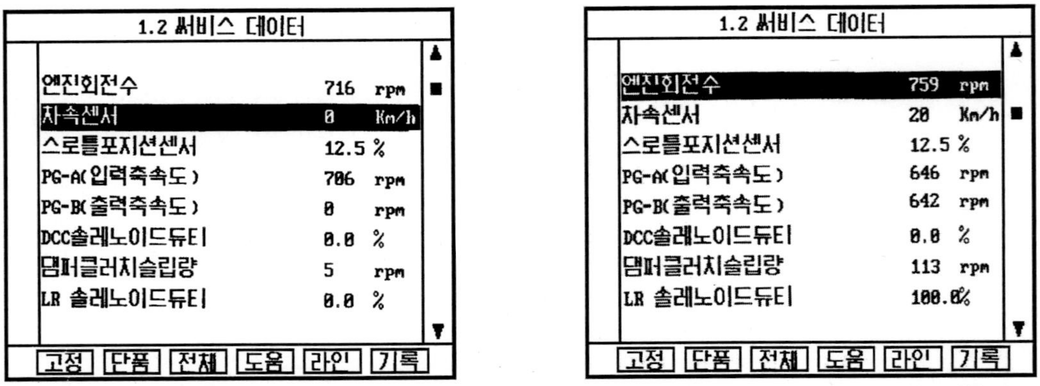

차량은 정지, 시동 후 데이터 현재 엔진회전수 대비 입력축 속도센서의 값은 정상(댐퍼 클러치 슬립량 5rpm)

(a) 서비스 데이터(1)

2속 주행상태이며 엔진회전수 대비 입력축 속도센서의 값이 댐퍼 클러치 슬립율을 뺀 값이며 출력축 속도센서도 정상적으로 입력되고 있다.

(b) 서비스 데이터(2)

그림 3-64. 서비스 데이터

기관 회전속도와 입력축 속도센서의 차이는 댐퍼 클러치 슬립율로 표시하며, 출력축 속도센서는 주행 중 차속센서의 신호보다 50% 미만일 경우 고장으로 인식하는데 중요한 판정신호인 차속센서 데이터를 정확히 점검 및 분석하여야 하며, 또한 차속센서 단품 불량에 대해서도 점검하여야 한다.

5. 2. 2. 인히비터 스위치

인히비터 스위치는 로터리 변환 접점형 스위치이며, P와 N레인지에서만 기관 시동이 가능하도록 해주는 안전장치이다.

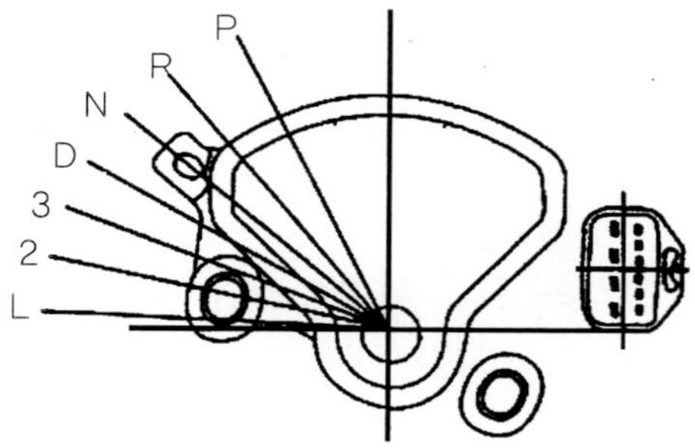

	1	2	3	4	5	6	7	8	9	10
P			○	—	—	—	—	○	○	○
R							○	○		
N				○	—	—	—	○	○	○
D	○	—	—	—	—	—	—	○		
3					○	—	—	○		
2		○	—	—	—	—	—	○		
L						○	—	○		

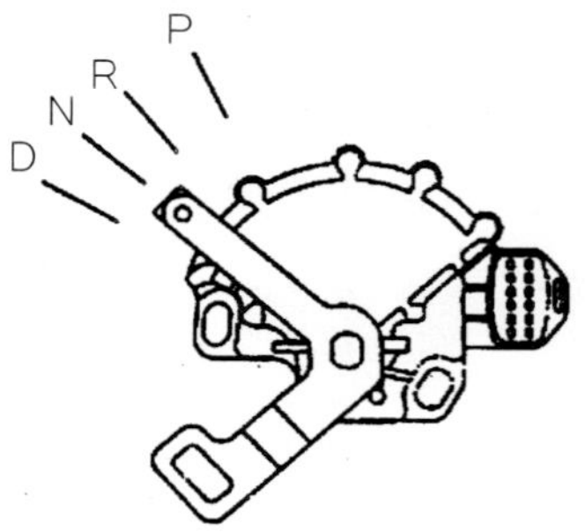

	1	2	3	4	5	6	7	8	9	10
P			○	—	—	—	—	○	○	○
R							○	○		
N				○	—	—	—	○	○	○

(a) 구조 및 단자사이의 접속

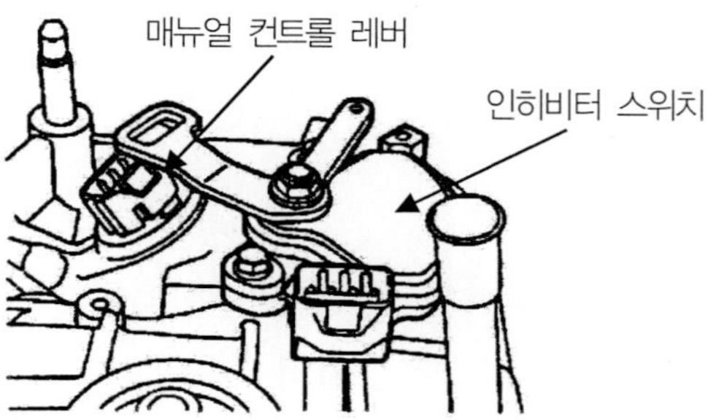

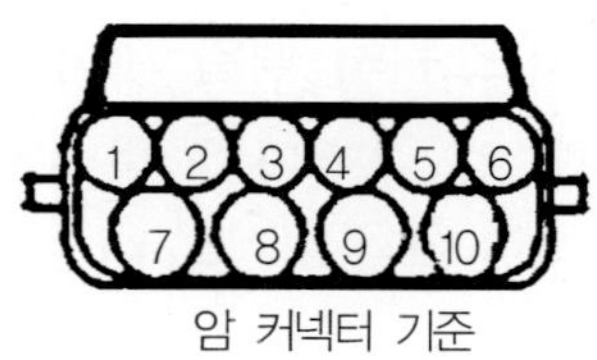

(b) 설치 위치

그림 3-65. 인히비터 스위치 설치위치

[1] 컨트롤 조절 점검방법

① 브레이크 페달을 밟고 주차 브레이크 레버를 완전히 당긴다.

② 변속레버를 "R" 위치로 한다.

③ 시동스위치(키)를 "ST" 위치로 한다.

④ 변속레버를 위로 올려 "P" 위치의 클릭과 맞물렸을 때 기동전동기가 작동하면 정확한 상태이다.

⑤ 같은 방법으로 변속레버를 "N" 위치로 하였을 때 기동전동기가 작동하면 정확한 상태이다.

⑥ 위에서 설명한 바와 같이 기동전동기가 "P" 와 "N" 위치에서만 작동하고, 나머지 위치에서 작동하지 않으면 케이블은 정확히 조정된 상태이다.

[2] 조절 케이블 조정방법

① 변속 레버를 "N" 위치로 한다.

② 트랜스액슬 조절 케이블과 매뉴얼 조절레버 연결부분의 조정 너트를 풀고 케이블과 레버를 분리한다.

③ 매뉴얼 조절레버를 "N" 위치로 한다.

④ 인히비터 스위치와 매뉴얼 조절 레버의 5mm 구멍에 5mm 핀을 끼워 인히비터 스위치와 매뉴얼 조절 레버의 "N" 위치를 정확하게 조정한다. 이때 5mm 핀을 끼우지 않으면 조정 너트를 조일 때 N위치가 변동될 염려가 있다.

⑤ 트랜스액슬 조절 케이블을 "D" 위치 방향으로 가볍게 잡아당기고 조정 너트를 규정 토크로 조인다.

[3] 인히비터 스위치 페일 세이프 기능

전진 주행 중 운전자가 변속 레버를 오 조작하여 후진으로 선택하면 TCU는 로 & 리버스(LR) 브레이크 유압을 해제시키므로 차량은 일정 속도로 프리 휠링(free wheeling)상태가 된다.

5.2.3. 오일 온도(유온)센서

오일 온도센서는 오일의 온도가 높으면 저항 값이 감소하고, 온도가 낮으면 저항 값이 증가하는 부특성 서미스터(출력전압은 온도가 낮으면 HIGH, 온도가 높으면 LOW)를 사용하며, 오일의 온도를 검출하여 댐퍼 클러치 작동 및 비 작동 영역을 검출하며, 오일 온도의 가변 제어 및 변속할 때 유압제어 정보 등으로 이용된다.

(a) (b)

그림 3-66. 오일 온도센서의 구조와 설치 위치

5. 2. 4. 스포츠 모드 선택 스위치, 업·다운 시프트 스위치

이 스위치들은 운전자의 요구에 알맞은 변속패턴을 설정하기 위하여 수동(스포츠 모드)인지 자동 모드인지를 검출하고 수동 모드일 때 업/다운(UP/DOWN) 시프트 신호를 파악하여 변속을 제어하기 위하여 사용된다.

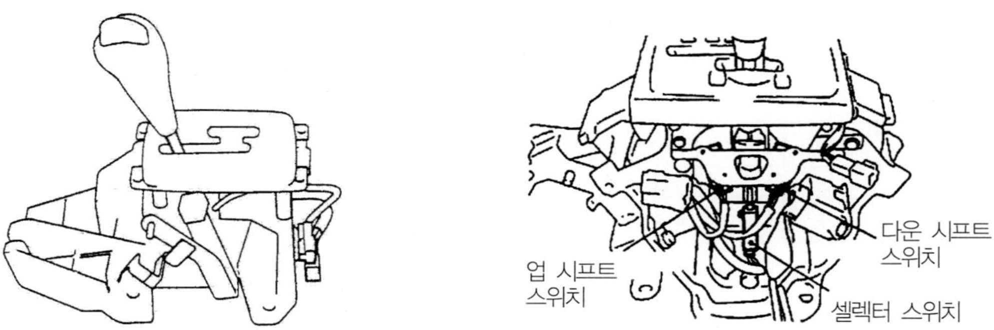

(a) (b)

그림 3-67. 변속레버의 형상 및 스위치 등의 위치

5. 2. 5. 솔레노이드밸브

솔레노이드밸브는 상시 개방형(normal open type)이다.

① LR 솔레노이드밸브 : 변속제어를 위한 유압제어 밸브

② 2ND 솔레노이드밸브 : 변속제어를 위한 유압제어 밸브

③ LD 솔레노이드밸브 : 변속제어를 위한 유압제어 밸브

④ OD 솔레노이드밸브 : 변속제어를 위한 유압제어 밸브

⑤ DCC 솔레노이드밸브 : 댐퍼클러치 제어를 위한 댐퍼 클러치 제어 밸브로의 유압을 조정

⑥ RED 솔레노이드밸브 : 변속제어를 위한 유압제어 밸브(5단 자동변속기)

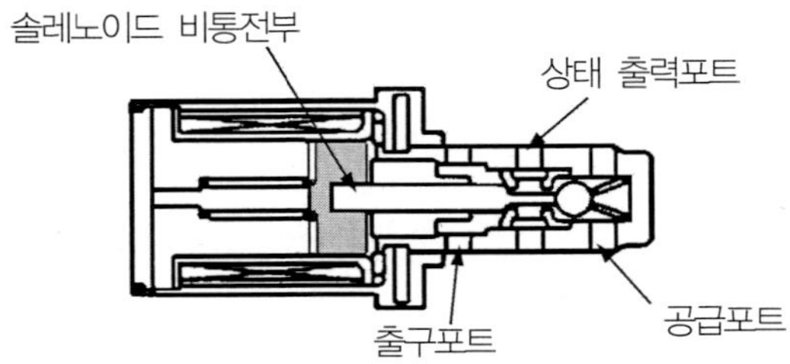

그림 3-68. 솔레노이드밸브의 구조

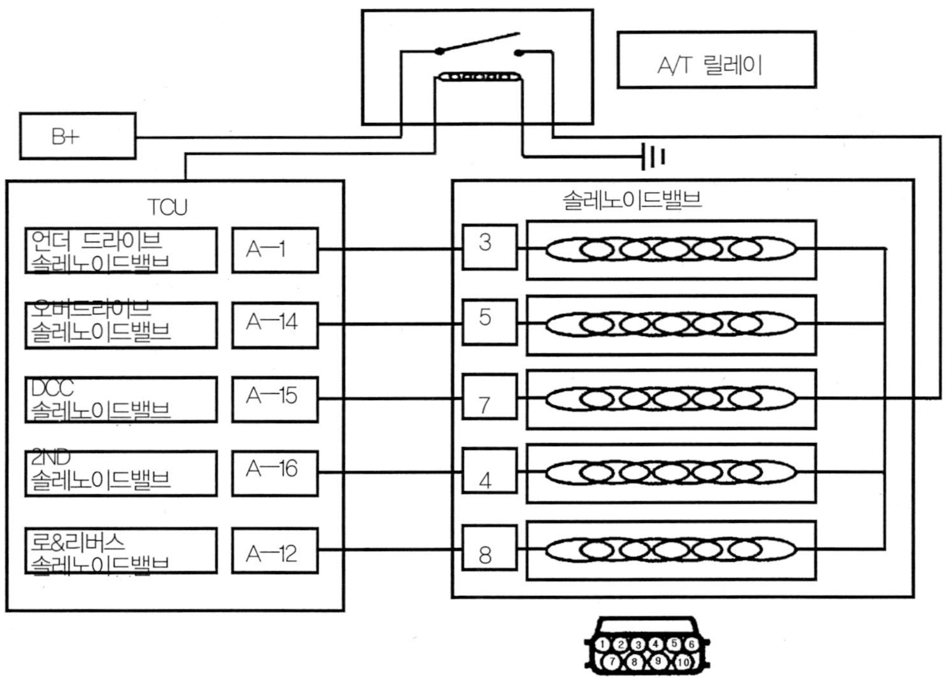

그림 3-69. 각종 솔레노이드밸브의 회로구성

[제어 압력 특성(아래의 제어 압력은 통상 운전(85℃)에서의 출력 유압 임)]

솔레노이드밸브	듀 티(%)			
	0	50	75	100
UD, OD, LR, 2ND	10.5±0.1	6.4±0.25	3.6±0.25	0.1 이하
DCCSV	10.5±0.1	5.9±0.3	3.2±0.3	0.1 이하

[1] 솔레노이드밸브의 제원

	단자 전압	출력 파형
솔레노이드밸브 저항	3.0±0.5Ω	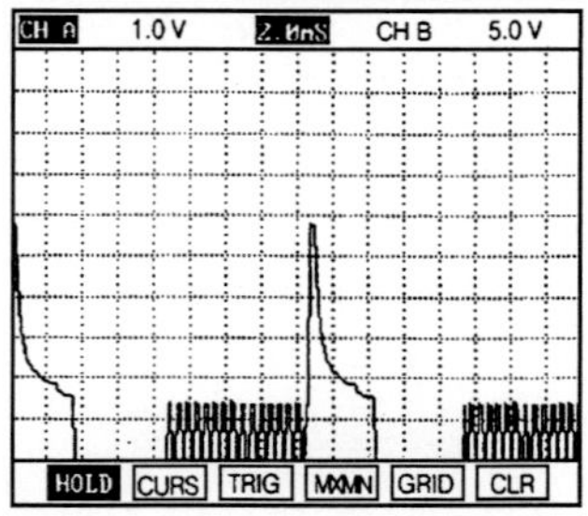
서지 전압	56V	
IG Key ON	TCU 각 단자 전압 12~14V	

[2] 각 솔레노이드밸브의 작동

(1) 하이백 4단 자동변속기의 경우

변속단	솔레노이드밸브					
	로 & 리버스	2ND	언더 드라이브	오버 드라이브	댐퍼 클러치 제어	비고
1단	OFF	ON	OFF	ON	OFF	
2단	ON	OFF	OFF	ON	ON/OFF	
3단	ON	ON	OFF	OFF	ON	
4단	ON	OFF	ON	OFF	ON	
후진	OFF	ON	ON	ON	OFF	
P, N	OFF	ON	ON	ON	OFF	STANDARD

(2) 하이백 5단 자동변속기의 경우

변속단	솔레노이드밸브					
	로 & 리버스	2ND	언더 드라이브	오버 드라이브	리덕션 브레이크	댐퍼 클러치 제어(참고)
1단	OFF(LR)	ON	OFF	ON	OFF	OFF
2단	ON(LR)	OFF	OFF	ON	OFF	OFF
3단	ON(DIR)	ON	OFF	OFF	OFF	ON/OFF
4단	ON(DIR)	ON	OFF	OFF	ON	ON
5단	OFF(DIR)	OFF	ON	OFF	ON	ON
후진	OFF(LR)	ON	ON	ON	OFF	OFF
P, N	OFF(LR)	ON	ON	ON	OFF	OFF

※ 로 & 리버스 브레이크 솔레노이드밸브는 후진을 할 때와 1단에서 로 & 리버스 유압을 제어하고 4, 5단에서는 다이렉트 클러치 유압을 제어한다. 그리고 여기서 ON은 기계적으로 솔레노이드밸브 100% 작동상태, OFF는 기계적으로 솔레노이드밸브 0% 작동상태를 말한다.

5. 2. 6. 자동변속기 TCU제어 릴레이

TCU제어 릴레이는 전자 유도방식이며, 각종 솔레노이드밸브로 전원을 공급한다. 그리고 페일세이프가 작동될 때 릴레이의 접점을 차단시켜 3단으로 유지한다.

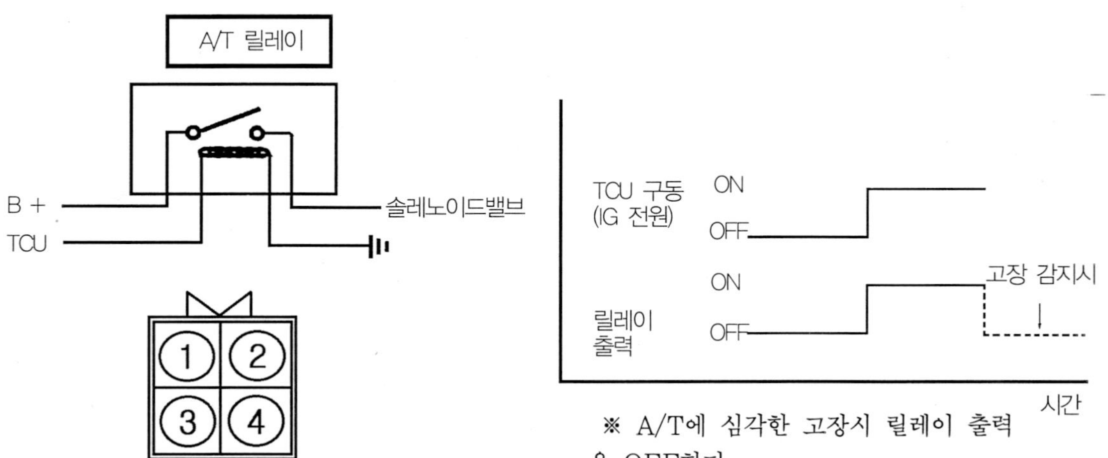

※ A/T에 심각한 고장시 릴레이 출력을 OFF한다.

(a) 구조 (b) 출력특성

그림 3-70. TCU제어 릴레이

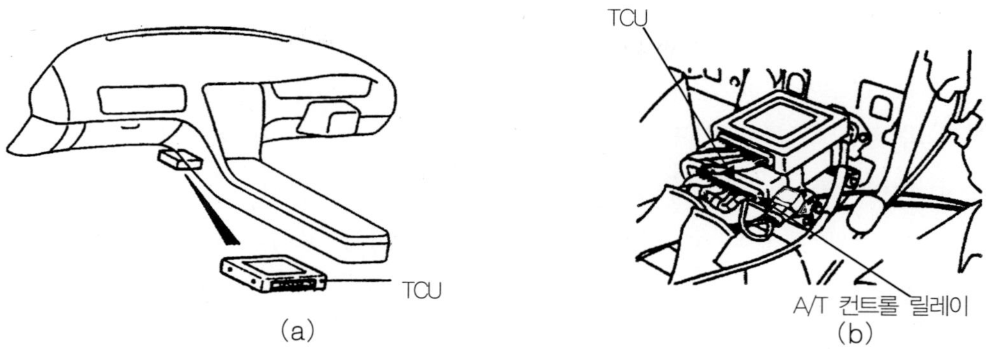

그림 3-71. TCU 및 A/T 컨트롤 릴레이 설치 위치

6 하이백 자동변속기

6.1. 변속할 때의 유압제어

6. 1. 1. 클러치 대 클러치 변속(clutch to clutch shift)

기존의 자동변속기에서는 변속할 때 2개의 솔레노이드밸브(시프트 조절 솔레노이드밸브 : SCSV)를 이용하여 증속제어를 하므로 정밀한 변속이 어려웠으며, 또한 1개의 솔레노이드밸브(압력 조절 솔레노이드밸브 : PCSV)로 유압을 공통으로 제어하므로 변속할 때 정밀한 유압제어가 실현되지 못하였다.

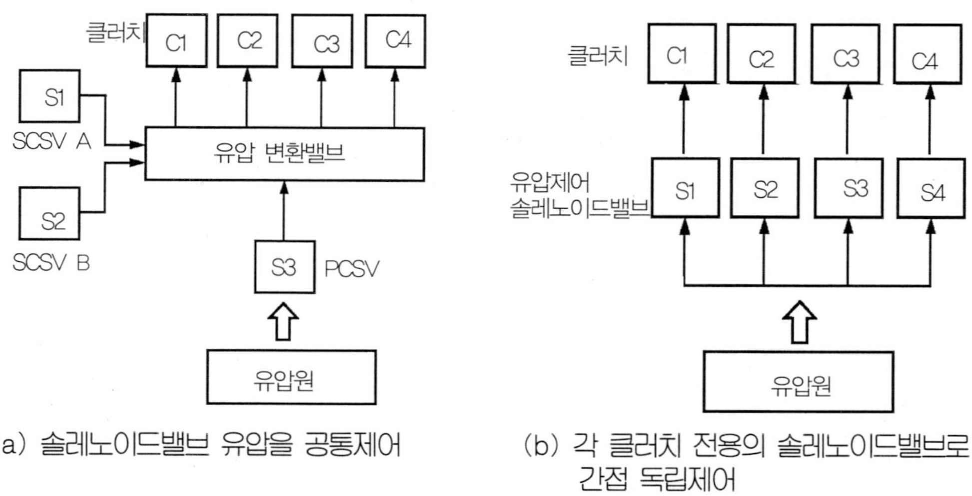

그림 3-72. 솔레노이드밸브의 제어 구성

그러나 클러치 대 클러치 변속방식에서는 TCU가 입·출력축 속도센서의 신호를 받아 필요 유압을 산출하고 4개의 솔레노이드밸브로 출력신호를 보내어 해제측 클러치(또는 브레이크)와 결합측 클러치(또는 브레이크)를 동시에 제어하여 변속을 실행한다.

따라서 클러치를 변환할 때 양쪽 클러치 토크 용량을 각각 산출하여 정밀하게 제어하므로 변속 중에 기관의 런 업(run up)이나 클러치가 고정되는 문제점을 예방하므로 원활하고 응답성이 높은 변속을 할 수 있다.

[1] 클러치 대 클러치 제어 선도

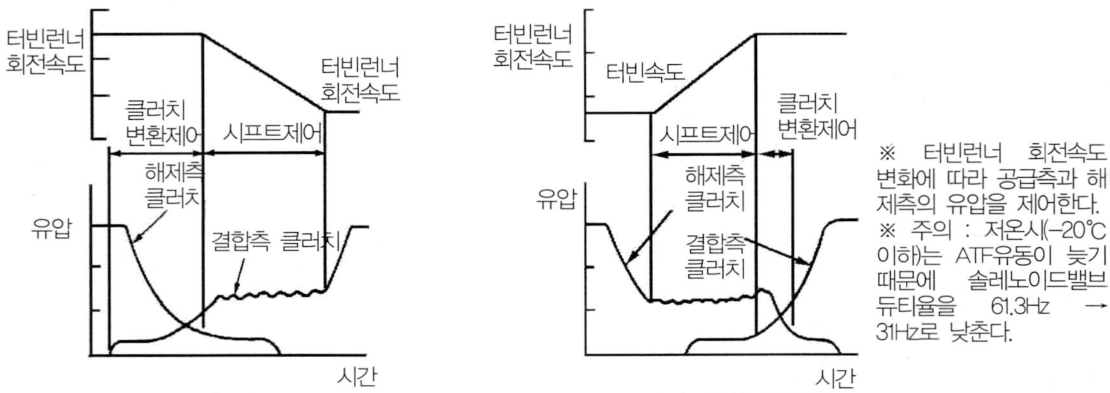

(a) 업 시프트　　(b) 다운 시프트

그림 3-73. 클러치 대 클러치 제어 선도

[2] 스킵 변속제어(skip shift control)

각종 클러치 솔레노이드밸브를 사용하므로 킥 다운이 될 때 또는 하이백 제어에 의한 스킵 변속제어가 가능하다. 따라서 응답성이 빠른 변속을 실행할 수 있다.

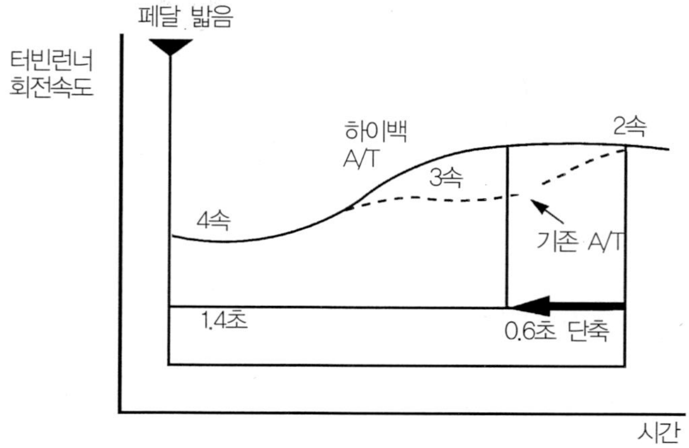

그림 3-74. 스킵 변속제어

6. 1. 2. 피드백 변속제어(feed back shift control)

각 변속단으로 변속을 할 때 입력축의 회전속도 변화를 미리 설정된 목표 변화율에 일치하도록 솔레노이드밸브의 듀티율을 피드백제어를 한다. 따라서 변속 중에 토크의 변화를 이상적으로 제어하는 것이 가능하므로 변속감이 향상되며 엔진이나 변속기의 노화에 따른 성능변화에 대해서도 자동적으로 보정하므로 변속감이 향상된다.

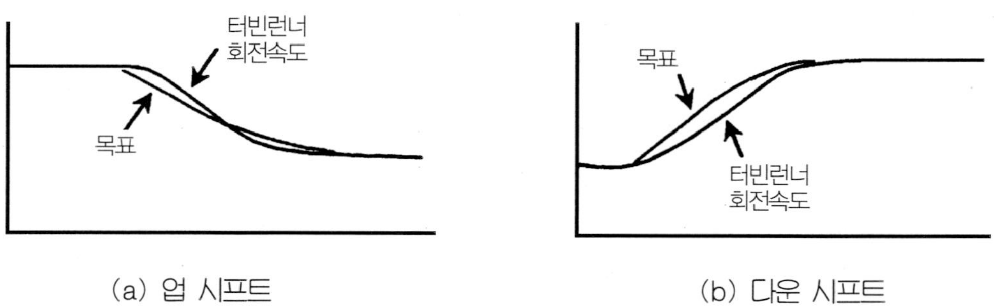

그림 3-75. 피드백 변속 제어

6.2. 변속패턴

각종 변속패턴은 차량의 연비, 가속성능 및 배기가스 배출에 큰 영향을 미치므로 이들을 고려하여 설정한다. 하이백제어의 사용으로 도로 조건 및 운전자의 주행방법에 따라 변속 점이 변화하는 가변 변속패턴을 사용하고 있다.

그림 3-76의 변속패턴 다이어그램에서 실선은 변속단이 상향(UP)될 때를 나타내며, 점선은 하향(DOWN)일 경우를 나타낸 것이다. 변속점이 상향일 때와 하향일 때의 시기가 다른 것은 변속점에 근접한 속도로 운행할 때 변속단이 상향, 하향을 반복하여 발생되는 것을 방지하기 위함이다(히스테리시스 현상 방지).

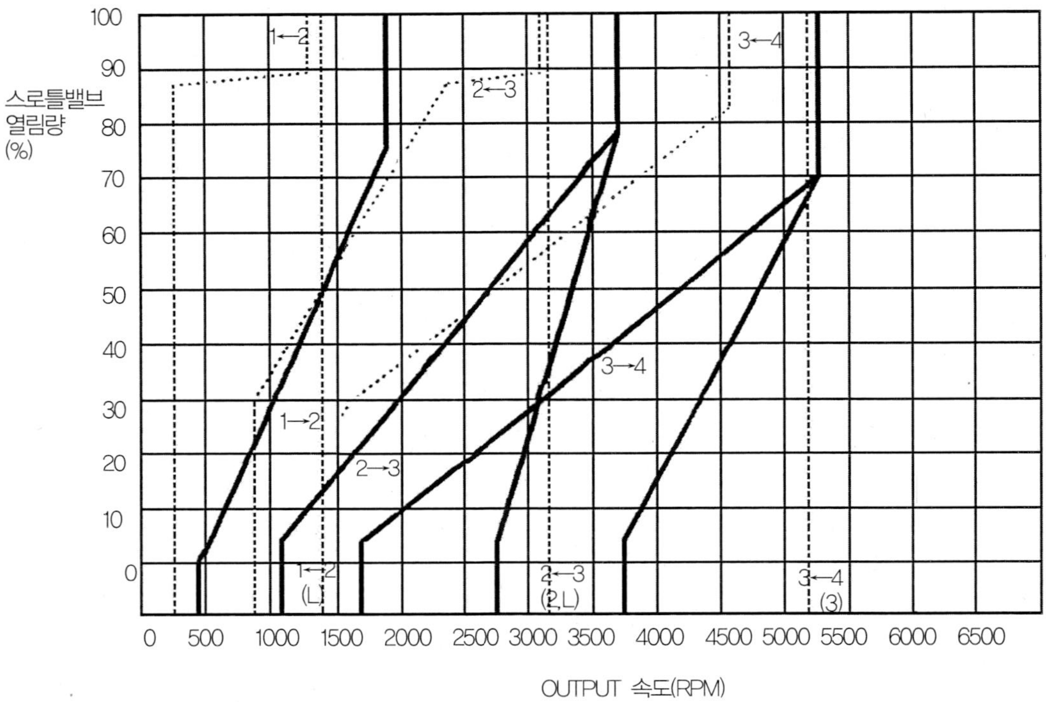

그림 3-76. 변속패턴의 예

Reference

센서 및 액추에이터 등의 고장으로 페일 세이프 모드(3단 고정)로 주행을 하거나 하이백 제어가 불가능할 경우 가변 변속패턴 제어가 불가능하며, 표준 변속패턴을 사용한다. 표준 변속 패턴이란 각각의 UP 변속선 중에서 왼쪽 끝의 변속 선을 말한다.

6. 2. 1. 배기가스 저감 변속패턴

기관의 배기가스 저감을 위해서는 촉매 컨버터의 온도를 빨리 상승시켜야 하므로 기관 자체에서는 냉각수 온도에 따라 기관 회전속도를 상승시키며, 냉각수 온도가 35℃ 이하이면 100초 동안 표준 변속패턴보다 더 낮은 영역을 확보하여 주행할 때 기관의 회전속도 상승을 유도한다.

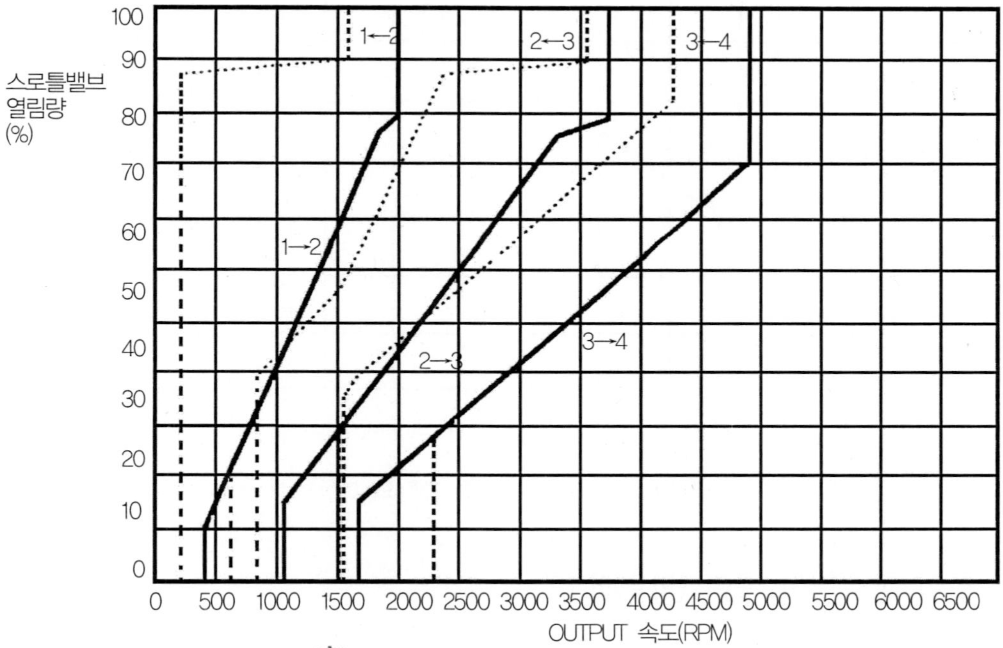

그림 3-77. 배기가스 저감 변속패턴의 예

6. 2. 2. 극저온 변속패턴

자동변속기 오일의 온도가 −29℃ 이하일 경우에는 오일의 성능이 저하되므로 2단으로 고정시키며, −29℃ 이상에서는 정상 패턴으로 복귀시킨다.

6. 2. 3. 홀드(HOLD) 변속패턴

눈길에서 출발을 할 때 사용하는 변속패턴이며, 운전자가 홀드 스위치를 작동시킬 경우 홀드 변속패턴으로 진입한다. 다만, 스포츠 모드가 적용된 차량에서는 스포츠 모드를 이용하여 2단 출발이 가능하도록 한다.

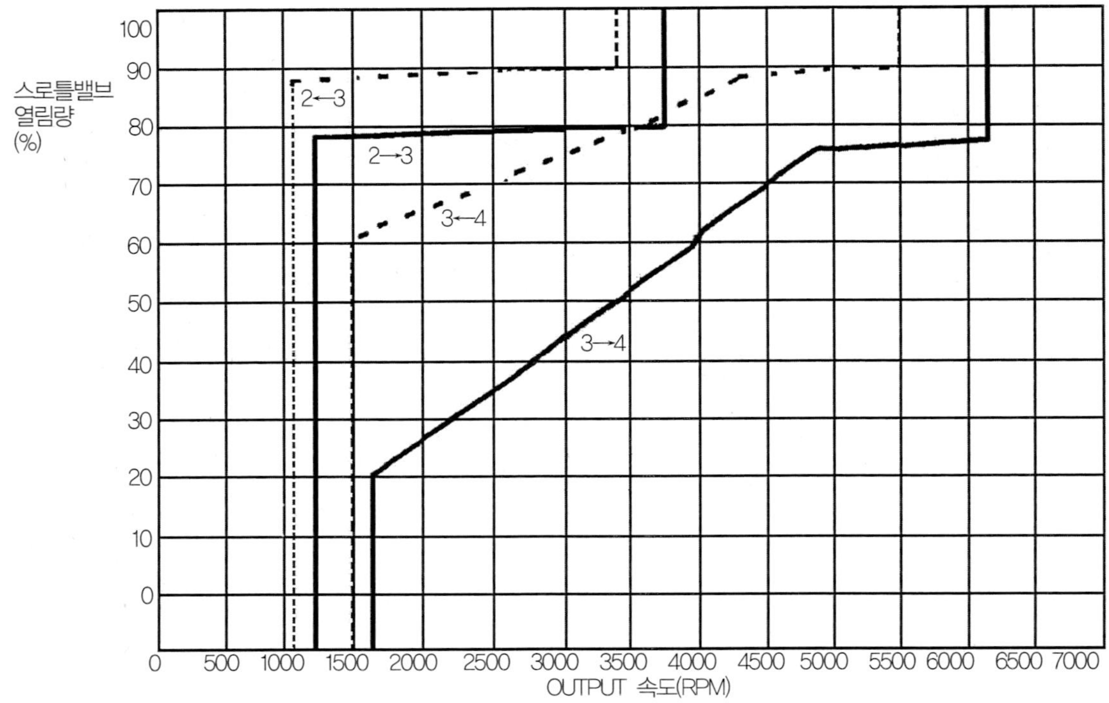

그림 3-78. 홀드 변속 패턴의 예

6. 2. 4. 오일 온도제어 가변 변속패턴

3단 또는 4단으로 등판할 때 토크컨버터 미끄러짐 상태에서 장시간 연속운전에 따른 오일 온도상승을 방지하기 위해 4단 해제 및 2 → 3, 3 ← 2 변속선을 변화시킨다. 즉, 미끄러짐에 의한 오일 온도상승을 억제하기 위한 제어이다.

[1] 진입 조건

① 변속 단이 3단 또는 4단일 때

② D 또는 3레인지 일 때

③ 오일온도가 125℃ 이상일 때

④ 출력축 회전속도가 600~2010rpm사이에 있을 때

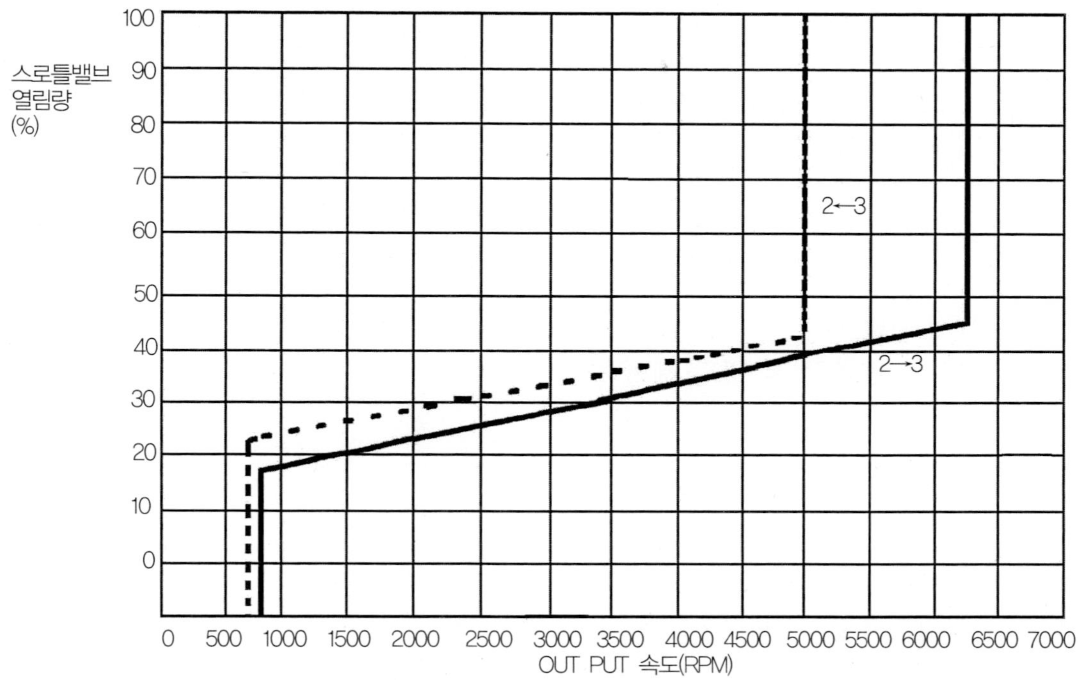

그림 3-79. 오일 온도제어 가변 변속패턴의 예

[2] 해제 조건

① 3단 상태를 3초 이상 지속할 때

② 오일 온도가 110℃ 이하일 때

③ 출력축 회전속도가 2010rpm 이상 또는 600rpm 이하일 때

④ P, R, N, 2, L레인지 신호를 검출하였을 때

위의 해제 조건 중 어느 하나라도 만족하면 통상의 변속 패턴으로 자동 복귀한다.

6.3. 스포츠 모드 제어

하이백 제어에 의해 쉬운 운전의 실현이 가능하지만 운전을 즐기는 방법으로 쉬운 운전과는 별도인 "fun to drive(운전을 즐김)" 을 원하는 운전자에게 대응하기 위해 자동변속기이면서 수동변속기 감각을 운전을 가능하게 한 기능이 스포츠 모드 제어이다. 스포츠 모드의 특성은 다음과 같다.

① 변속 레버를 앞·뒤로 움직이는 것만으로 상향 및 하향 변속이 가능하다.

② 가속페달을 밟은 상태에서도 기어 변속이 가능하다. 따라서 출력 감소 없이 운전을 즐길 수 있다.

③ 굴곡 도로, 산악 도로 등에서도 변속 단을 스스로 간단히 선택할 수 있어 코너 진입 직전이나 경사진 도로 직후의 경쾌한 다운 시프트가 가능하다.

6.4. 댐퍼 클러치 제어

댐퍼 클러치 제어는 저속영역에서 약간의 미끄러짐(미소 슬립) 부분의 직결제어와 고속 영역에서의 완전 직결 영역 제어로 구성되어 있다.

댐퍼 클러치의 작동조건은 다음과 같다.

① 전진 레인지에서 2단 이상일 때(2속에서 댐퍼 클러치의 작동은 오일온도가 125℃ 이상이어야 함)

② N → D, N → R 제어 중이 아닐 때

③ 완전 직결되었을 때 오일온도가 50℃ 이상 것

④ 미소 슬립일 경우에는 오일온도가 70℃ 이상일 것

⑤ 페일 세이프 상태가 아닐 것

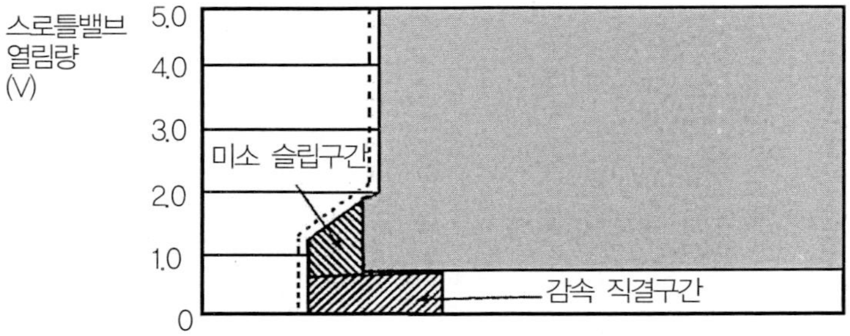

그림 3-80. 댐퍼 클러치 제어

Reference

댐퍼클러치 듀티 0%일 때는 작동하지 않음 상태이고, 듀티 100%는 작동하는 상태이다.

7 자동변속기의 점검•정비

7.1. 자기진단 시험기(하이스캔)

7. 1. 1. DLC 케이블 연결

① 엔진의 점화스위치(key)를 OFF로 한다.

② 하이스캔에 메인 DLC 케이블을 연결한다.

③ 하이스캔에 축전지 전원 케이블을 연결하거나 또는 담배 라이터 전원 케이블을 연결한다.

④ 점검 대상 차량의 DLC 케이블을 메인 DLC 케이블과 자기진단 커넥터에 연결한다.

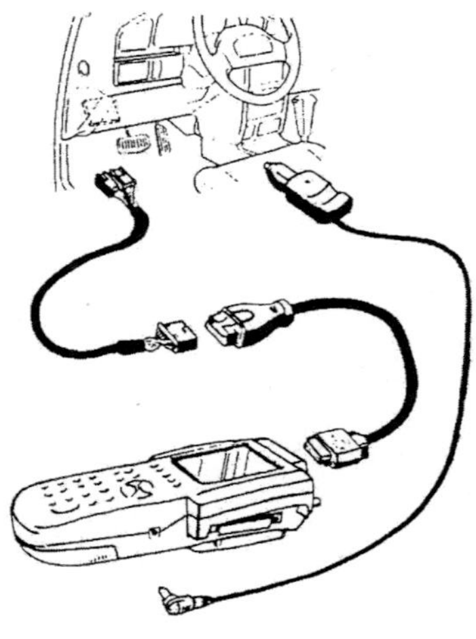

그림 3-81. DLC케이블 연결방법

7. 1. 2. 점검방법

① 하이스캔의 ON키를 0.5초 동안 눌러 전원을 공급한다. ON상태에서 ON/OFF 키를 약 2초 동안 누르고 있으면 전원이 차단된다.

② 전원이 공급되면 기본 로고화면이 나타난 후 소프트웨어 카드 로고가 나타난다.

그림 3-82. 스캐너 off상태

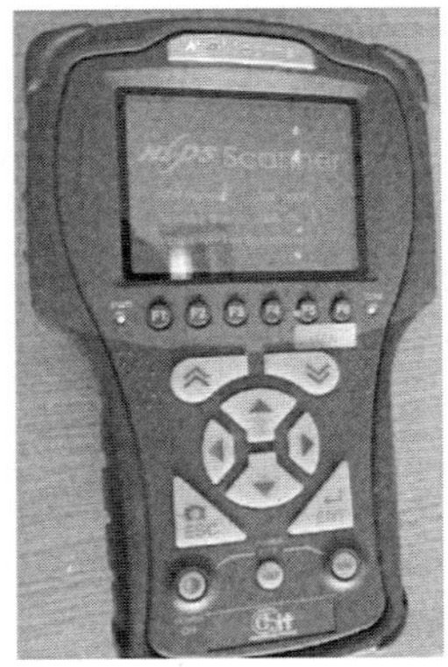

그림 3-83. 로고화면

③ 로고화면 상태에서 엔터(ENT) 키를 누르면 기능 선택화면이 나타난다.

④ 차종별 진단기능을 선택하는 경우에는 방향 이동키를 사용하여 커서를 차량통신 기능에 위치시키고 엔터키를 누르면 차량 제조회사를 선택하는 화면이 나타난다.

기능 선택
01. 차량통신
02. 스코프/미터/출력
03. 주행 DATA 검색
04. PC 통신
05. 환경설정
06. 리프로그래밍

그림 3-84. 기능선택 화면

1. 차종별 진단기능
01. 현 대 자 동 차
02. 기 아 자 동 차
03 GM 대 우 차
04. 쌍 용 자 동 차
05. 르 노 삼 성 차

그림 3-85. 제조회사 선택 화면

⑤ 점검대상 차량이 현대자동차의 쏘나타Ⅱ인 경우에는 방향키를 이동하여 현대 자동차를 선택하고 엔터키를 누르면 차종을 선택하는 화면이 나타난다.

차종 선택			23/49
21.	EF 쏘나타	31.	다이너스티
22.	쏘나타 Ⅲ	32.	뉴그랜져
23	쏘나타 Ⅱ	33.	그랜져
24.	쏘나타	34.	그레이스
25.	스랜져(TG)	35.	리베로
26.	뉴-그랜져 XG	36.	포토 Ⅱ
27.	그랜져 XG	37.	뉴-포터
28.	마르샤	38.	스타렉스
29.	에쿠스	39.	그랜드스타렉스
30.	뉴다이너스티	40.	택시

그림 3-86. 차종선택 화면

⑥ 방향 이동키의 를 사용하여 커서를 쏘나타Ⅱ에 위치시키고 엔터키를 누르면 제어장치 선택화면이 나타난다.

⑦ 방향 이동키를 사용하여 커서를 "자동변속" 에 위치시키고 엔터키를 누르면 자동 변속기 사양에 대한 화면이 나타난다.

제어장치 선택	3/7
차종 : 쏘나타 II	
01.	엔진제어 가솔린
02.	엔진제어 LPG
03.	자동변속
04.	제동제어
05.	에어백
06.	현가장치
07.	정속주행

그림 3-87. 제어장치 선택화면

진단기능 선택	1/7
차 종 : 쏘나타 II	
제어장치 : 자동변속	
사 양 : DOHC	
01.	자기진단
02.	센서출력
03.	액츄에이터 검사
04.	센서출력 & 자기진단
05.	센서출력 & 액츄에이터
06.	센서출력 & 미터/출력
07.	주행데이터 검색

그림 3-88. 진단기능 선택화면

⑧ 커서를 해당 사양에 위치시키고 엔터키를 누르면 진단기능 선택화면이 나타난다.

⑨ 선택화면에서 방향 이동키를 사용하여 커서를 자기진단에 위치시키고 엔터키를 누르면 자기진단 결과 화면이 나타난다.

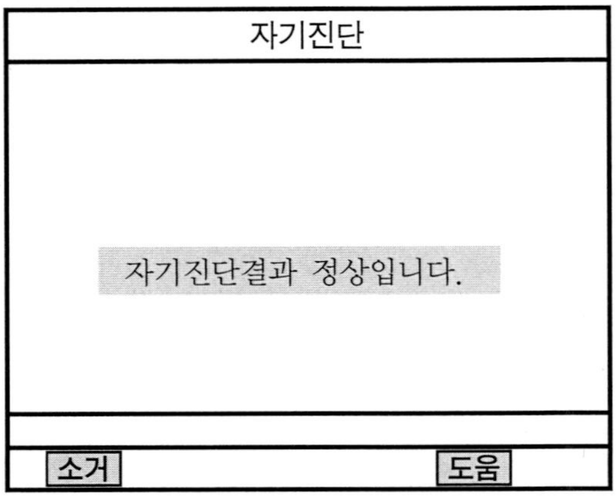

그림 3-89. 정상인 경우 화면

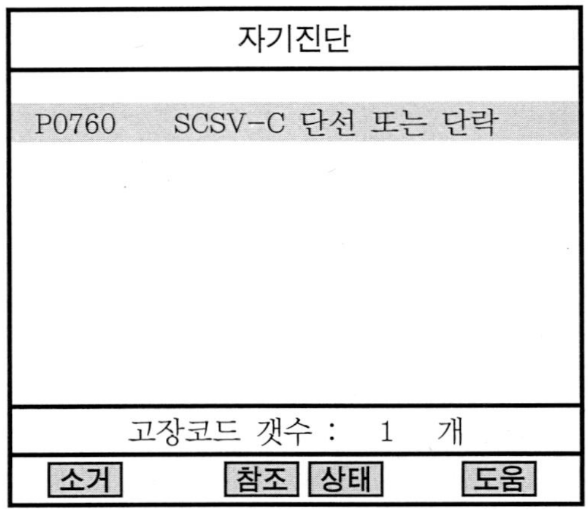

그림 3-90. 고장코드 출력 화면

7.2. 자동변속기 데이터 분석

7.2.1. 하이스캔 센서 출력

[1] TCU 하이스캔 센서 출력

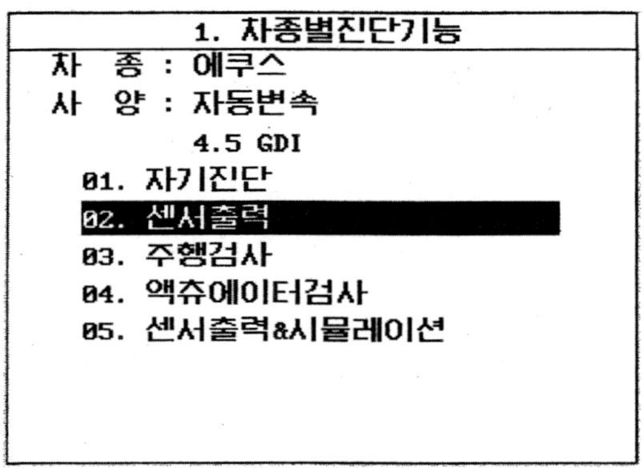

그림 3-91. 차종별 진단기능

(1) TCU 하이스캔 센서 출력(Ⅰ)

그림 3-92에서 현재 엔진 회전속도(rpm)와 입력축 속도센서의 출력이 0인 상태이다. 따라서 현재 엔진 가동은 정지되어 있고 점화스위치(IG key)만 ON인 상태의 센서 출력 값이다. 변속레버가 중립(N) 위치이므로 LR(low & revers brake) 솔레노이드밸브의 듀티가 0%(유압 공급)이다.

그리고 엔진 ECU의 통신을 통하여 입력되는 신호는 스로틀 포지션센서, 회전속도, 흡입 공기량 등이며 이 요소들은 자동 트랜스액슬의 고장점검을 할 때 주의 깊게 관찰하여야 한다(순간적으로 신호의 미입력 여부). 즉 변속할 때 런 업(run up)이나 로킹(locking)현상이 위의 신호에 의해 영향을 받을 수 있다. 특히 흡입 공기량 신호가 가장 큰 영향을 미칠 수 있다.

(2) TCU 하이스캔 센서 출력(Ⅱ)

그림 3-93에서 UD/2ND/OD는 현재 유압이 작동하지 않으므로 듀티 100%를 나타낸다. RED 브레이크에는 유압이 공급되는 형태이므로 듀티 0%이다. 그리고 댐퍼클러치 솔레노이드밸브는 작동하지 않는 상태이므로 듀티 0%를 지시하며, 댐퍼클러치는 다른 솔레노이드밸브와 반대 특성을 가진다(0%일 경우는 유압이 공급되지 않는 상태, 100%인 경우는 유압이 공급되는 상태 임). 또한 A/T(automatic trans axle)릴레이가 11.8V이므로 TCU(transmission control unit)가 12V를 출력한 것을 알 수 있다.

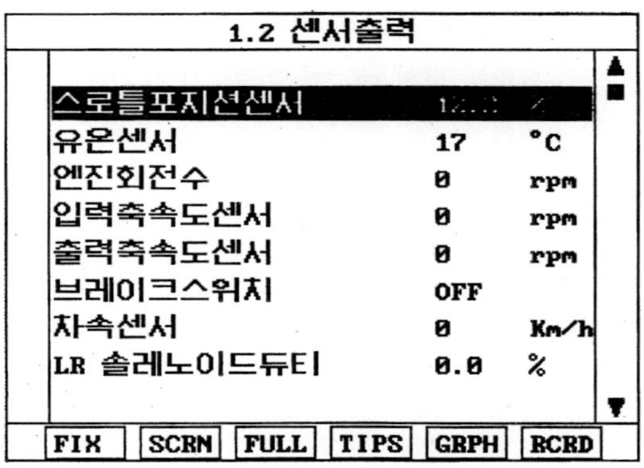

그림 3-92. 센서 출력(Ⅰ)

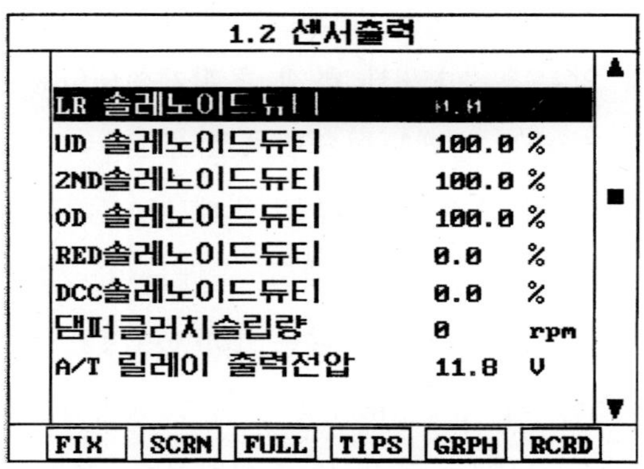

그림 3-93. 센서 출력(Ⅱ)

(3) TCU 하이스캔 센서 출력(Ⅲ)

A/T 릴레이 전압은 축전지 전압을 지시하고 있으므로 작동 중임을 알 수 있다. 현재 변속레버 위치는 중립(N)위치이며 하이백 모드(HIVEC mode)는 "mode F" 즉 하이백 금지모드이다. 정상상태에서 주행 중일 경우에는 mode A로 표시된다. 기어의 변속 단은 주행을 하지 않는 상태이므로 "N, P, R" 을 지시한다. 그러나 D로 이동하면 1속으로 표시된다.

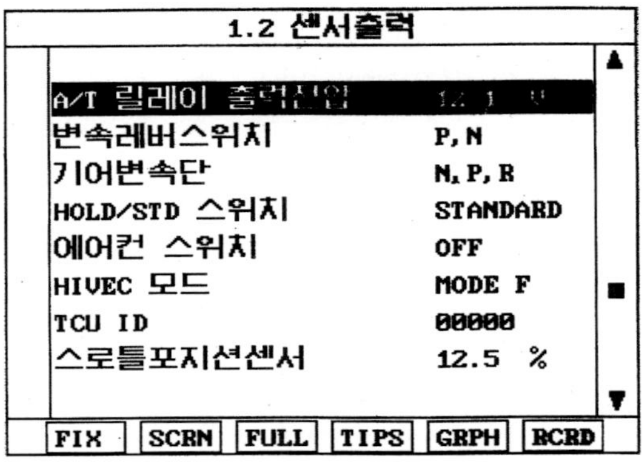

그림 3-94 센서 출력(Ⅲ)

7. 2. 2. 파형 분석방법

[1] N레인지일 때 UD와 2ND 파형

N레인지에서는 UD와 2ND가 전기적인 작동상태이며, 이때 유압이 차단되어 공급되지 않는다. 따라서 현재 초핑제어(chopping control)를 통하여 전류를 감소시킨다. 초핑 제어란 솔레노이드밸브로 흐르는 전류를 감소시키기 위한 제어이며, 이때 솔레노이드밸브로 흐르는 전류는 최대(MAX) 전류의 약 1/2인 1.3A 정도이다.

초핑제어를 할 때에도 솔레노이드밸브가 작동하여 유압을 차단한다. 즉, 하이스캔 상에 나타나는 듀티값은 100%이지만 실제 듀티값은 약 ON 듀티 50% 정도이다(초핑 제어를 할 경우 듀티값이 약 50%이다). 이때도 솔레노이드밸브는 기계적으로 100% 작동한다. 예를 들어 12V 전압으로 작동하는 릴레이가 8V에서도 작동되는 원리로 생각하면 된다.

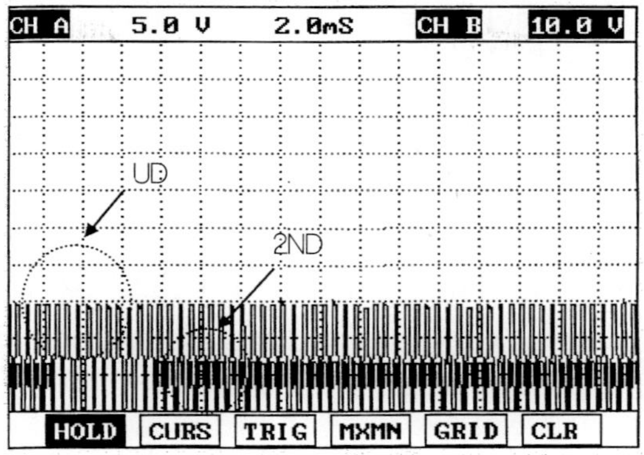

그림 3-95. N레인지일 때 UD와 2ND 파형

[2] N - D일 때 UD와 LR 파형(I)

먼저 LR유압은 N레인지에서 공급되므로 변함없이 12V를 지시하고 있다. 즉, 전기적으로 솔레노이드밸브는 OFF상태이나 유압은 공급되는 상태이다. 그리고 UD 유압은 N레인지에서 초핑제어 중에 D신호가 입력되면 그림 3-96처럼 듀티 제어하여 N-D에서 변속할 때 단락을 방지한다. 이때의 듀티값은 현재의 오일온도, 엔진의 부하, 기타 센서들의 신호에 의하여 결정된다.

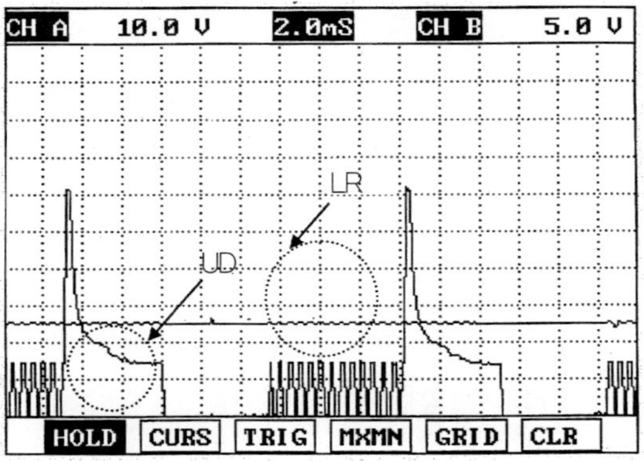

그림 3-96. N-D일 때 UD와 LR파형(I)

[3] N - D일 때 UD와 LR 파형(Ⅱ)

먼저 LR 유압은 N레인지에서 공급되므로 변함없이 12V를 지시하고 있다. 즉 유압은 계속 공급상태를 유지한다. 그리고 UD 유압은 공급상태(12V)에서 곧바로 초핑제어로 변환되는 것을 알 수 있으며, 해제할 때에는 듀티제어 없이 초핑제어로 변환된다. 이것은 해제쪽은 부하가 작기 때문이다. 반면 공급쪽은 상태적으로 부하가 큰데 이때는 거의 듀티 제어를 한 다음 OFF로 한다. 예외로 부하가 적을 때에는 곧바로 초핑제어를 한 후 OFF할 수 있다.

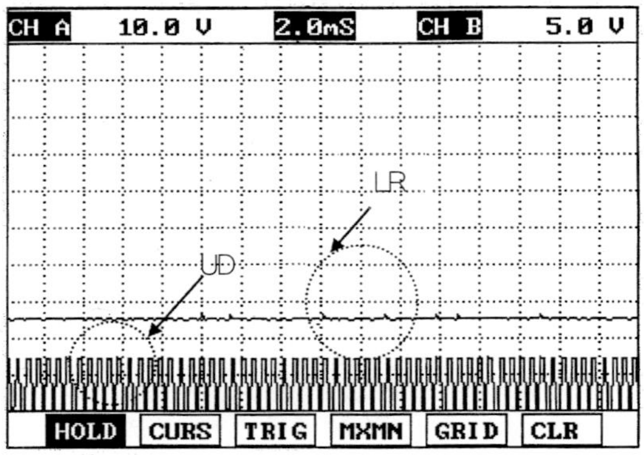

그림 3-97. N-D일 때 UD와 LR 파형(Ⅱ)

[4] N - D일 때 UD와 LR파형(Ⅲ)

먼저 LR유압은 N레인지에서 공급되므로 변함없이 12V를 지시하고 있다. 이때 후진(R)신호가 입력되면 LR유압을 다시 듀티제어하여 N-R에서의 단락을 방지한다. 즉, R레인지일 때 작동요소는 RVS(reverse)와 LR인데 RVS는 솔레노이드밸브가 없고 밸브보디에서 곧바로 유압이 공급되므로 LR유압을 듀티제어를 한다. 그리고 UD는 계속 초핑제어를 하여 유압은 공급되지 않는 상태이다.

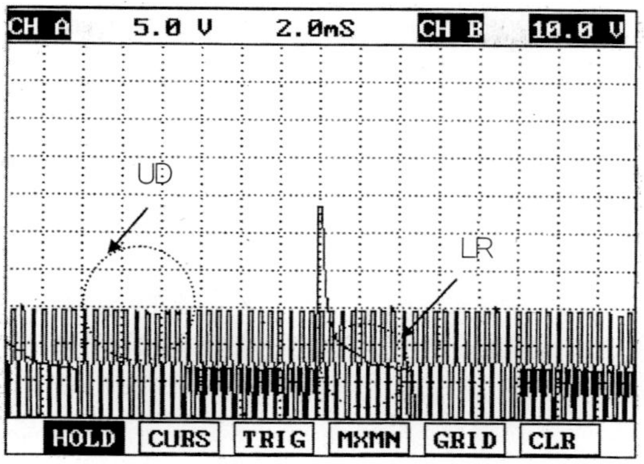

그림 3-98. N-D일 때 UD와 LR파형(III)

[5] N - D일 때 UD와 LR파형(IV)

LR유압은 N레인지에서도 유압이 공급되므로 변함없이 12V를 지시하고 있다. 따라서 솔레노이드밸브 비작동 즉, 유압은 공급되는 상태이다. 그리고 UD유압은 N레인지 또는 R레인지에서 초핑제어 중이므로 계속하여 초핑제어 중이다. 여기서 중요한 것은 N-R일 경우에는 듀티제어를 하지만 R-N일 경우에는 듀티제어를 하지 않는 것을 알 수 있다.

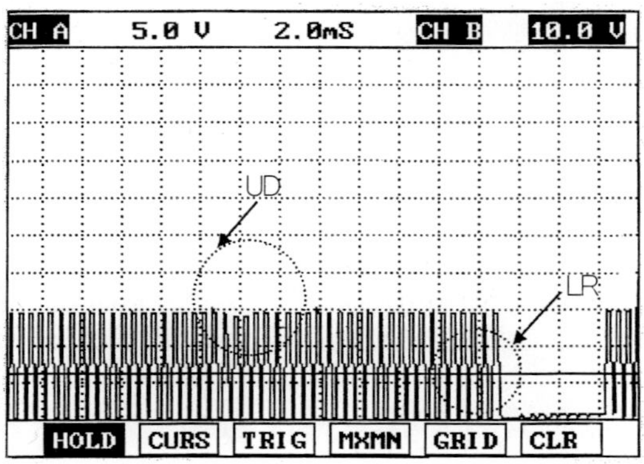

그림 3-99. N-D일 때 UD와 LR파형(IV)

[6] 1 - 2속일 때 LR과 2ND파형

먼저 LR유압은 2속으로 변속되기 전에 유압이 이미 해제되어 있으므로 현재 유압은 공급되지 않는 상태 즉, 초핑제어 중이다(유압 해제 시점은 출력축 속도센서 약 200 rpm). OWC(one way clutch) 적용 차량에 한정된 제어 조작이다.

그리고 2ND 유압은 변속할 때 2ND에 유압이 공급되므로 현재 변속 초기 듀티 제어를 하여 1-2속에서 변속 충격을 방지한다. 이때 듀티값은 현재의 오일 온도, 엔진의 부하, 기타 센서들의 신호로 결정된다.

[7] 3 - 2속일 때 OD와 2ND파형

해제 쪽(OD)과 공급쪽(2ND)에 동시 제어 즉 클러치 대 클러치 제어를 수행하는 것을 알 수 있다. 즉 변속 감 향상을 위하여 각각을 듀티 제어함을 알 수 있다. 더욱더 면밀히 분석해 보면 공급쪽 듀티율이 낮고(유압은 높은 특성을 나타냄), 해제 쪽 듀티율이 높은(유압은 낮은 특성을 나타냄) 것을 볼 수 있다. 이때 듀티값은 오일온도, 엔진의 부하, 기타 센서들의 신호에 의해 결정된다.

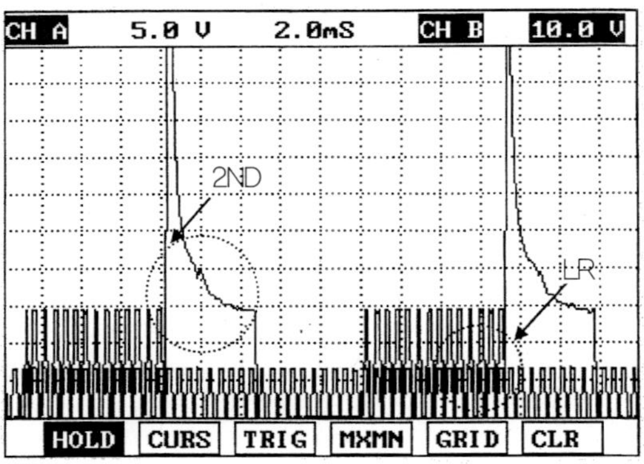

그림 3-100. 1-2속일 때 LR과 2ND파형

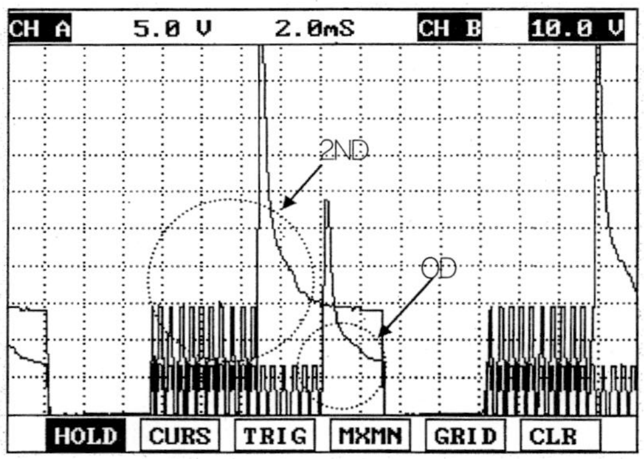

그림 3-101. 3-2속일 때 OD와 2ND파형

7.2.3. 댐퍼 클러치 데이터

[1] 댐퍼 클러치 30% 듀티 작동

댐퍼 클러치 듀티율이 약 30%를 지시하고 있다(초기 작동상태). 이때 유압은 적은 힘으로 댐퍼 클러치에 작용한다.

또한 오일 온도가 50℃ 이상인 것을 확인할 수 있다. 즉 작동요건에 해당된다. 현재의 변속단은 듀티율을 볼 때 4속임을 알 수 있다. 즉 작동요건에 해당된다.

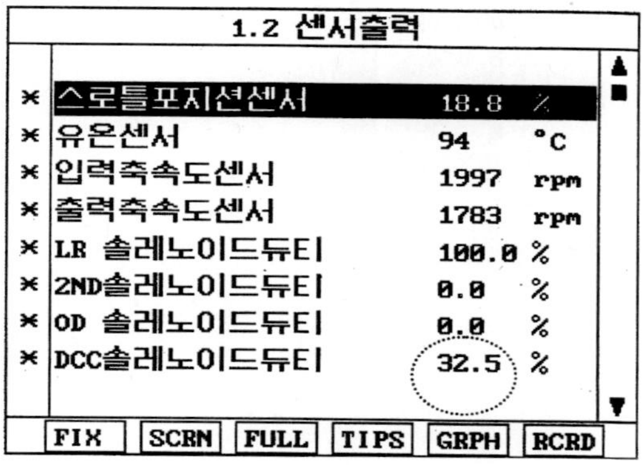

그림 3-102. 댐퍼 클러치 30% 듀티 작동

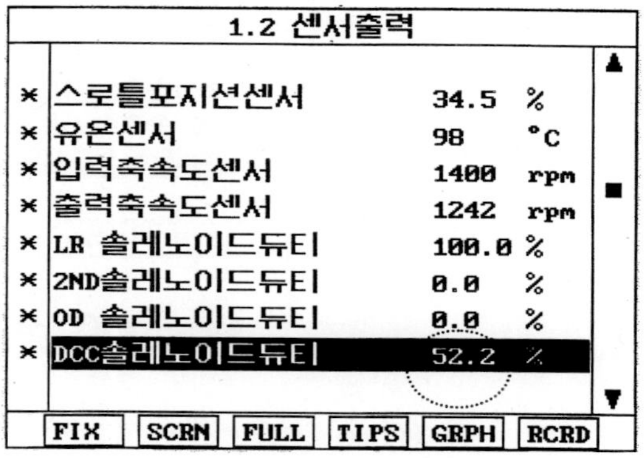

그림 3-103. 댐퍼클러치 50% 듀티 작동

[2] 댐퍼 클러치 50% 듀티 작동

댐퍼 클러치 듀티율이 약 50%를 지시하고 있다(초기 작동상태). 이때 유압은 50%의 힘으로 댐퍼 클러치에 작용한다. 또한 오일 온도가 50℃ 이상인 것을 확인할 수 있다. 즉 작동요건에 해당된다. 현재의 변속단은 듀티율을 볼 때 4속임을 알 수 있다. 즉 작동요건에 해당된다.

[3] 댐퍼 클러치 100% 듀티 작동

댐퍼 클러치 듀티율이 약 100%를 지시하고 있다(완전 작동상태). 이때 유압은 큰 힘으로 댐퍼 클러치에 작용한다. 또한 오일온도가 50℃ 이상인 것을 확인할 수 있다. 즉 작동요건에 해당된다. 현재의 변속단은 듀티율을 볼 때 4속임을 알 수 있다. 즉 작동요건에 해당된다.

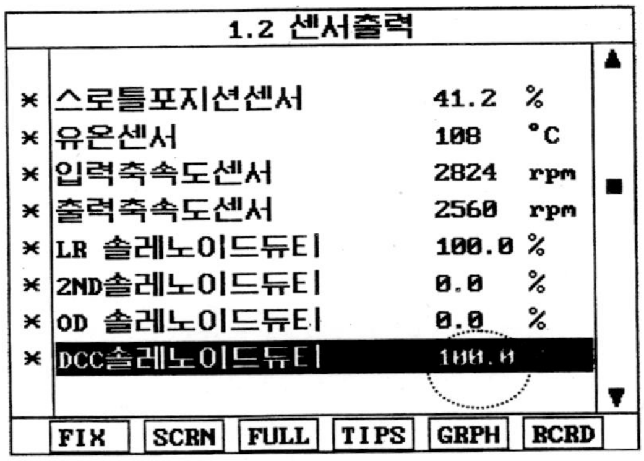

그림 3-104. 댐퍼클러치 100% 듀티 작동

7.2.4. 속도센서의 파형

[1] 변속할 때 입•출력 속도센서 파형(Ⅰ)

입력축 속도센서는 주파수가 높고, 출력축 속도센서는 주파수가 낮음을 알 수 있다. 그리고 전압 변화는 0V/5V로 변화하는 것을 알 수 있다.

[2] 변속할 때 입•출력 속도센서 파형(Ⅱ)

변속단이 증가한 만큼 출력축 속도센서의 주파수 상승을 알 수 있다. 그리고 고속에서 순간적으로 신호가 감소하는지를 주의 깊게 관찰하여야 한다(순간적으로 감소할 때 동기 어긋남이 출력될 수 있기 때문이다).

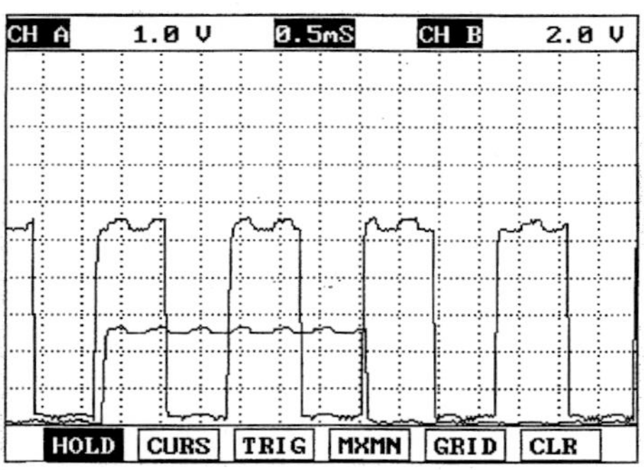

(a) 파형(Ⅰ)

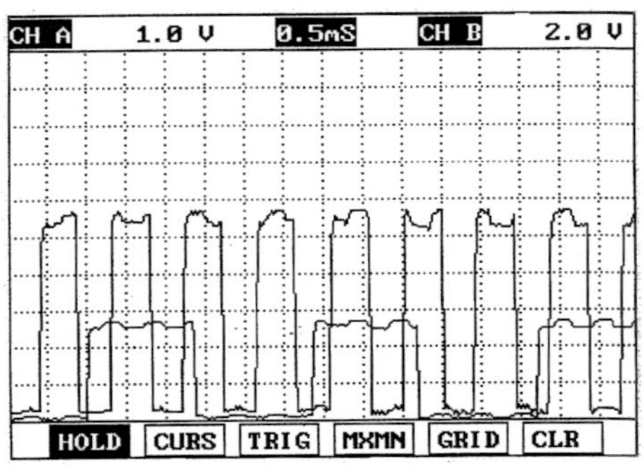

(b) 파형(Ⅱ)

그림 3-105. 변속할 때 입·출력 속도센서 파형

7.3. 펄스 제너레이터 A & B 및 입·출력축 속도센서

7.3.1. 펄스 제너레이터 A & B 점검

[1] 점검

펄스 제너레이터 A는 킥다운 드럼의 회전속도를 검출하며, 펄스 제너레이터 B는 트랜스퍼 구동기어의 회전속도를 검출하여 컴퓨터에 입력시킨다. 펄스 제너레이터는 다음의 순서로 점검한다.

① 단자 1과 2 또는 3과 4사이의 저항을 점검한다. 이때 저항값은 215~275Ω /20℃이면 정상이다.

② 저항값이 매우 높거나 낮으면 배선이 단락·손상 또는 분리된 상태이다.

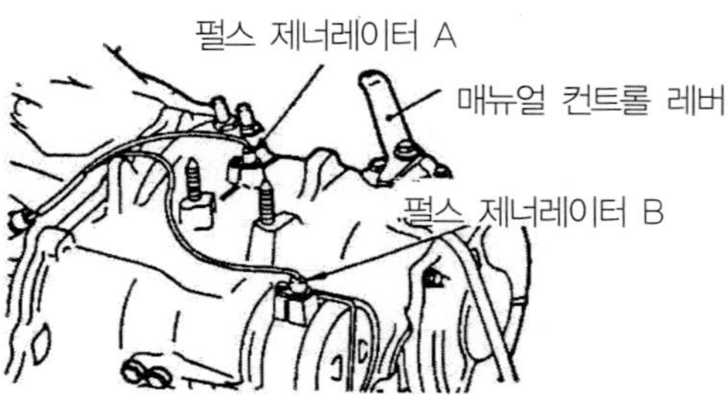

(a) 설치 위치

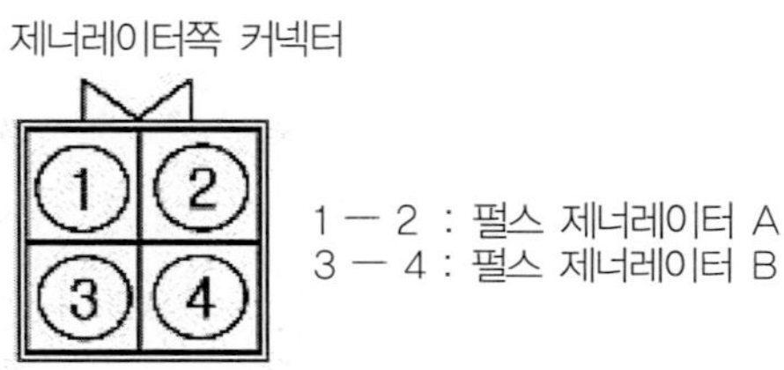

(b) 단자

그림 3-106. 펄스 제너레이터

Reference >>>

펄스 제너레이터 A는 배선 색깔이 연두색이고 길이가 약간 길며, 펄스 제너레이터 B는 배선 색깔이 연두색 바탕에 검정색이 삽입되어 있다.

[2] 펄스 제너레이터 파형점검

펄스 제너레이터와 보디 하니스를 연결하고 오실로스코프를 연결한다. 이때 섀시 다이나모를 이용하거나 앞바퀴를 들어 올린 상태로 점검한다.

(1) 단자 1과 2의 전압 파형점검

변속레버를 L위치에 놓고 엔진을 1000rpm으로 가동하면서 단자 1과 2사이의 전압 파형을 점검한다.

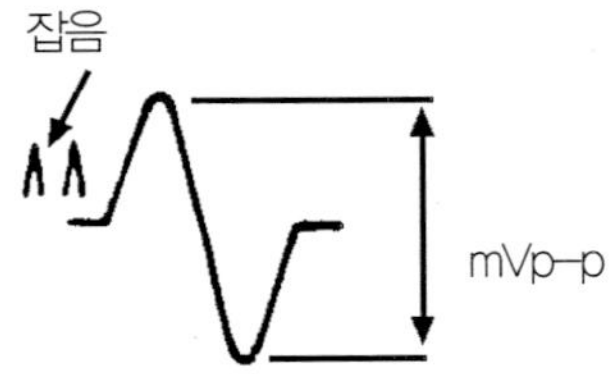

그림 3-107. 단자 1과 2파형에 발생한 잡음 형태

이때 전압이 매우 낮으면 펄스 제너레이터의 설치가 불량하거나 작동이 불량한 상태이다. 전압은 1000mVp-p 이상이어야 한다. 파형에 잡음이 발생하면 펄스 제너레이터와 연결배선의 접지가 불량한 상태이다.

(2) 단자 3과 4의 전압 파형점검

변속레버를 L위치에 놓고 엔진을 1000rpm으로 가동하면서 단자 3과 4사이의 전압 파형을 점검한다. 이때 전압이 매우 낮으면 펄스 제너레이터의 설치가 불량하거나 작동이 불량한 상태이다. 전압은 500mVp-p 이상이어야 한다. 이때 파형에 잡음이 발생하면 펄스 제너레이터와 연결 배선의 접지가 불량한 상태이다.

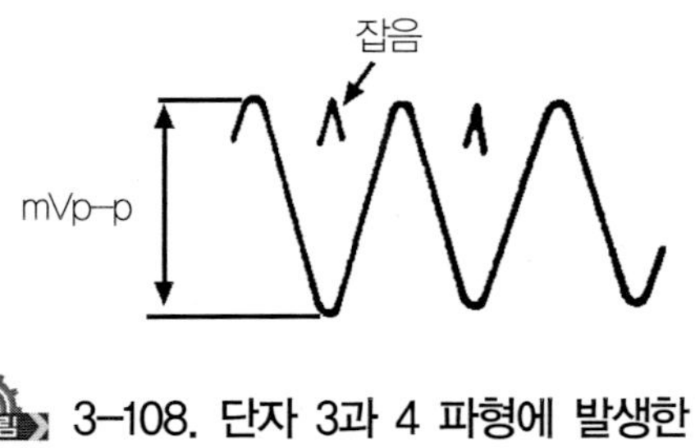

그림 3-108. 단자 3과 4 파형에 발생한 잡음 형태

7. 3. 2. 하이백 A/T 입·출력축 속도센서 점검

[1] 개요

① 입력축 속도센서 : 변속시 유압제어를 위해 입력축 회전수(터빈 회전수)를 UD리테이너에서 검출한다.

② 출력축 속도센서 : 변속기 출력축의 회전수(T/F drive gear RPM)를 검출한다.

③ 구조 : 3핀으로 구성되며 홀(hall) 소자방식을 이용하여 디지털신호로 측정된다.

그림 3-109. 입•출력축 속도센서 설치위치

④ 출력특성 : TCU 시그널 전압 5V가 톤휠 회전수에 따라 0V/5V로 변화된다.

[2] 기능

출력축 속도센서와 엔진으로부터 입력되는 TPS값을 가지고 기본적인 변속단을 제어하는 주신호로 사용하고 TCU는 입·출력축 속도와 엔진 회전수를 가지고 댐퍼 클러치 슬립량 연산 및 제어하는데 이용한다. 또한 각 단별로 동기를 연산하고 계산된 값과 2000RPM 이상의 오차 발생시에는 동기 어긋남 고장코드를 부여한다. 동기 어긋남의 고장은 전기적인 고장보다 대부분 기계적인 결함이다.

고장코드의 연산은 입·출력축 속도센서의 값으로 판단하기 때문에 가장 먼저 입·출력축 속도센서의 고장코드의 연산은 입·출력 속도센서의 값으로 판단한다.

[3] 단품 및 회로점검

① 입·출력축 센서 커넥터를 탈거하고 배선 측에서 측정한다.
② 센서 전원은 배터리 전압이 인가된다(약 12V).
③ Key ON시 3번 단자에 12V가 인가되어야 정상이다.
④ 센서 접지는 1번과 3번의 전압을 측정해서 배터리 전압이 검출되면 센서 접지가 정상이다.

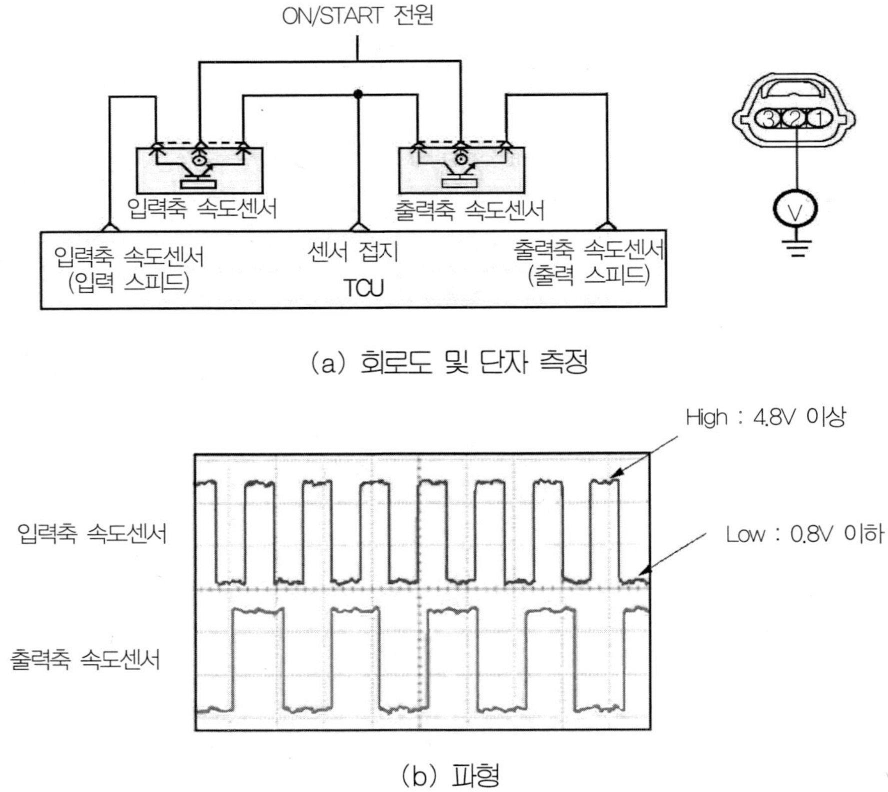

그림 3-110. 입•출력축 속도센서

⑤ 센서 출력은 차량을 주행모드로 구동하면서 2번 단자에서 약 0.25V의 전압이 인가되면 정상이다.

⑥ 파형으로 측정시 0V/5V의 구형파(디지털파형)가 출력되면 정상이다.

7.4. 솔레노이드밸브

(a) A/T 솔레노이드밸브

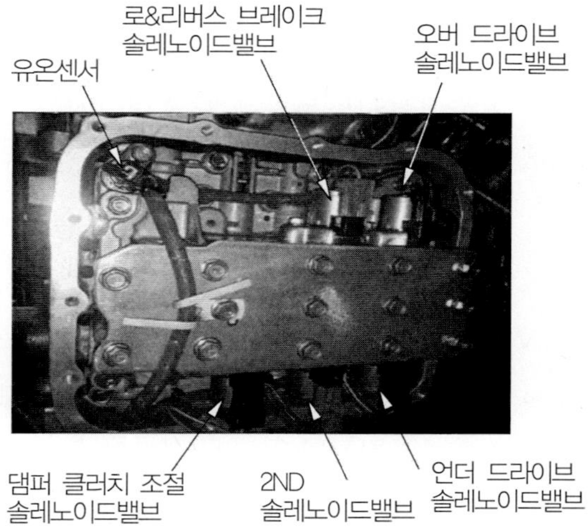

(b) 하이백 A/T 솔레노이드밸브

그림 3-111. 각 솔레노이드밸브의 위치

[1] 댐퍼 클러치 조절 솔레노이드밸브(DCCSV) 점검

① 솔레노이드밸브 커넥터의 단자 2와 트랜스액슬 케이스사이의 저항을 측정한다. 저항 값은 3Ω /20℃가 정상이다.

② 저항이 너무 높거나 낮으면 회로의 단락, 손상 또는 배선이 분리된 경우이다.

③ 트랜스액슬 케이스와 단자 2사이에 12V 전원을 연결하고 전원을 ON, OFF시키면서 작동음을 점검한다. 작동음이 들리지 않으면 밸브의 고착 유무를 점검한다. 고착은 일반적으로 해제쪽에서 발생한다.

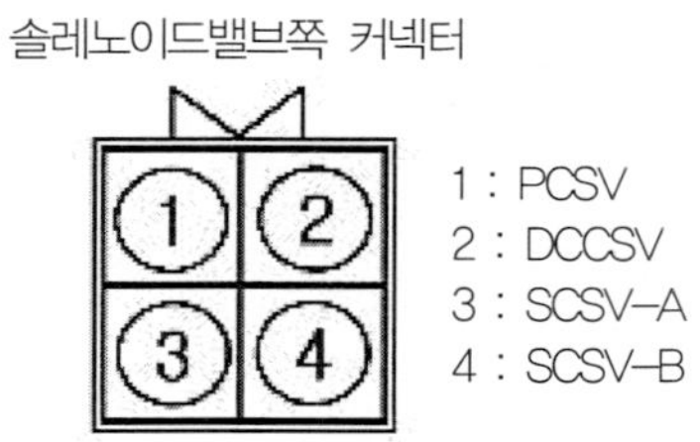

(a) 댐퍼 클러치 조절

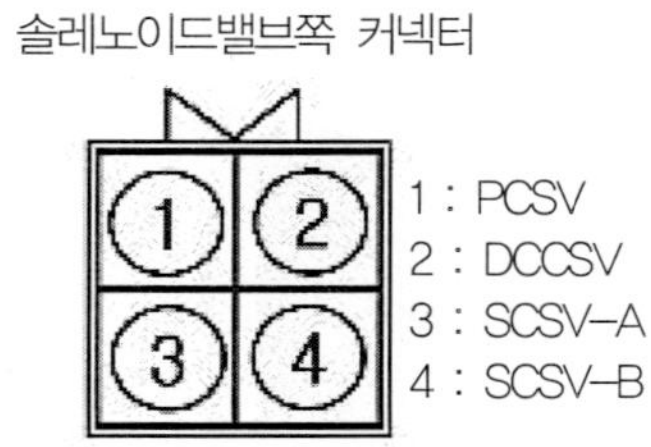

(b) 압력 조절

그림 3-112. 솔레노이드밸브 쪽 커넥터

[2] 압력 조절 솔레노이드밸브(PCSV) 점검

① 솔레노이드밸브 커넥터의 단자 1과 트랜스액슬 케이스 사이의 저항을 측정한다. 저항 값은 2.9±0.3Ω /20℃가 정상이다.

② 저항이 너무 높거나 낮으면 회로의 단락, 손상 또는 배선이 분리된 경우이다.

③ 트랜스액슬 케이스와 단자 2사이에 12V 전원을 연결하고 전원을 ON, OFF시키면서 작동음을 점검한다. 작동음이 들리지 않으면 밸브의 고착 유무를 점검한다.

[3] 시프트 컨트롤 솔레노이드 A & B밸브 점검

① 솔레노이드밸브 커넥터의 단자 3 또는 4와 트랜스액슬 케이스 사이의 저항을 측정한다. 저항값은 22.3±1.5Ω /20℃가 정상이다.

② 저항이 너무 높거나 낮으면 회로의 단락, 손상 또는 배선이 분리된 경우이다.

③ 트랜스액슬 케이스와 단자 3 또는 4사이에 12V 전원을 연결하고 전원을 ON, OFF시키면서 작동음을 점검한다. 작동음이 들리지 않으면 밸브의 고착 유무를 점검한다. 고착은 일반적으로 해제쪽에서 발생한다.

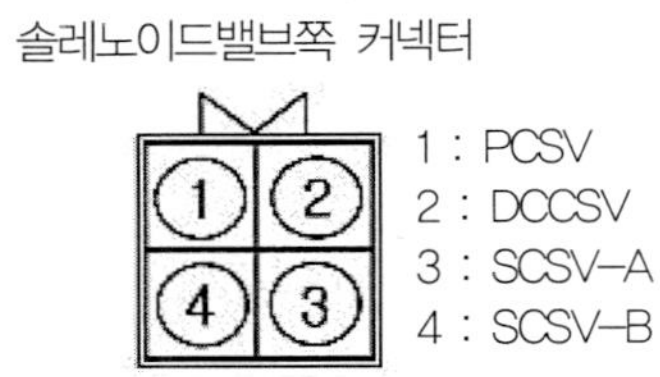

그림 3-113. 시프트 컨트롤 솔레노이드밸브 쪽 커넥터

[4] 하이백 A/T에 적용된 솔레노이드밸브 점검

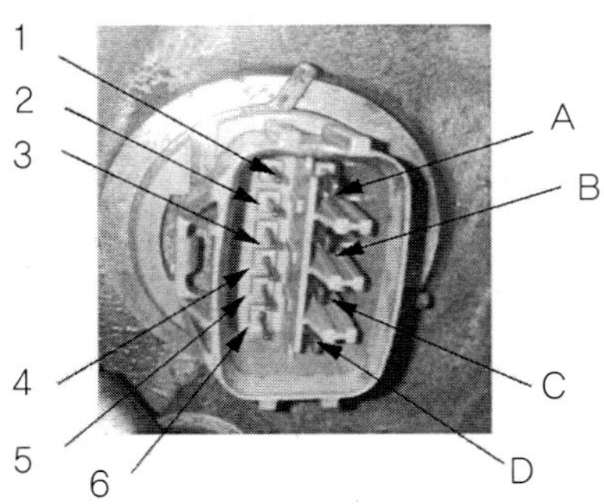

측정단자	솔레노이드 밸브
A-D	DCC 솔레노이드 밸브
A-1	2R 솔레노이드 밸브
B-2	OD 솔레노이드 밸브
B-3	2nd 솔레노이드 밸브
B-4	UD 솔레노이드 밸브
5-6	유온 센서

저항 : 20℃에서 3.2~3.5Ω

그림 3-114. 하이백 A/T 적용 솔레노이드밸브 커넥터 및 저항값

7.5. 인히비터 스위치

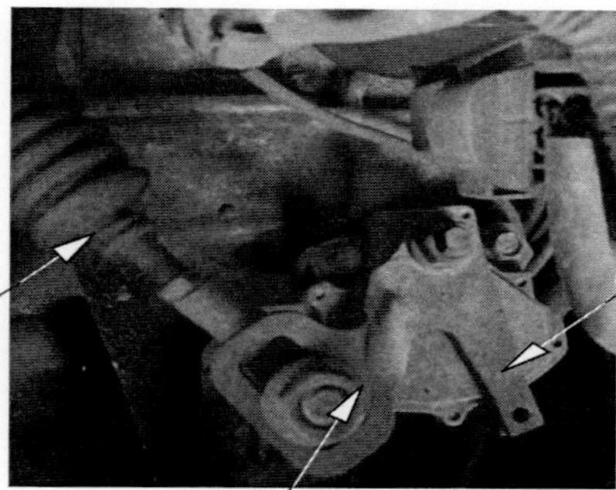

그림 3-115. 인히비터 스위치의 위치

7.5.1. 인히비터 스위치쪽 커넥터에서 점검

① 변속레버 P레인지 위치에서 단자 3과 4, 단자 8과 9사이가 통전이 되어야 한다.

② 변속레버 R레인지 위치에서 단자 4와 7, 단자 10과 11사이가 통전이 되어야 한다.

③ 변속레버 N레인지 위치에서 단자 2와 4, 단자 8과 9사이가 통전이 되어야 한다.

④ 변속레버 D레인지 위치에서 단자 4와 6사이가 통전이 되어야 한다.

⑤ 변속레버 2레인지 위치에서 단자 1과 4사이가 통전이 되어야 한다.

⑥ 변속레버 L레인지 위치에서 단자 4와 5사이가 통전이 되어야 한다.

⑦ 통전이 되지 않는 원인은 접촉불량, 손상, 배선이 단선이다. 이 경우에는 인히비터 스위치를 교환한다.

단자번호	배선 색깔	P	R	N	D	2	L	단자명칭
1	YB					●		2레인지
2	BW			●				N레인지
3	BY	●						P레인지
4	L	●	●	●	●	●	●	점화 스위치 IG
5	YR						●	L레인지
6	Y				●			D레인지
7	RL		●					R레인지
8	2BW	●		●				점화 스위치 IG
9	2BY	●		●				기동 전동기
10	G		●					점화 스위치 IG
11	GW		●					후퇴등

※ ●—● 는 단자간의 접속을 나타낸다.

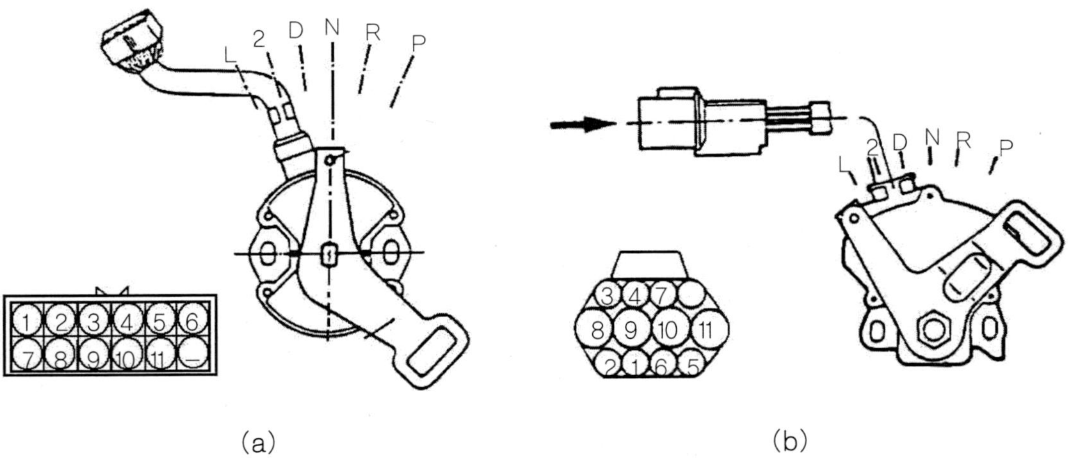

그림 3-116. 인히비터 스위치 쪽 커넥터

위 사항을 조합하여 표로 나타내면 아래와 같다

단자번호	P	R	N	D	단자명칭	인히비터 스위치
1				●	D레인지	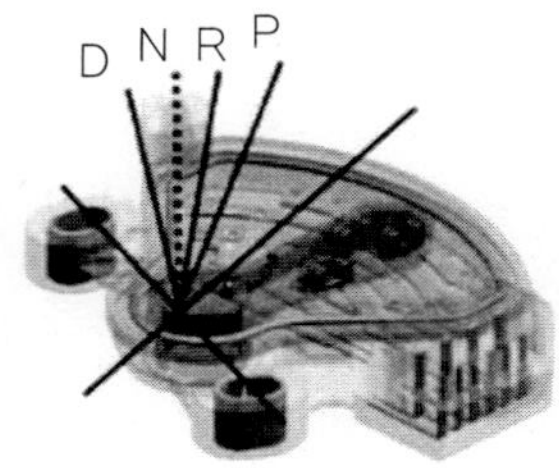
2						
3	●				P레인지	
4			●		N레인지	
5						
6						
7		●			R레인지	
8	●	●	●	●	전원공급 IG 1	
9	●		●		시동회로	
10	●		●		시동회로	

그림 3-117. 하이백 A/T 인히비터 스위치

7.5.2. 인히비터 스위치 조정

① 변속레버를 “N” 레인지로 선정한다.

② 매뉴얼 컨트롤 레버 플랜지 너트를 풀고 케이블과 레버를 분리한다.

③ 매뉴얼 컨트롤 레버를 “N” 레인지로 선정한다.

그림 3-118. 인히비터 스위치 조정(I)

④ 매뉴얼 컨트롤 레버의 사각면과 인히비터 스위치 보디 플랜지가 일치할 때까지 인히비터 스위치 보디를 돌린다. 스위치 보디를 조정할 때 스위치 보디에서 O-링이 떨어지지 않도록 주의한다.

⑤ 설치 볼트를 1.0~2.0kgf·m의 토크로 조인다. 이때 설치 볼트는 스위치 보디가 제 위치에서 이탈하지 않도록 조심해서 조인다.

⑥ 변속레버가 "N" 레인지에 있는가를 점검한다.

⑦ 조정 너트를 조정하여 조절 케이블이 끌리지 않도록 하고 변속레버가 부드럽게 작동하는가를 점검한다.

⑧ 변속레버를 작동시킬 때 변속레버의 각 레인지와 상응하는 레인지로 매뉴얼 조절 레버가 움직이는가를 점검한다.

7.5.3. 인히비터 스위치 및 조절 케이블 조정

① 변속레버를 "N" 레인지로 선정한다.

② 매뉴얼 조절 레버를 중립 위치로 한다.

③ 매뉴얼 조절 레버의 선단(그림 3-121의 단면 A-A)과 인히비터 스위치 보디 플랜지부의 구멍이 일치하도록 인히비터 스위치 보디를 회전시켜 조정한다.

④ 인히비터 스위치 보디의 체결 볼트를 조임 토크(1.0~1.2kgf·m)로 조인다. 이때 스위치 보디가 비뚤어지지 않도록 주의한다.

⑤ 그림 3-119에서 너트를 풀고 트랜스액슬 조절 케이블 선단을 화살표 방향으로 가볍게 당긴다.

⑥ 너트를 조임 토크(1.2kgf·m)로 조인다.

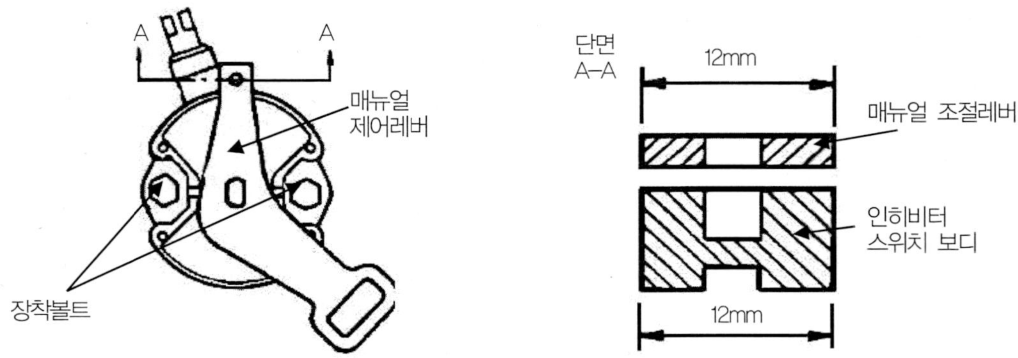

그림 3-119. 인히비터 스위치 조정(II)

⑦ 변속레버가 "N" 레인지로 되어있는가를 확인한다.

⑧ 변속레버의 각 레인지에 상응하면 트랜스액슬측의 각 레인지가 확실히 작동하는가를 확인한다.

7.6. 자동 트랜스액슬 유압시험

① 엔진을 기동한 후 트랜스액슬을 충분히 난기 운전을 시킨다.

② 잭(jack)으로 자동차 앞부분을 들어올려 앞바퀴가 회전할 수 있도록 한다.

③ 엔진 회전속도 측정기구(타코미터)를 연결하고 보기 쉬운 곳에 위치시킨다.

④ 오일 압력계와 어댑터를 각 오일압력 배출구에 연결한다. 후진 압력을 측정할 때에는 30kgf/cm^2 정도의 압력계를 사용하여야 한다.

⑤ 다양한 조건에서 오일압력을 점검하여 측정값이 규정 압력표에 있는 규정 범위 내에 있는가를 확인한다. 오일압력이 규정값을 벗어나면 아래에 설명하는 조치 방법을 참고로 수리하도록 한다.

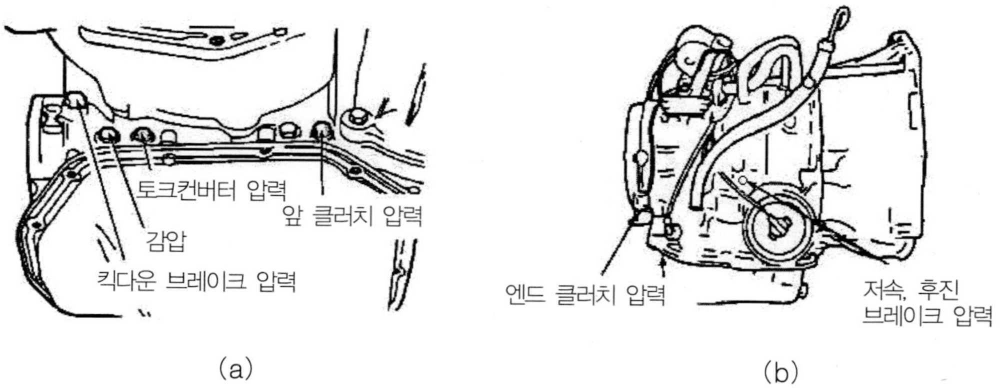

그림 3-120. 오일압력 점검 장소

7.6.1. 오일압력 규정값

[1] KM계열[F4A2계열]

번호	조건				규정 유압(kgf/cm^2)					
	변속레버 위치	주행속도(Km/h)	엔진 rpm	변속 위치	1 감 압	2 킥다운 브레이크 압력	3 앞 클러치 압력	4 엔드 클러치 압력	5 저속 & 후진 브레이크 압력	6 토크 컨버터 압력
1	N	0	750	중립	3.75~4.85	–	–	–	–	★
2	D	0	750	2단	3.75~4.85	1.0~2.1	–	–	–	★
3	D (O D S/W ON)	110	2500	4단	3.75~4.85	8.3~9.0	–	8.3~9.0	–	4.5~6.5
4	D (O D S/W OFF)	75	2500	3단	3.75~4.85	8.3~9.0	–	8.3~9.0	–	4.5~6.5
5	2	50	2500	2단	3.75~4.85	8.3~9.0	8.3~9.0	–	–	4.5`~6.5
6	L	0	1000	1단	3.75~4.85	–	–	–	3.0~4.5	★
7	R	35	2500	후진	3.75~4.85	–	16.4~22.4	–	16.4~22.4	4.5~6.5
		0	1000				15이상		15이상	

① "–" 표시는 0.1kgf/cm² 이하이어야 한다.
② "★" 는 유압은 생성되지만 규정값이 없다.

[2] 하이백 F4A42-1계열

번호	조건			규정 유압(kgf/cm^2)					
	변속 레버 위치	엔진 rpm	변 속 위 치	1 언더 드리이브 클러치(UD)	2 리버스 클러치(REV)	3 오버드라이브 클러치(OD)	4 로우리버스 크 레 이 크(LR)	5 세컨드 브레이크 압력(2ND)	6 토크컨버터 압력(DR
1	P	2500	주차	◎	◎	◎	3.0~4.0	◎	2.5~4.0
2	R	2,500	후진	◎	13.0~18.0	◎	13.0~18.0	◎	5.1~7.1
3	N	2,500	중립	◎	◎	◎	3.2~4.0	◎	2.5~4.0

번호	조건			규정 유압(kgf/cm²)					
	변속 레버 위치	엔진 rpm	변속 위치	1 언더 드리이브 클러치(UD)	2 리버스 클러치(REV)	3 오버드라이브 클러치(OD)	4 로우리버스크레이크(LR)	5 세컨드 브레이크 압력(2ND)	6 토크컨버터 압력(DR
4	D	2,500	1단	10.3~10.7	◎	◎	10.3~10.7	◎	5.1~7.1
5	D	2,500	2단	10.3~10.7	◎	◎	◎	10.3~10.7	5.1~7.1
6	D	2,500	3단	6.0~7.0	◎	6.0~7.0	◎	◎	4.5~6.6
7	D	2,500	4단	◎	◎	6.0~7.0	◎	10.3~10.7	4.5~6.6

7.6.2. 조치방법

[1] 라인압력이 너무 낮다(또는 너무 높다).

① 오일필터가 막혔다.

② 레귤레이터밸브 오일압력(라인 압력)의 조정이 불량하다. 이때는 라인압력(킥다운 브레이크 압력)을 측정하여 압력이 규정값과 일치하지 않으면 라인압력을 재조정하거나 필요하면 밸브보디를 교환한다.

③ 레귤레이터밸브가 고착되었다. 이때는 레귤레이터밸브의 작동을 점검하여 수리하고 필요하면 밸브 어셈블리를 교환한다.

④ 밸브보디 조임부분이 풀렸다.

⑤ 오일펌프 배출압력이 부적당하다. 이때는 오일펌프 측면간극을 점검하여 필요하면 오일펌프 어셈블리를 교환한다.

[2] 감압(減壓)이 부적당하다.

① 라인압력이 부적당하다. 이때는 2번 킥다운 브레이크 압력(라인압력)을 점검하여 규정값을 벗어난 경우에는 (1)에서 설명한 항목을 점검한다.

② 감압회로의 필터(L－형상)가 막혔다. 이때는 밸브보디를 분해하여 필터를 점검하고 필터가 막혔으면 교환한다.

③ 감압의 조정이 불량하다. 이때는 1번 감압을 점검하여 규정값을 벗어난 경우에는 교환하거나 필요하면 밸브보디 어셈블리를 교환한다.

④ 감압밸브가 고착되었다.

⑤ 밸브보디의 조임부분이 풀렸다.

[3] 킥다운 브레이크 압력이 부적당하다.

① 슬리브 또는 킥다운 서보 피스톤의 D-링이나 실링의 기능이 불량하다. 이때는 킥다운 서보를 분해하여 실링(seal ring)이나 D-링의 손상 유무를 점검하고 실링이나 D-링이 파손, 파인 흔적이 있으면 교환한다.

② 밸브보디 조임부분이 풀렸다.

③ 밸브보디 어셈블리의 기능이 불량하다.

[4] 앞 클러치(front clutch) 압력이 부족하다.

① 슬리브 또는 킥다운 서보 피스톤의 D-링 또는 실링의 기능이 불량하다.

② 밸브보디 설치부분이 풀렸다.

③ 밸브보디 어셈블리의 기능이 불량하다.

④ 앞 클러치 피스톤, 리테이너가 마멸되었거나 1번 D-링의 기능이 불량하다. 이때는 트랜스액슬을 분해하여 앞 클러치 피스톤과 리테이너 내부의 마멸 여부 및 D-링의 손상여부를 점검하여 마멸이나 손상이 있으면 피스톤, 리테이너, D-링, 실링을 교환한다.

[5] 엔드 클러치 압력이 부적당하다.

① 4번 또는 6번 D-링, 엔드 클러치 5번 실링 또는 파이프의 7번 O-링이 불량하다. 이때는 엔드 클러치를 분해하여 실링, 피스톤의 D-링, 리테이너의 실링을 점검하여 절단, 파인 흔적, 긁힘 또는 손상 등이 있으면 교환한다.

② 밸브보디 조임부분이 풀렸다.

③ 밸브보디 어셈블리의 기능이 불량하다.

[6] 저속 & 후진 브레이크 압력이 부적당하다.

① 밸브보디와 트랜스액슬 사이의 O-링이 손상되었거나 분실되었다. 이때는 밸브보디 어셈블리를 떼어내어 위 밸브보디의 상부 면에 있는 O-링의 손상 또는 분실 유무를 점검하고 필요하면 O-링을 교환한다.

② 밸브보디 조임부분이 풀렸다.

③ 밸브보디 어셈블리 기능이 불량하다.

④ 저속 & 후진 브레이크의 3번 O-링이나 리테이너의 2번 O-링의 기능이 불량하다. 이때는 트랜스액슬을 분해하여 O-링의 손상을 점검하고 O-링의 파손, 파인 흔적, 긁힘, 또는 손상 등이 있으면 교환한다.

[7] 토크컨버터 압력이 부적당하다.

① 댐퍼 클러치 제어 솔레노이드밸브(DCCSV) 또는 댐퍼 클러치 제어밸브가 고착되었다. 이때는 댐퍼 클러치 및 DCCSV의 작동을 점검한다.

② 오일 냉각기 및 파이프가 막혔거나 누설된다.

③ 입력축 실링(seal ring)이 손상되었다.

④ 토크컨버터의 기능이 불량하다.

7.6.3. 유압 조정방법

[1] 킥다운 서보(kick down servo) 점검

① 킥다운 서보 스위치 주위의 오물이나 이 물질 등을 깨끗이 닦아낸다.

② 스냅 링을 분리한다.

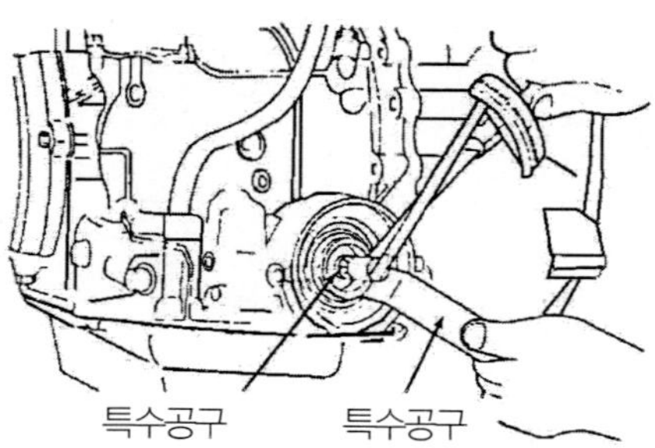

그림 3-121. 킥다운 서보 조정

③ 킥다운 서보 스위치를 떼어낸다.

④ 고정 너트를 푼다.

⑤ 킥다운 서보 피스톤이 회전하지 않도록 특수공구로 잡고 조정 스크루를 특수공구로 1kgf·m의 토크로 조였다가 $2\sim2\frac{1}{4}$회전 정도 푼다.

⑥ 특수공구로 킥다운 서보 피스톤이 회전하지 않도록 고정시키고 고정너트를 규정 토크(2.5~3.2kgf·m)로 조인다.

⑦ 킥다운 서보 스위치 둘레의 홈에 O-링을 설치한 후 O-링이 비틀리지 않도록 주의하면서 킥다운 스위치를 케이스에 설치한 다음 스냅링을 끼운다.

⑧ 킥다운 서보 스위치를 커버에 설치한다.

[2] 라인압력 조정(line pressure control)

① 오일(ATF)를 배출시킨다.

② 트랜스액슬 아래쪽에서 오일 팬을 떼어낸다.

③ 오일 필터와 오일 온도 센서를 분리한다.

④ 밸브보디 어셈블리를 분리한다. 이때 매뉴얼 컨트롤밸브가 빠져 나와 떨어지는 경우도 있으니 주의한다.

⑤ 레귤레이터밸브의 조정 스크루를 돌려 라인압력이 규정값이 되도록 조정한다. 조정 스크루를 오른쪽으로 돌리면 라인압력이 낮아지고, 왼쪽으로 돌리면 라인압력이 높아진다. 라인압력의 규정값은 8.7~8.9kgf/cm^{2}이며, 조정 스크루 1회전당 오일압력 변화량은 0.38kgf/cm^{2}이다.

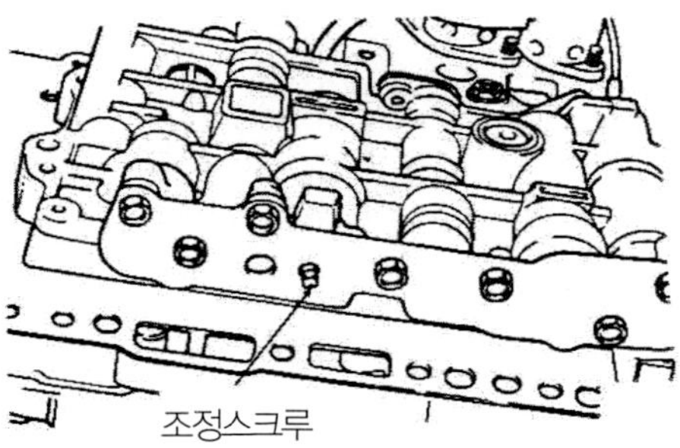

그림 3-122. 라인압력 조정

⑥ 그림 3-123(라인압력 조정)에서 보는 바와 같이 밸브보디의 상면부에 O-링이 설치되어 있는지를 확인한다.

⑦ 솔레노이드밸브 커넥터의 O-링을 신품으로 교환한다.

⑧ 밸브보디 어셈블리를 하우징에 설치하고 솔레노이드밸브 커넥터를 하우징에 밀어 넣는다. 이때 커넥터의 절단면이 그림 3-124와 같이 위치하도록 하며 리드 와이어가 끼지 않도록 주의한다.

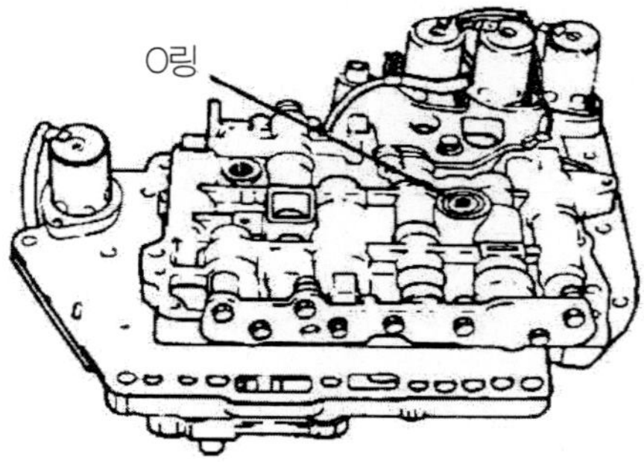

그림 3-123. O-링의 위치

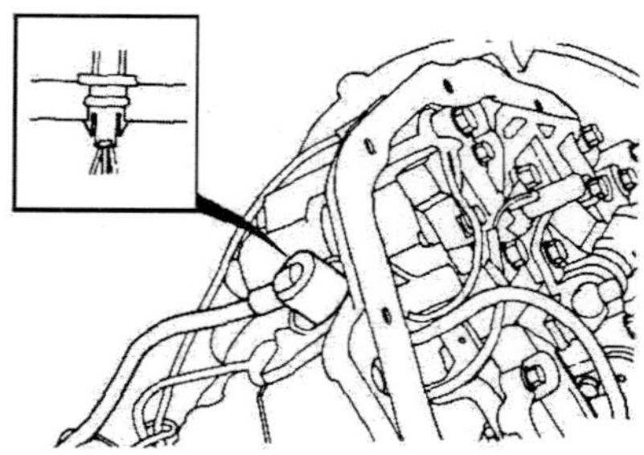

그림 3-124. 커넥터의 조립방법

⑨ 밸브보디 어셈블리 고정 볼트(10개)를 1.0~1.2kgf·m의 토크로 조인다.

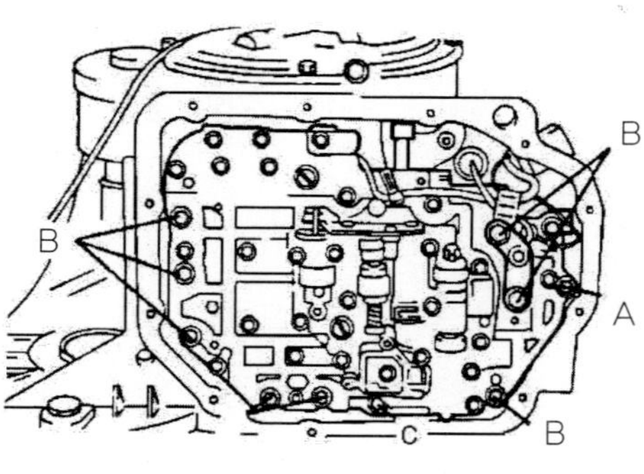

그림 3-125. 고정볼트 위치

⑩ 오일필터를 설치한 다음 오일 팬을 설치한다.

⑪ 규정량의 트랜스액슬 오일을 주유한다.

⑫ 오일압력을 시험하여 필요하면 다시 조정을 한다.

[3] 감압 조정

(1) 자기진단 시험기를 사용하지 않을 경우

① 라인압력을 조정할 때와 마찬가지로 오일필터의 위 부분을 분리한다. 이때 밸브보디 어셈블리는 분해하지 않아도 된다.

② 아래 밸브보디의 조정 스크루(↓표시부분)를 돌려 감압을 규정값으로 조정한다. 조정 스크루를 오른쪽으로 돌리면 감압이 낮아지고, 왼쪽으로 돌리면 감압이 올라간다. 감압을 조정할 경우에는 규정값의 중간값으로 조정하며 규정값은 4.25 ±0.1kgf/cm^2이며, 조정 스크루 1회전 당 오일압력 변화량은 0.45kgf /cm^2이다.

③ 오일필터와 오일팬을 설치한다.

④ 오일을 보충한 후 오일압력을 측정하여 필요하면 다시 조정한다.

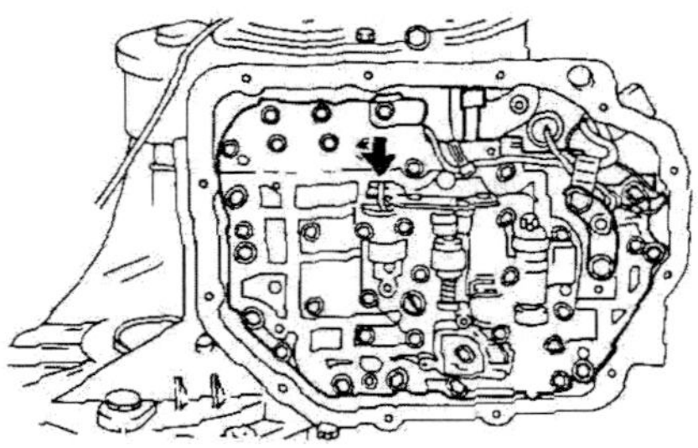

그림 3-126. 감압 조정

(2) 자기진단 시험기를 사용할 경우

① 자기진단 시험기로 압력제어 솔레노이드를 50% 듀티로 작동시키면서 킥다운 브레이크 압력을 규정값으로 조정한다. 규정값은 2.75±0.2kgf/cm^2이며 조정 스크루 1회전 당 오일 압력의 변화량은 0.22kgf/cm^2이다.

Reference »»

오일의 온도가 너무 높을 때에는 엔진이 공회전할 때 라인압력이 떨어지므로 조정이 잘 못될 수 있으므로 반드시 오일의 온도가 70~80℃일 때 작업한다.

② 조정 후 감압이 3.75~4.85kgf/cm²의 범위 내에 있는지를 확인한다.

7.7. 자동변속기 스톨시험(stall test)

스톨시험의 목적은 변속레버가 "D" 또는 "R" 레인지에 있고 스로틀밸브를 완전히 열었을 때 최대 엔진 회전속도를 측정하여 토크컨버터, 일방향 클러치의 작용과 트랜스액슬 클러치류 및 브레이크 등의 체결 성능을 점검하는데 있다.

7.7.1. 스톨시험 방법

① 트랜스액슬 오일의 온도가 정상작동 온도(70~80℃)가 되고, 엔진 냉각수 온도가 정상작동 온도(80~90℃)가 되었을 때 트랜스액슬 오일량을 점검한다.
② 앞·뒤바퀴 양쪽에 고임목을 받힌다.
③ 엔진 회전 속도계(타코미터)를 연결한다.
④ 주차 브레이크 레버를 당기고 브레이크 페달을 완전히 밟는다.
⑤ 엔진을 시동한다.
⑥ 변속레버를 D레인지로 선정하고 가속페달을 완전히 밟은 상태로 엔진의 최고 회전속도를 측정한다. 이때 필요 이상으로 스로틀밸브를 완전히 열고 있거나 5초 이상 지속시키지 않는다. 만약 스톨시험을 다시 시행하여야 할 경우에는 변속레버를 N레인지로 선정하고 엔진을 1,000rpm으로 2분 정도 운전하며 트랜스액슬 오일을 냉각시킨 후 재시험하도록 한다. 이때 스톨속도는 2200~2600rpm이다.
⑦ 변속레버를 R레인지로 선정한 후 위에서 실시한 방법으로 스톨시험을 한다.

7.7.2. 스톨시험 후 판정

[1] "D" 레인지에서 스톨 속도가 규정값 이상일 때

이때는 뒤 클러치나 트랜스액슬의 원 웨이 클러치(one way clutch)가 미끄러지고 있으므로 미끄럼이 발생하고 있는 곳에서 유압을 측정한다.

[2] "R" 레인지에서 스톨 속도가 규정값 이상일 때

이때는 앞 클러치 및 저속 & 후진 브레이크가 미끄러지고 있으므로 앞 클러치나 저속 & 후진 브레이크 압력을 점검한다.

[3] "D" 와 "R" 레인지에서 스톨 속도가 규정값 이하일 때

이때는 엔진출력이 부족하거나 토크컨버터의 고장이 예상되므로 엔진의 실화, 점화시기, 밸브간극을 점검하고, 이상이 없으면 토크컨버터에 이상이 있는 것으로 판정한다.

7.8. 자동 트랜스액슬 분해·조립

7.8.1. 공구 및 기구

자동 트랜스액슬을 비롯하여 일반공구 세트, 특수공구 세트, 다이얼 게이지, 공기압축기 등을 준비한다.

7.8.2. 안전 및 주의사항

① 자동 트랜스액슬은 매우 정밀한 부품으로 이루어져 있기 때문에 분해하기 전에 바깥부분을 깨끗이 닦아 먼지 등이 들어가지 않도록 하여야 한다.

② 분해·조립을 할 때 해머를 사용하고자 하는 경우에는 반드시 플라스틱 해머와 같은 연질 해머를 사용하도록 한다.

③ 각 부품을 분해한 후 세척을 할 때에는 적절한 솔벤트로 닦은 후 압축 공기로 건조시켜야 하며 헝겊 등으로 닦아서는 안 된다.

④ 개스킷, 오일실(oil seal), 고무 부품 등은 조립 할 때 신품으로 교환한다.

⑤ 광물성 오일이나 바셀린 이외에 그리스는 사용하지 않도록 한다.

⑥ 마찰부분, 회전부분, 미끄럼운동 부분 등은 설치하기 전에 ATF를 바르도록 하며, ATF는 제작회사 추천 오일을 사용하도록 한다.

⑦ 부싱을 교환할 때에는 부싱을 포함한 어셈블리를 교환한다.

7.8.3. 차량에서 탈·부착하기

[1] 차량에서 떼어내기

① 축전지 및 트레이 어셈블리, 에어 클리너(에어 덕트, 호스)를 떼어낸다.

② 인히비터 스위치 및 각종 배선 커넥터를 분리한다.

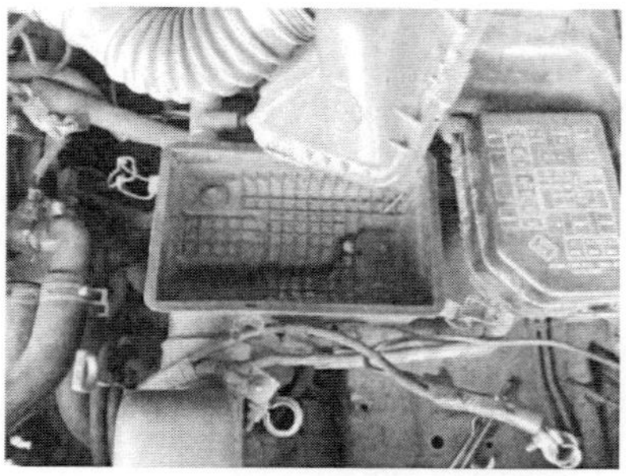

그림 3-127. 배터리 및 에어클리너 탈거

그림 3-128. 인히비터 스위치 커넥터 및 케이블 설치위치

③ 트랜스액슬에서 변속 케이블을 분리한 다음, 조향핸들의 칼럼과 기어 박스의 자재 이음을 분리하고, 배관을 기어 박스에서 분리한다.

④ 특수 공구를 사용하여 기관을 지지한 다음 트랜스액슬 마운팅 브래킷을 떼어낸다.

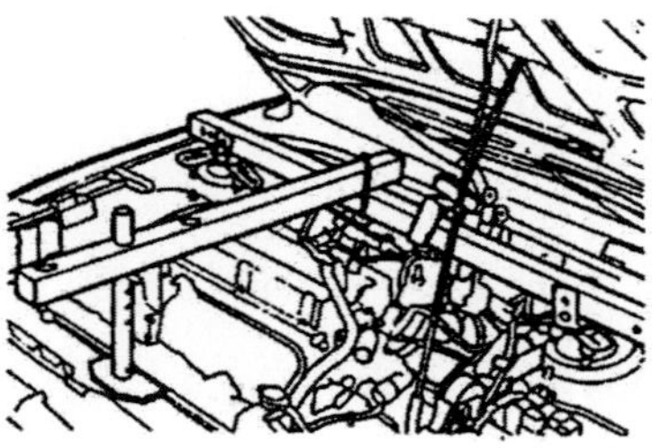

그림 3-129. 기관 지지하기

⑤ 토크컨버터 하우징 상단 고정볼트를 풀고 차량을 들어올린 후 타이머, 산소 센서 커넥터 및 앞 소음기를 떼어낸다.

⑥ 트랜스액슬의 오일을 배출한다.

⑦ 타이로드, 로워암 볼 조인트 및 구동축을 떼어낸다.

⑧ 앞·뒤 롤 스토퍼 관통볼트를 풀고 크로스 맴버 탈착용 잭을 설치한 다음 마운팅 볼트를 푼다.

⑨ 크로스 멤버 마운팅 볼트 빼내고 조향 기어 박스 및 스태빌라이저가 설치된 상태로 크로스 멤버 어셈블리를 떼어낸다.

⑩ 기동전동기를 떼어낸 후 트랜스액슬 벨 하우징을 떼어낸 다음 트랜스액슬 탈착용 잭을 설치한다.

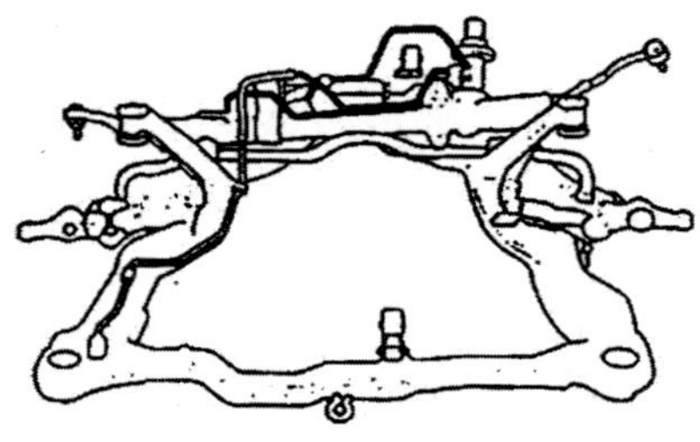

그림 3-130. 크로스 멤버 떼어내기

그림 3-131. 트랜스액슬 탈착용 잭 설치

⑪ 구동판과 토크컨버터 연결 볼트를 풀 때에는 크랭크축을 회전시키면서 푼다.

⑫ 트랜스액슬을 잭으로 지지하여 떼어낸다.

[2] 차량에서 설치하기

① 설치는 떼어내기 순서의 반대로 작업한다. 이때 반드시 토크컨버터를 트랜스액슬에 먼저 설치하도록 한다.

② 마운팅 브래킷은 기관 마운팅 브래킷, 트랜스액슬 마운팅 브래킷, 뒤 롤 스토퍼 브래킷, 앞 롤 스토퍼 브래킷 순서로 조립하도록 한다.

③ 앞 롤 스토퍼 브래킷을 설치할 때에는 인슐레이터를 손상시키지 않도록 주의한다. 손상이 되면 기관이 공전할 때 진동이 발생한다.

④ 크로스 멤버를 설치할 때에는 자재 이음을 가 조립한다.

⑤ 제어 케이블을 조정을 정확히 한다.

7. 8. 4. 하이백 자동변속기의 분해 작업

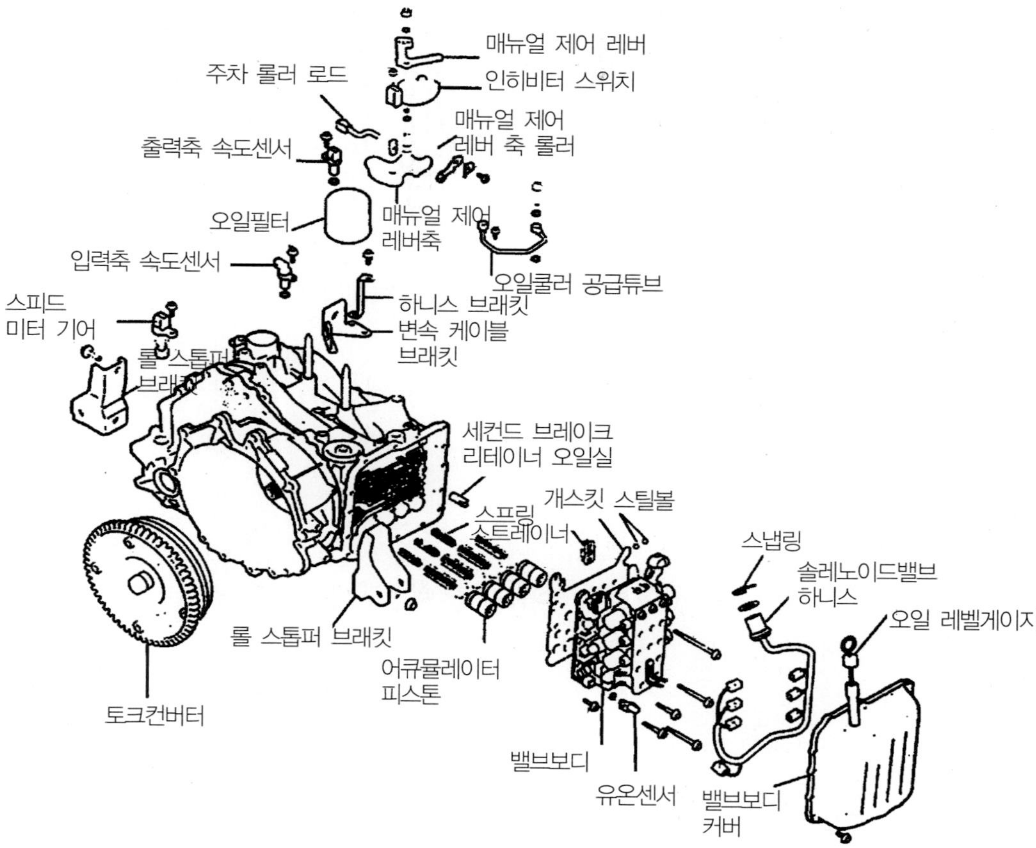

그림 3-132. 하이백 자동변속기의 구성부품

[1] 자동변속기 분해 순서

① 토크컨버터를 떼어낸다.

② 다이얼 게이지를 이용하여 입력축 엔드 플레이를 측정한다.

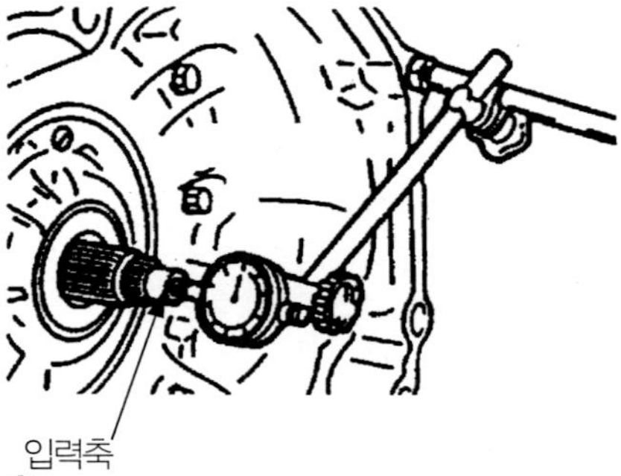

그림 3-133. 입력축 엔드 플레이 측정

③ 각종 브래킷, 배선 하니스 브래킷, 변속제어 케이블 브래킷 등을 떼어낸다.

④ 오일 레벨게이지, 아이볼트, 개스킷 및 오일쿨러 공급 튜브, 오일필터 등을 떼어낸다.

⑤ 입·출력축 속도센서를 떼어낸다.

⑥ 매뉴얼 제어 레버 및 인히비터 스위치를 떼어낸다. 이때 인히비터 스위치는 반드시 밸브보디를 설치한 상태에서 떼어낼 것

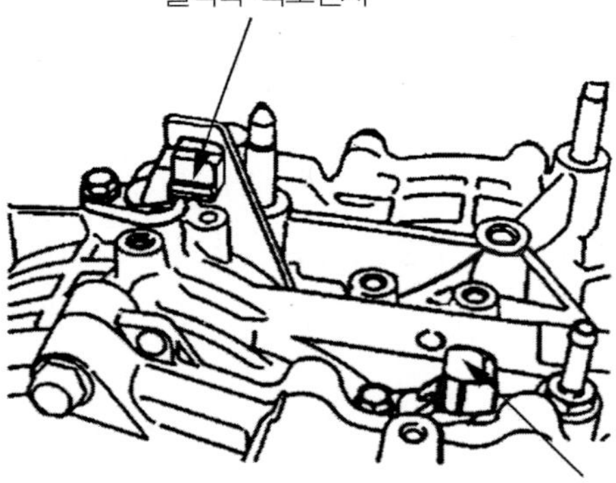

그림 3-134. 입·출력축 속도센서 설치위치

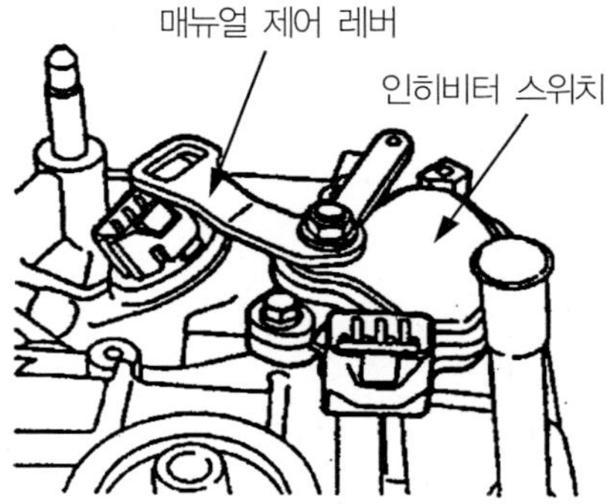

그림 3-135. 매뉴얼제어 레버 및 인히비터 스위치 설치 위치

⑦ 스피드 미터 기어, 밸브보디 커버를 떼어낸다.

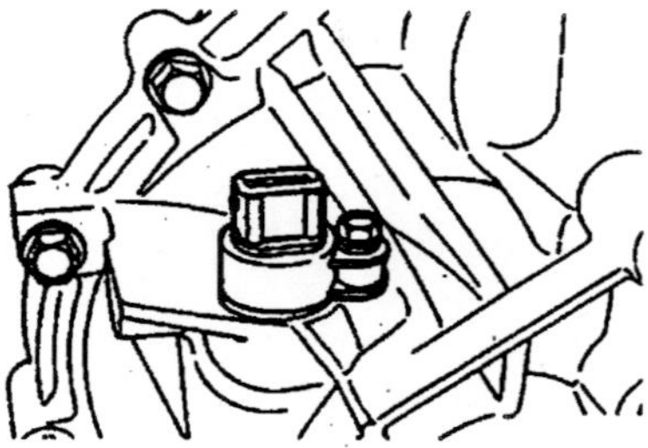

그림 3-136. 스피드미터 설치 위치

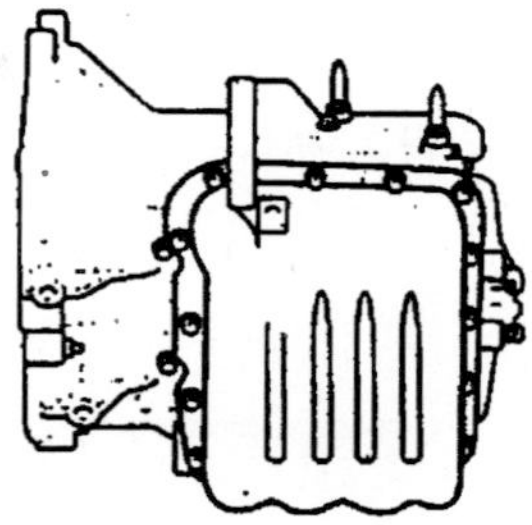

그림 3-137. 밸브보디 커버

⑧ 매뉴얼 제어 축 디텐드 스프링 및 디텐드를 떼어낸다.

그림 3-138. 매뉴얼 제어 축 디텐드 스프링 및 디텐드 설치 위치

⑨ 밸브보디에서 하니스 커넥터를 빼낸 다음 밸브보디 고정 볼트(28개)를 푼다. 이때 그림 3-139에 화살표를 한 볼트를 풀지 않도록 한다.

그림 3-139. 밸브보디 고정볼트 위치

⑩ 오일 온도센서를 빼낸다.

⑪ 밸브보디, 개스킷 및 스틸볼(2개)를 떼어낸다. 이때 스틸볼을 분실하지 않도록 주의한다.

그림 3-140. 오일 온도센서 설치 위치

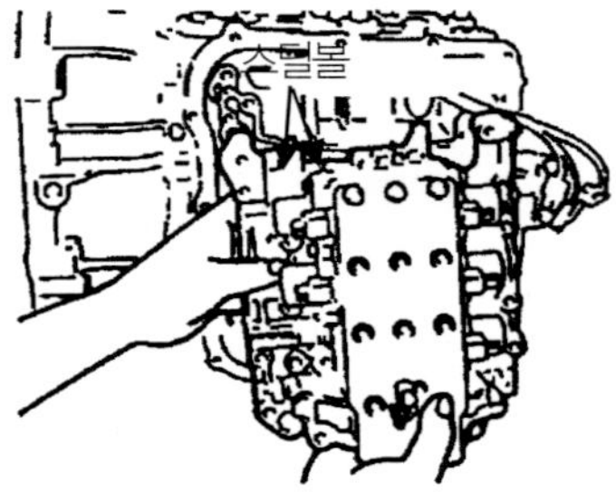

그림 3-141. 스틸 볼의 설치 위치

⑫ 솔레노이드밸브 하니스 스냅 링을 떼어낸 후 밸브 하니스를 떼어낸다.

⑬ 스트레이너를 떼어낸 다음 세컨드 브레이크 리테이너 오일실을 떼어낸다. 세컨드 브레이크 리테이너 오일실을 떼어내지 않으면 세컨드 브레이크 피스톤을 탈·부착할 때 손상될 염려가 있다.

그림 3-142. 스냅 링의 설치 위치

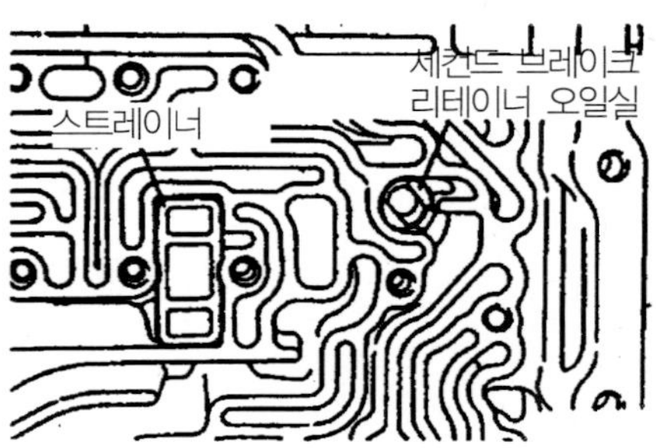

그림 3-143. 스트레이너 및 리테이너 오일 실의 설치 위치

⑭ 각 어큐뮬레이터 피스톤과 스프링을 떼어낸다.

① 로 & 리버스 브레이크용
② 언더 드라이브 클러치용
③ 세컨드(2ND) 브레이크용
④ 오버 드라이브 클러치용

그림 3-144. 어큐뮬레이터 설치 위치

⑮ 스냅 링을 떼어내고 리덕션 브레이크 어큐뮬레이터 및 스프링을 떼어낸다.

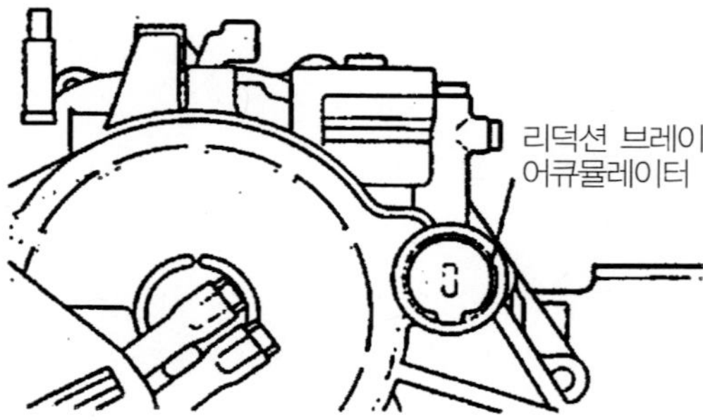

그림 3-145. 리덕션 브레이크 어큐뮬레이터 설치 위치

⑯ 스냅 링을 빼내고 리덕션 브레이크 피스톤을 떼어낸다.

⑰ 안쪽 스냅 링을 빼내고 리덕션 브레이크 피스톤 및 스프링을 빼낸다.

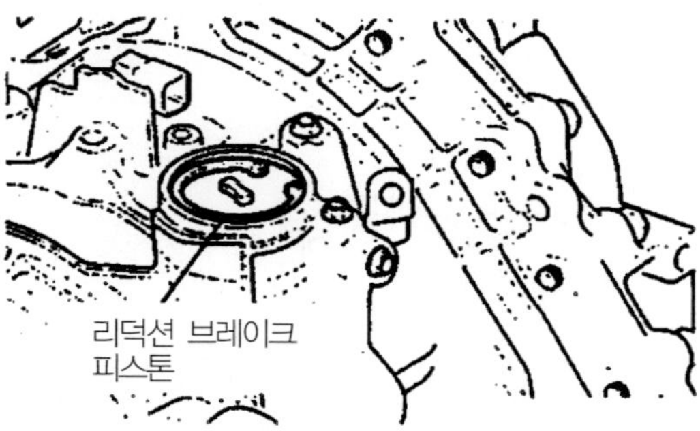

그림 3-146. 리덕션 브레이크 피스톤 설치 위치

⑱ 매뉴얼 제어축의 핀을 빼내고 제어축을 떼어낸 다음 주차 롤러 로드 어셈블리를 떼어낸다.

⑲ 토크컨버터 하우징을 고정 볼트(20개)를 풀고 컨버터 하우징을 떼어낸다.

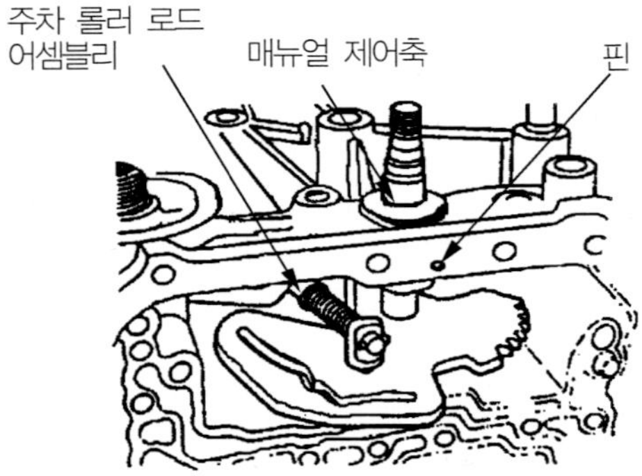

그림 3-147. 매뉴얼 제어 축 및 주차 롤러 로드 설치위치

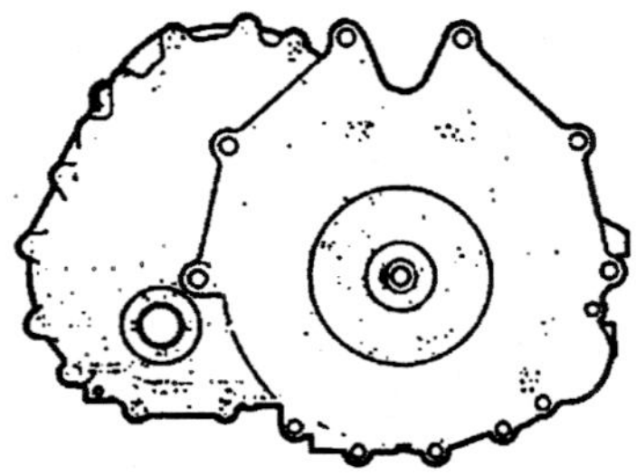

그림 3-148. 토크컨버터 하우징

⑳ O－링(2개), 차동장치, 메인 오일필터를 떼어낸다.

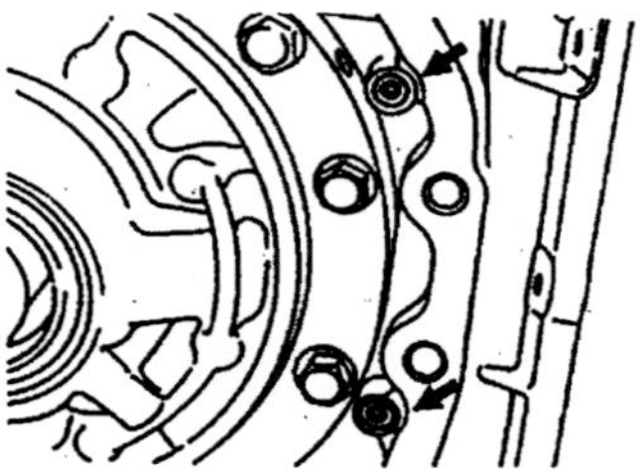

그림 3-149. O－링 설치 위치

그림 3-150. 차동장치

그림 3-151. 메인 오일필터

㉑ 오일펌프 고정볼트(6개)를 푼다. 오일펌프를 분해하면 조립할 때 정렬상태가 부적절하게 되어 펌프의 파손 및 트랜스액슬이 손상될 수 있으므로 분해하지 않는다.

㉒ 특수공구를 사용하여 오일펌프, 오일펌프 개스킷을 떼어낸다.

그림 3-152. 오일펌프 설치 위치

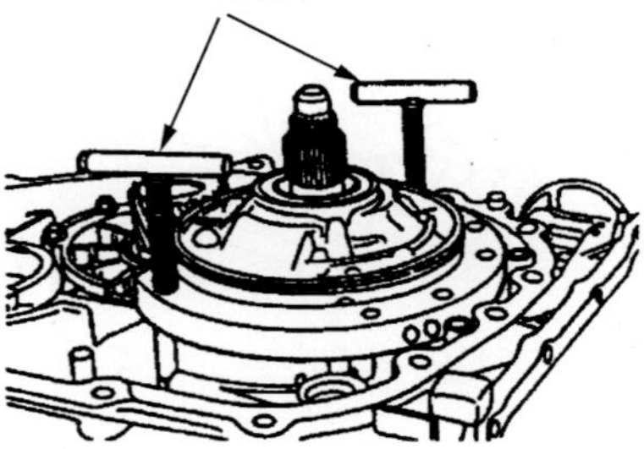

그림 3-153. 특수공구 설치 위치

㉓ 스러스트와셔 1번을 빼낸 다음 입력축을 잡고 언더 드라이브 클러치를 떼어낸다.

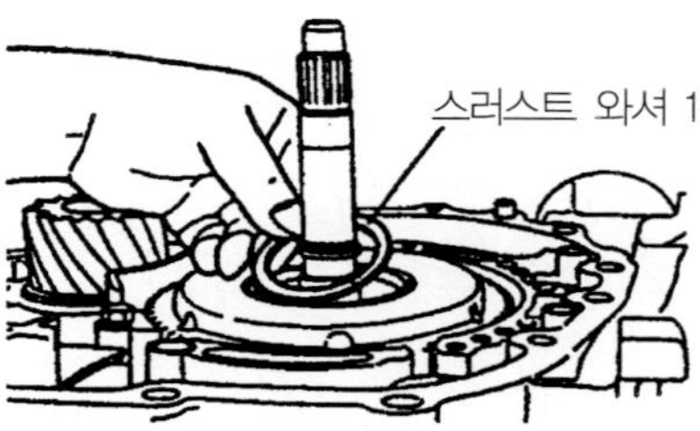

그림 3-154. 스러스트와셔 1번 설치위치

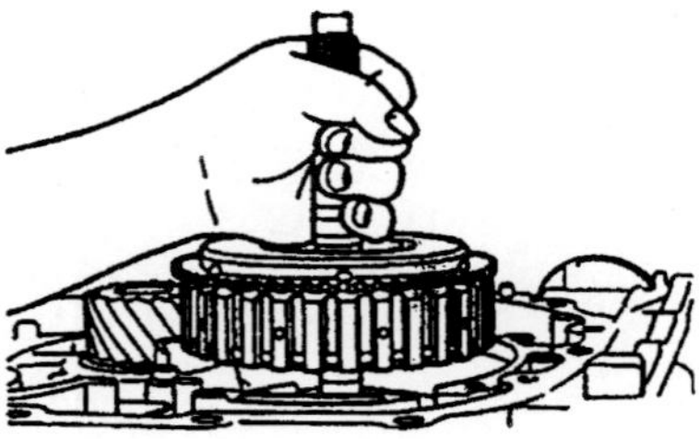

그림 3-155. 언더 드라이브 클러치 설치위치

㉔ 스러스트 베어링 2번을 뺀 다음 언더 드라이브 클러치 허브를 빼낸다.

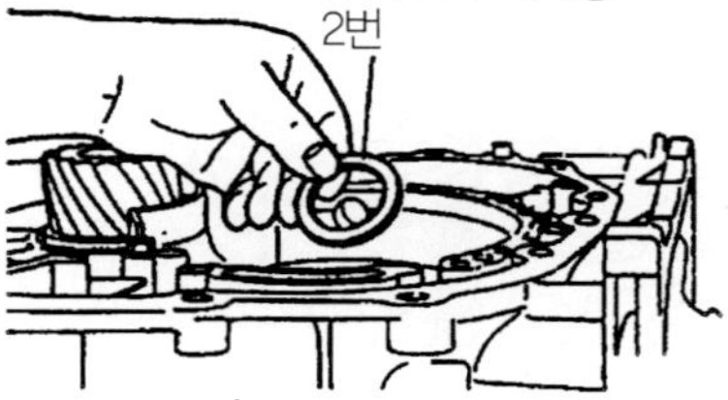

그림 3-156. 스러스트 와셔 2번 설치위치

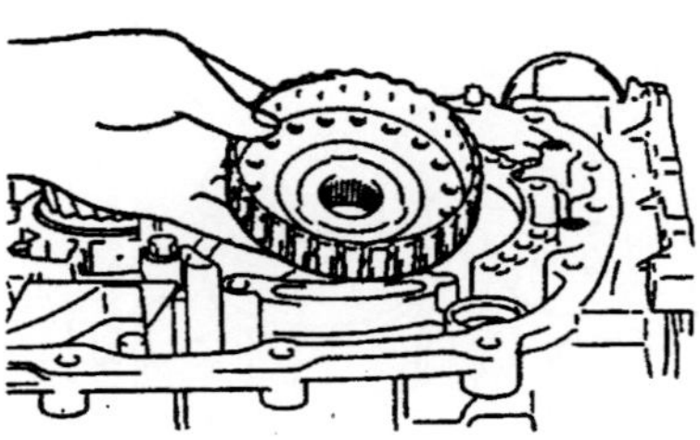

그림 3-157. 언더 드라이브 클러치 허브 설치위치

㉕ 주차 스프래그 축을 떼어낸 다음 주차 스프래그 축 스페이셔 및 스프링을 떼어낸다.

㉖ 주차 롤러 지지 축(2개)와 주차 롤러 지지대를 떼어낸다.

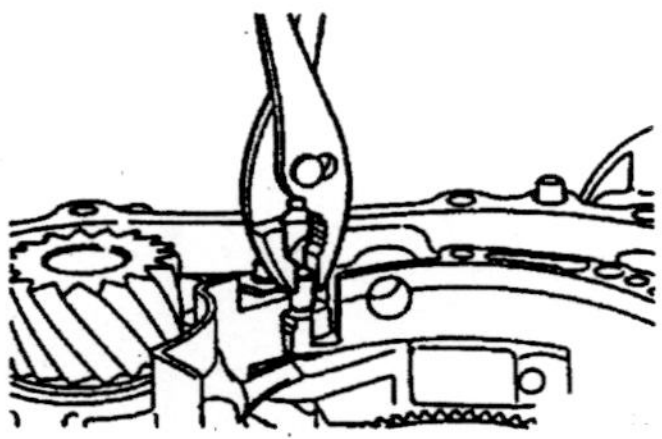

그림 3-158. 주차 스프래그축 설치 위치

그림 3-159. 주차 롤러 지지축 설치 위치

㉗ 다이렉트 유성 기어 어셈블리를 떼어낸다.

㉘ 앵커 플러그와 O-링을 빼낸다.

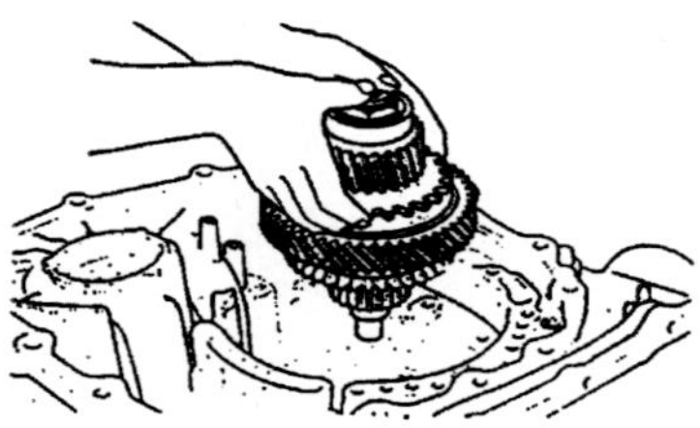

그림 3-160. 다이렉트 유성 기어

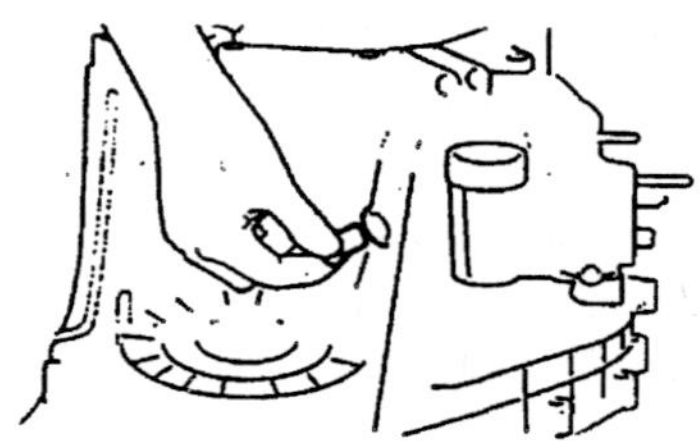

그림 3-161. 앵커 플러그 설치 위치

㉙ 다이렉트 클러치 어셈블리를 떼어낸다.

㉚ 리덕션 브레이크 밴드를 떼어낸다.

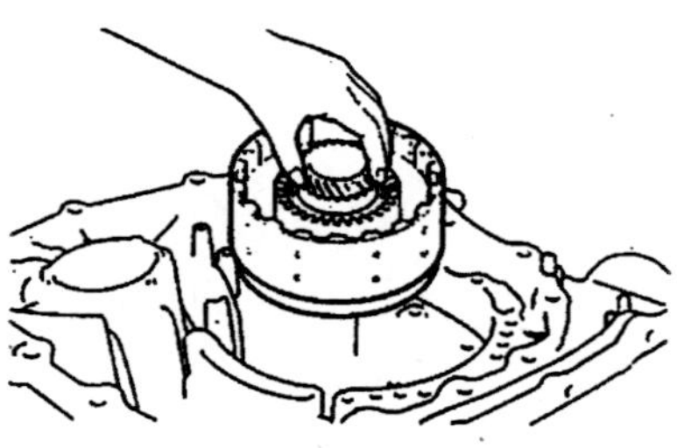

그림 3-162. 다이렉트 클러치

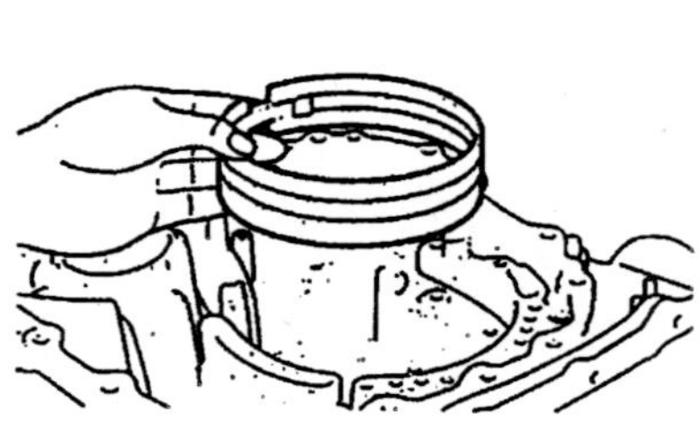

그림 3-163. 리덕션 브레이크 밴드

㉛ 스러스트 베어링 11번과 12번을 떼어낸다.

그림 3-164. 스러스트 베어링 설치 위치

㉜ 뒤 커버를 떼어낸다.

㉝ 스러스트 베어링 8번과 실링(4개), 입력축 뒤 베어링을 떼어낸다.

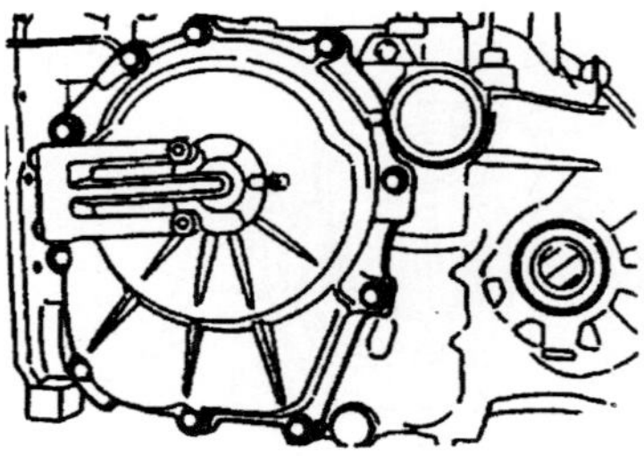

그림 3-165. 뒤 커버

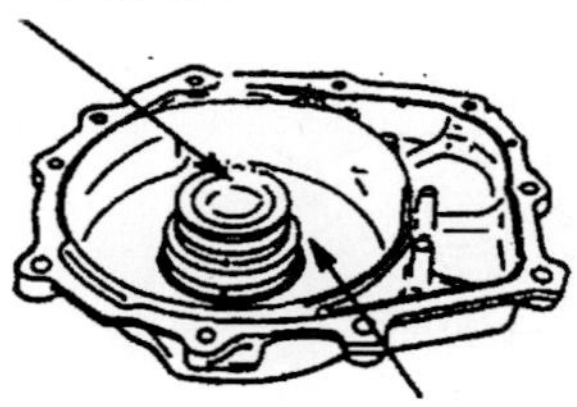

그림 3-166. 스러스트 베어링 8번과 실링 설치 위치

㉞ O－링(6개)를 빼낸다.

㉟ 스러스트 베어링 7번을 빼낸 다음 리버스 및 오버드라이브 클러치를 떼어낸다.

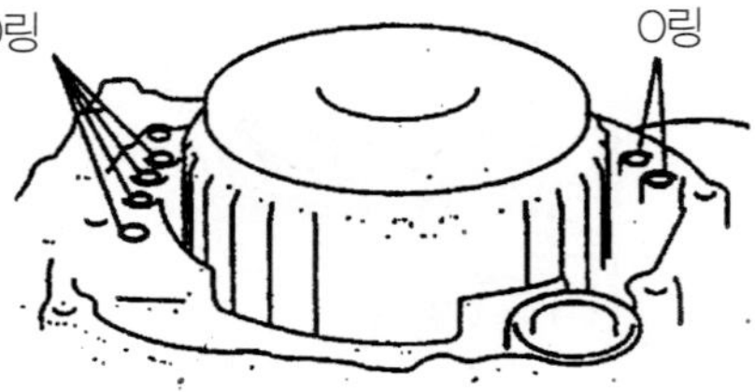

그림 3-167. O－링의 설치 위치

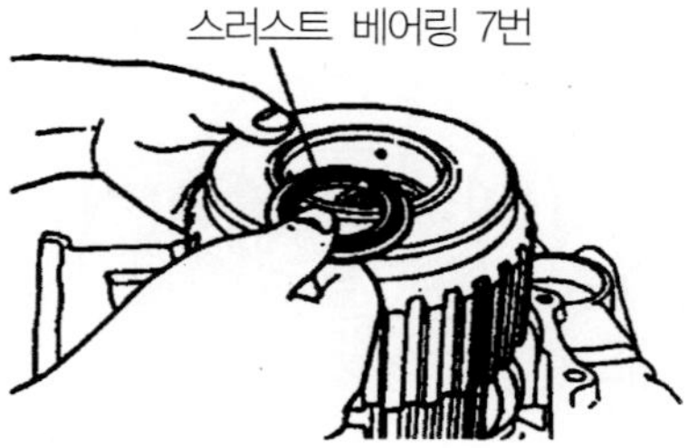

그림 3-168. 스러스트 베어링 7번

㊱ 스러스트 베어링 6번을 빼낸 다음 오버 드라이브 클러치 허브를 떼어낸다.

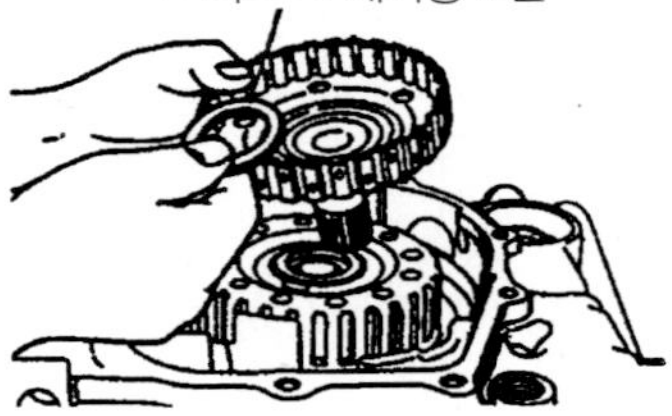

그림 3-169. 스러스트 베어링 6번

㊲ 스러스트 베어링 5번을 빼낸다.

㊳ 유성 기어 리버스 선 기어를 떼어낸다.

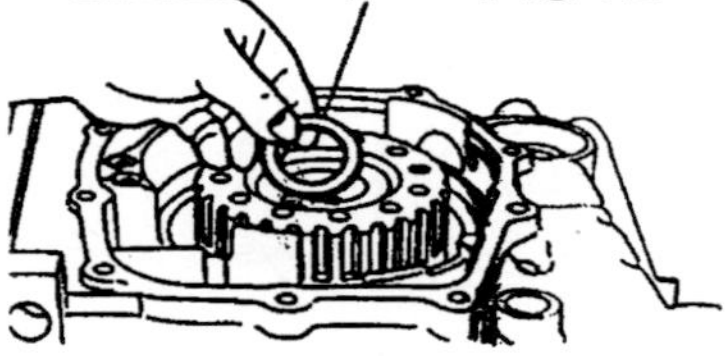

그림 3-170. 스러스트 베어링 5번

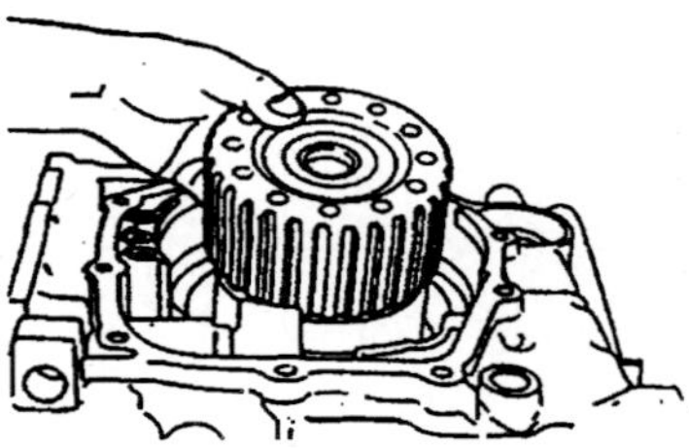

그림 3-171. 유성 기어 리버스 선 기어

㊴ 세컨드(2ND) 브레이크 피스톤 스냅 링을 떼어낸다.

㊵ 세컨드 브레이크 피스톤과 리턴 스프링을 떼어낸다.

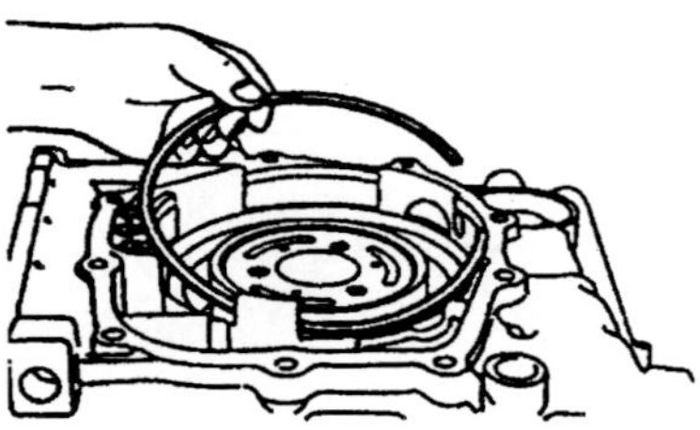

(a) 피스톤 스냅링

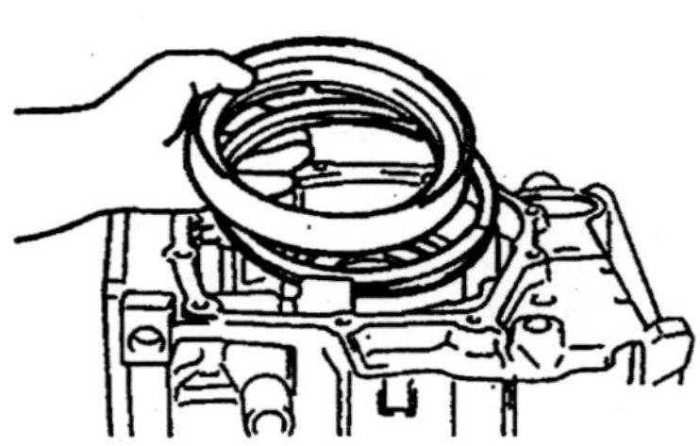

(b) 피스톤

그림 3-172. 세컨드 브레이크

㊶ 압력판, 브레이크 디스크, 브레이크 판을 떼어낸다.

㊷ 오버 드라이브 유성기어 캐리어를 떼어낸다.

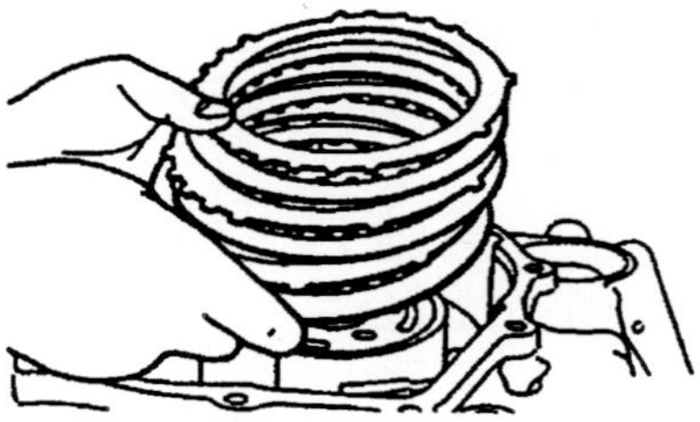

그림 3-173. 압력판, 브레이크 디스크 및 브레이크판

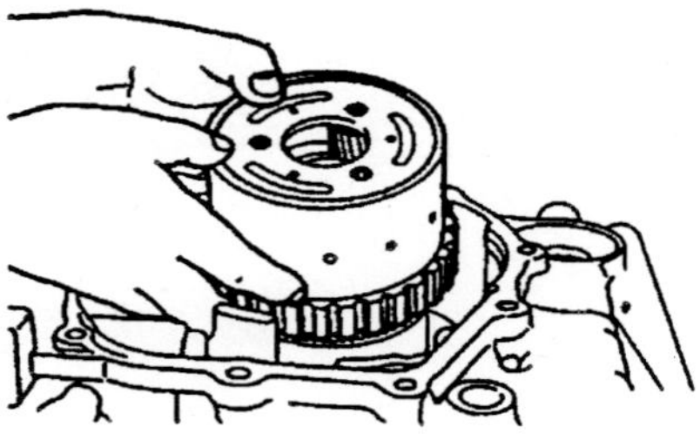

그림 3-174. 오버 드라이브 유성기어 캐리어

㊸ 출력 유성기어 캐리어의 스러스트 베어링 4번을 빼낸 다음 출력 유성기어 캐리어를 떼어낸다.

㊹ 언더 드라이브 선 기어를 떼어낸 후 스러스트 베어링 3번을 떼어낸다.

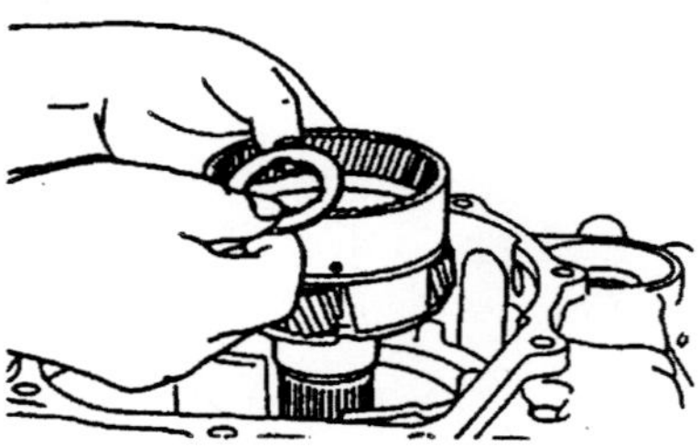

그림 3-175. 출력 유성기어 캐리어

그림 3-176. 스러스트 베어링 3번

㊺ 로 & 리버스 반력판 스냅링을 떼어낸 다음 반력판과 브레이크 디스크를 떼어낸다.

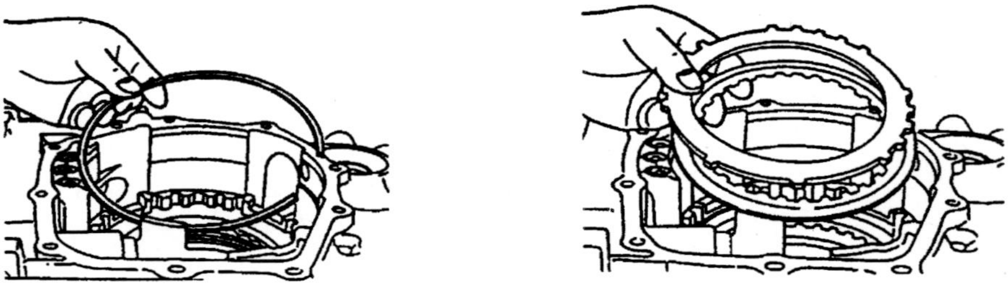

(a) 스냅링　　　(b) 브레이크 디스크

그림 3-177. 반력판과 스냅링 및 브레이크 디스크

㊻ 로 & 리버스 브레이크 스냅 링을 뺀 다음 브레이크 판, 브레이크 디스크 및 압력판을 빼낸다.

㊼ 웨이브 스프링을 빼낸다.

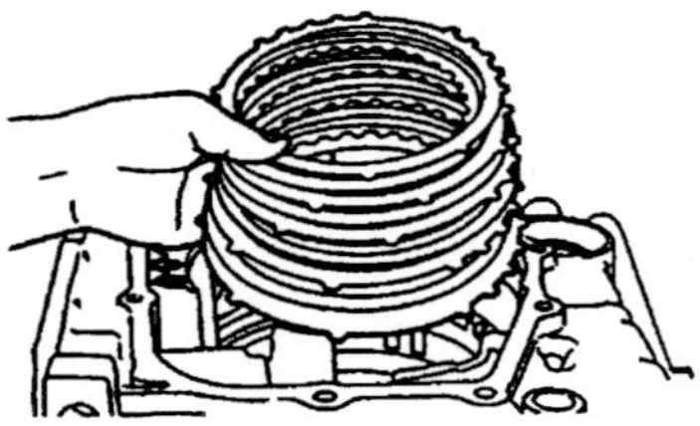

그림 3-178. 브레이크 판, 디스크 및 압력판

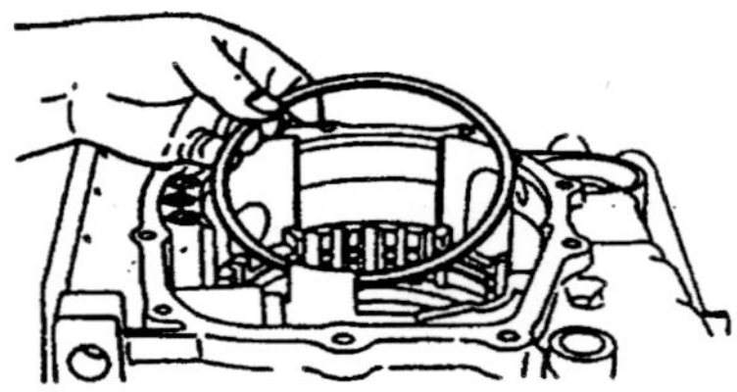

그림 3-179. 웨이브 스프링

㊽ 특수공구를 사용하여 스냅링을 뺀 후 원웨이 클러치 인너 레이스, 스프링 리테이너, 리턴 스프링, 로 & 리버스 브레이크 피스톤을 빼낸다.

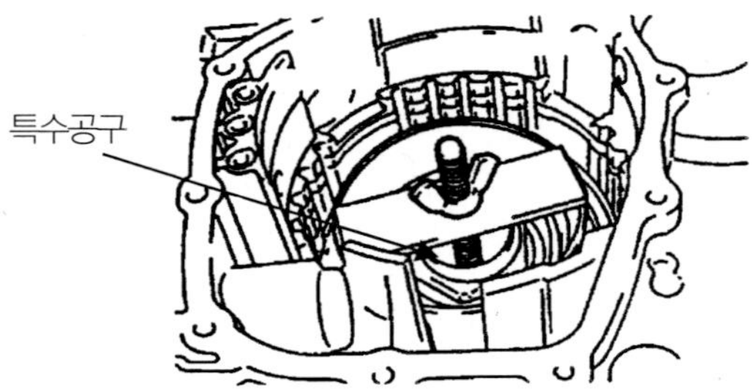

그림 3-180. 특수공구로 스냅링 빼내기

㊾ 트랜스퍼 구동기어 고정볼트(6개)를 푼다. 이때 구동기어를 돌리면서 풀도록 한다.

㊿ 트랜스퍼 구동기어를 떼어낸다.

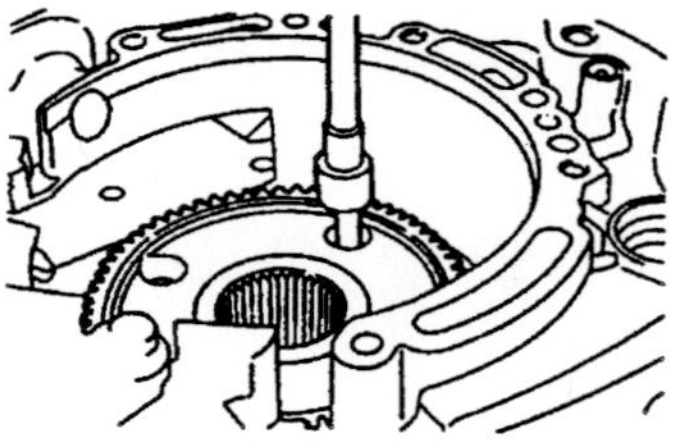

그림 3-181. 구동기어 고정볼트 풀기

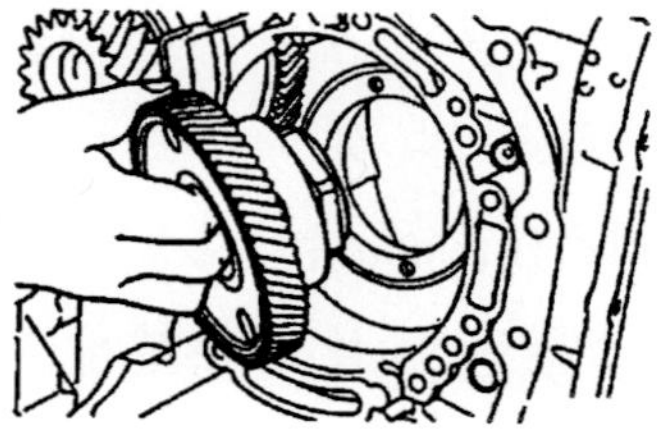

그림 3-182. 트랜스퍼 구동기어

51 원웨이 클러치 고정 스냅링을 떼어낸 후 원웨이 클러치 어셈블리를 떼어낸다.

(a) 스냅링 (b) 클러치

그림 3-183. 원웨이 클러치 스냅링 및 클러치

52 실링(2개)과 니들 베어링을 떼어낸다.

53 토크컨버터 하우징에서 차동장치 베어링 출력 레이스와 스페이서를 빼낸다.

54 트랜스액슬 케이스에서 차동장치 지지 베어링 출력 레이스를 떼어낸다.

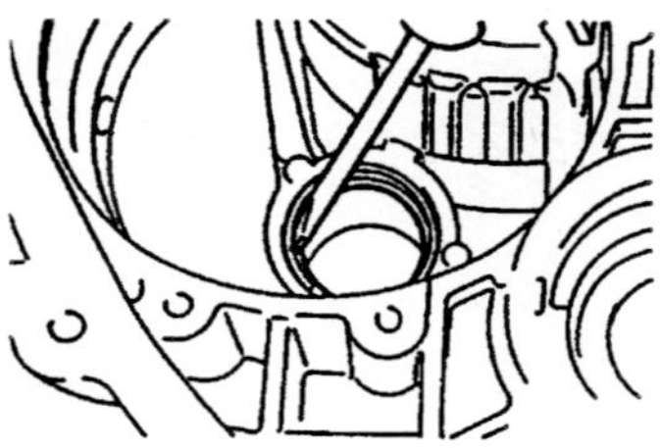

그림 3-184. 베어링 출력 레이스

7.8.5. 자동변속기 조립작업

[1] 자동변속기를 조립할 때 주의할 사항

① 작업대, 부품 등은 항상 깨끗하게 하고, 불순물의 유입을 방지할 것
② 장갑을 사용하지 말 것
③ 걸레는 종이 제품이나 나일론 제품을 사용하도록 하고, 먼지가 일어나는 걸레는 사용하지 말 것
④ 그리스(greese)는 지정된 부품 이외에는 사용하지 말 것
⑤ 각 스냅링은 설치 부분에 확실하게 조립할 것
⑥ 재조립할 때 액상 개스킷 도포 면에 이물질이 없을 것
⑦ 개스킷, O－링 및 오일 등은 반드시 신품으로 교환할 것
⑧ 재조립할 때 자동변속기 오일은 신품으로 교환하고, 필터는 깨끗이 세척할 것
⑨ 조립할 때 베어링, 미끄럼운동 부분, 오일펌프 운동부분, 실링, O－링의 각 부분에 백색 바세린, 청색 광유, 자동변속기 오일 등 어느 것이라도 필요한 최소량을 바를 것
⑩ 오일 쿨러 내의 오일을 교환하고, 차량에 설치하기 전에 개구(開口) 부분으로 이물질이 침입하지 않도록 주의할 것

[2] 자동변속기의 조립작업

① 특수공구를 사용하여 변속기 케이스에 차동장치 베어링 바깥 레이스를 설치한다.
② 변속기 케이스에 자동변속기 오일을 바르고 가이드 핀 2개를 설치한다.

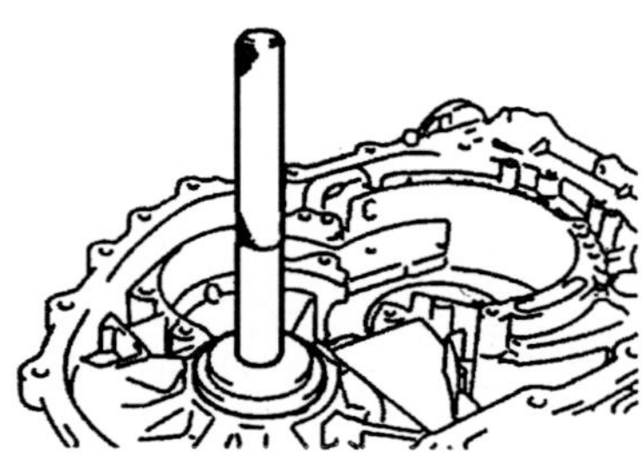

그림 3-185. 차동장치 베어링 바깥 레이스 설치

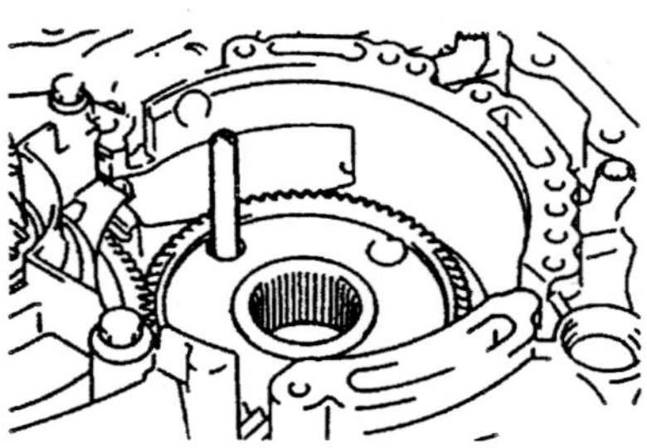

그림 3-186. 트랜스퍼 구동기어 설치

③ 트랜스퍼 구동기어를 설치한 다음 고정볼트(8개)를 규정 토크(160~200kgf－cm)로 조인다. 이때 트랜스퍼 구동기어를 1회전시켰을 때 볼트와 간섭이 없어야 한다.

④ 출력축 뒤 베어링과 실링 4개를 설치한다.

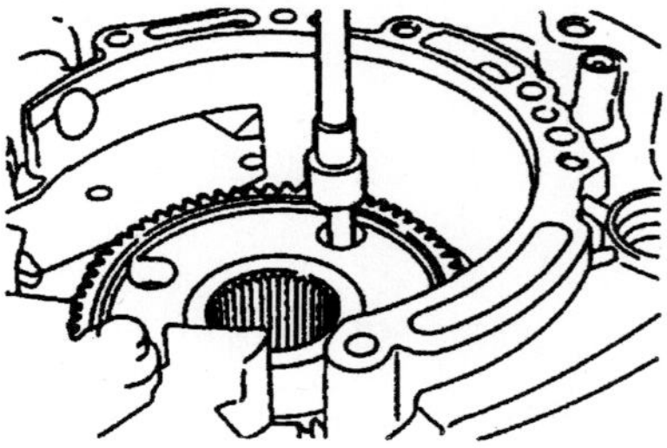

그림 3-187. 고정볼트 조이기

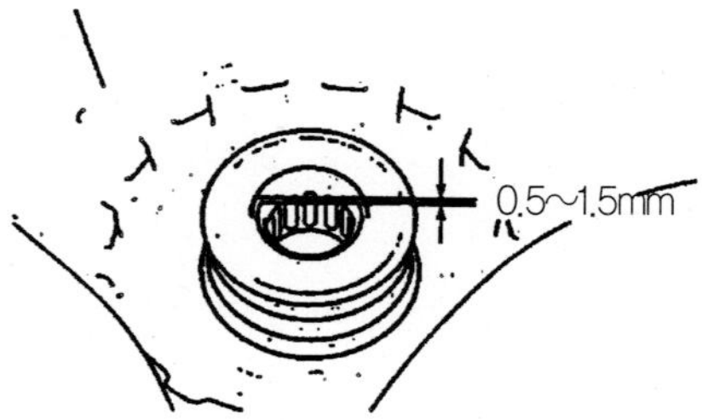

그림 3-188. 출력축 뒤 베어링 설치

⑤ 원웨이 클러치를 설치한다. 원웨이 클러치는 방향성이 있으므로 실선이 있는 쪽을 앞으로 하고(화살표로 표시되어 있음) 원웨이 클러치 고정 스냅링을 설치한다.

⑥ 변속기 케이스에 구동축 오일실(oil seal)을 설치한다.

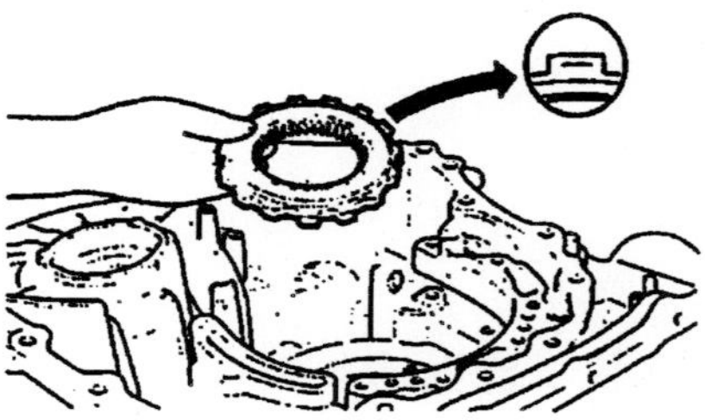

그림 3-189. 원웨이 클러치 설치

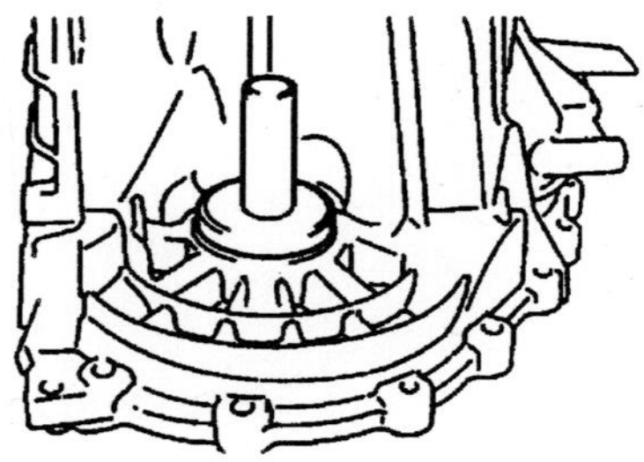

그림 3-190. 구동축 오일실 설치

⑦ 로 & 리버스 브레이크 피스톤 및 리턴스프링을 끼운 후 스프링 리테이너를 설치한다.

⑧ 원웨이 클러치 인너 레이스를 설치하고 특수공구를 사용하여 스냅링을 설치한다.

⑨ 웨이브 스프링을 끼운다.

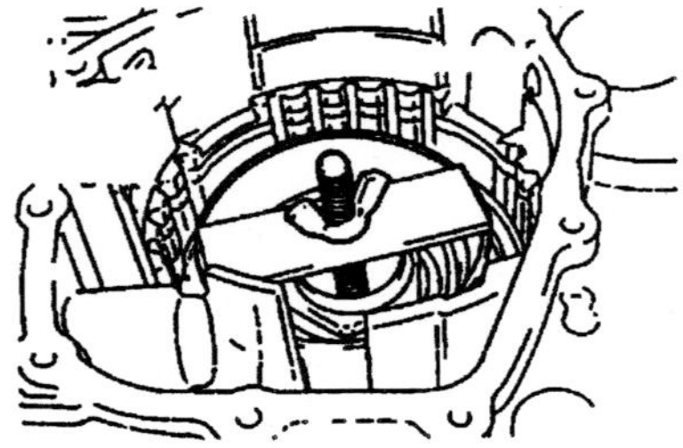

그림 3-191. 스냅링 설치

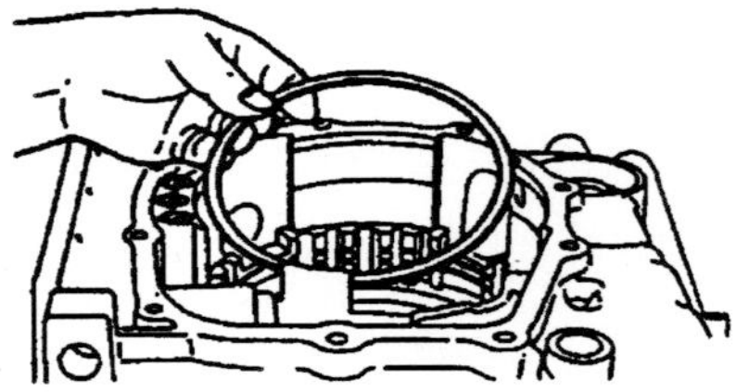

그림 3-192. 웨이브 스프링 설치

⑩ 로 & 리버스 브레이크의 압력판을 특수공구에 설치하여 브레이크 디스크, 브레이크 판 및 스냅 링을 그림 3-193과 같이 설치한다. 4단 변속기는 브레이크 디스크 6장, 브레이크 판 5장이며, 5단 변속기는 브레이크 디스크 6장, 브레이크 판 6장이다.

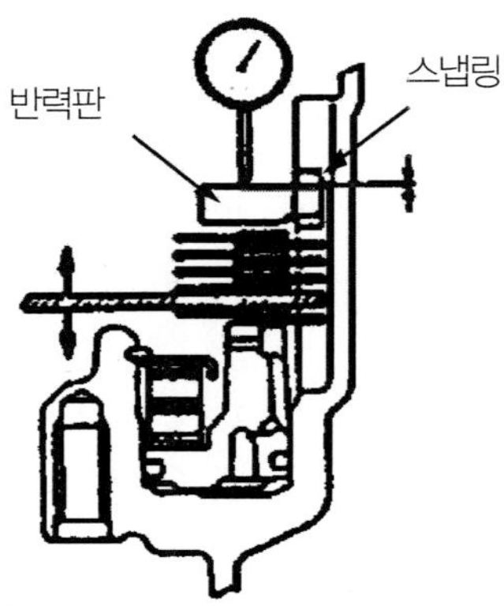

그림 3-193. 브레이크 디스크, 판 및 스냅링 설치

⑪ 반력판(리액션 플레이트) 및 사용하였던 스냅링을 끼운 후 특수공구를 움직이도록 하여 엔드 플레이를 측정하고 스냅링(8종)을 선택하여 조립한다. 엔드 플레이 기준 값은 0~0.16mm이며, 클러치가 해제될 때 로 & 리버스 브레이크 디스크와 판의 실제 간극을 결정하여야 한다.

⑫ 브레이크 디스크, 브레이크 판 및 2ND 브레이크의 압력판을 특수공구를 사용하여 그림 3-195와 같이 설치한다. 5단 변속기는 디스크 4장, 판 5장이다.

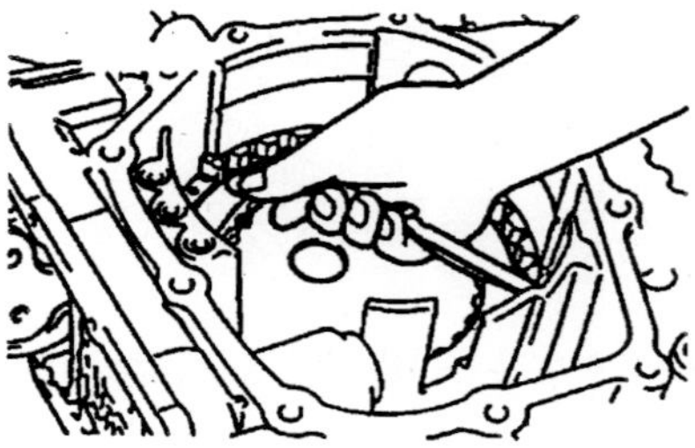

그림 3-194. 반력판과 스탠링 설치

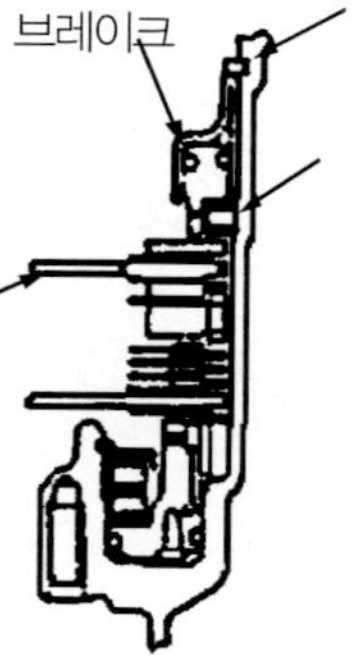

그림 3-195. 브레이크 디스크와 판 설치

⑬ 리턴 스프링 2ND 브레이크 피스톤 및 스냅링을 설치한다.

⑭ 특수공구를 움직여 엔드 플레이를 측정한다. 엔드 플레이 기준값은 0.79~1.25 mm이다.

⑮ 변속기를 반전시킨 후 특수공구를 다이얼 게이지에 조립하여 특수공구를 움직여 엔드 플레이를 측정한다. 엔드 플레이 기준값은 1.35~1.81mm이다.

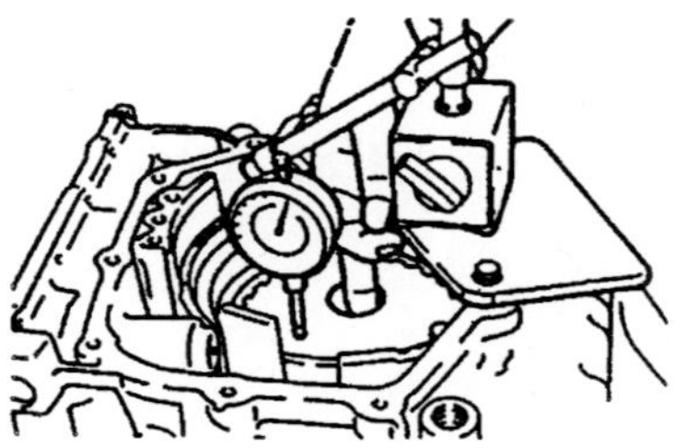

(a)

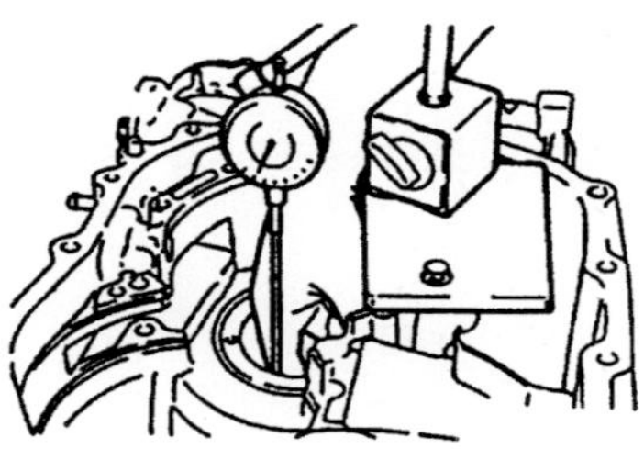

(b)

그림 3-196. 엔드 플레이 측정

⑯ ⑨항부터 ⑮항까지 조립하였던 특수공구를 떼어낸다.

⑰ 출력 유성기어 캐리어 및 스러스트 베어링 4번을 끼운다. 이때 스러스트 베어링을 설치방향이 틀리지 않도록 주의한다.

⑱ 오버 드라이브 유성기어 캐리어를 설치한다.

그림 3-197. 스러스트 베어링 4번 설치

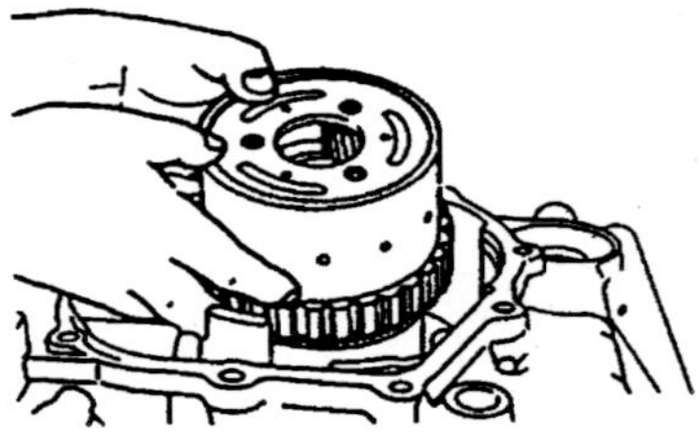

그림 3-198. 오버드라이브 유성기어 캐리어 설치

⑲ 유성기어 리버스 선 기어를 설치하고, 웨이브 스프링을 끼운다.

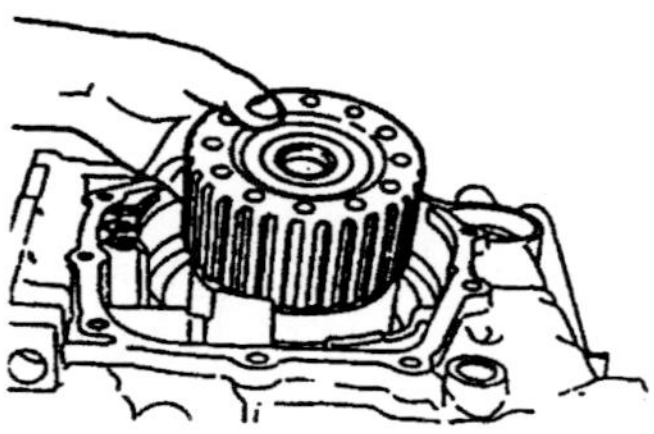

그림 3-199. 유성기어 리버스 선기어 설치

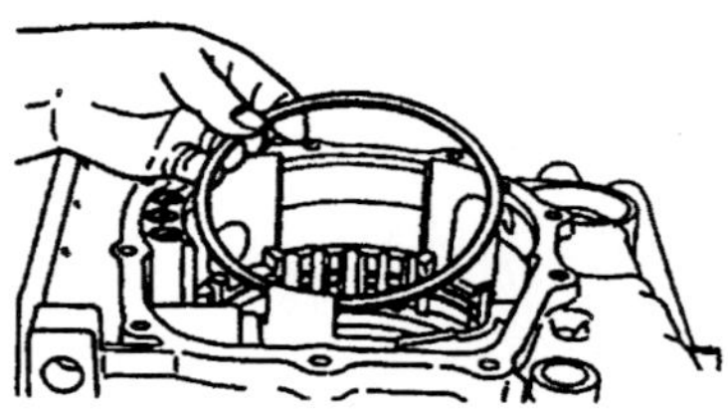

그림 3-200. 웨이브 스프링 설치

⑳ 압력판, 브레이크 디스크 및 브레이크 판을 끼운 후 스냅링을 끼운다.

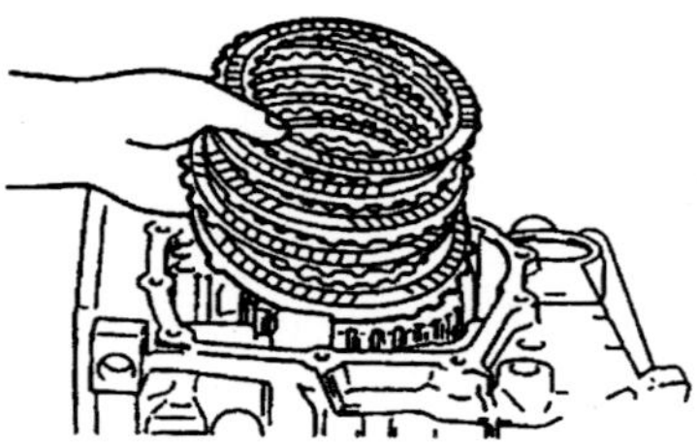

그림 3-201. 브레이크 디스크 및 판 설치

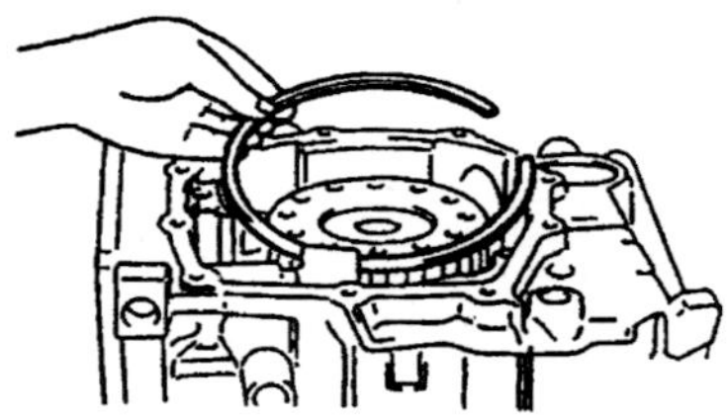

그림 3-202. 스냅링 설치

㉑ 반력판을 끼운 후 스냅링을 설치한다.

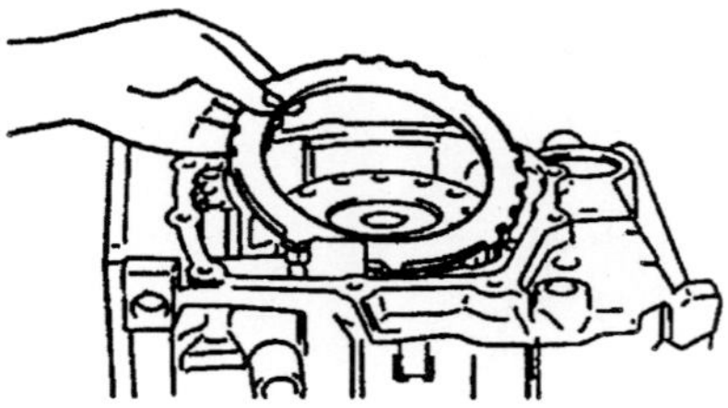

그림 3-203. 반력판 설치

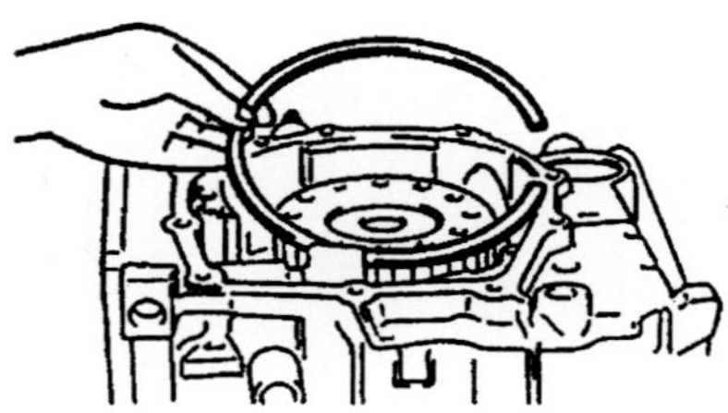

그림 3-204. 스냅링 설치

㉒ 브레이크 디스크, 브레이크 판 및 압력판을 설치한 후 리턴 스프링과 2ND 브레이크 피스톤을 끼운 다음 스냅링을 설치한다.

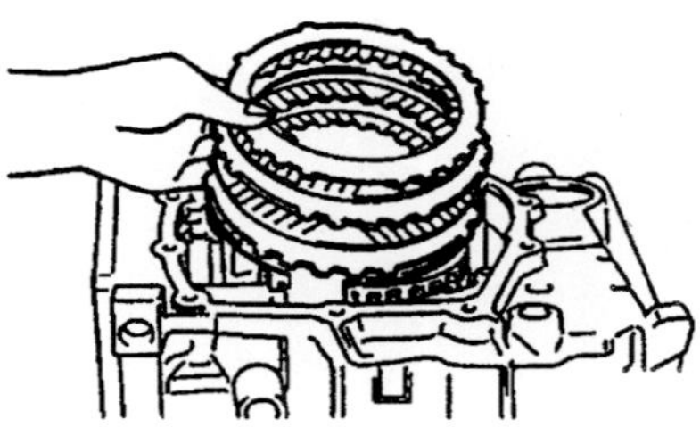

그림 3-205. 브레이크 디스크, 브레이크 판 및 압력판 설치

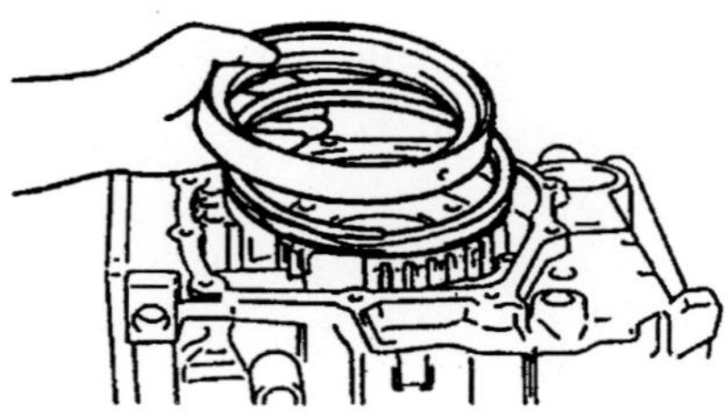

그림 3-206. 리턴 스프링과 2ND 브레이크 피스톤 설치

그림 3-207. 스냅링 설치

㉓ 스러스트 베어링 5번을 끼운다. 이때 스러스트 베어링의 설치 방향이 틀리지 않도록 주의한다.

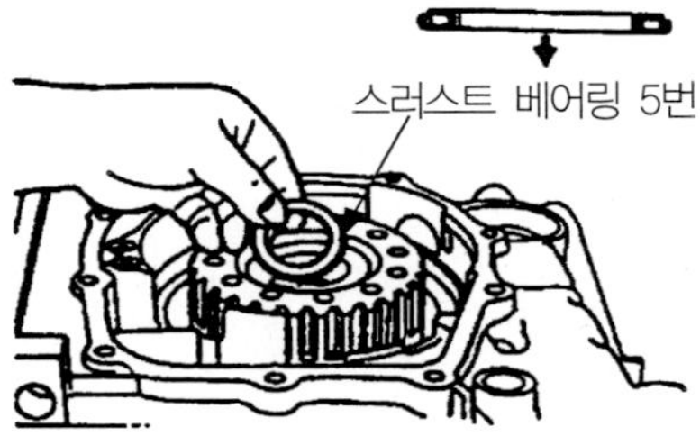

그림 3-208. 스러스트 베어링 5번 설치

㉔ 오버 드라이브 클러치 허브 및 스러스트 베어링 6번을 리버스 및 오버 드라이브 클러치에 설치한다. 이때 스러스트 베어링의 설치방향이 틀리지 않도록 주의한다.

㉕ 리버스 및 오버 드라이브 클러치 및 스러스트 베어링 7번을 끼운다. 이때 스러스트 베어링의 설치 방향이 틀리지 않도록 주의한다.

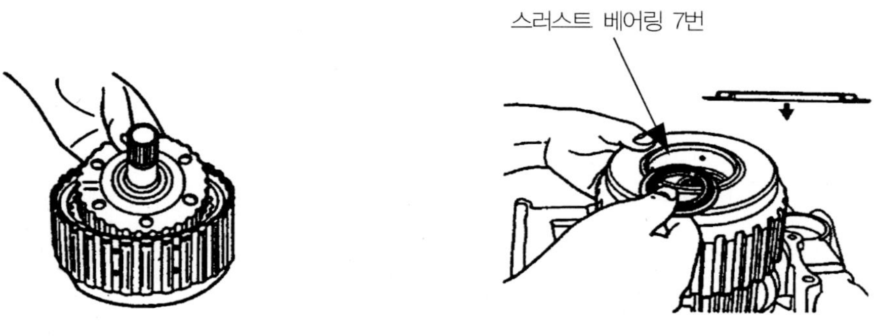

(a) 6번　　(b) 7번

그림 3-209. 스러스트 베어링 설치

㉖ 오버 드라이브 클러치 어셈블리를 설치한 후 O－링(6개)를 끼운다.

㉗ 입력축 베어링을 끼우고, 실링(4개)을 설치한 다음 사용하였던 스러스트 베어링 8번을 끼운 후 뒤 커버를 설치한다. 뒤 커버 설치는 언더 드라이브 선 기어의 유격을 측정하기 위함이다.

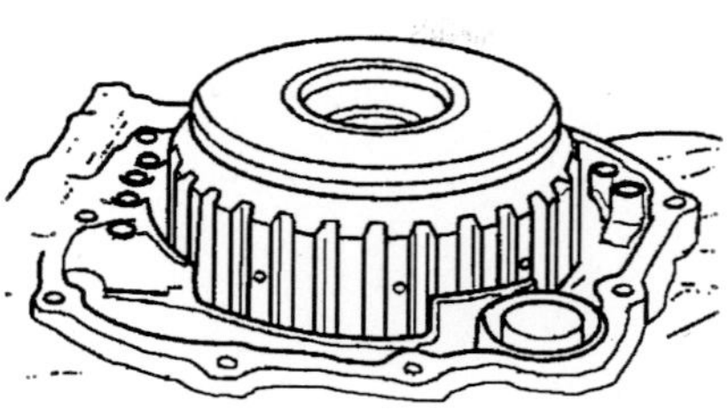

그림 3-210. 오버 드라이브 클러치 설치

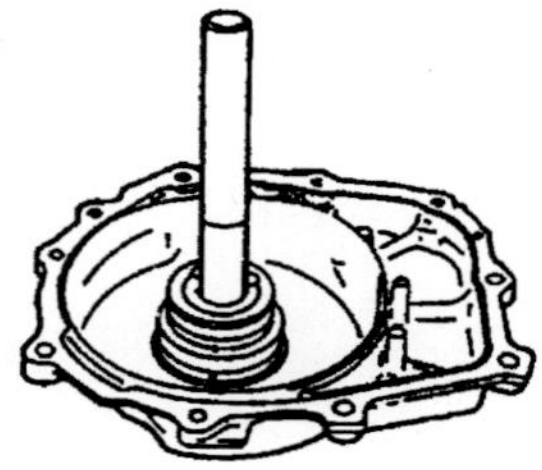

그림 3-211. 입력축 설치

㉘ 언더 드라이브 선 기어의 엔드 플레이를 측정하여 기준 값에 있는 순서로 설치되었던 스러스트 레이스를 선택하여 설치한다. 엔드 플레이 기준값은 0.25~0.45mm이다.

㉙ 뒤 커버를 설치 부분에 액상 개스킷을 1.6mm의 굵기로 바른다.

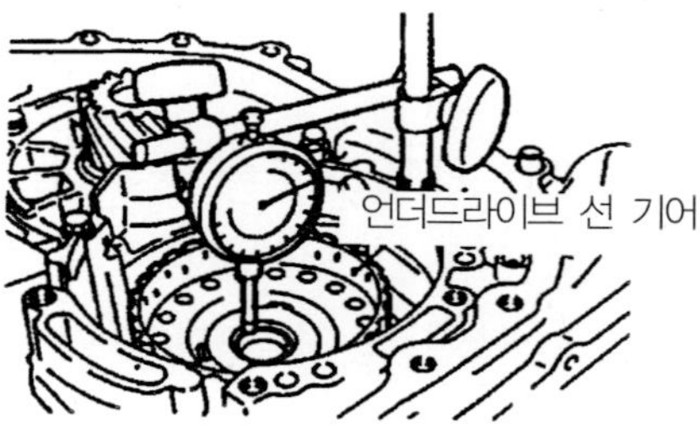

그림 3-212. 엔드 플레이 측정

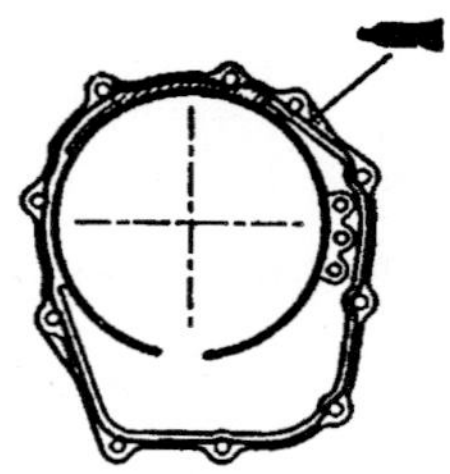

그림 3-213. 뒤 커버에 액상 개스킷 바르기

㉚ 뒤 커버를 설치하고 볼트를 규정 토크로 조인다.

㉛ 언더 드라이브 클러치 허브를 끼운다.

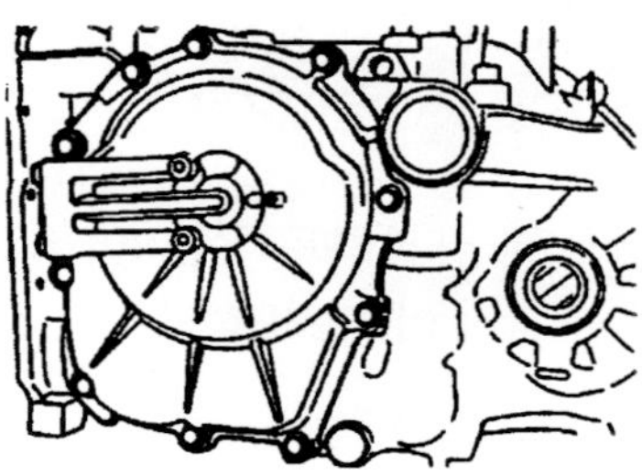

그림 3-214. 뒤 커버 설치

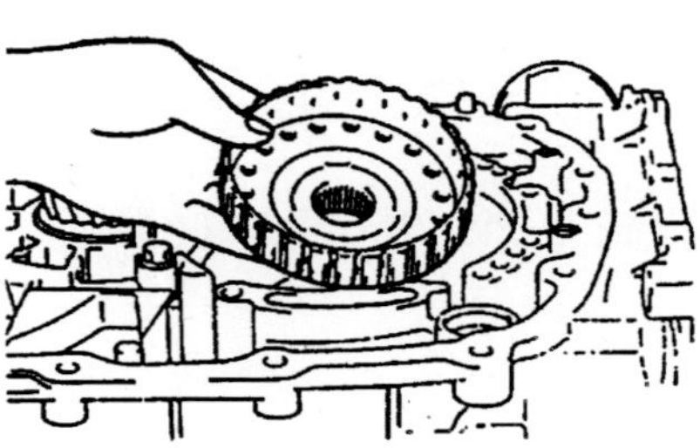

그림 3-215. 언더 드라이브 클러치 허브 설치

㉜ 다이렉트 클러치 어셈블리를 설치한다.

㉝ 리덕션 브레이크를 설치한다. 이때 다이렉트 클러치를 왼쪽으로 회전시키면서 설치하도록 한다.

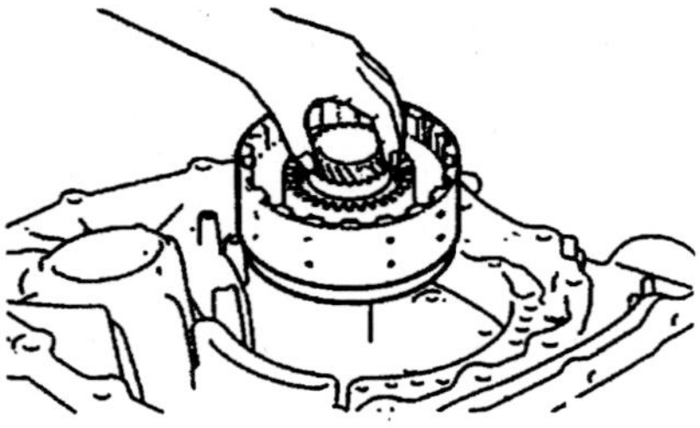

그림 3-216. 다이렉트 클러치 어셈블리 설치

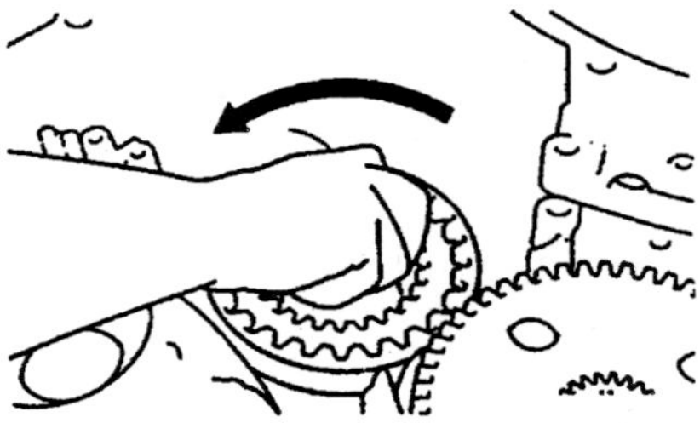

그림 3-217. 리덕션 브레이크 설치

㉞ 앵커 플러그를 손으로 설치하면서 리덕션 브레이크 밴드 홈에 맞추어서 설치한다.

㉟ 다이렉트 유성 기어 캐리어 어셈블리를 설치한다. 이때 출력축 속도 센서가 설치되는 구멍으로 들여다보면 다이렉트 유성 기어 캐리어 어셈블리가 완전히 밀착되었는지를 확인할 수 있다. 그리고 변속기 케이스를 움직일 경우에는 다이렉트 유성 기어 캐리어 어셈블리가 이탈되지 않도록 주의한다.

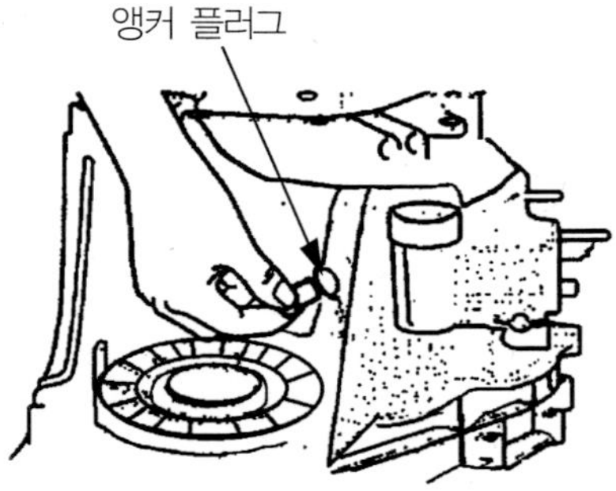

그림 3-218. 앵커 플러그 설치

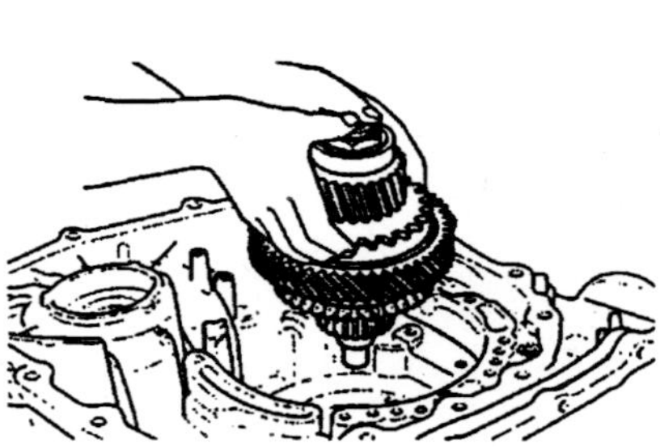

그림 3-219. 다이렉트 유성기어 캐리어 어셈블리 설치

㊱ 스프링과 리덕션 브레이크 피스톤 어셈블리를 설치한 다음 리덕션 브레이크 밴드를 조정하고 리덕션 브레이크 피스톤 스냅링을 설치한다.

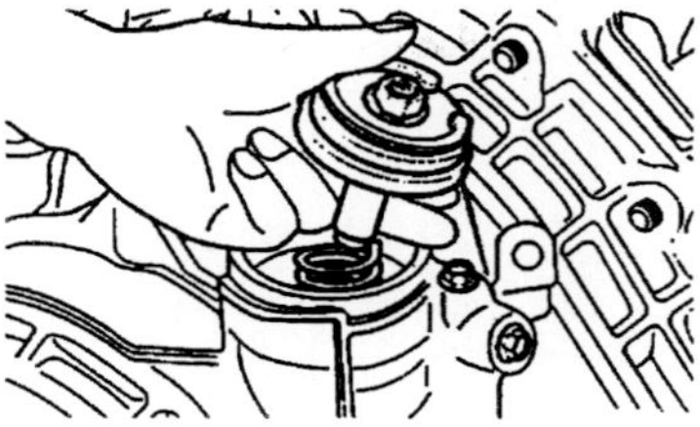

3-220. 스프링과 리덕션 브레이크 피스톤 어셈블리 설치

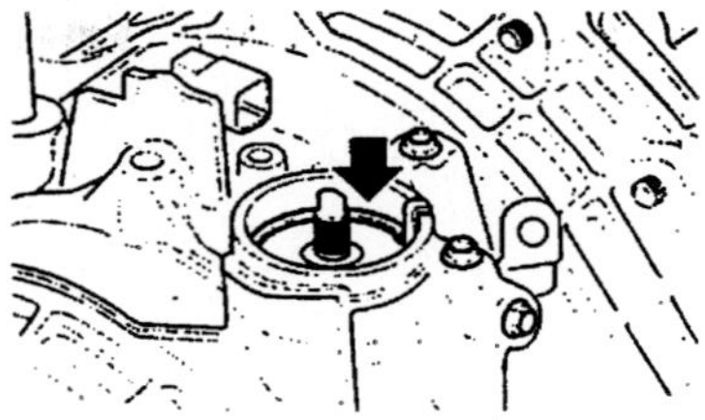

3-221. 리덕션 브레이크 피스톤 스냅링 설치

㊲ 리덕션 브레이크 피스톤이 회전하지 않도록 고정하고, 조정 로드를 100kgf－cm의 토크로 2회 반복하여 조이고 푼다. 다시 50kgf－cm의 토크로 조인 후 5.5~5.75회 푼다.

㊳ 리덕션 브레이크 피스톤 로드 고정 너트를 규정 토크로 조인다. 규정 토크는 150~220kgf－cm이다.

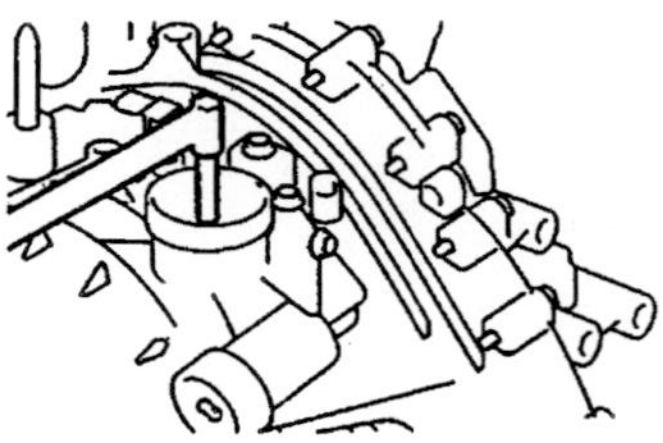

3-222. 조정 로드 조정하기

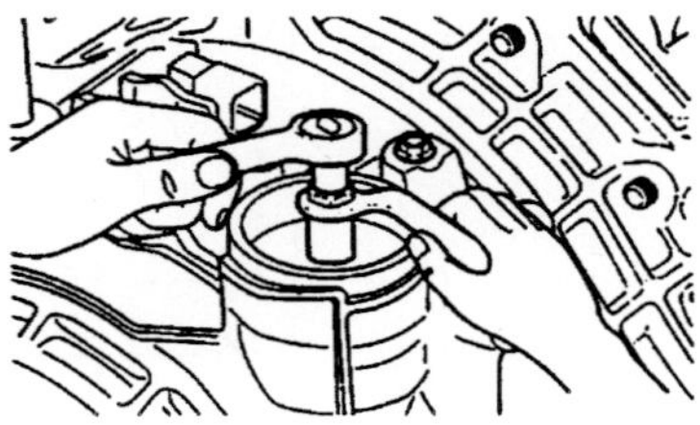

3-223. 피스톤 로드 고정 너트 조임

㊴ 바깥쪽 리덕션 브레이크 피스톤을 설치하고 스냅링을 끼운다.

㊵ 주차 폴 스페이서, 스프링을 끼우고 주차 폴 축을 설치한다.

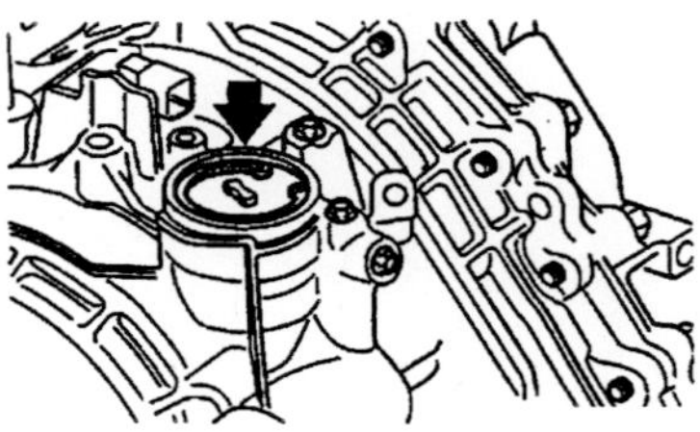

3-224. 바깥쪽 리덕션 브레이크 피스톤 설치

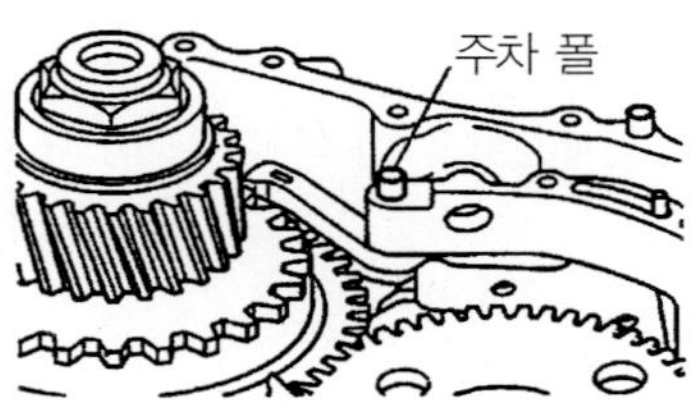

3-225. 주차 폴 축 설치

㊶ 주차 롤러 지지대를 끼우고 롤러 축(2개)를 설치한다.

㊷ 언더 드라이브 클러치 허브를 설치한다.

그림 3-226. 주차 롤러 지지대 설치

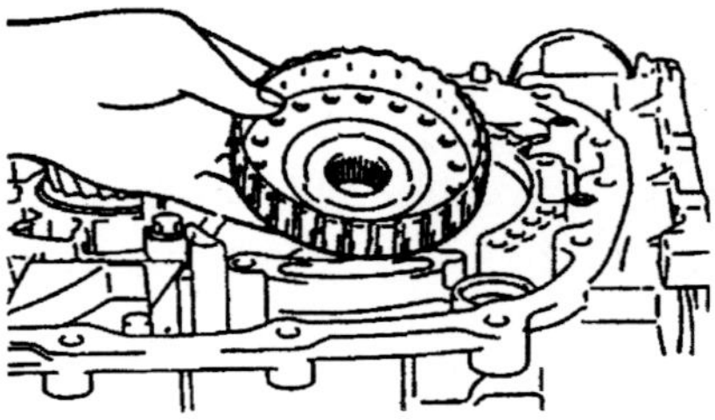

그림 3-227. 언더 드라이브 클러치 허브 설치

㊸ 스러스트 베어링 2번을 설치한다. 이때 스러스트 베어링의 설치방향이 틀리지 않도록 주의한다.

㊹ 입력축을 잡고 언더 드라이브 클러치를 설치한다. 이때 입력축 속도센서가 설치되는 구멍으로 들여다보면 언더 드라이브 클러치가 완전히 밀착되었는지를 확인할 수 있다.

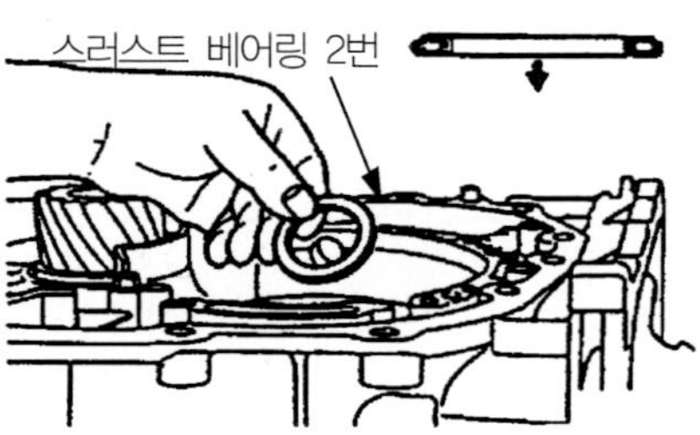

그림 3-228. 스러스트 베어링 2번 설치

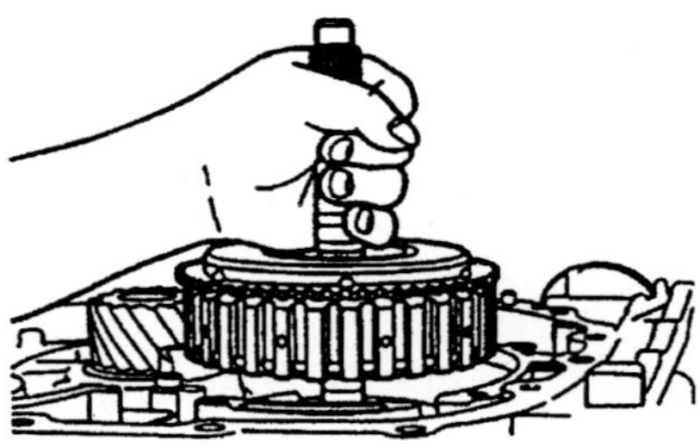

그림 3-229. 언더 드라이브 클러치 설치

㊺ 사용하였던 스러스트 와셔 1번을 끼운다.

㊻ 오일펌프에 파이프를 설치한다.

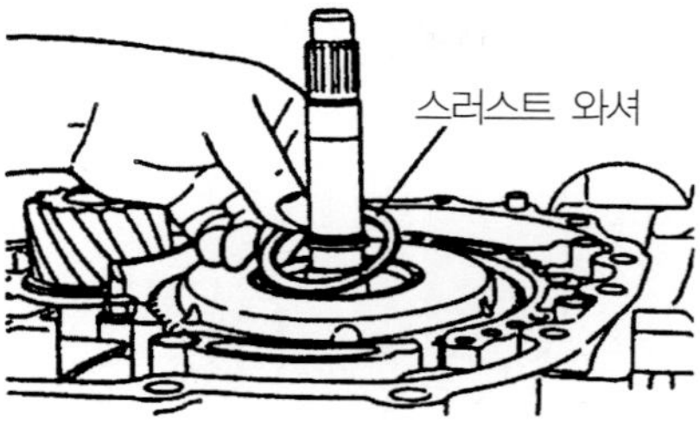

그림 3-230. 스러스트 와셔 1번 설치

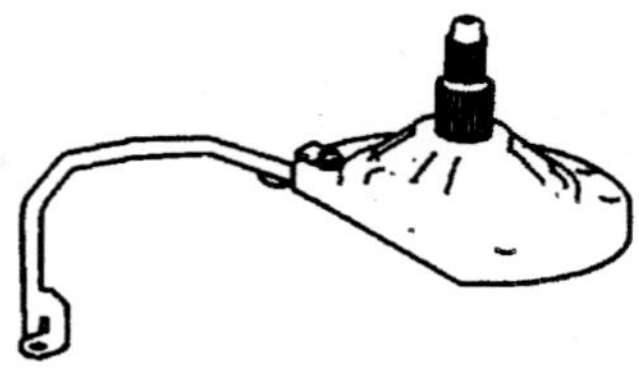

그림 3-231. 오일펌프에 파이프 설치

㊼ 신품의 오일펌프 개스킷 및 오일펌프 어셈블리를 설치한 다음 오일펌프 고정 볼트를 규정 토크로 조인다.

㊽ 입력축 엔드 플레이트를 측정하여 적절한 스러스트 와셔를 선정하여 끼운다. 스러스트 와셔의 기준값은 0.70~1.20mm이다.

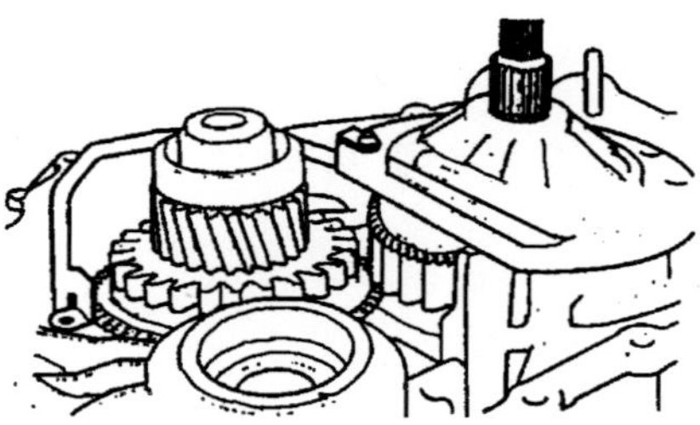

그림 3-232. 오일펌프 설치

그림 3-233. 엔드 플레이 측정

㊾ 메인 오일필터를 설치한다.

㊿ 차동장치 어셈블리를 설치한다.

그림 3-234. 메인 오일필터 설치

그림 3-235. 차동장치 어셈블리 설치

(51) 토크컨버터 하우징에 길이 약 10mm 지름 3mm 정도의 숄더를 3곳에 설치한다.

(52) 특수공구를 사용하여 출력 레이스를 쳐서 끼운다.

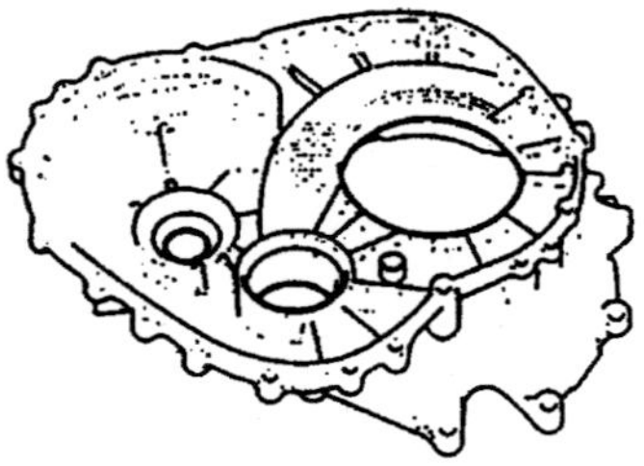

그림 3-236. 토크컨버터 하우징

그림 3-237. 출력 레이스 설치

(53) 토크컨버터 하우징을 변속기 케이스에 설치한 후 고정 볼트를 규정 토크로 조인다. 이때 실(seal)은 바르지 않는다.

(54) 볼트를 풀고 숄더(solder)를 빼낸다.

(55) 숄더 두께를 마이크로미터로 측정하여 아래의 계산식에 따라 스페이서를 선택한다.

※ (T+0.056mm)~(T+0.105mm)

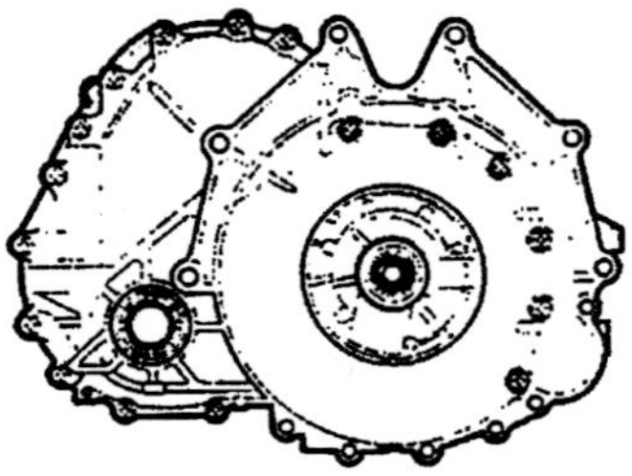

그림 3-238. 토크컨버터 하우징을 변속기 케이스에 설치

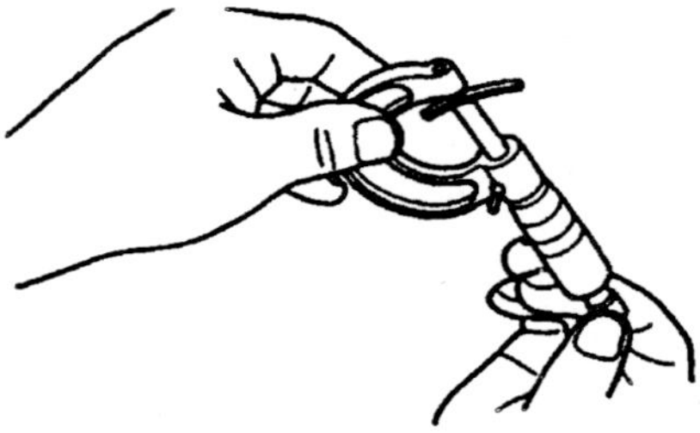

그림 3-239. 숄더 두께측정

(56) 위 항에서 선택한 스페이서를 토크컨버터 하우징에 조립하고 특수공구를 사용하여 출력 레이스를 쳐서 끼운다.

(57) 토크컨버터 하우징 케이스에 오일실을 설치한다.

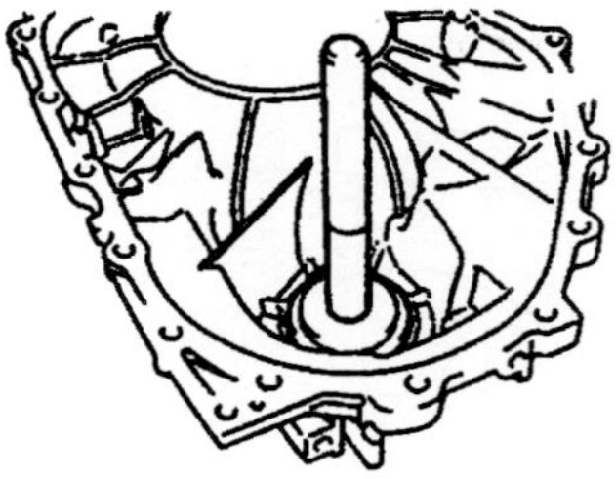

그림 3-240. 출력 레이스 설치

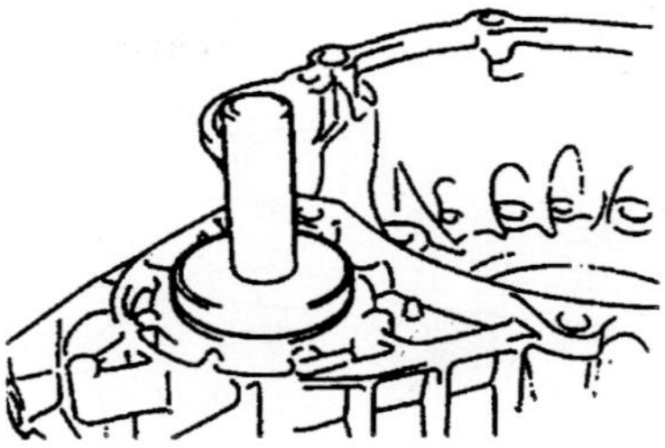

그림 3-241. 오일실 설치

(58) 토크컨버터 하우징에 액상 개스킷을 1.6mm의 굵기로 바른다.

(59) 신품 O－링(2개)를 끼운다.

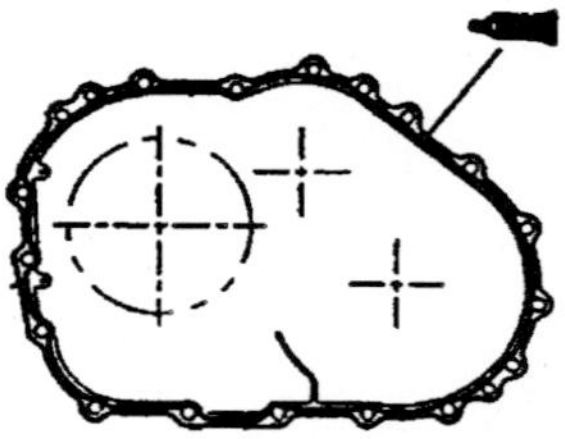

그림 3-242. 액상 개스킷 바르는 위치

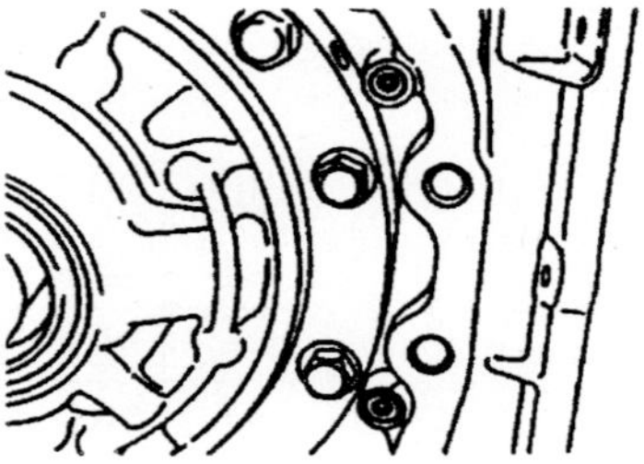

그림 3-243. O－링 설치 위치

(60) 토크컨버터 하우징을 끼운 후 고정볼트(20개)를 규정 토크로 조인다.

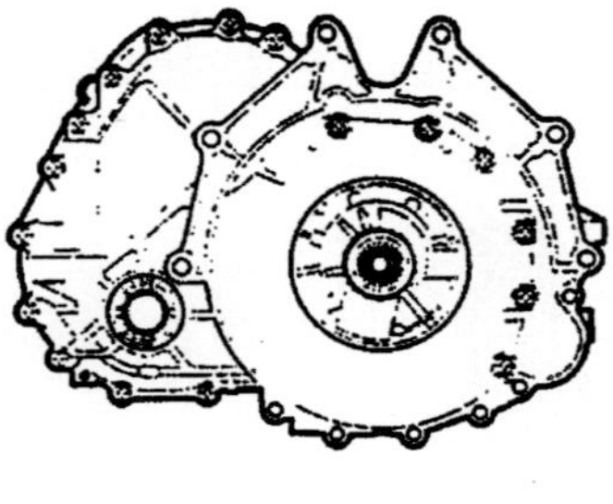

그림 3-244. 토크컨버터 하우징 설치

(61) 매뉴얼 제어축과 주차 폴 로드를 설치하고 매뉴얼 제어축 롤러를 설치한다.

(62) 리덕션 브레이크 어큐뮬레이터 스프링 및 피스톤을 설치하고 스냅링을 끼운다.

그림 3-245. 매뉴얼 제어축과 주차 폴 로드 설치

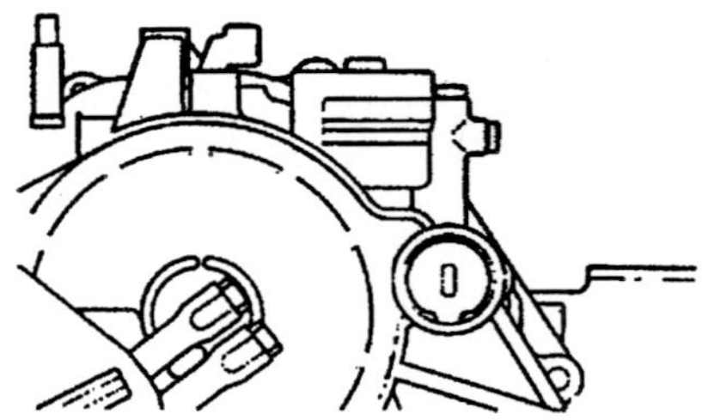

그림 3-246. 리덕션 브레이크 어큐뮬레이터 설치

⑥③ 각 어큐뮬레이터 피스톤, 신품의 실링 및 스프링을 설치한다.

[어큐뮬레이터 스프링 식별방법]

번호	이 름	식별 색깔
a	로 & 리버스 브레이크용	없음
b	언더 드라이브 클러치용	황색
c	2ND 브레이크용	청색
d	오버 드라이브 클러치	없음

(a) 스프링 형상

① 로 & 리버스 브레이크용
② 언더 드라이브 클러치용
③ 세컨드(2ND) 브레이크용
④ 오버 드라이브 클러치용

(b) 설치위치

그림 3-247. 각종 어큐뮬레이터의 스프링 형상 및 설치 위치

⑭ 스트레이너, 2ND 브레이크 리테이너, 오일실을 끼운다.

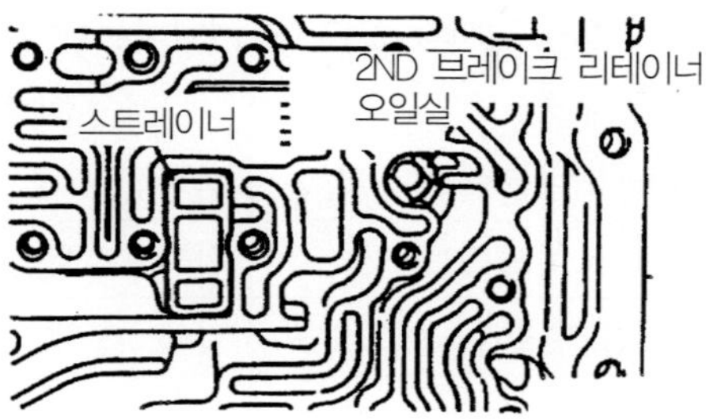

그림 3-248. 스트레이너, 2ND 브레이크 리테이너, 오일실 설치

⑮ 솔레노이드밸브 하니스를 끼운 후 스냅링을 커넥터에 확실하게 끼운다.
⑯ 밸브보디 개스킷 및 스틸볼(2개)을 끼운다.
⑰ 오일 온도센서를 끼운 후 밸브보디 고정볼트(28개)를 조인다.

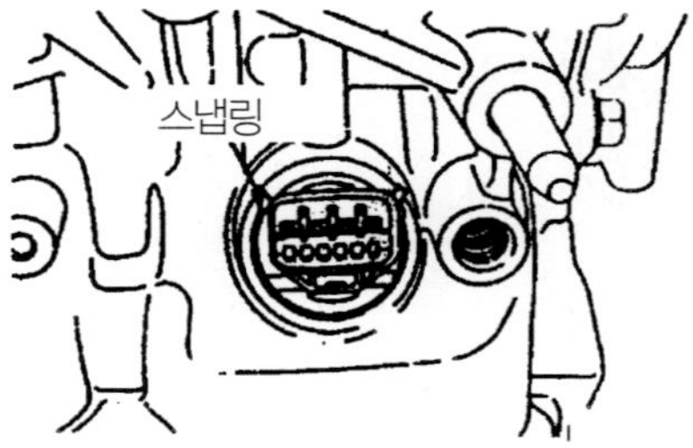

그림 3-249. 스냅링 설치

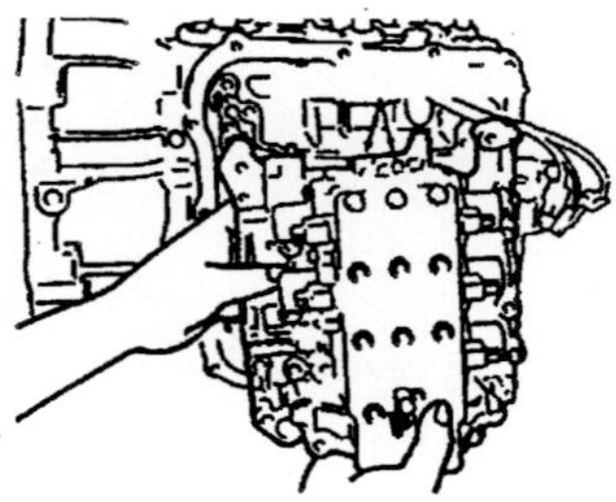

그림 3-250. 밸브보디 개스킷 및 스틸볼(2개) 설치

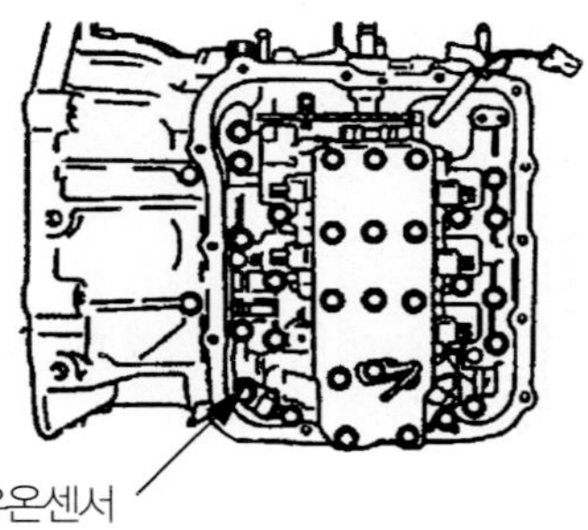

그림 3-251. 오일 온도센서 설치 위치

⑱ 밸브보디에 커넥터를 연결한다.

[커넥터 설치 위치와 전선 및 커넥터 하우징의 색깔]

번호	설치 위치	전선 색깔	커넥터 하우징 색깔
1	오버 드라이브 솔레노이드밸브	적색	검은색
2	언더 드라이브 솔레노이드밸브	흰색, 적색, 적색	검은색
3	로 & 리버스 브레이크 솔레노이드밸브	갈색, 황색	백색
4	2ND 브레이크 솔레노이드밸브	녹색, 적색, 적색	백색
5	리덕션 브레이크 솔레노이드밸브	갈색, 황색, 황색	검은색
6	댐퍼 클러치 조절 솔레노이드밸브	청색, 황색, 황색	검은색
7	오일 온도 센서	검은색, 적색	검은색

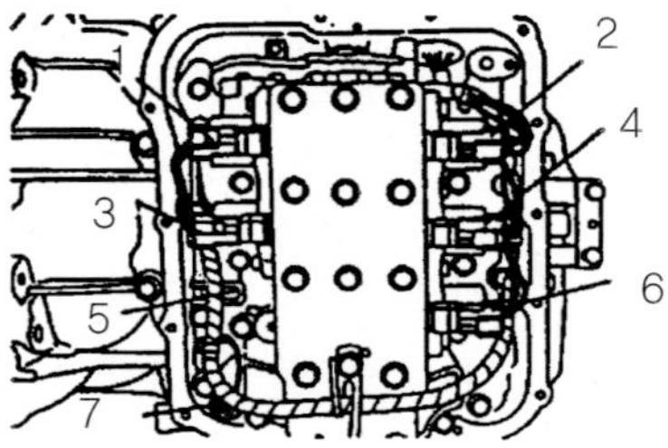

그림 3-252. 커넥터의 위치

⑲ 매뉴얼 제어축 디텐트 스프링 및 디텐트를 설치한다.
⑳ 밸브보디에 액상 개스킷을 2.5mm 굵기로 바른다.

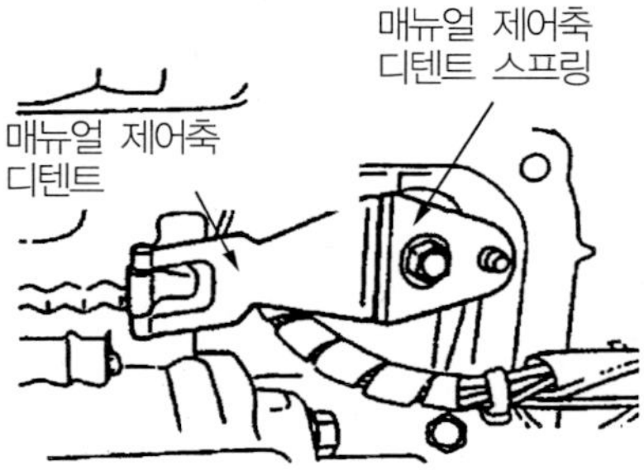

그림 3-253. 매뉴얼 제어축 디텐트 스프링

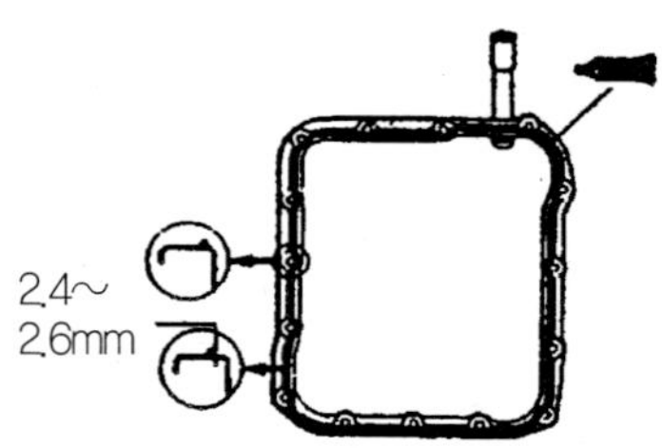

그림 3-254. 액상 개스킷 바르기 및 디텐트 설치

⑪ 밸브보디 커버를 끼운 후 고정볼트를 규정 토크로 조인다.
⑫ 스피드 미터 기어를 설치한다.

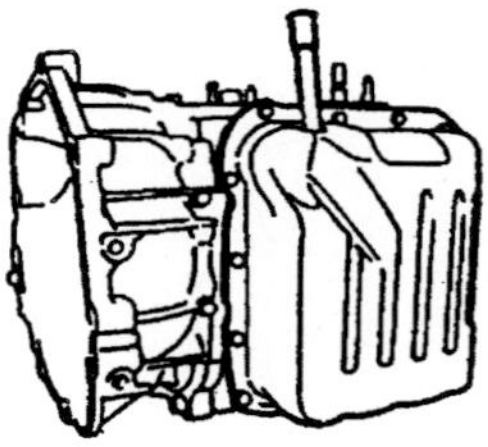

그림 3-255. 밸브보디 커버 설치

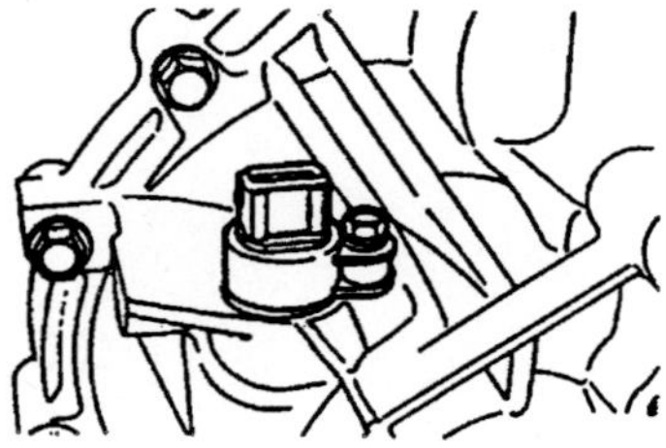

그림 3-256. 스피드미터 기어 설치

⑬ 인히비터 스위치 및 매뉴얼 제어 레버를 설치한다. 인히비터 스위치는 반드시 밸브보디가 끼워졌던 상태로 설치하여야 한다.

그림 3-257. 인히비터 스위치 및 매뉴얼 제어 레버 설치

⑭ 입·출력축 속도 센서를 설치한다.
⑮ 오일 필터의 O-링에 소량의 자동변속기 오일을 바르고 규정 토크로 조인다.

그림 3-258. 입출력축 속도센서 설치

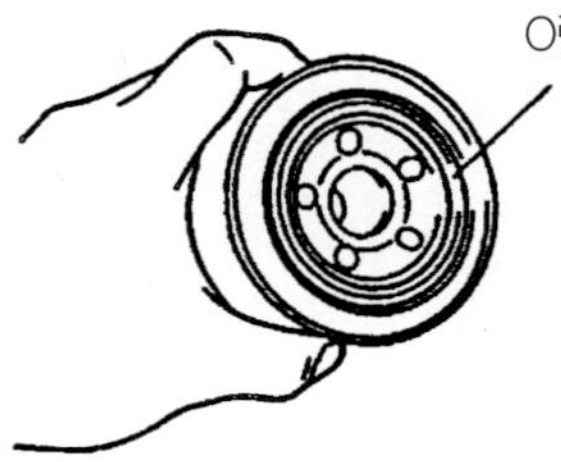

그림 3-259. 오일필터의 O-링 위치

⑯ 아이 볼트, 신품의 개스킷 및 오일 쿨러 공급 튜브를 설치한다.

⑰ 각종 브래킷을 설치한다.

⑱ 토크컨버터를 설치한 후 그림 3-260(A부분)과 같이 참고값(약 12.2mm)까지 확실히 잡아 끼운다. 그리고 토크컨버터 축 부분과 오일펌프 실의 립 부분에 손상이 가지 않도록 자동변속기 오일을 바른 후 끼운다.

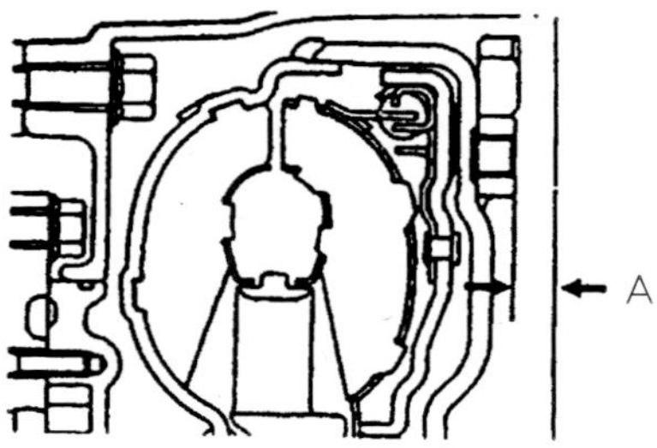

그림 3-260. 토크컨버터 설치

7.8.6. 엔드 플레이 점검 및 조정하기

[1] 엔드 플레이 정비 기준

① 출력축 : 0.01~0.09mm

② 브레이크 반력판 : 0~0.16mm

③ 로 & 리버스 브레이크(F4A42－1) : 1.35~1.81mm

④ 로 & 리버스 브레이크(F4A42－2, F5A51－2) : 1.65~1.81mm

⑤ 2ND(세컨드) 브레이크(F4A42－1) : 0.79~1.25mm

⑥ 2ND(세컨드) 브레이크(F4A42－2, F5A51－2) : 1.09~1.55mm

⑦ 언더 드라이브 선기어 : 0.25~0.45mm

⑧ 입력축 : 0.70~1.20mm

⑨ 차동장치 케이스 : 0.045~0.105mm

⑩ 오버 드라이브 클러치(웨이브 디스크 사용) : 1.6~1.8mm

⑪ 리버스 클러치 : 1.2~1.4mm

⑫ 차동기어와 피니언 백래시 : 0.025~0.150mm

⑬ 다이렉트 클러치 : 1.0~1.2mm

[2] 엔드 플레이 조정방법

(1) 브레이크 반력판(리액션 플레이트)

반력판과 스냅 링을 특수공구에 설치하고 특수공구를 움직여 엔드 플레이를 측정하고 엔드 플레이를 조정하려면 스냅링을 교환한다. 엔드 플레이의 기준값은 0~0.16 mm이다.

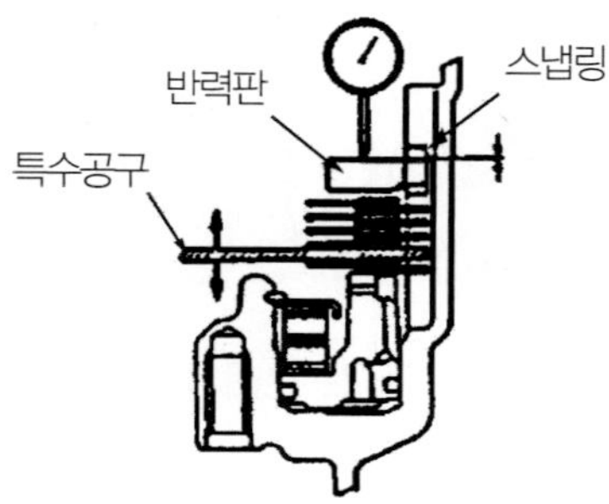

그림 3-261. 브레이크 반력판 엔드 플레이 측정

(2) 2ND(세컨드) 브레이크

2ND 브레이크의 압력판을 특수공구에 설치하고 브레이크 디스크와 브레이크 판을 그림 3-262와 같이 설치한 다음 리턴 스프링, 2ND 브레이크 피스톤 및 스냅링을 설치한다. 엔드 플레이 기준값은 0.71~1.25mm이다.

(a) 조정 (b) 측정

그림 3-262. 2ND브레이크 엔드 플레이 조정 및 측정

(3) 로 & 리버스 브레이크

변속기를 회전시키면서 축의 엔드 플레이를 측정한다. 엔드 플레이 기준값은 1.35~1.81mm이다.

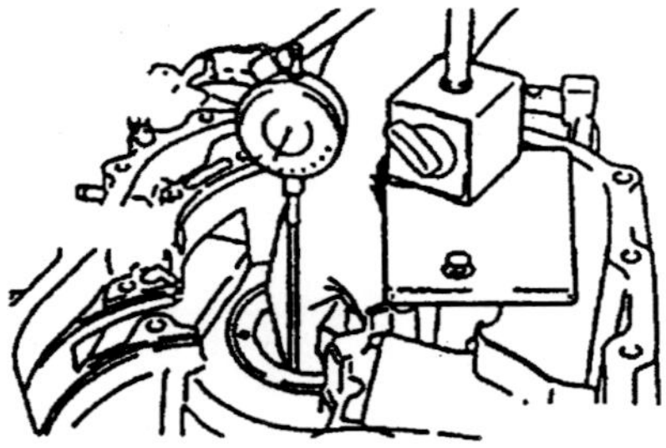

그림 3-263. 로 & 리버스 브레이크 엔드 플레이 측정

(4) 언더 드라이브 선 기어

사용된 스러스트 베어링 레이스(8번)를 조립하고 뒤 커버를 조립한 다음 언더 드라이브 선 기어의 엔드 플레이를 측정한다. 엔드 플레이를 조정하려면 스러스트 베어링 레이스(8번)를 선택하여 교환한다. 엔드 플레이 기준값은 0.25~0.45mm이다. 이때 언더 드라이브 클러치 허브를 조립하면 언더 드라이브 선 기어의 엔드 플레이 측정이 편리하다.

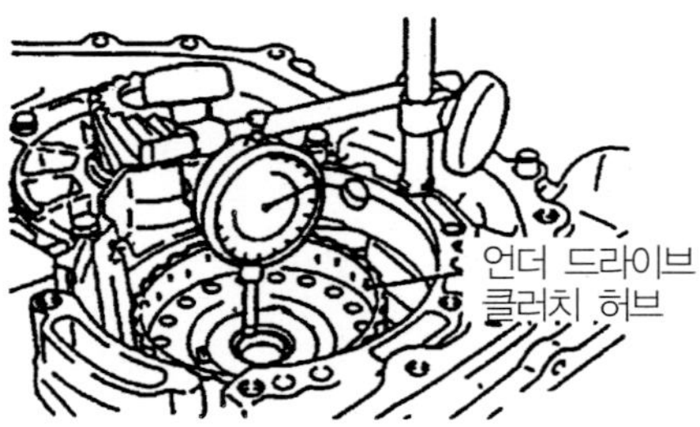

그림 3-264. 언더 드라이브 선 기어 엔드 플레이 측정

(5) 차동장치 케이스의 프리 로드 조정

① 아래 그림과 같이 솔더(길이 10mm, 지름 3mm)를 3곳의 토크컨버터 하우징에 설치한다.

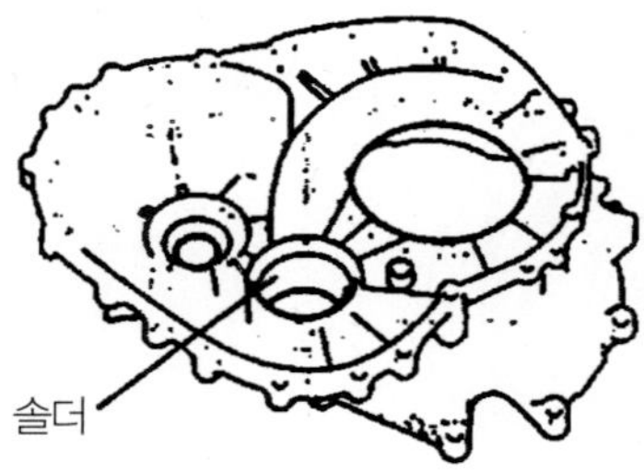

그림 3-265. 솔더 설치 위치

② 토크컨버터 하우징을 변속기 케이스에 실런트를 바르지 않고 조립한 다음 고정 볼트를 규정 토크로 조인다.

③ 볼트를 풀고 솔더를 떼어낸다.

④ 마이크로미터를 이용하여 압축된 솔더의 두께를 측정한다. 솔더 두께의 기준 값 계산식은 다음과 같다.

※ 기준 값 : (T + 0.045)~(T + 0.105)

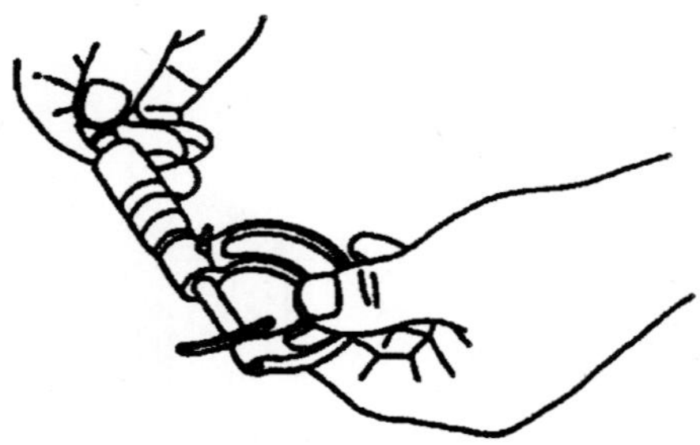

그림 3-266. 솔더 두께 측정

7.8.7. 각 구성부품의 분해·조립

[1] 오일펌프

오일펌프 바깥 둘레에 신품의 O－링을 끼우고 O－링 바깥둘레에 자동변속기 오일, 청색 광유 또는 백색 바세린을 바른다.

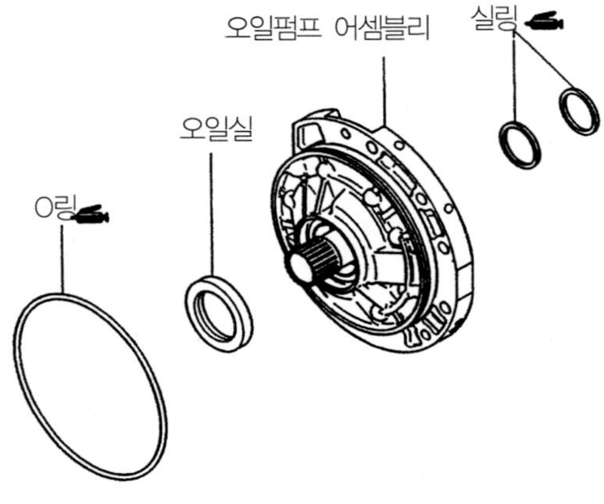

3-267. 오일펌프의 구성부품

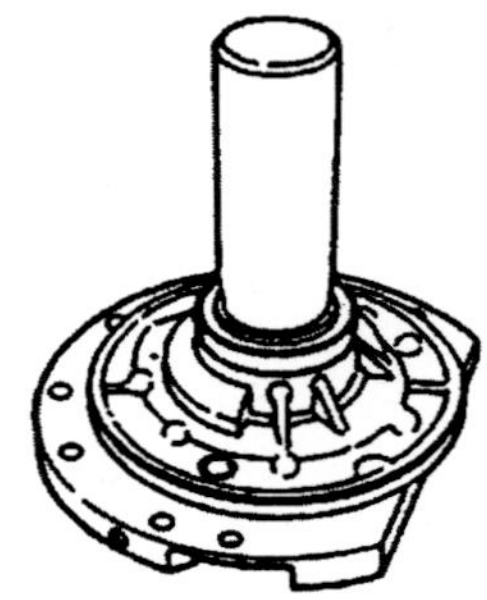

3-268. 오일실 설치

[2] 밸브보디

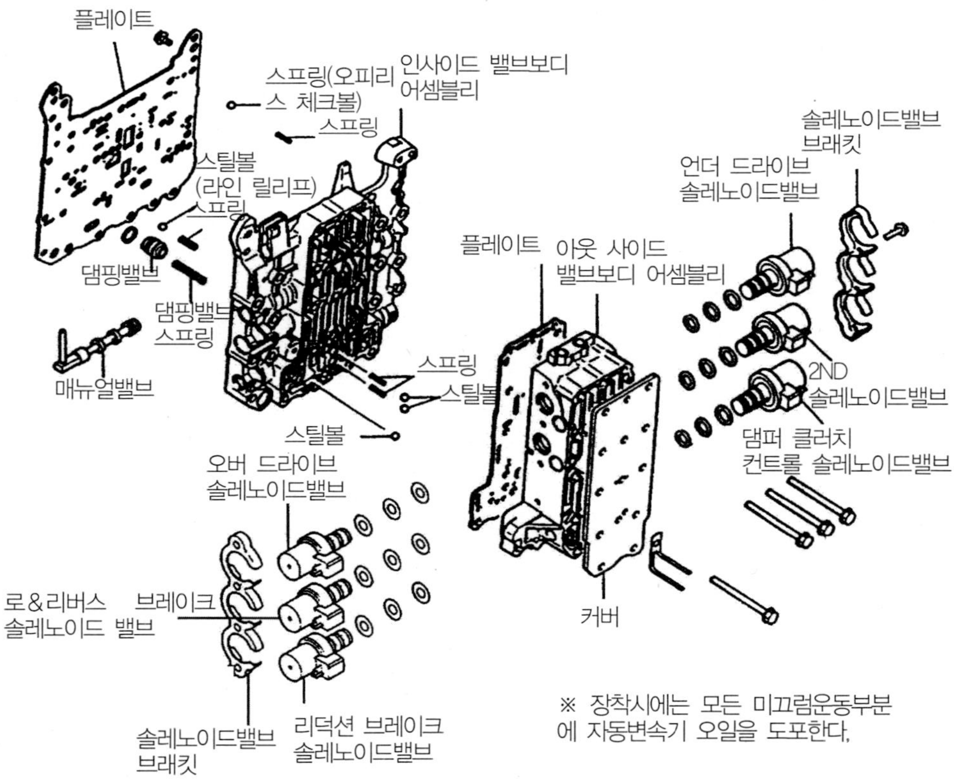

3-269. 밸브보디의 구성부품(1)

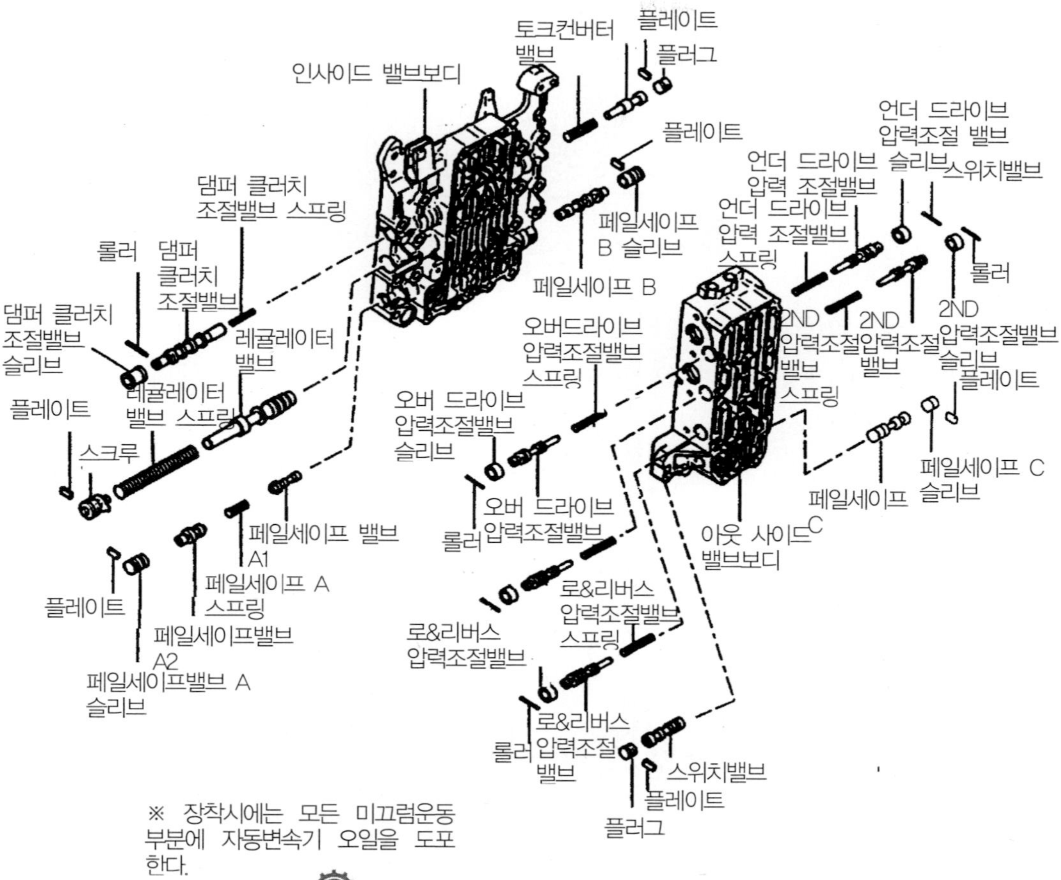

그림 3-270. 밸브보디의 구성부품(2)

(1) 분해

각종 솔레노이드밸브를 떼어낼 때에는 설치부위를 쉽게 알아볼 수 있도록 표시를 해 둔다.

(2) 조립

① 스프링/스틸 볼/댐핑 밸브 스프링을 설치한다.

② 스프링/스틸 볼을 설치한다.

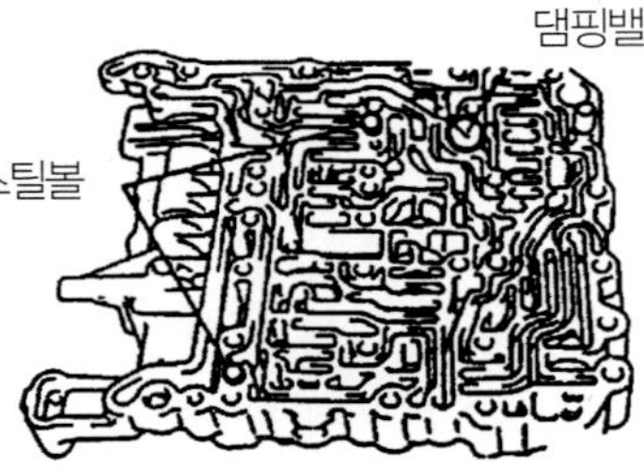

그림 3-271. 스틸볼과 댐핑 밸브의 설치

③ 각종 솔레노이드밸브를 설치한다.

㉮ O－링에 자동변속기 오일 또는 백색 와세린을 바르고 손상되지 않도록 주의하여 조립한다.

㉯ 떼어낼 때 표시한 부분을 제거한 후 설치하도록 한다.

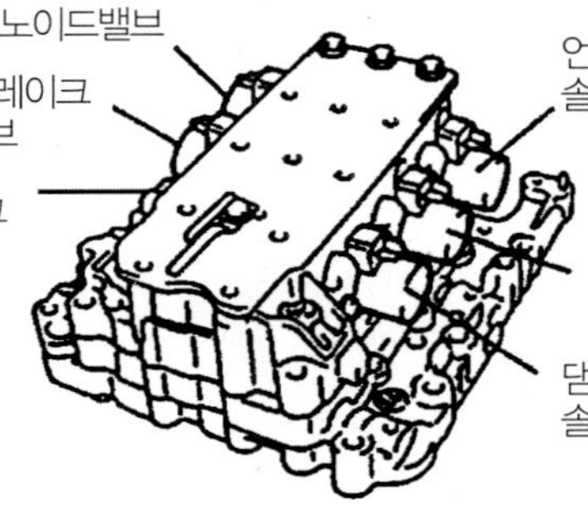

그림 3-272. 각종 솔레노이드밸브의 설치 위치

8 무단변속기(CVT)

8.1. 무단변속기의 개요

무단변속기(CVT : continuously variable transmission)는 연속적으로 변속을 가변(可變)시키는 장치이다. 무단변속기의 최대 장점은 무단으로 변속을 실행하므로 변속기에서 발생할 수 있는 변속 충격방지 및 연료 소비율 향상과 가속성능이 우수한 점이다. 무단변속기의 종류에는 크게 변속방식에 의한 분류와 동력 전달방식에 의한 분류할 수 있으며, 변속방식에는 벨트방식과 익스트로이드 방식으로 나누며 현재는 주로 벨트방식을 사용한다.

3-273. 무단변속기

또한 벨트방식에서도 전동기로 제어하는 건식과 유압으로 제어하는 습식이 있으며, 유압으로 제어하는 습식이 주로 사용된다. 동력전달장치에는 전자 분말방식과 토크컨버터 방식이 있다. 무단변속기는 엔진을 항상 최적 운전상태로 유지할 수 있어 효율이 10~20% 정도 높아진다. 변속모드는 P, R, N, D, Ds, L레인지 등 총 6개의 모드로 구성되어 있으며 자동변속기 주행상태에서 D4, D3, D2, L과는 달리 D레인지는 이코노미 모드(economy mode)이며, Ds는 파워 모드(power mode)이다.

8. 1. 1. 무단변속기의 장점

[1] 가속 성능의 향상

무단변속기는 변속비가 연속적으로 이루어지므로 엔진 회전속도를 일정한 구간으로 유지하여 변속할 수 있기 때문에 운전자의 성향에 따라 필요한 구동력 영역에서 운전을 할 수 있다.

[2] 연료 소비율의 향상

기존의 자동변속기는 댐퍼 클러치 제어영역을 변속기 충격이나 내구성 문제 때문에 댐퍼 클러치 영역에 제한을 두었으나 무단 변속기는 중간에 차단되는 변속이 없으므로 댐퍼 클러치 영역을 기존 자동변속기보다 많은 영역으로 할 수 있다. 그리고 최적의 연료 소비율 곡선에 따라 운전할 수 있어 연료 소비율이 향상된다.

[3] 변속기 충격 감소

변속패턴이 없어 출력축 토크 변동에 의한 차이가 없기 때문에 변속기 충격이 없다.

[4] 무게 감소

기존의 자동변속기에 비해 부품 수요가 적어 무게가 가벼워진다. 무단변속기의 가장 큰 장점은 변속 충격이 없고 원활한 가속에 있다. 이것은 기존의 자동변속기에서 실현이 어려운 충분한 동력 성능과 양호한 연료 소비율 특성에 있다. 무단변속기는 일반 자동변속기와는 달리 주어진 변속패턴에 따라 최대 변속비와 최소 변속비 사이를 연속하여 무한대의 단계로 변속시키므로 서 엔진의 동력을 최대한 이용하여 우수한 동력 성능과 연료 소비율을 향상시키는 있도록 운전 가능한 변속기이다.

8.2. 무단변속기의 성능 향상장치

기존의 자동변속기에 비해 무단변속기는 무단으로 변속비를 제어할 수 있기 때문에 연료 소비율 향상과 동력성능을 향상시킨다.

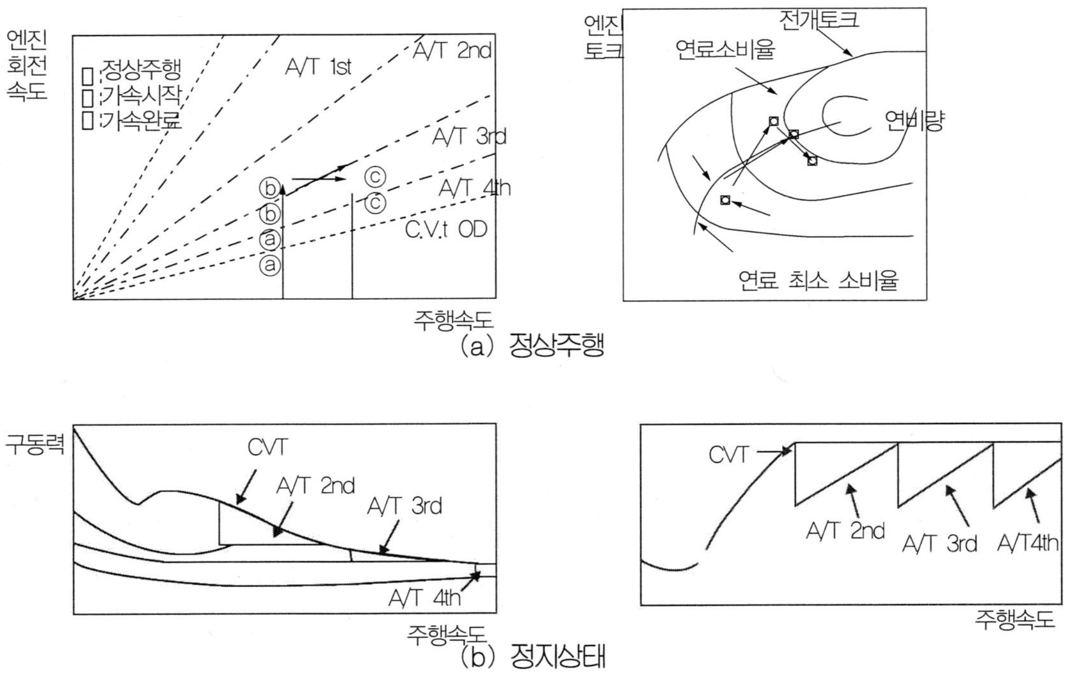

그림 3-274. 가속 주행했을 경우

[1] 연료 소비율 향상

최적 상태의 연료 소비율 곡선에 근접하여 운전이 가능하므로 연료 소비율을 낮출 수 있다.

[2] 동력 성능 향상

높은 구동력이 요구되는 경우 최고 출력곡선 부근에서 운전을 할 수 있어 동력 성능이 향상된다.

8.3. 무단변속기의 구성별 분류

8. 3. 1. 동력 전달방식에 의한 분류

동력 전달방식에 의한 무단변속기의 종류에는 토크컨버터방식과 전자 분말방식이 있다.

[1] 토크컨버터 방식

토크컨버터방식에서 사용하는 무단변속기의 토크컨버터는 기존의 자동변속기에서 사용하는 토크컨버터와 동일하다. 그러나 무단변속기 특성상 댐퍼 클러치 제어 영역을 자동변속기에 비해 작동 영역을 크게 할 수 있어 연료 소비율 개선에 큰 효과를 볼 수 있다.

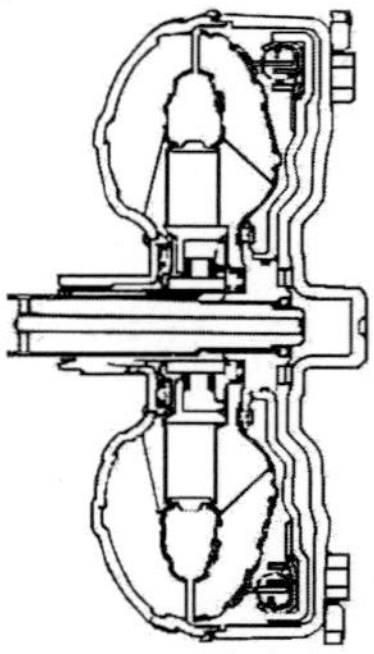

(a)

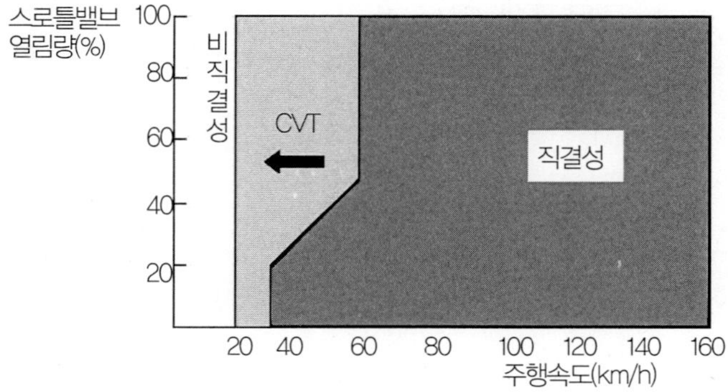

(b)

그림 3-275. 댐퍼클러치 작동영역

[2] 전자 분말방식

전자 분말방식(electronic powder type)은 기존의 동력 전달방식과는 달리 전자 분말을 밀폐된 공간에 넣고 외부. 즉, 구동축 쪽에 솔레노이드를 설치하고(엔진과 함께 회전함) 내부쪽에 변속기 입력축을 설치하여 솔레노이드에 전원을 가하면 전자 분말이 작용하여 내부와 외부를 연결한다. 즉 엔진의 동력과 변속기 입력축을 연결한다.

그러나 이 방식은 변속기 특성상 구동상태에서도 차량이 정지하고 있어야 되기 때문에 전자 분말클러치 내부에 슬립이 발생하며, 슬립에 의해 열이 많이 발생하는 단점이 있다.

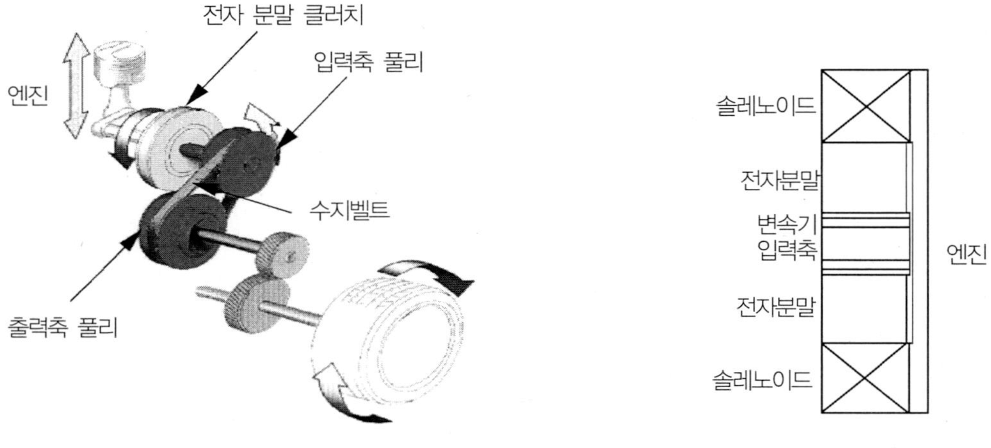

그림 3-276. 전자 분말 클러치

8. 3. 2. 변속방식에 의한 분류

변속방식에 의한 무단변속기의 종류에는 가변 풀리 벨트방식과 고무벨트 방식, 금속벨트 방식, 익스트로이드 방식 등이 있다.

[1] 고무벨트 방식(rubber belt type)

고무벨트는 알루미늄합금 블록의 측면 즉, 변속기 풀리와의 접촉면이 내열 수지로 성형되어 있다. 이렇게 제작된 고무벨트는 높은 마찰계수를 유지하는 효과를 얻을 수 있고 벨트를 누르는 힘인 추력(推力)을 작게 할 수 있다. 이 고무벨트 방식은 주로 2륜 자동차 등과 같은 배기량이 작은 차량에서 주로 사용된다.

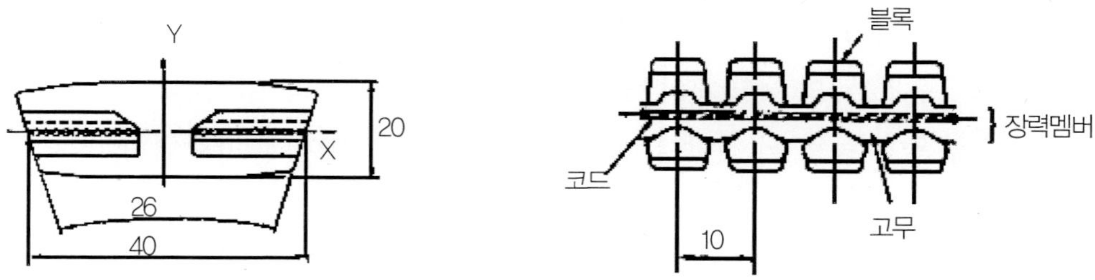

(a) 고무벨트의 구조

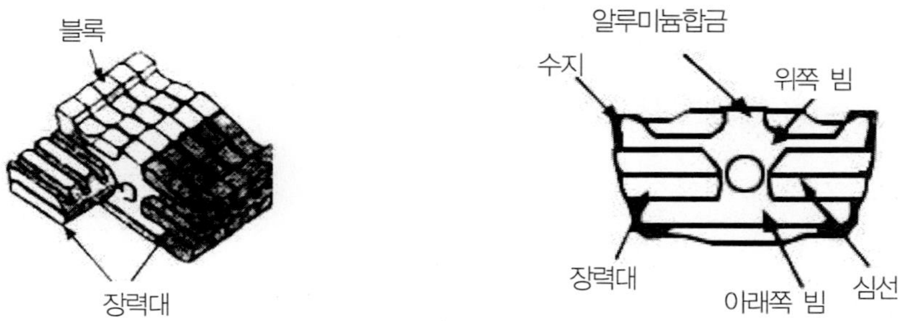

(b) 구성부품

그림 3-277. 고무벨트 방식의 구성부품

고무벨트 방식은 알루미늄합금 블록에 내열 수지가 있어 변속제어 즉, 풀리 가변이 직류전동기로 실행될 수밖에 없는 이유가 된다. 높은 마찰계수는 무단변속기 전체의 높은 전달효율과도 밀접한 관계가 있다. 그 결과 연료 소비율은 자동변속기 보다 향상되어 수동변속기와 동등한 성능이 확보된다. 그러나 고무벨트 방식은 배기량이 큰 차량에서는 슬립과 내구 성능에 결점을 보인다.

[2] 금속벨트 방식(metal belt type)

금속벨트 방식은 네덜란드 van doorene 회사가 개발한 것이며, 두께 0.2mm의 금속밴드를 12장씩 겹친 밴드사이에 끼워 넣은 상태의 금속 V－벨트이며 특이한 점은 고무벨트는 인장력으로 동력을 전달하지만 금속벨트방식은 금속블록사이의 압축력에 의해서도 동력을 전달한다.

즉, 고무벨트 방식은 벨트풀리가 회전하면 인장력에 의해 회전하지만 금속벨트 방식은 당기는 힘(인장력)과 금속블록에 의해 미는 힘도 동력을 전달한다.

금속벨트의 구조는 약 450개의 금속블록과 12매 묶음의 금속밴드 2개로 구성되어 있으며 금속블록이 동력을 전달할 때 풀리의 경사면 사이에 마찰력이 필요하게 되고 다음과 같이 작용한다.

그림 3-278(b)에서 나타낸 것과 같이 2차 풀리에 유압이 작용하여 블록을 누른다. 이때 블록은 왼쪽으로 밀려 확장되고 금속벨트는 완강히 버티게 되며, 이때 금속벨트에서는 장력이 발생한다. 이 마찰력에 의해 1차 풀리의 블록과 풀리 사이에 마찰력이 발생하며, 즉 압축에 의한 동력전달을 실행하는 금속블록과 이것에 필요한 마찰력을 유지하는 금속밴드가 역할을 분담하고 있다. 이로 인하여 금속밴드의 장력은 전체로 분산되어 받고 또한 응력 변동도 작아서 내구 성능이 우수하다.

(a) 금속벨트의 구조

(b) 동력 전달

그림 3-278. 금속벨트 방식의 구조 및 동력전달

[3] 익스트로이드 방식

익스트로이드 방식의 작동원리는 입력축과 출력축 원판에 하중을 작용시키고 롤러가 회전함에 따라 접촉 반지름이 변화하여 이것의 반지름 비율에 의해 변속이 된다.

익스트로이드 방식은 구동원리상 뒷바퀴 구동차량에 사용할 수 있는 구조를 지녔으며 현재 뒷바퀴 구동차량에 설치되고 있다. 그리고 익스트로이드 방식은 넓은 변속 범위와 높은 효율성, 정숙성을 지닌 장점이 있으나 큰 출력 및 토크의 높은 강성을 요구하며, 변속기의 무게가 커지고 또는 슬립방지를 위해 특수 오일을 사용하여야 하는 결점이 있다.

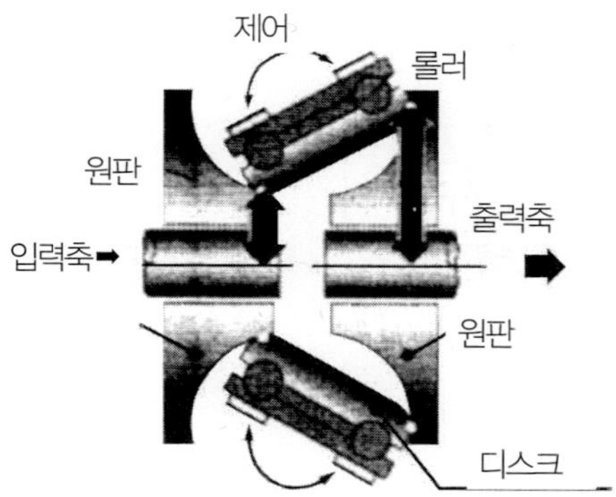

(a)

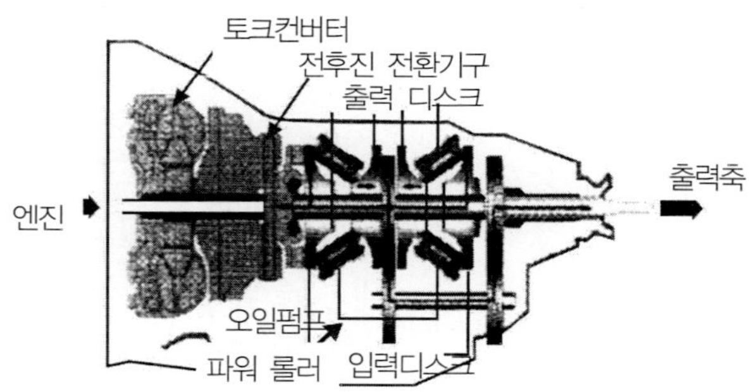

(b)

그림 3-279. 익스트로이드 방식

8.4. 무단변속기의 구성요소와 작동

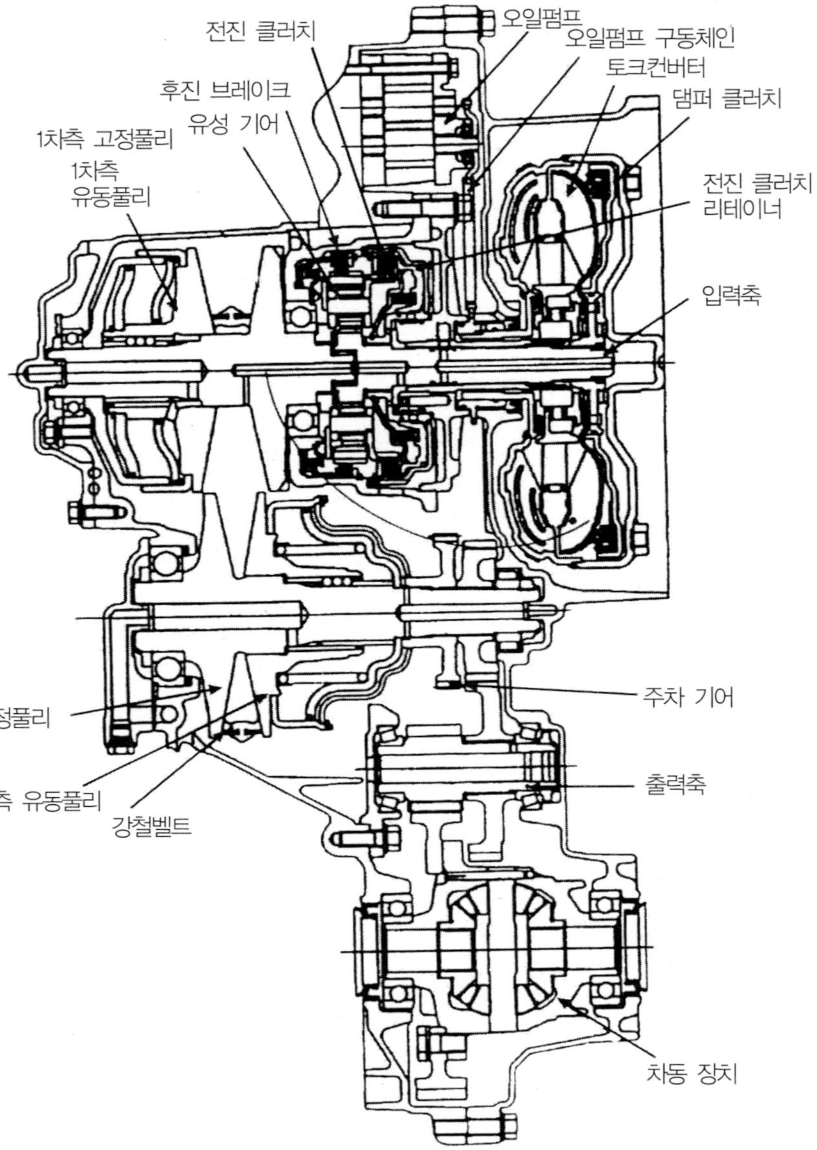

그림 3-280. 무단변속기의 전체 구성도

8.4.1. 토크컨버터

무단변속기용 토크컨버터는 기존의 자동변속기의 토크컨버터의 주요부품을 공용화하였기 때문에 비용이 적게 들며, 댐퍼 클러치를 갖추고 있다. 무단변속기용 토크컨버터의 특징은 댐퍼 클러치의 강성화와 정숙성 확보, 댐퍼 클러치 작동영역 확대로 낮은 연료 소비율과 출발 성능을 향상시켰다.

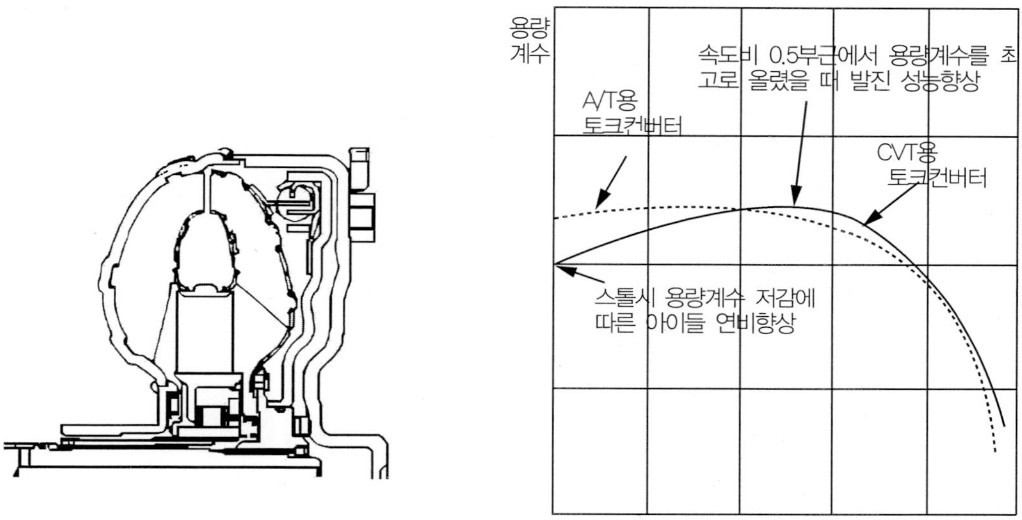

(a) 단면도 (b) 속도비

그림 3-281. 토크컨버터 성능의 최적화

8.4.2. 오일펌프

무단변속기용 오일펌프는 작동원리상 풀리에서 금속벨트가 한번 슬립이 일어날 경우 내구성능에 치명적인 영향을 준다. 따라서 슬립이 일어나지 않도록 하기 위해 풀리의 제어 압력이 기존의 자동변속기 제어 압력보다 더욱 큰 압력이 요구된다.

그러나 오일펌프로는 높은 압력을 만들어내는 데는 어려움이 있으므로 무단변속기용 오일펌프는 외접 기어 펌프를 사용하고 있다. 그러나 외접 기어 오일펌프는 토출 압력이 높기 때문에 부품들은 높은 정밀도로 가공되어 있으므로 취급에 주의하여야 한다. 또 오일펌프는 스프로킷을 이용한 체인 구동방식을 사용한다. 아래 그래프는 자동변속기용 오일펌프보다 무단 변속기용 오일펌프의 고효율 성능에 대한 것이다.

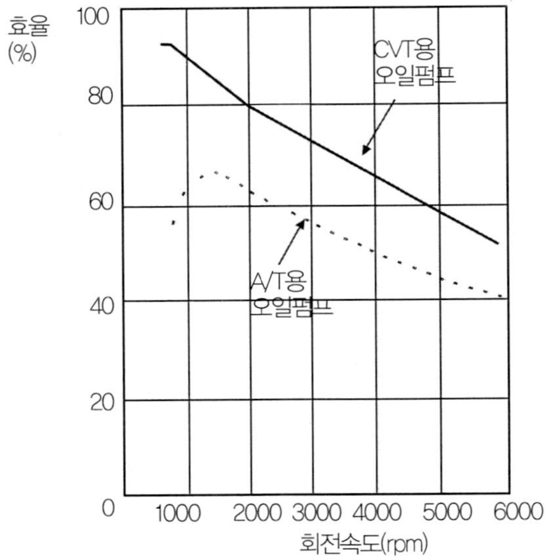

(a)오일펌프의 고효율화

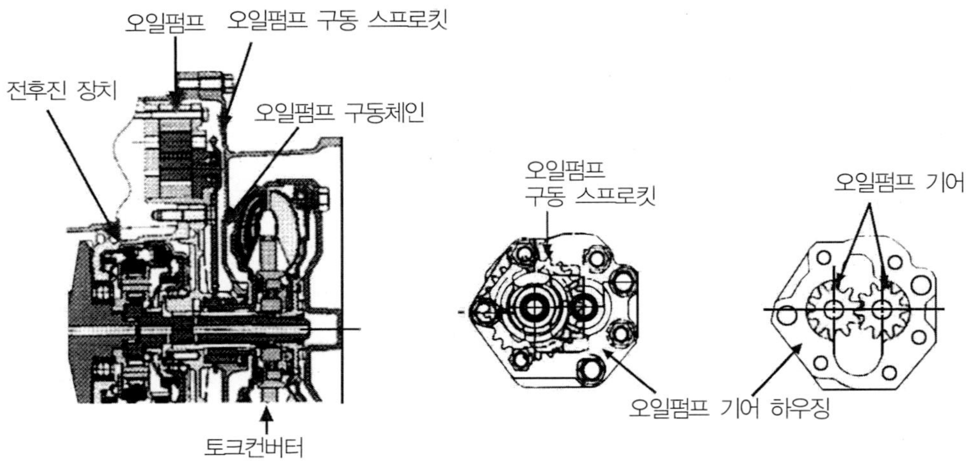

(b) 오일펌프의 구조

그림 3-282. 오일펌프의 구조

8. 4. 3. 무단변속기용 오일

기존의 자동변속기 오일에 비해 내열성능을 향상시켰고, 댐퍼 클러치와 전·후진의 제어 안전성을 향상시켰으며, 벨트와 풀리사이의 마찰계수와 내구 성능에 대해서도 증가시키고 안정성을 지닌다.

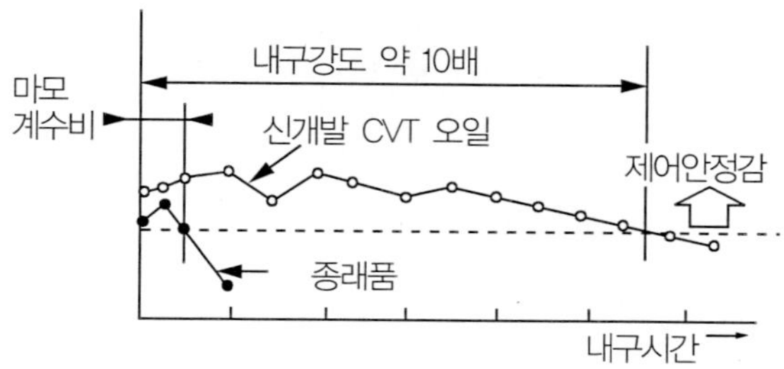

3-283. 클러치 내부의 마찰계수 변화

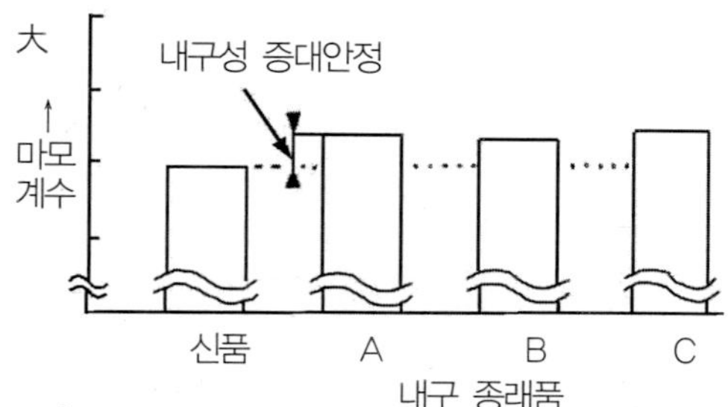

3-284. 벨트풀리 간 마모계수 변화

8. 4. 4. 오일필터

기존의 자동변속기용 오일필터에 비해 높은 밀도의 부직포를 사용하였으며, 오일 흡입구 주위에 자석을 설치하여 오일의 청정도를 향상시키고 벨트 작동의 신속성을 향상시켰다.

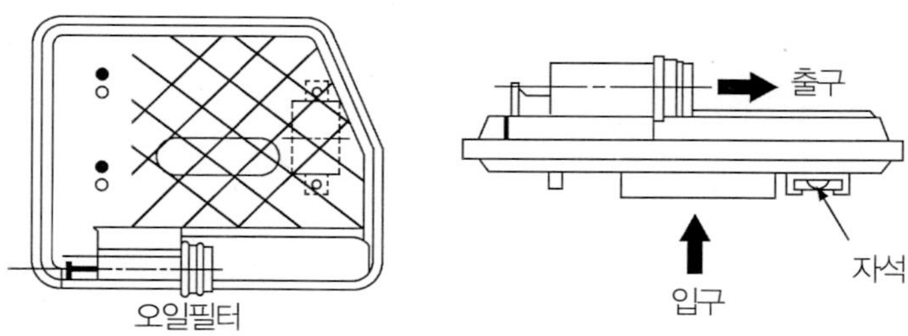

3-285. 오일필터

8. 4. 5. 분리판(separating plate)

무단변속기에는 벨트를 잡기 위해 풀리에 작용하는 유압을 기존 자동변속기에 비해 고압으로 제어되므로 밸브보디 분리판에 발포 고무를 코팅한 개스킷을 사용하여 기밀성능을 높이고 유압 손실을 감소시킨다.

8. 4. 6. 변속기 케이스

내구성, 신속성 및 저속성을 확보하고, 고부하 상태에서 변형에 의한 풀리의 진동을 억제시키기 위해 케이스의 두께 및 리브를 보강하고 있다.

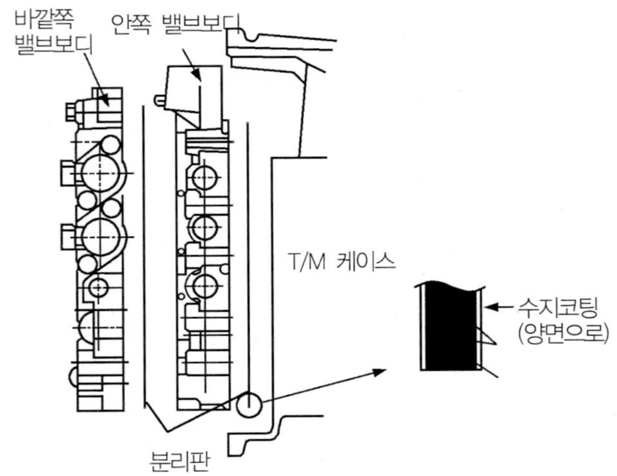

그림 3-286. 분리판

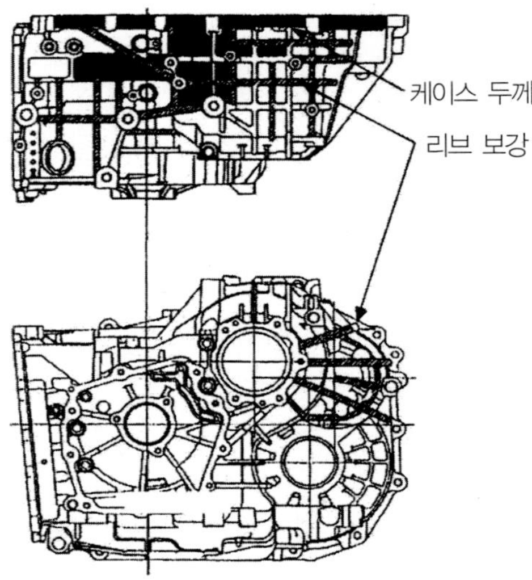

그림 3-287. 변속기케이스의 구조

8. 4. 7. 전•후진장치

무단변속기의 변속은 가변 풀리에 의하므로 별도의 몇 단의 변속장치가 필요 없다. 그러나 무단변속기를 설치한 차량도 후진을 하여야 한다. 이를 위해 전·후진장치를 두고 있다.

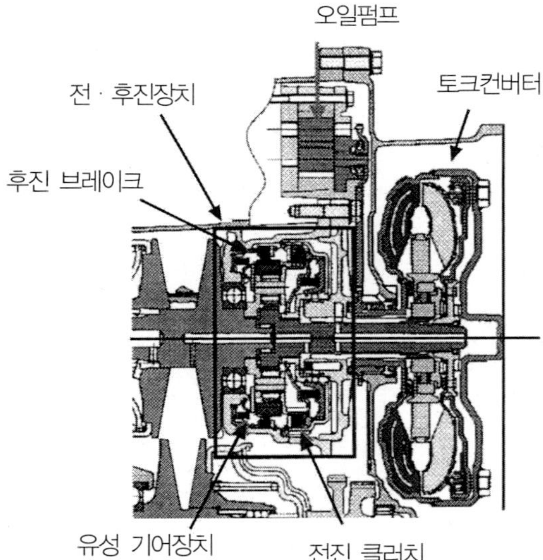

그림 3-288. 전•후진장치의 구조

전·후진장치의 작동은 유성 기어세트로 하며, 유성 기어세트의 구성은 링 기어 유성 캐리어, 선 기어, 더블 피니언 등이며 작동장치에는 전진 클러치, 후진 브레이크로 구성되어 있다. 무단변속기용 유성 기어세트는 회전방향 성능 때문에 더블 피니언을 사용하는 특징이 있다.

[1] P & N레인지일 때

P와 N레인지에서는 전진 클러치와 후진 브레이크는 작동하지 않는다. 이때 입력축에서의 구동력은 1차 풀리로 전달되지 않는다.

[2] 전진에서의 작동

전진을 할 경우에는 전진 클러치가 작동하며 전진 클러치는 입력축에 동력을 유성 기어 세트의 선 기어로 연결되어 엔진이 작동하면 선 기어가 함께 회전한다. 선 기어가 회전하는 상태에서 전진 클러치가 작동하면 전진 클러치는 입력축의 토크를 유성 캐리어로 전달하고, 유성 캐리어는 곧 출력과도 같다.

그러므로 전진을 할 때에는 유성 기어 세트의 기어비 없이 입력축과 직결되어 출력(1차 풀리)쪽으로 동력을 전달한다. 전진할 때 동력전달 경로는 엔진 → 토크컨버터 → 입력축 → 전진 클러치 → 유성 캐리어 → 출력(1차 풀리)이다.

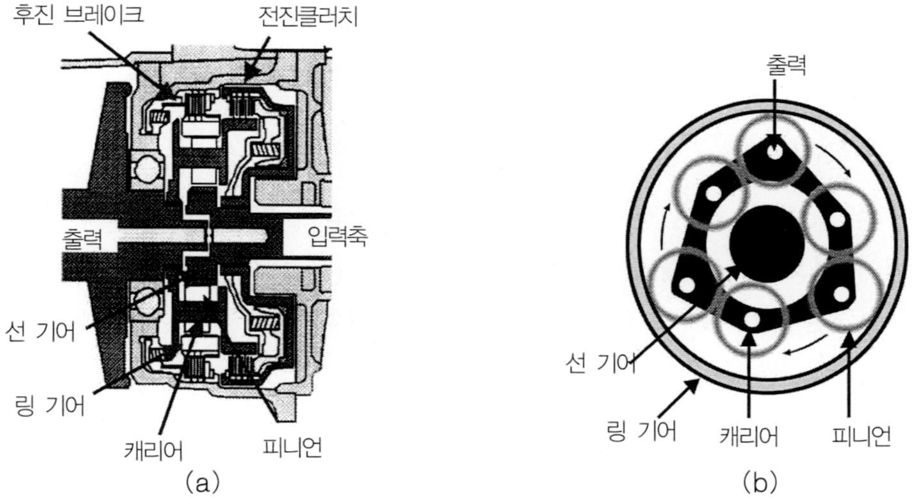

그림 3-289. 전진에서의 작동

[3] 후진에서의 작동

후진에서는 후진 브레이크가 작동되어 유성 기어세트의 링 기어를 고정한다. 링 기어가 고정된 상태에서 입력축과 연결된 선 기어는 회전하게 되고 선 기어의 회전은 피니언을 회전하게 되는데 피니언이 2중으로 설치되어 있으므로 선 기어와 접속하는 피니언은 역회전하게 된다. 역회전하는 피니언은 링 기어와 접속하는 피니언에 전달하므로 정 회전을 하게 되는데 이때 링 기어가 고정되어 있으므로 유성 캐리어가 역회전하게 되어 후진을 한다. 동력 전달 경로는 엔진 → 토크컨버터 → 입력축 → 선 기어 → 피니언 → 피니언 → 유성 캐리어 → 출력(1차 풀리)이다.

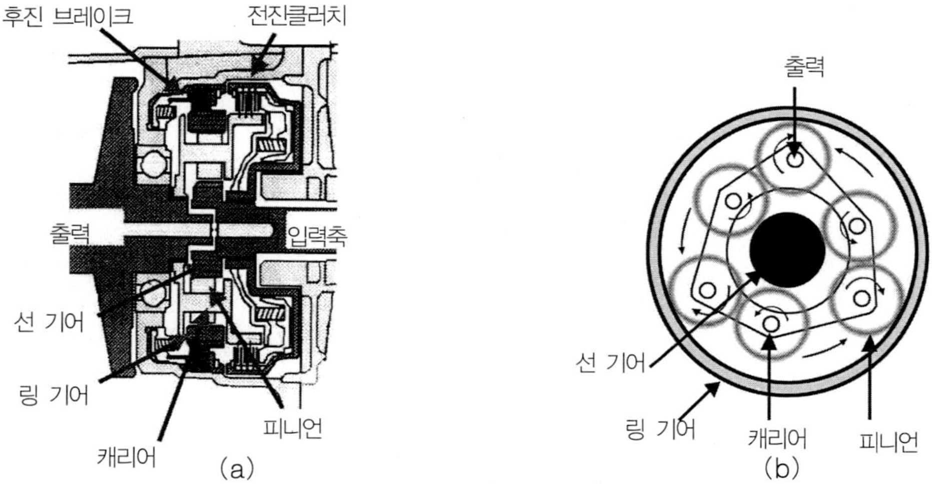

그림 3-290. 후진에서의 작동

8.4.8. 가변 풀리

무단변속기의 원리는 가변 풀리의 원리이다. 즉 지름이 다른 풀리 2개가 벨트를 통하여 연결되어 있으며, 각 풀리는 벨트가 설치되어 지름을 변경할 수 있도록 되어 있다. 풀리의 변경은 그림 3-291에서 보는 것과 같이 1차 풀리 피스톤과 2차 풀리 피스톤에 의한다.

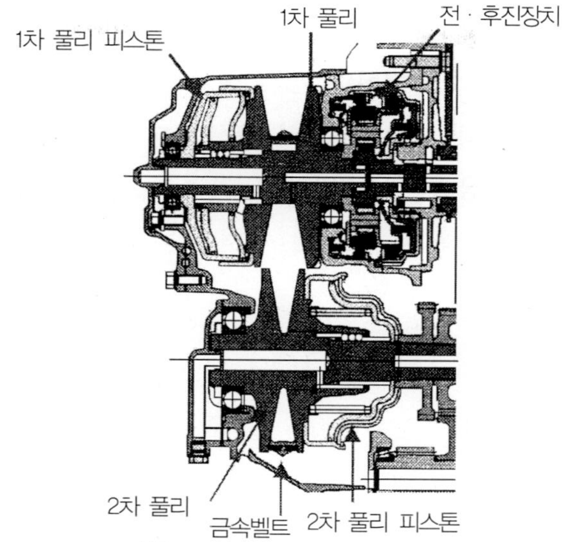

그림 3-291. 가변풀리의 구조

[1] 저속에서의 작동

그림 3-292는 저속 및 출발할 때이다. 저속 및 출발할 때 1차 풀리는 최대한 벌어져 금속 벨트가 제일 안쪽으로 들어가게 되어 1차 풀리 축의 중심에서 반지름이 가장 작아지고, 이때 2차 풀리는 최대한 좁혀져 금속벨트가 가장 밖으로 가게 되어 2차 풀리 중심에서 반지름이 가장 커진다. 이것은 수동변속기에서 작은 기어가 큰 기어를 구동하는 원리와 같다.

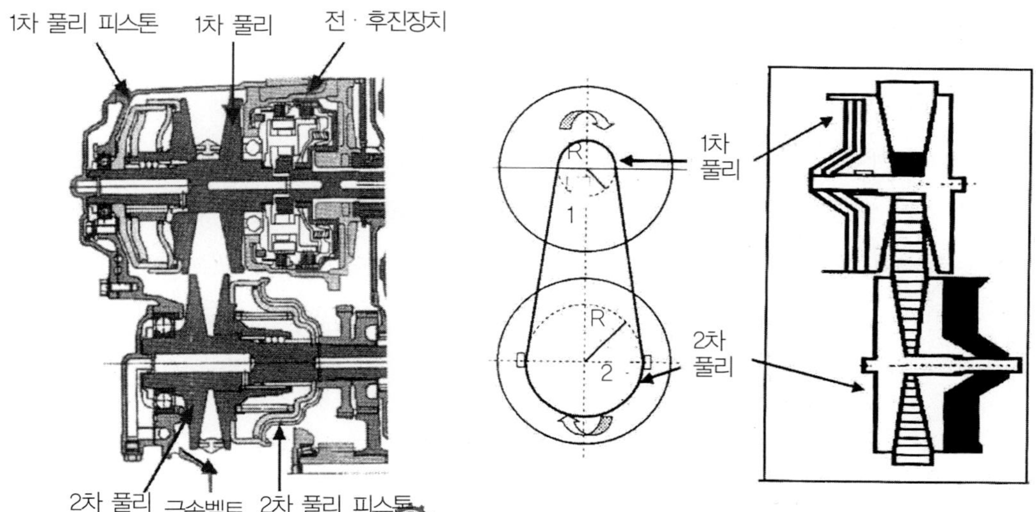

그림 3-292. 저속에서의 작동

[2] 고속에서의 작동

그림 3-293은 고속에서의 작동도이다. 고속에서는 1차 풀리는 최대한 좁혀져 금속 벨트가 가장 밖으로 가도록 되어 1차 풀리의 중심에서 반지름이 가장 크게 되고, 이때 2차 풀리는 최대한 벌어져 금속 벨트가 제일 안쪽으로 들어가게 되어 2차 풀리축의 중심으로 반지름이 가장 작게 된다. 이것은 수동변속기에서 큰 기어가 작은 기어를 구동하는 원리와 같다.

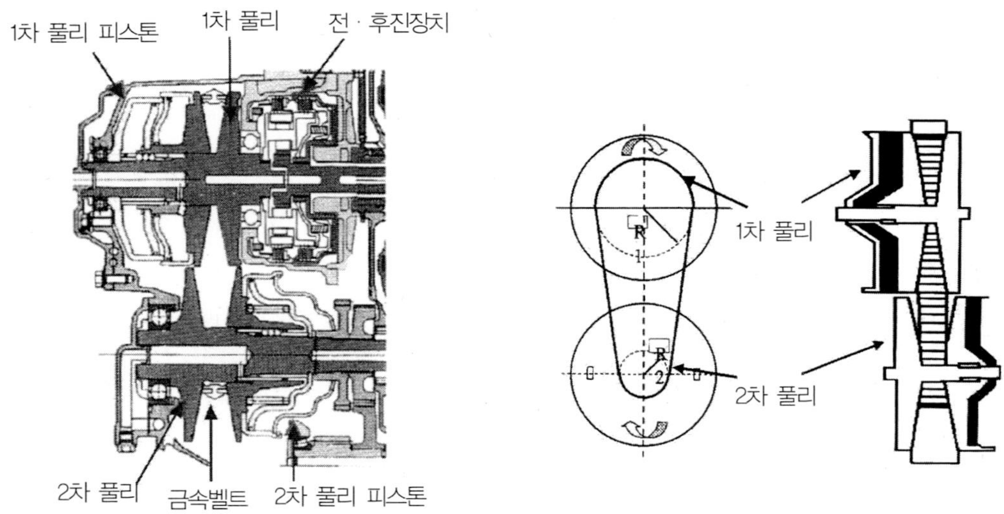

(a) (b)

그림 3-293. 고속에서의 작동

8.4.9. 금속벨트(steel belt)

금속벨트는 두께 0.2mm의 금속밴드를 12장씩 겹친 밴드사이에 블록을 끼워 넣은 상태의 금속 V-벨트이며 고무벨트에 비해 내구성능이 좋다. 또한 기존의 고무벨트 방식은 구동풀리가 회전하면 당기는 힘에 의해 동력을 전달하지만 금속벨트 방식은 구동풀리를 당기는 힘과 블록이 금속밴드 사이에 촘촘히 붙어 있어 블록이 피동축 풀리를 밀어주는 힘도 발생하여 동력을 전달한다.

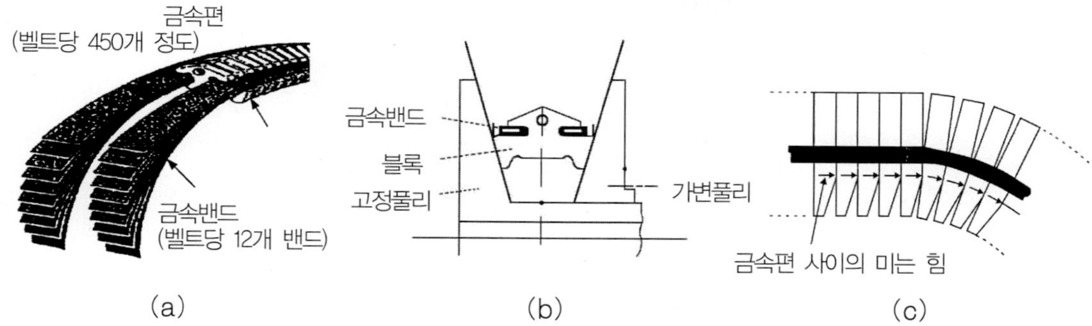

그림 3-294. 금속벨트의 구조

8.5. 무단변속기의 전자제어

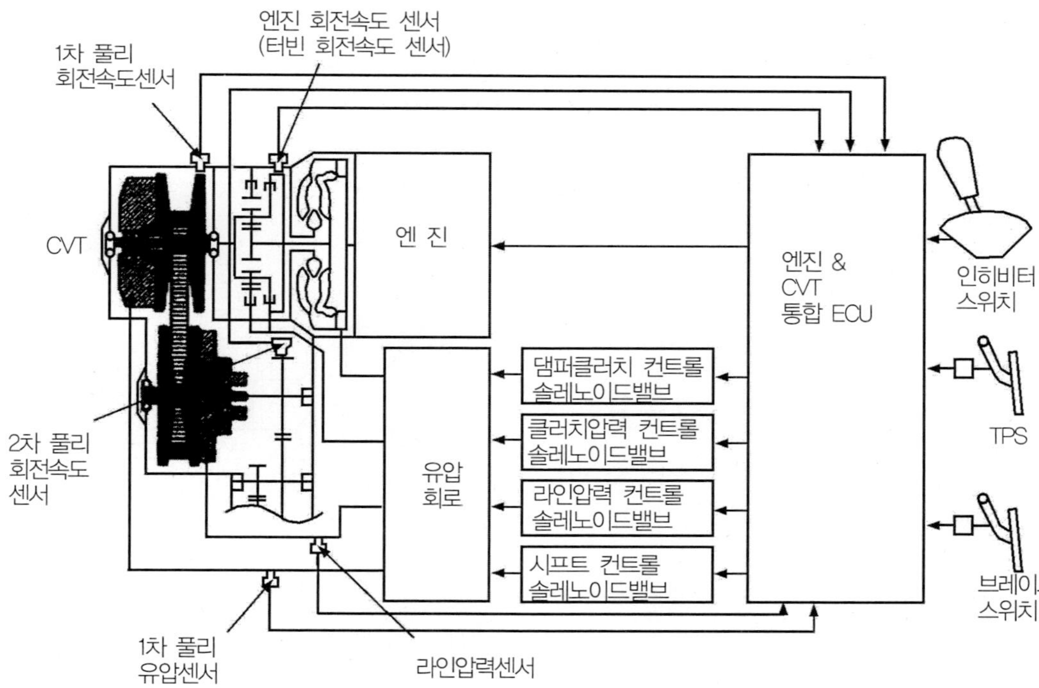

그림 3-295. 전자제어 구성도

8.5.1. 각종 센서의 구성 및 작동원리

[1] 솔레노이드밸브

솔레노이드밸브의 기준 유압을 낮추는 것은 기존의 자동변속기에 비해 소형화하고 비용 절감, 소음저하를 실현하였으며, 소형화에 의해 작동부분의 질량이 가볍게 되므로 작동부분에 작동하는 전자력, 스프링장력도 작게되므로 작동할 때 에너지를 낮게 하고 내구성능도 대폭 향상되었다. 이것에 의해 주행 중에는 항상 작동되는 무단변속기의 솔레노이드밸브는 가혹한 운전조건에서도 문제가 없는 내구성능과 신속 성능을 확보하고 있다.

[2] 오일 온도(유온)센서

변속기 오일의 온도를 서미스터로 검출하여 댐퍼 클러치 작동 및 미 작동 영역을 검출하고 변속할 때 유압제어 정보 등으로 사용한다.

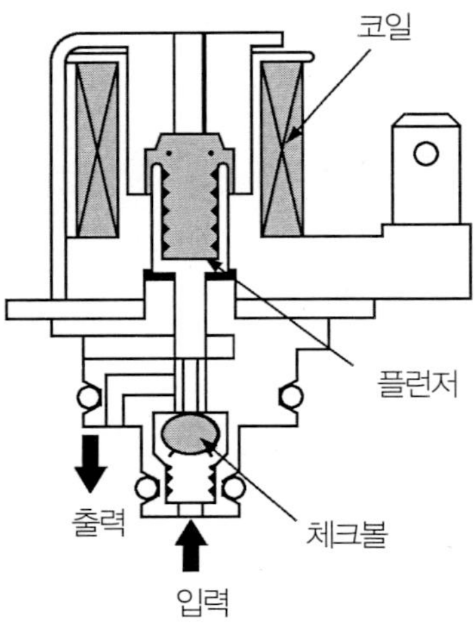

그림 3-296. 솔레노이드밸브의 구조

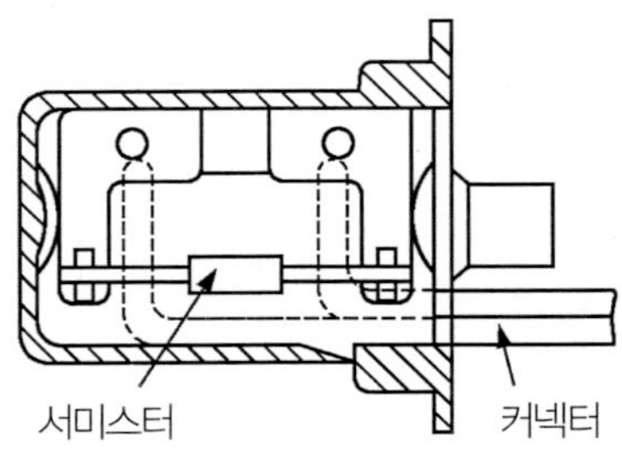

그림 3-297. 오일 온도센서의 구조

[3] 유압센서

무단 변속기의 유압 센서는 라인 압력 또는 1차 풀리쪽 압력 검출용과 2차 풀리쪽 압력 검출용 2개가 설치되며 유압에 따라 전압값이 변화하며 검출 압력의 범위는 0~80kgf/cm^2이고, 입력 범위는 0.5~4.5V이다.

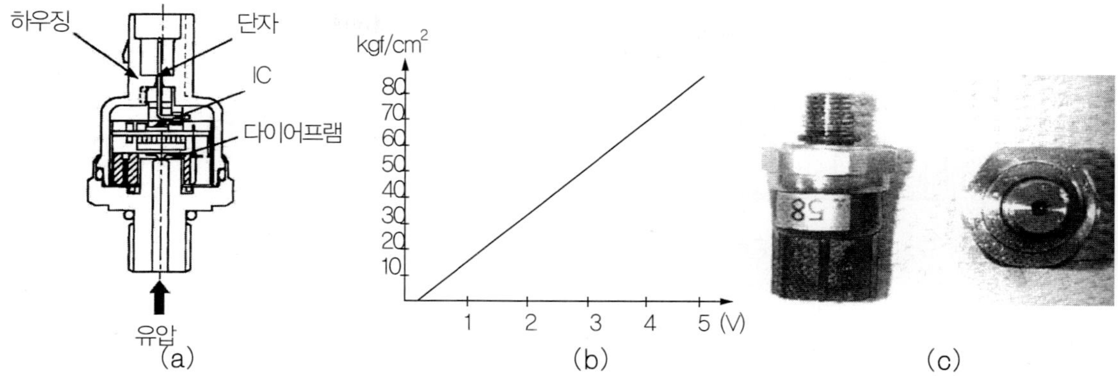

3-298. 유압센서의 구조

[4] 회전속도 센서

회전속도 센서에는 터빈 회전속도 센서, 1차 풀리 회전속도 센서, 2차 풀리 회전속도 등 3가지가 있으며, 1, 2차 풀리 회전속도 센서는 공용화가 가능하다. 회전속도 센서는 홀 센서(hall sensor)형식이다.

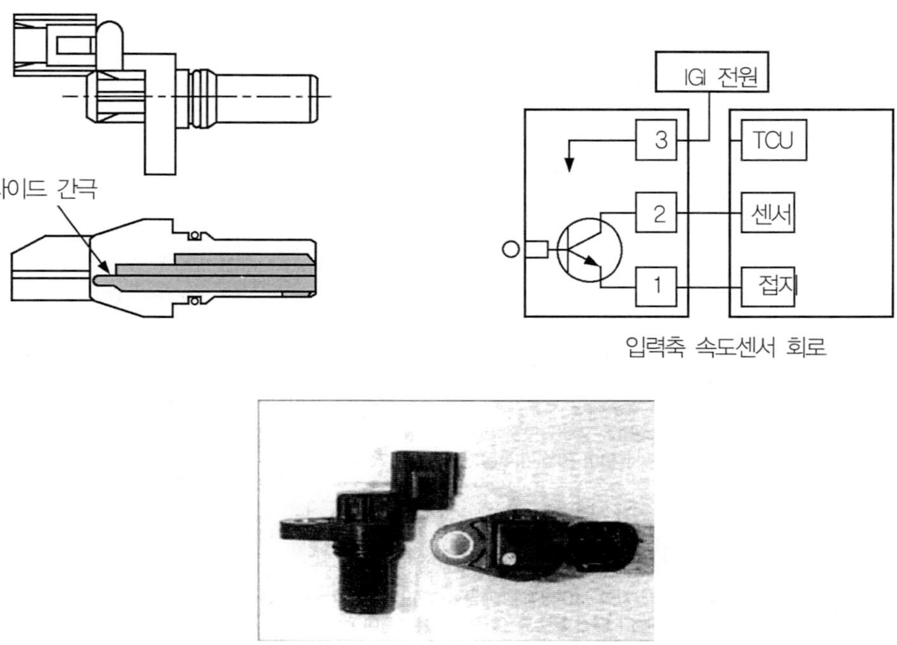

3-299. 회전속도 센서의 구조와 회로

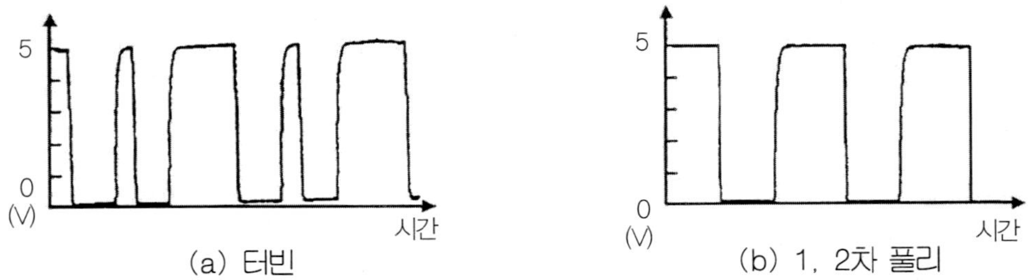

그림 3-300. 회전속도센서 파형

8.5.2. 유압 제어계통

유압 제어장치는 유압을 발생시키는 오일펌프, 컴퓨터(CVT 컨트롤 유닛)의 전기 신호를 받아 유압을 조절하는 솔레노이드밸브, 솔레노이드밸브에서의 제어 압력을 기초로 작동하는 컨트롤밸브 및 라인압력을 일정한 압력으로 조정하는 각종 밸브 그리고 이들을 구성하는 밸브보디 등으로 구성되어 있다.

컴퓨터는 각 센서 정보에서 신호를 받아 4개의 솔레노이드밸브를 구동하고 주행 조건에 대한 제어를 실행한다. 유압 제어에는 라인압력 제어, 변속비 제어, 출발 제어, 수동(스포츠 모드일 경우), 변속제어 등이 있다.

[1] 라인 압력 제어

벨트의 장력 및 마찰력에 의해 토크가 전달되므로 벨트와 풀리 사이에 슬립이 없이 동력을 전달하기 위하여 풀리에 작용하는 유압이 매우 커야 한다. 일반적으로 20~30bar 정도로서 항상 높은 라인압력을 유지하기 위해서는 오일펌프의 구동 토크가 커지므로 효율을 높이기 위해서는 전달되는 토크의 크기에 비례하여 적절한 라인 압력을 조절하여야 한다.

따라서 라인압력 제어장치는 자동변속기보다 훨씬 높은 압력의 조절과 수시로 입력 토크에 대해 라인압력을 신속하고 정확하게 가변 제어를 하여야 할 필요성이 있으므로 2차 풀리에 라인압력을 직접 작용시켜 벨트의 장력 및 마찰력을 확보하는 제어를 하고 있다. 2차 풀리에 라인압력을 작동시키고 이 라인압력의 크기에 의해 전달 토크를 제어하므로 반드시 가변 제어장치를 적용하여야 하며, 또한 금속벨트와 풀리사이의 마찰에 의해 동력이 전달되고 1차 풀리의 위치 변화에 의해 변속비의 제어가 이루어지므로 자동변속기보다 높은 유압과 많은 유량이 필요하다.

[2] 변속비 제어

두 풀리의 반지름 변화에 의해 변속비가 얻어지므로 변속을 하기 위해서는 반드시 풀리가 축방향으로 움직여야 한다. 풀리의 움직임은 풀리에 작용하는 유압에 의해 이루어지는데 비교적 넓은 면적의 풀리 피스톤이 변속기 위치로 신속하게 움직이기 위해서는 매우 큰 순간 유량을 필요로 한다. 변속비 제어는 이와 같이 풀리가 신속히 움직이기 위해 필요 유압과 유량을 제공해 준다.

[3] 출발장치 제어

출발장치로서의 토크컨버터 댐퍼 클러치의 제어 방식은 자동변속기의 경우와 비슷하지만 다만, 토크컨버터 댐퍼 클러치의 속도비가 0.7 정도에서 자동변속기보다 다소 빠르게 이루지는 점이 다르다. 이것은 무단변속기의 변속비가 자동변속기보다 넓기 때문에 댐퍼 클러치를 일찍 작동시켜도 출발 성능에는 문제가 없으며, 오히려 연료 소비율을 조금이라도 향상시키기 위해 토크컨버터를 록업(lock up)시키는 것이 유리하다.

[4] 수동 변속제어(스포츠 모드)

자동변속기의 제어와 거의 비슷하며, 매뉴얼 시프트 컨트롤밸브에 의해 변속 패턴이 결정되고, 오리피스와 어큐뮬레이터에 의해 순수 기계방식에 의거한 제어 방식과 듀티 제어용 솔레노이드밸브의 전자제어와 어큐뮬레이터를 동반한 제어방식이 있다.

[5] 솔레노이드밸브의 기능

① 라인 압력 컨트롤 솔레노이드밸브 : 레귤레이터밸브 작동을 조절하여 2차 풀리로 공급하는 유압을 제어한다.

② 시프트 조절 솔레노이드밸브 : 시프트 조절밸브의 작동을 조절하여 변속비를 제어한다.

③ 클러치 압력 조절 솔레노이드밸브 : 클러치 압력 조절밸브의 작동을 조절하여 전진 클러치 및 후진 브레이크로 보내는 압력을 제어한다.

④ 댐퍼 클러치 조절 솔레노이드밸브 : 댐퍼 클러치 조절밸브의 작동을 조절하여 비직결·슬립 직결·직결을 제어한다.

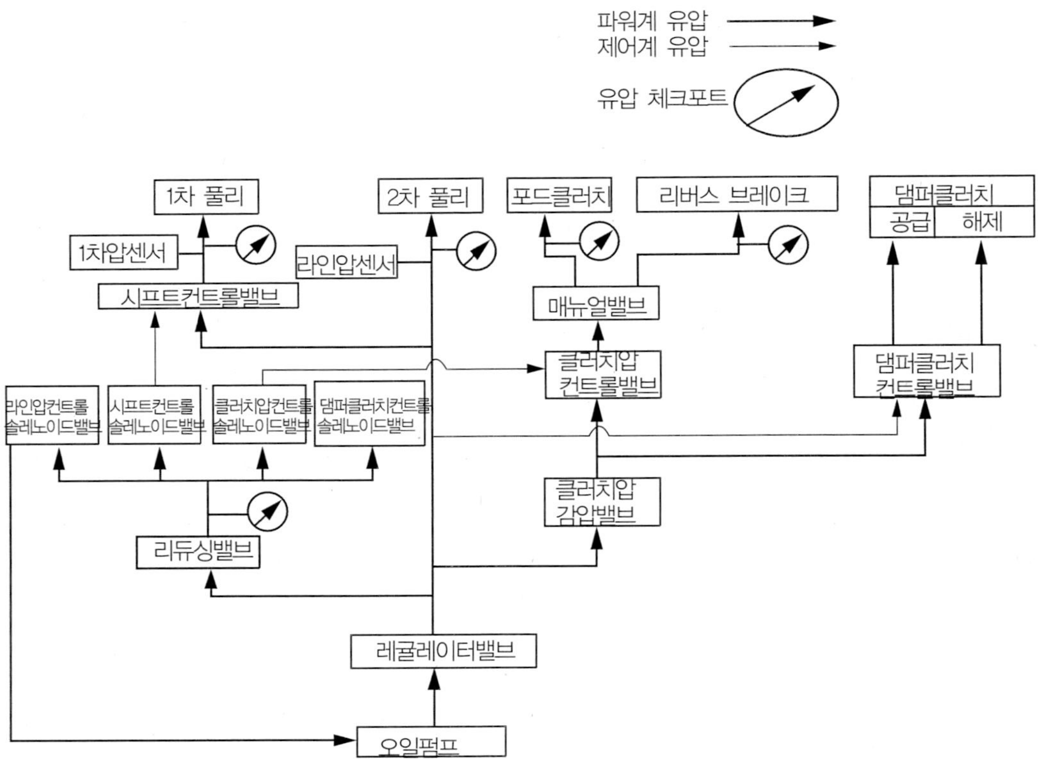

그림 3-301. 유압 제어장치의 구성도

[6] 조절밸브의 기능

① 레귤레이터밸브 : 라인 압력을 주행조건에 따라 적절한 압력으로 조정한다.

② 시프트 조절밸브 : 1차 풀리의 유압을 조정한다.

③ 클러치 압력 조절밸브 : 전진 클러치 및 후진 브레이크의 작동을 조정한다.

④ 댐퍼 클러치 조절밸브 : 댐퍼 클러치의 작동을 조정한다.

8. 5. 3. 엔진•무단변속기

[1] 종합 제어(Ⅰ)

무단변속기에서는 벨트를 통하여 동력을 전달한다. 벨트를 잡는 것은 엔진 토크(입력토크)에 대응하여 풀리에 작동하는 유압을 조정하는 것으로 엔진에서의 총합 제어에 의해 필요한 최소량으로 제어되고, 기계 손실이 감소되도록 한다.

(1) 정확한 엔진 토크 연산

엔진은 정밀한 토크 제어가 가능하다. 그 정확한 토크 정보를 이용하여 벨트를 잡아주는 힘을 최소로 억제하고 유압을 필요 최소량으로 한다.

(2) 높은 응답 제어

벨트를 잡아주는 힘은 응답성에 대한 여유를 고려하지만 무단 변속기는 대용량의 컴퓨터로 제어하므로 엔진 제어와 무단 변속기 제어 사이의 통신 지연을 배제하고, 높은 점도에서 응답성이 우수한 유압 센서를 부착하여 그 여유를 최소화한다.

(3) 엔진의 운전 영역

엔진에서 낮은 회전 영역에서의 개선효과가 크다. 변속비를 단계가 없이 제어하는 무단 변속기와 엔진의 조합에 의해 연료 소비량이 낮은 회전 영역에도 운전 속도를 높이고, 낮은 연료 소비율을 실현한다.

[2] 총합 제어(Ⅱ)

기존의 자동변속기용 INVECS(intelligence vehicle control system)－Ⅱ를 기본으로 하여 무단변속기의 무단변속 특성에 따라 INVECS－Ⅱ보다 진화된 INVECS－Ⅲ를 사용하고 있다.

(1) 내리막길 제어

여러 가지 주행조건에 의한 엔진 브레이크를 얻을 수 있도록 변속비를 제어할 수 있다. 이 제어는 현재 주행 조건을 기본으로 가속 페달 또는 브레이크 페달 조작량에 의해서 엔진 브레이크의 과부족을 판정하고 학습 보정 제어를 실시한다.

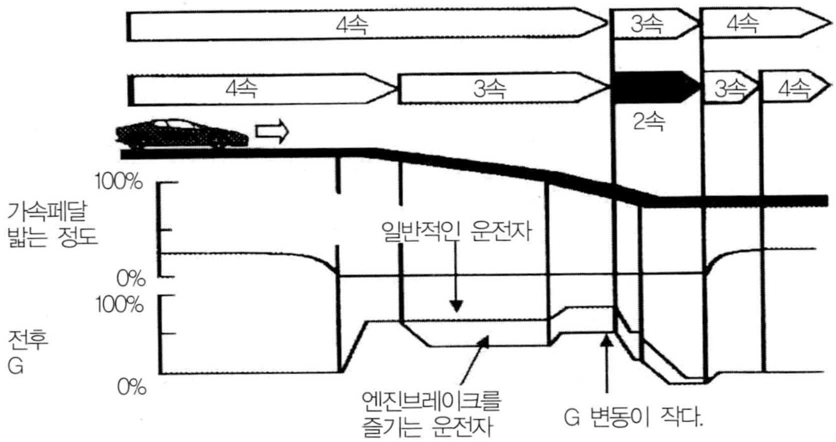

그림 3-302. INVECS－II(기존 자동변속기)

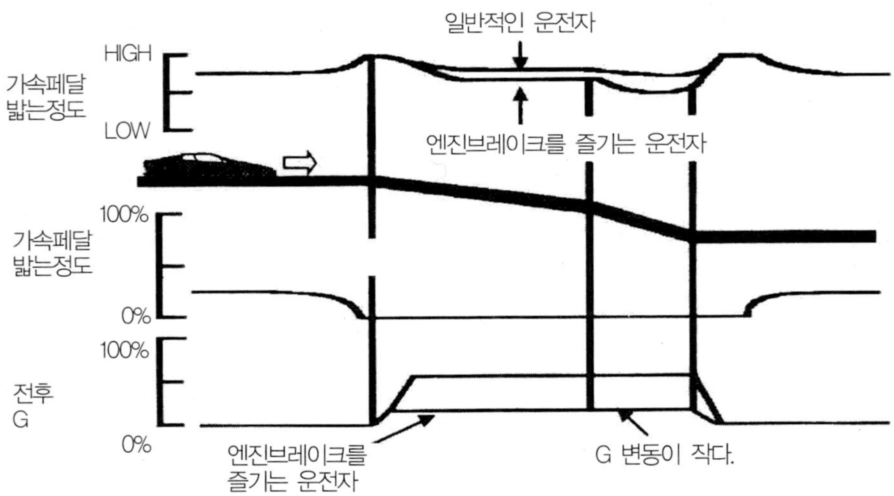

그림 3-303. INVECS－III(무단변속기)

(2) 오르막길 제어

오르막길을 주행할 때 리프트 풋(lift foot)에 따른 불필요한 업 시프트(up shift)를 방지하고 다시 가속할 때 구동력 확보를 위해 도로 조건에 따라서 목표 1차 풀리 회전속도를 증대하여 엔진 회전속도가 저하되는 것을 방지한다. 따라서 운전조건을 판정하고 적절한 운전조건을 제어하는 것은 1차 풀리 회전속도 증대량을 크게 하고 있다.

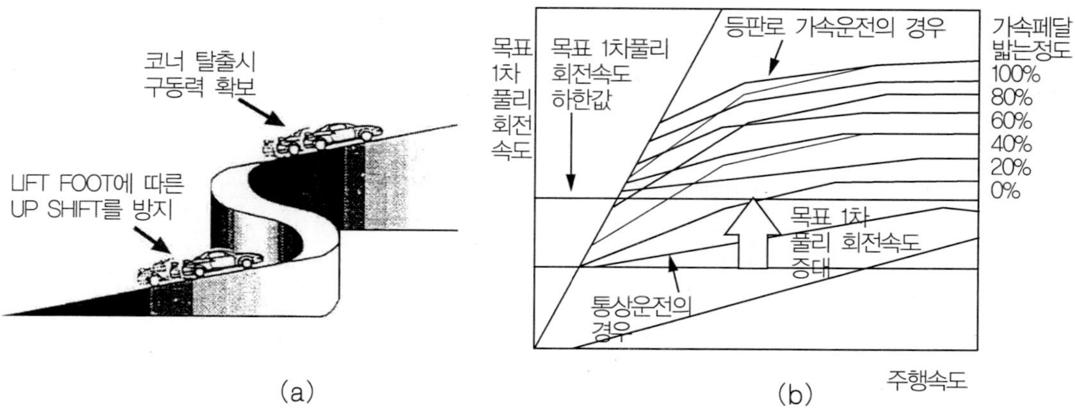

3-304. 오르막길 제어

(3) 운전 기호 및 습성에 따라 학습하는 기능

운전기호 및 습성에 따른 학습을 하며, 변속 패턴을 전환한다.

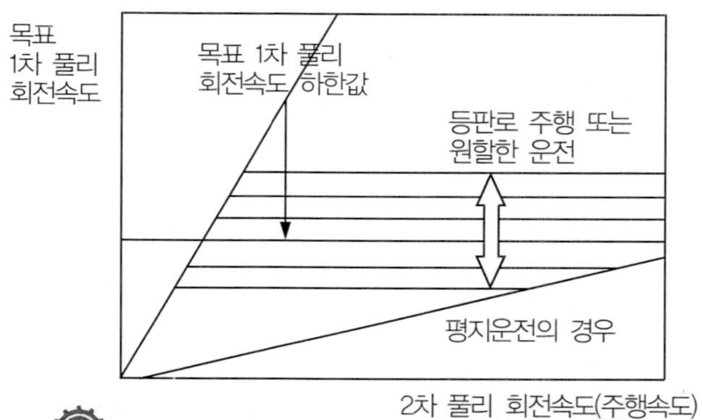

3-305. 운전기호 및 습성에 따라 학습하는 기능

8. 5. 4. 댐퍼클러치 제어

[1] 작동 시점의 저속화

비 직결에서의 토크컨버터 슬립량이 큰 저속에서는 직결하였을 경우 차체 충격이 발생하지만 엔진 토크에 응답하여 세밀하게 직결 작동압력을 제어하여 저속에서 충격없이 직결 작동을 실현한다.

[2] 오일 온도의 저온화

새롭게 개발된 무단 변속기 오일의 사용에 따라 연마 특성을 저온에서 확보하고, 주행 개시 후의 빠른 단계로 직결을 실행한다.

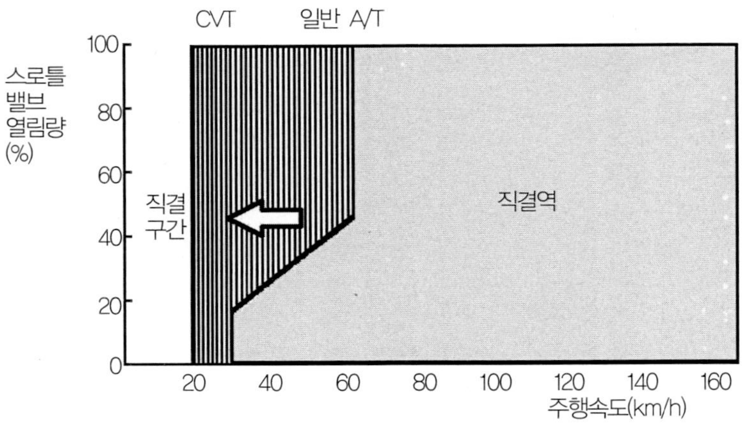

그림 3-306. 댐퍼클러치 제어 영역

8.5.5. 6속 스포츠모드 제어

INVECS－Ⅲ 제어에 의해 운전 편리성을 실현한 D, Ds 모드의 추가로 스포츠모드를 설정하고 있으며, 스포츠모드는 운전을 즐기는 운전자에게 대응하기 위해 자동변속기이면서 수동변속기 감각의 운전을 가능하도록 하는 기능이다.

스포츠모드의 특성은 다음과 같다.

① 변속레버를 앞뒤로 이동시키는 것만으로 업, 다운 시프트가 가능하다.

② 가속페달을 밟은 상태에서 기어 변속이 가능하다. 이 때문에 출력 감소 없이 운전을 즐길 수 있다.

③ 굴곡 도로 및 산악도로에서도 양호한 변속패턴을 스스로 선택할 수 있어 커브 진입 직전이나 경사로 직후의 경쾌한 다운 시프트가 가능하다.

④ 현재 변속 패턴을 시프트 표시등으로 점등 표시하여 스포츠 모드에서 변속레버 조작을 도와준다. 또한 D레인지 주행 중에도 변속패턴을 표시하여 스포츠 모드를 선택할 때의 의지 결정을 도와준다.

⑤ 스킵 시프트(skip shift)가 가능하다.

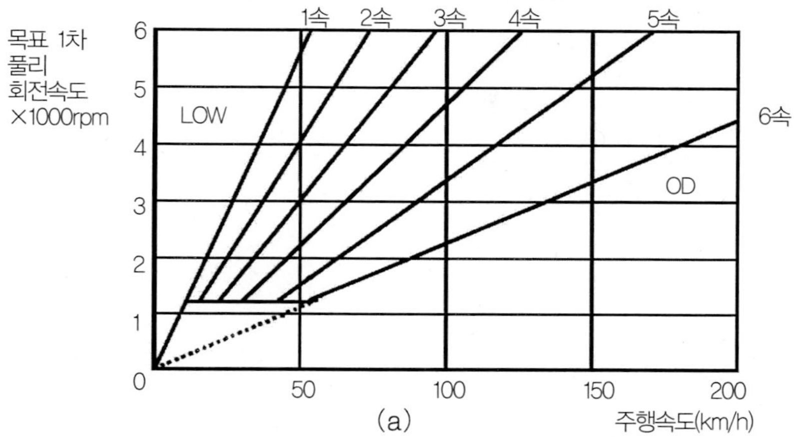

(a)

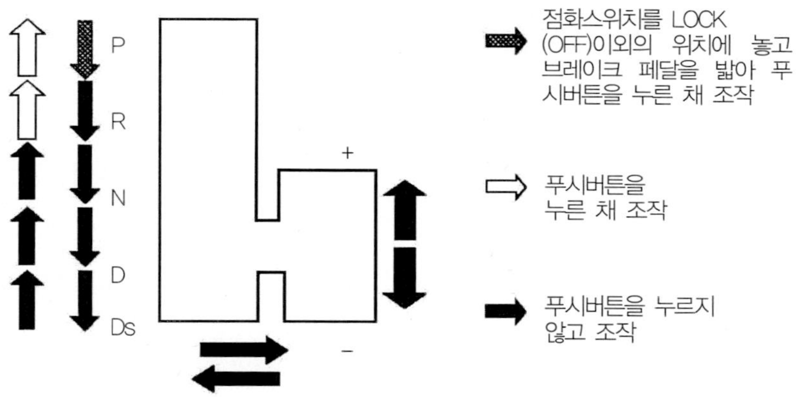

(b)

그림 3-307. 스포츠모드 장착 차량

8.6. 무단변속기의 점검•정비

8.6.1. 무단변속기 오일 점검방법

Reference »»

변속기를 새것으로 교환하거나 무리한 운전을 한 후에는 반드시 오일 냉각 라인을 냉각시킨 후 오일을 교환하여야 한다.

① 오일(ATF)의 온도가 정상온도(70~80℃)가 될 때까지 주행한다.

Reference

오일 온도는 자기 진단 테스터(Hi-scan 등)로 측정한다. 또한 오일이 정상 온도가 될 때까지 시간이 걸리는 경우 그림 3-308을 참고로 오일량을 점검한다.

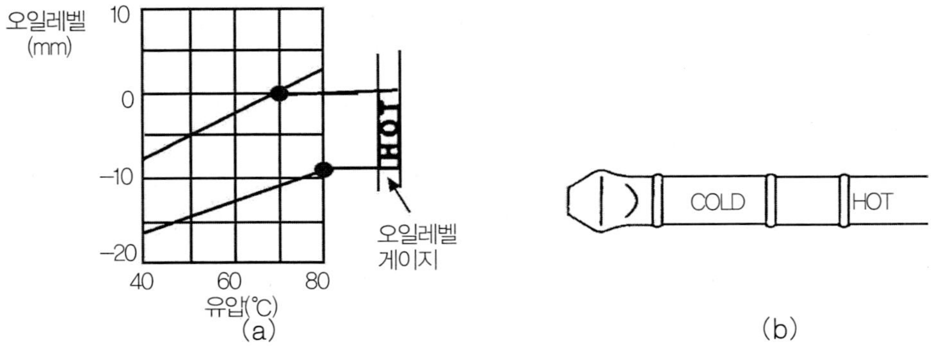

그림 3-308. 유압 변화표

② 차량을 평탄한 지면에 주차한다.

③ 변속레버를 모든 위치에 한번씩 맞추고 토크컨버터 및 유압회로 속에 오일 가득 채운 후 변속레버를 N 레인지에 위치시킨다.

④ 오일 레벨 게이지 주변 부분을 깨끗이 닦은 후, 오일 레벨 게이지를 닦고 오일 상태를 점검한다.

Reference

오일에서 타는 냄새가 나는 경우, 또는 질이 저하되거나 오염이 심한 경우는 부싱, 금속이나 마찰 재료 등의 미세한 가루 등으로 오염된 것이므로 오일을 교환하고 오일 냉각 라인을 냉각시켜야 한다.

⑤ 오일량이 오일 레벨 게이지의 HOT(상한선) 구간에 있는지를 점검한다. 오일량이 부족하면 HOT 구간이 되도록 오일을 보충한다.

Reference

오일량이 적으면 오일펌프가 오일과 공기를 흡입하여 유압 회로 속에 기포가 발생하므로 유압이 낮아져 변속이 늦어지거나 클러치 및 브레이크 슬립이 일어나는 원인이 된다.

반대로 오일량이 너무 많으면 기어가 오일을 휘저어 거품이 발생하여 오일량이 부족할 때와 마찬가지 상태가 된다. 두 경우 모두 기포와 오일의 과열로 정상적인 작동을 하지 못하게 된다. 또한 오일에 거품이 생기면 변속기의 환기 구멍으로 오일이 흘러나와 누출되는 것으로 착각할 수도 있다.

⑥ 오일 레벨 게이지를 확실히 끼워 넣는다.

8. 6. 2. 오일 교환방법

① 오일이 오일 냉각라인(라디에이터 내장)에서 변속기로 흘러가는 호스(그림 3-309에 화살표로 표시된 호스)를 뺀다.

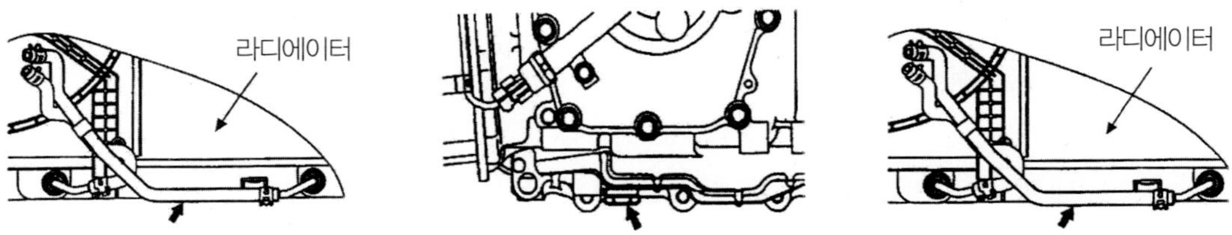

(a) (b) (c)

그림 3-309. 호스

② 엔진을 시동한 후 오일을 배출시킨다. 이때 엔진은 공전상태로 하고 변속레버는 N레인지로 한다.

Reference

엔진 시동을 건 다음 1분 이내에 정지시킬 것. 그 이전에 오일이 더 이상 배출되지 않을 때에는 그 시점에서 엔진의 가동을 정지시킬 것

③ 변속기 케이스 아래쪽에 있는 드레인 플러그를 풀고 오일을 배출시킨 다음 드레인 플러그를 규정 토크로 조인다.

④ 새 오일을 오일 필러 튜브를 통해 주입한다.

⑤ ②번 항목의 작업을 다시 실시한다.

⑥ 새 오일을 오일필러 튜브를 통해 주입한다.

⑦ ①번 항목에서 호스를 연결하고 오일 레벨 게이지를 확실히 끼운다.
⑧ 엔진을 시동한 후 1~2분 동안 공회전시킨다.
⑨ 변속레버를 각 위치에 한번씩 맞춘 후 N레인지로 둔다.
⑩ 오일 레벨 게이지의 오일량이 COLD(하한선) 구간에 위치하는지를 확인한다. 이 때 부족하면 보충한다.
⑪ 오일 온도가 정상(70~80℃)이 될 때까지 주행하고 오일량을 다시 점검한다. 이 때 오일량은 HOT 구간에 있으면 된다.

Reference >>>

① COLD 구간은 참고로 하고 HOT 구간을 기준으로 한다.
② 오일 온도는 자기진단 테스터로 측정한다.
③ 오일이 정상 온도가 될 때까지 시간이 걸리는 경우 유압 변화표(그림 3-308)를 참고로 오일량을 점검한다.

⑫ 오일 레벨 게이지를 오일 튜브에 확실히 꽂는다.

8. 6. 3. 인히비터 스위치와 컨트롤 케이블 조정

① 변속레버를 N 레인지에 위치시킨다.
② 조정 너트를 풀어 매뉴얼 컨트롤 레버를 헐겁게 한다.
③ 매뉴얼 조절 레버를 N(natural)위치에 놓는다.
④ 인히비터 스위치 고정 볼트를 풀어 매뉴얼 조절 레버의 끝에 있는 구멍과 인히비터 스위치 보디의 플랜지 부분의 구멍(그림 3-310(b) 참조)이 일치하도록 인히비터 스위치의 보디를 돌려서 조정한다.
⑤ 인히비터 스위치 보디의 고정 볼트를 규정 토크로 조인다.
⑥ 변속기 조절 케이블을 그림 3-310(c)의 B방향으로 가볍게 눌러 조정 너트를 규정 토크로 조인다.
⑦ 변속레버가 N위치에 있는지 확인한다.
⑧ 변속레버의 각 위치에 대응하는 변속기 각 부분이 확실히 작동하는지 확인한다.

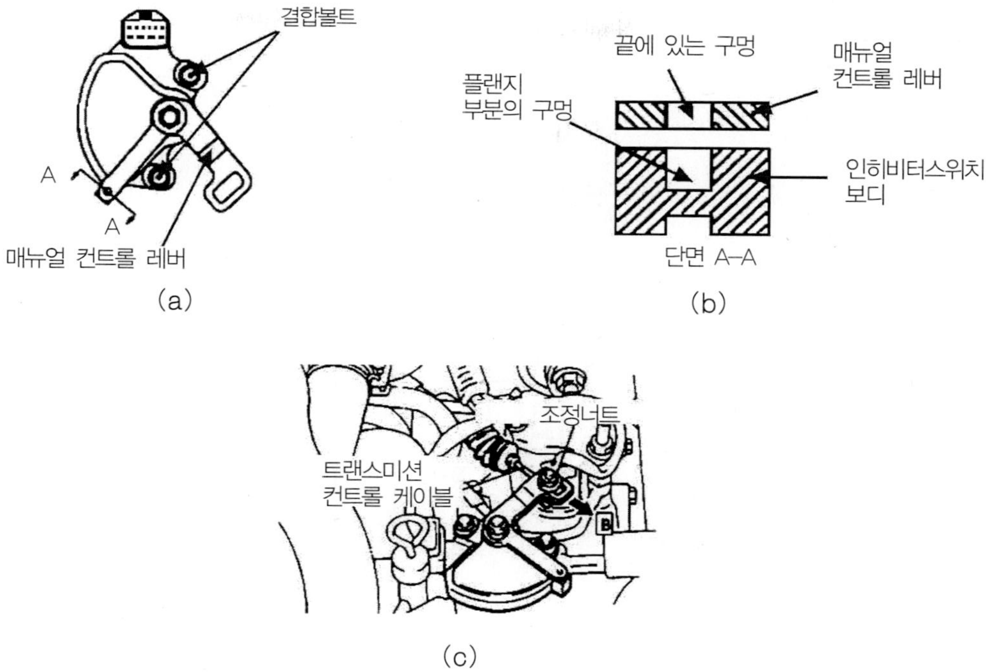

그림 3–310. 인히비터 스위치와 조절 케이블 조정

8. 6. 4. 토크컨버터 스톨 테스터(stall tester)

[1] 스톨 테스트 방법

이 테스터는 변속레버를 D와 R레인지에서 토크컨버터를 스톨할 때 엔진의 최고 회전속도를 특정하여 엔진 작동 및 변속기 내에 설치되어 있는 클러치 및 브레이크의 성능 유지를 점검하는 것이다.

① 오일량(오일 레벨 게이지의 HOT 구간), 오일온도(70~80℃), 엔진의 냉각수 온도(80~100℃)를 점검한다.

② 뒷바퀴(좌우 모두)에 고임목이나 받침대를 받친다.

③ 주차 브레이크 레버를 당기고 브레이크 페달을 힘껏 밟는다.

④ 엔진을 시동한다.

⑤ 변속레버를 D레인지로 하고 가속페달을 끝까지 밟고 엔진 회전속도를 재빨리 측정한다.

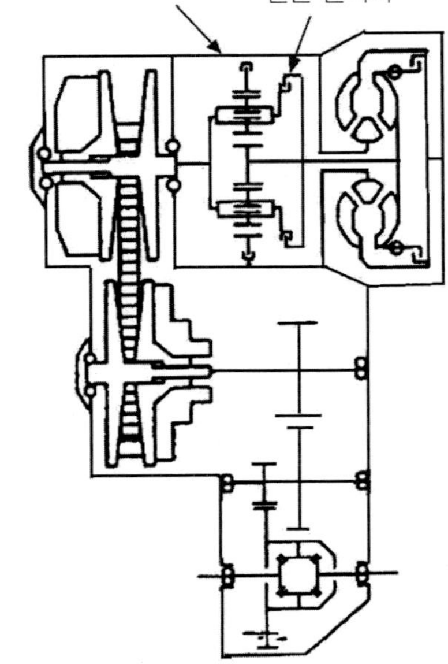

그림 3-311. 전진 클러치와 후진 브레이크의 위치

Reference ›››

① 스로틀밸브가 완전히 열린 상태에서 8초 이상을 지속하지 말 것
② 스톨 테스터를 2회 이상하고자 할 경우에는 변속레버를 N레인지로 하고 엔진 회전속도가 1000rpm 정도 되도록 1분 이상 운전하여 오일을 냉각시킨 후 실시하도록 한다.
③ 스톨 회전속도의 규정값은 2100~2300rpm이다.

⑥ 변속레버를 R레인지로 한 후 위와 같은 방법으로 테스트를 실시한다. 이때 스톨 회전수는 1800~2300rpm이다.

[2] 스톨 테스터 판정

① D, R레인지에서 스톨 회전속도가 높다.
   ㉮ 밸브보디 불량
   ㉯ 하니스 커넥터 불량
   ㉰ 엔진(무단 변속기 컴퓨터)불량
② D레인지에서만 회전속도가 높다. – 전진 클러치 미끄러짐

③ R레인지에서만 회전속도가 높다. – 후진 브레이크 미끄러짐

④ D, R레인지에서 모두 스톨 회전속도가 낮다.

㉮ 토크컨버터 불량

㉯ 엔진 출력 부족

8. 6. 5. 변속레버 작동점검

① 브레이크 페달을 밟고 변속레버를 각 단계에 고정시킬 때 변속레버가 원활하고, 절도 있게 작동하는지 점검한다.

② 변속레버가 N 또는 P레인지에서만 엔진의 시동이 되고 나머지 레인지에서는 시동이 되지 않는지를 점검한다.

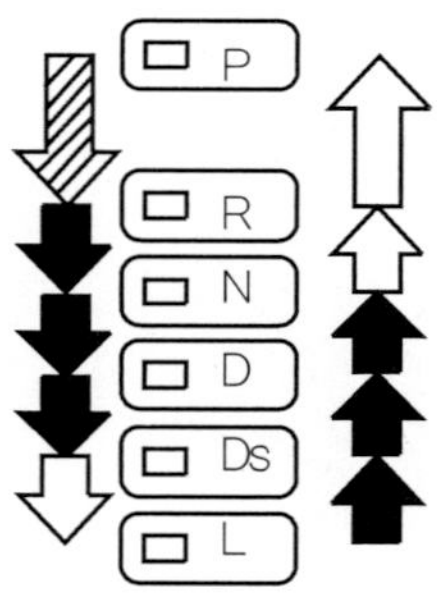

(a) 스포츠 모드 비장착차량

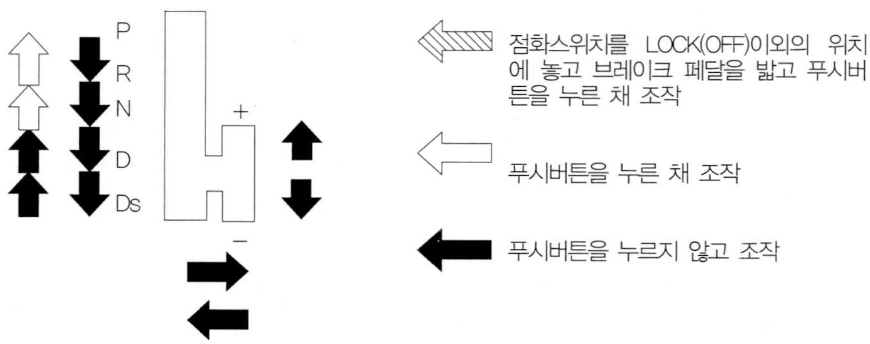

(b) 스포츠 모드 장착차량

그림 3-312. 변속레버 작동 점검

③ 엔진을 시동하고 브레이크 페달을 놓은 후 N레인지에서 D, Ds, L레인지까지 또는 스포츠 모드의 1~6속으로 고정시켰을 때 차량이 전진하고 R레인지로 고정하였을 때 후진하는지를 확인한다.

④ 엔진을 가동을 정지한다.

⑤ 점화 스위치 ON으로 하고 P에서 R레인지로 변속한 후 후퇴등이 점등되고 부저가 울리는지를 확인한다.

Reference

무단변속기에서는 오작동 방지장치 때문에 점화스위치를 LOCK(OFF)이외의 위치에 둔 상태에서 브레이크 페달을 밟지 않으면 변속레버는 P레인지 이외의 위치로 이동하지 않는다.

실습보고서 자동변속기

자동차번호 : 차량명 : 학번 성명

01. 주어진 자동변속기 자동차에서 자동변속기를 탈·부착 하시오.

02. 주어진 자동변속기를 분해 조립하시오.

03. 주어진 자동변속기 차량에서 자동변속기 자기진단을 하여 이상부위를 점검하시오.

04. 주어진 자동변속기 차량에서 자동변속기의 각 항목의 파형을 점검하시오.

(1) N레인지일 때 UD와 2ND 파형

(2) N-D일 때 UD와 LR파형

(3) 1-2속일 때 LR과 2ND 파형

(4) 3-2속일 때 OD와 2ND 파형

(5) 속도센서 파형

(6) 펄스제너레이터 A&B파형

05. 주어진 자동변속기에서 인히비터 스위치를 점검하고 조절 케이블을 조정하시오.

※ 참고

	1	2	3	4	5	6	7	8	9	10
P			○	—	—	—	—	○	○	○
R							○	○		
N				○	—	—	—	○	○	○
D	○	—	—	—	—	—	—	○		
3					○	—	—	○		
2		○	—	—	—	—	—	○		
L						○	—	○		

암 커넥터 기준 단자번호

06. 주어진 자동변속기 차량에서 자동트랜스액슬 유압을 점검하고 기록표에 압력을 기록하고 이상부위의 압력을 조정하시오.

번호	조건				규정 유압(kgf/cm^2)					
	변속 레버 위치	주행 속도 (Km/h)	엔진 rpm	변속 위치	1 감 압	2 킥다운 브레이크 압력	3 앞 클러치 압력	4 엔드 클러치 압력	5 저속 & 후진 브레이크 압력	6 토크 컨버터 압력
1	N	0	750	중립		–	–	–	–	★
2	D	0	750	2단			–	–	–	★
3	D(OD S/W ON)	110	2500	4단			–		–	
4	D(OD S/W OFF)	75	2500	3단			–		–	
5	2	50	2500	2단				–	–	
6	L	0	1000	1단		–	–	–		★
7	R	35	2500	후진		–		–		
		0	1000							

※ 참고(자동변속기 오일 압력 규정값)

번호	조건				규정 유압(kgf/cm^2)					
	변속 레버 위치	주행 속도 (Km/h)	엔진 rpm	변속 위치	1 감 압	2 킥다운 브레이크 압력	3 앞 클러치 압력	4 엔드 클러치 압력	5 저속&후진 브레이크 압력	6 토크 컨버터 압력
1	N	0	750	중립	3.75~4.85	–	–	–	–	★
2	D	0	750	2단	3.75~4.85	1.0~ 2.1	–	–	–	★
3	D(OD S/W ON)	110	2500	4단	3.75~4.85	8.3~ 9.0	–	8.3~9.0	–	4.5~6.5
4	D(OD S/W OFF)	75	2500	3단	3.75~4.85	8.3~ 9.0	–	8.3~9.0	–	4.5~6.5
5	2	50	2500	2단	3.75~4.85	8.3~ 9.0	8.3~9.0	–	–	4.5`~6.5
6	L	0	1000	1단	3.75~4.85	–	–	–	3.0~4.5	★
7	R	35	2500	후진	3.75~4.85	–	16.4~22.4	–	16.4~22.4	4.5~6.5
		0	1000				15이상		15이상	

07. 댐퍼 클러치 조절 및 압력 조절 솔레노이드밸브를 점검하시오.

08. 주어진 자동변속기를 분해하여 다음 항목을 측정하고 기록표에 기록하시오.

측정항목	① 점검(또는 측정)		② 판정 및 정비(또는 조치)사항		득 점
	측정값	규정(정비 한계)값	판 정 (□에 "✓" 표)	정비 및 조치할 사항	
출력축 엔드플레이			□ 양호 □ 불량		
브레이크 반력판 엔드플레이			□ 양호 □ 불량		
로&리버스 브레이크 엔드플레이			□ 양호 □ 불량		
2ND브레이크 엔드플레이			□ 양호 □ 불량		
언더 드라이브 선 기어 엔드플레이			□ 양호 □ 불량		
입력축 엔드플레이			□ 양호 □ 불량		
차동 장치 케이스 엔드플레이			□ 양호 □ 불량		
오버 드라이브 클러치 엔드플레이			□ 양호 □ 불량		
리버스 클러치 엔드플레이			□ 양호 □ 불량		
차동기어와 피니언 백래시			□ 양호 □ 불량		
차동기어와 피니언 백래시			□ 양호 □ 불량		
다이렉트 클러치 엔드플레이			□ 양호 □ 불량		

※ 참고

측정항목	엔드 플레이 정비 기준
출력축 엔드플레이	0.01mm
브레이크 반력판 엔드플레이	0~0.16mm
로&리버스 브레이크 엔드플레이	1.35~1.81mm
2ND브레이크 엔드플레이	0.79~1.25mm
언더 드라이브 선 기어 엔드플레이	0.25~0.45mm
입력축 엔드플레이	0.7~1.20mm
차동 장치 케이스 엔드플레이	0.045~0.105mm
오버 드라이브 클러치 엔드플레이	0.6~1.8mm
리버스 클러치 엔드플레이	1.2~1.4mm
차동기어와 피니언 백래시	0.025~0.15
다이렉트 클러치 엔드플레이	1.0~1.2mm

09. 주어진 자동변속기에서 오일을 점검하여 이상이 있으면 자동변속기 오일 및 필터를 교환하시오.

10. 주어진 자동변속기 차량에서 스톨테스터를 하시고 이상 유무를 판정하시오.

CHAPTER IV 구동장치 (driving device)

1 구동장치의 구성 및 작동

1.1. 추진축(propeller shaft)

1.1.1. 추진축의 필요성

프로펠러 샤프트라고 하는 추진축은 변속기의 회전력을 뒷바퀴로 전달하는 축으로써 그 필요성은 다음과 같다.

① FR자동차의 경우는 엔진의 동력을 추진축을 통해서 종감속 기어로 전달한다.

② 주행 중 노면으로부터 받은 충격과 차량 적재량의 변화에 따라 전후·상하로 운동한다.

③ 엔진의 동력을 적절하게 구동바퀴에 전달하기 위해서 추진축 양끝에 자재이음(유니버설 조인트)을 설치하여 각도 및 길이 변화에 대응할 수 있다.

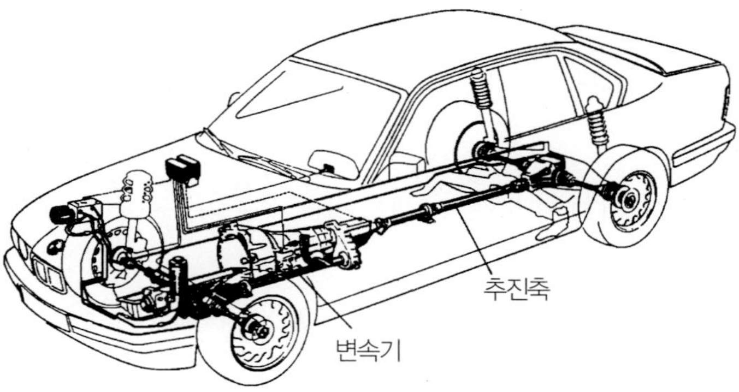

그림 4-1. FR차량의 추진축

[1] 추진축의 기능

① 구동토크의 전달

② 각도 변화를 가능하게 한다(자재이음 사용).

③ 축방향 길이변화를 보상한다(슬립이음 사용).

④ 회전 진동운동을 감쇠시킨다(플렉시블 자재이음 사용).

1.1.2. 추진축의 구조

① 추진축은 강력한 비틀림을 받으면서 고속회전하므로 이에 견딜 수 있는 중공 강관으로 되어 있다. 그 질량이 평형되어 있어야 한다.

② 추진축 양끝에는 자재이음(joint)의 요크가 설치되어 있으며, 차량상태에 따라서는 한쪽에만 슬립 이음용의 스플라인축이 용접되어 있다. 고속회전시 회전평형을 유지하도록 하여야 하기 때문에 평형추를 부착하여 밸런스를 잡는다.

③ 엔진의 토크를 받으면서 고속회전을 하므로 비틀림 진동을 일으키기 쉽고, 또 축이 구부러지거나 기하학적 중심과 질량적 중심이 일치하지 않을 경우에는 휠링(whirling)이라는 굽힘 진동을 일으킬 염려가 있으며, 이들의 진동과 추진축의 고유진동수와의 공명이 일어나면 파괴현상이 일어나므로 상용 회전속도에서는 공명진동(공진)이 일어나지 않도록 해야 한다. 공진이 일어나는 회전속도를 위험회전속도라고 하며 이것을 사용 회전속도보다 높게 설정해 놓을 필요가 있다.

④ 탄소 강관이 일반적으로 사용되고 있으며, 축의 단면적이 정해져 있을 때는 길이가 길어지면 갑자기 위험 회전속도가 작아지는 경향이 있으므로 2개로 분할하는 방법도 사용되고 있다. 또한, 축의 길이가 짧아지면 위험 회전속도가 높아서 높은 회전에 견딜 수 있다는 뜻이 된다. 강관을 사용한 경우의 위험 회전속도와 중공 추진축의 응력은 다음과 같이 계산할 수 있다.

- 위험속도(위험 회전수) $N_c = 0.121 \times 10^2 \frac{\sqrt{D^2 + d^2}}{L^2}$ ······················ (4-1)

N_C : 추진축의 위험 회전수(rpm), L : 추진축의 길이
D : 축의 외경(cm), d : 축의 내경(cm)

- 추진축의 전달토크 및 전달마력

$$T = \tau_\alpha \times Z_p = \tau_\alpha \pi d^3/16 = \tau_\alpha \times \pi/16(d_2^4 - d_1^4)/d_2 \quad \cdots\cdots (4-2)$$

PS= T × N/716(ps)

T : 추진축의 전달 토크(kgf-m)	τ_α : 허용 전단 응력(kgf/m^2)
Z_p : 극 단면계수	N : 회전수
d : 실축의 지름(m)	d_2 : 중공축의 외경(m)
d_1 : 중공축의 내경(m)	

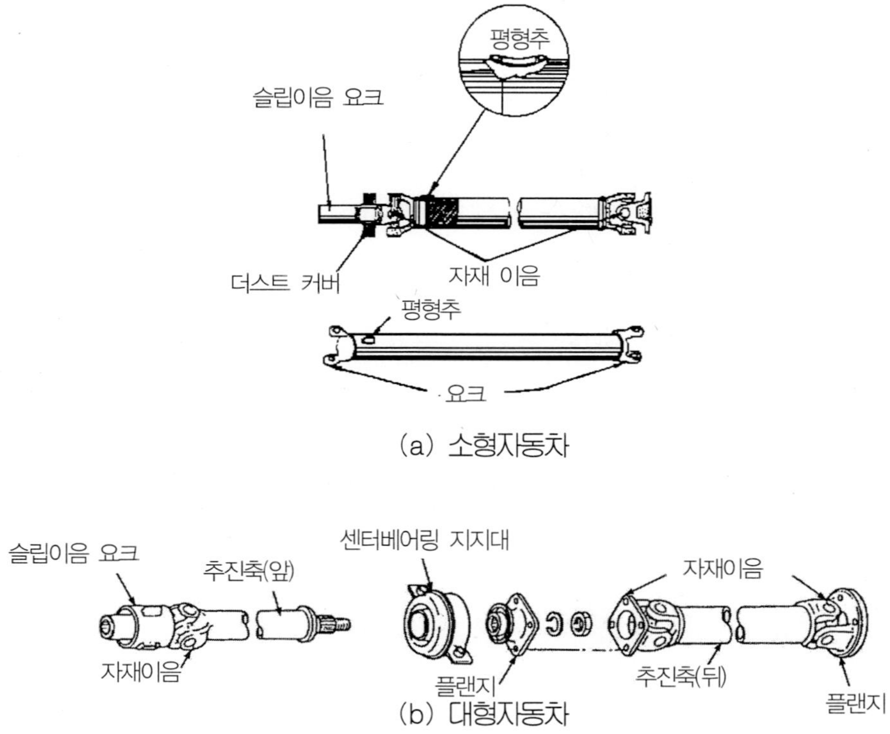

그림 4-2. 추진축의 구조

⑤ 축거(wheel base)가 긴 대형자동차에서는 추진축이 2개 또는 3개로 분할되어 있으며, 각 축의 후단부분을 센터 베어링으로 프레임의 크로스 멤버에 지지하는 구조로 되어 있고, 특히 대형 자동차의 추진축은 비틀림진동을 방지하기 위한 토션 댐퍼(torsion damper)가 설치되어 있다.

[1] 센터베어링의 역할

앞, 뒤 추진축의 중간을 지지하고 앞 추진축의 뒤끝의 스플라인축에 설치되어 있으며, 센터베어링 주위를 둘러싸고 있는 탄성체인 고무 부싱이 베어링을 통해서 전달되는 추진축의 진동을 방지하여 프레임이나 차체로 전달되지 않도록 하는 역할을 한다.

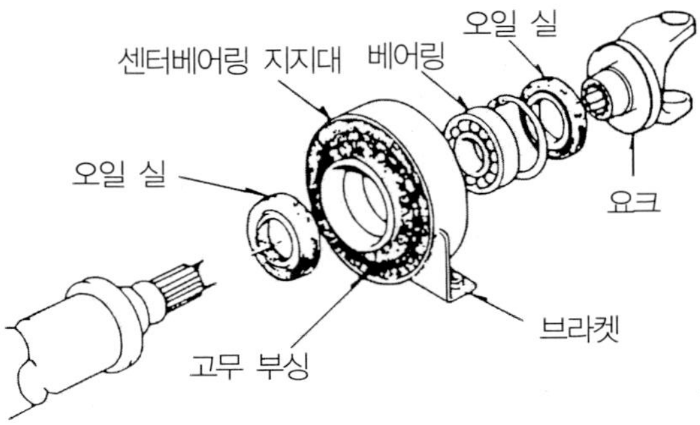

그림 4-3. 센터베어링의 구조

[2] 토션 댐퍼의 역할

추진축의 비틀림 진동을 방지하며, 추진축 끝부분 즉, 센터 베어링 바로 뒤에 설치되어 있고 댐퍼 휠과 댐퍼 고무로 되어 있다. 추진축에 비틀림 진동이 발생하면 축의 진동에 따른 회전방향 및 그 반대방향으로 회전하려는 가속도와 관계없이 댐퍼 휠은 계속해서 일정한 속도로 회전하려고 한다. 따라서 중간의 댐퍼 고무가 변형을 반복하게 되고 그 내부의 마찰로 비틀림 진동 에너지를 열에너지로 바꾸어 흡수하므로 진동이 방지된다.

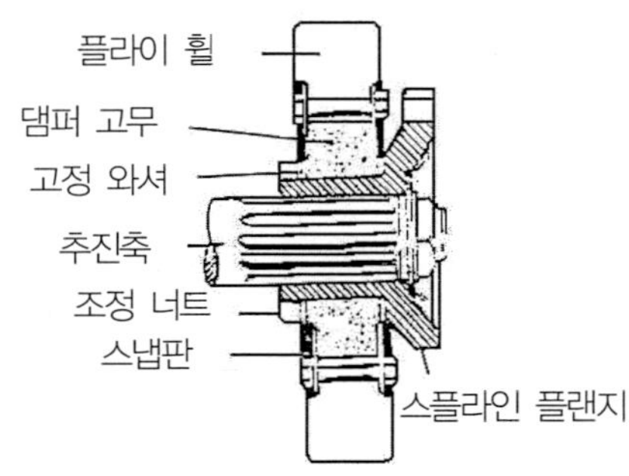

그림 4-4. 토션 댐퍼의 구조

1.2. 드라이브 라인(drive line)

① 드라이브 라인은 변속기의 출력을 구동축에 전달하는 부분이며 FR형식은 추진축과 자재이음, 슬립이음으로 되어 있으며, FF형식은 이러한 구성품이 필요 없이 구동축(drive shaft)이 연결된다.

② 현가스프링을 사이에 두고 프레임에 설치되어 있는 구동축은 노면으로부터의 충격과 적재량의 크기에 따른 스프링의 변형으로 상하운동을 한다.

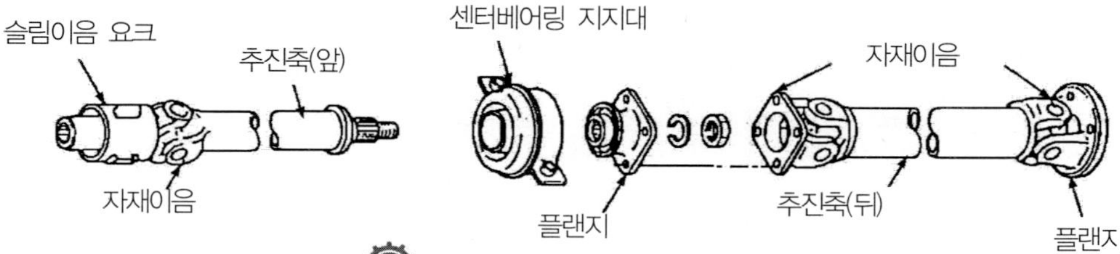

그림 4-5. 드라이브 라인의 구성

③ 드라이브 라인은 일정의 길이와 각도로 설치하는 것이 불가능하기 때문에 각도 변화에 대하여는 자재이음을, 길이의 변화에 대하여는 슬립이음을 사용한다.

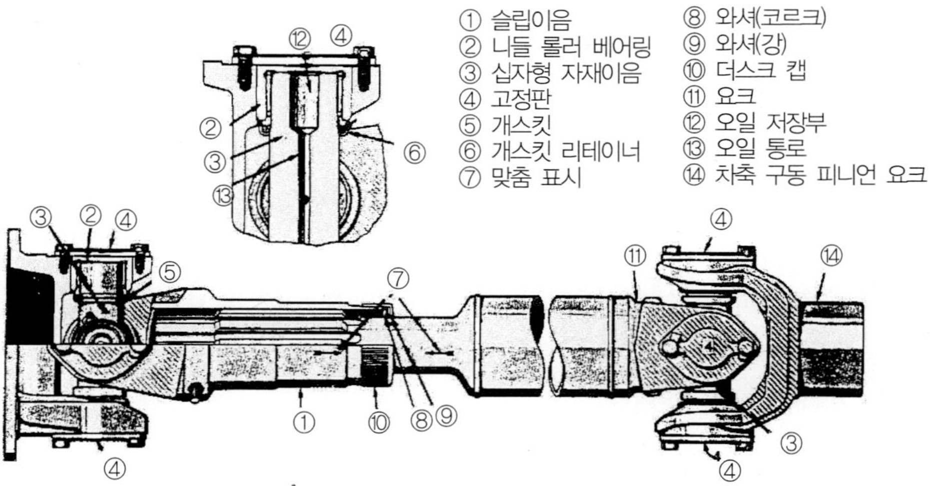

그림 4-6. 자재이음과 슬립이음

1.2.1. 슬립이음(slip joint)

변속기 주축 뒤끝에 스플라인을 통하여 설치되며 뒤차축의 상하운동에 따라 변속기와 종감속 기어와의 길이 변화를 수반하게 되므로 추진축의 길이 변화를 가능하도록 하기 위하여 슬립이음을 두고 있다.

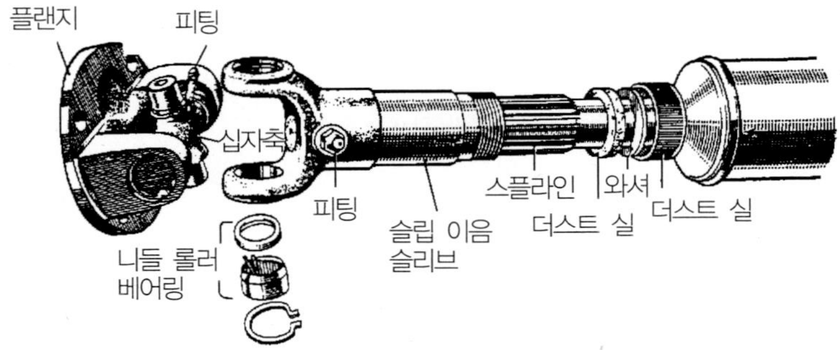

그림 4-7. 슬립이음의 구조

1.2.2. 자재이음(universal joint)

자재이음은 변속기와 종감속 기어사이의 구동각 변화를 주는 장치로서 다음과 같은 종류가 있다.

① 십자형 자재이음(훅 조인트, cross and roller type 또는 hook joint)

② 플렉시블 이음(flexible joint)

③ 트러니언 자재이음(ball and trunnion joint)

④ 등속도 자재이음(CV자재이음, constant velocity ratio universal joint) : 트랙터형(tractor type), 벤딕스 와이스형(bendix weiss type), 제파형(zeppa type), 파르빌레형(parville type), 2중 십자이음(double cross type)이 있다.

[1] 십자형 자재이음(훅 조인트)

① 중심부의 십자축(spider)과 2개의 요크(yoke)로 구성되어 있으며 십자축과 요크는 니들 롤러 베어링(needle roller bearing)을 사이에 두고 연결되어 있다.

② 십자축은 특수강의 단조품이며 강도와 내마모성을 높이기 위해 저널부를 표면 경화한다. 또한, 구조가 간단하고 큰 동력을 전달할 수 있어서 후륜 구동(FR) 자동차의 경우 현재 가장 많이 사용하고 있다.

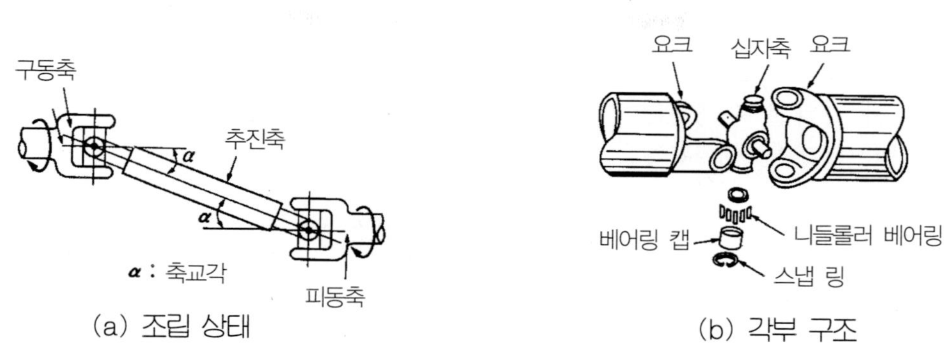

그림 4-8. 십자형 자재이음

③ 구동축(변속기 주축)이 1회전하면 피동축(추진축)도 1회전하지만 그 요크의 각속도는 구동축이 등속도 회전을 하여도 피동축은 90° 마다 변동을 한다. 이 변동은 각도가 클수록 커지며 자재이음을 1개만 사용하였을 때는 엔진의 회전력이 추진축의 1회전마다 2회의 가속과 감속을 되풀이하며 구동바퀴로 전달되기 때문에 동력전달장치에서 진동이 발생한다. 이 진동을 감소시키려면 각도를 12~18° 이하로 하여야 하며, 추진축의 앞과 뒤에 자재이음을 두어서 회전속도 변화를 상쇄하도록 한다.

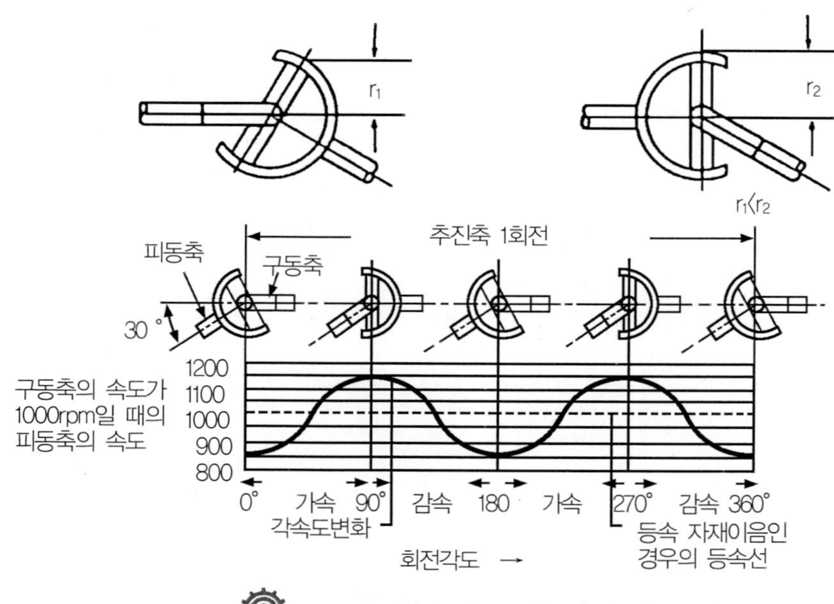

그림 4-9. 십자형 자재이음의 회전속도 변동

④ 이와 같은 진동을 방지하려면 양쪽의 자재이음의 요크가 동일 평면상에 있도록 해야 한다. 구동축의 각속도 w_A와 수동축의 각속도 w_B의 비, 즉 각속도 비는 다음과 같이 나타낼 수 있다.

$$\frac{w_A}{w_B} = \frac{\cos\alpha}{1-\sin^2\theta \times \sin^2\alpha} \quad \cdots\cdots (4-3)$$

α : 두축의 경사각도, θ : 구동축의 회전각

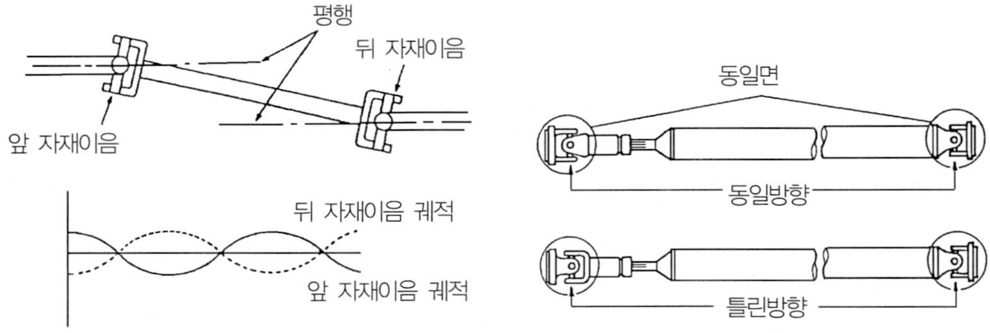

그림 4-10. 등속을 위한 조립

[2] 플렉시블 자재이음(flexible joint)

① 세 갈래 요크사이에 경질 고무로 만든 커플링을 끼우고 볼트로 조인 이음이다.

② 마찰 부분이 없기 때문에 주유를 하지 않아도 되고 회전도 정숙하다.

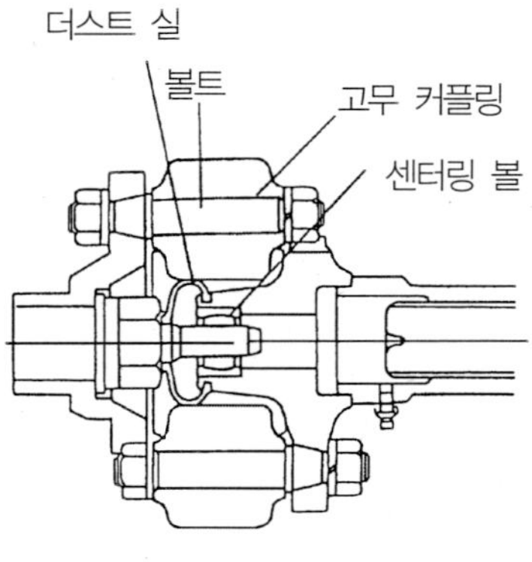

그림 4-11. 플렉시블 이음

③ 양축의 경사각이 3~5° 이상이 되면 진동을 발생시켜 효율이 저하된다. 또한, 중심 맞추기가 어려운 결점이 있기 때문에 거의 사용하지 않고 있다. 드라이브 라인의 각도 변화가 작은 소형 차량에 사용할 수 있다.

[3] 트러니언 자재이음

① 안쪽에 홈이 파져 있는 실린더형의 보디 속에 추진축의 한끝을 끼우고 여기에 핀을 끼운 다음 핀의 양 끝에 볼을 조립한 자재이음이다.

② 축방향으로도 섭동하므로 슬립이음의 역할을 하기 때문에 별도의 슬립이음이 필요 없으나 마찰이 많이 발생하여 전달효율이 낮은 단점이 있다.

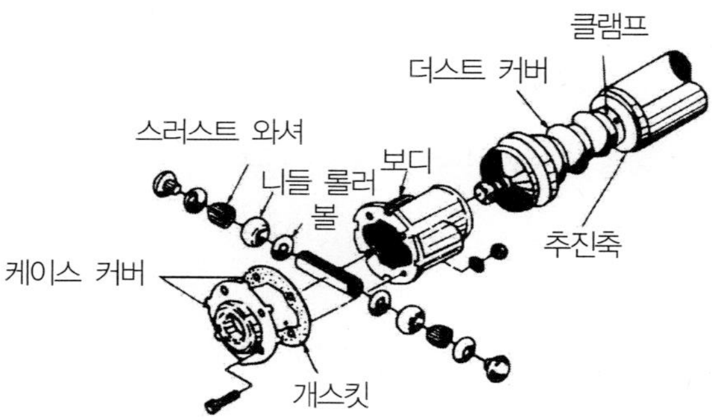

그림 4-12. 트러니언 자재이음

[4] 트리포드 자재이음(tripod joint)

트리포드 조인트는 추진축과 후차축의 자재이음으로 사용된다. 굴절각은 약 22°, 길이방향의 변위는 약 30mm까지 가능하다. 구동축에 사용할 경우에 차륜측에 설치된다. 트러니언 자재이음이라고도 한다.

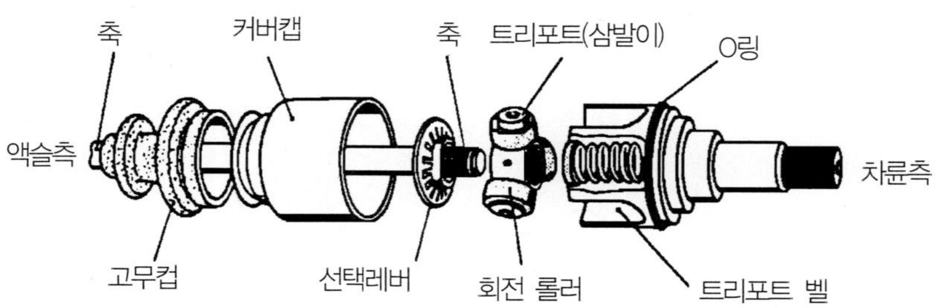

그림 4-13. 트리포드 자재이음

[5] 등속도 자재이음(CV자재이음)

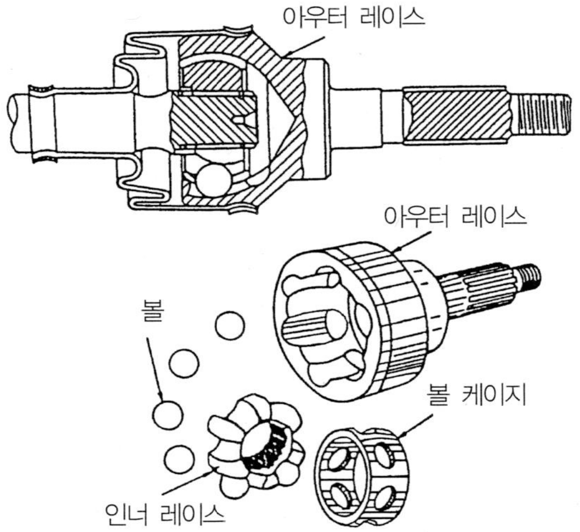

그림 4-14. 등속도 자재이음의 구조

(1) 등속 자재이음의 개요

등속도 자재이음은 구동축과 피동축과의 사이에 회전속도와 토크의 변동 없이 동력 전달이 일정하게 전달되어서 전륜 구동(FF)차량의 구동축이나 후륜 구동(FR)차의 뒤 현가장치가 독립 현가식인 차축 등과 같이 큰 각도로 동력을 전달하는 곳에 주로 사용하며, 드라이브 라인의 각도 변화가 클 때에도 동력전달효율이 높은 장점을 가지고 있으나 구조가 복잡한 단점이 있다.

바퀴측(외측)에는 버필드 이음(birfield joint 또는 볼 이음)을 사용하고 차동기어측(내측)에는 더블 오프셋 이음(double offset joint) 또는 트리포드 이음(tripod joint)을 사용한다. 등속성이 매우 우수하고 토크 전달도 우수하며 최대 작동 각도는 약 45° 이고, 트리포드와 더블 오프셋 이음은 축방향으로의 길이 변화를 흡수한다.

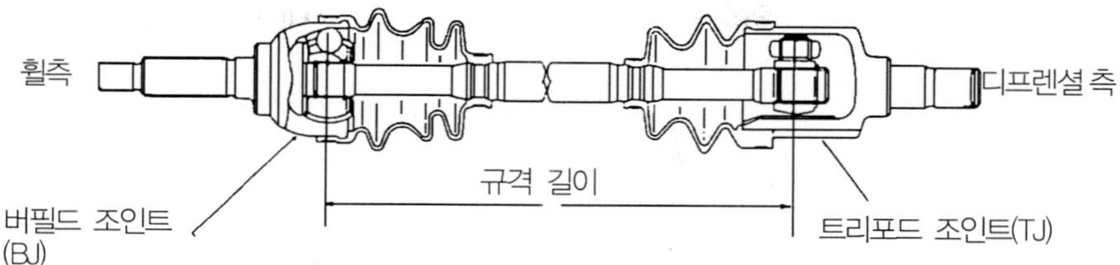

(a) 트리포드 조인트식

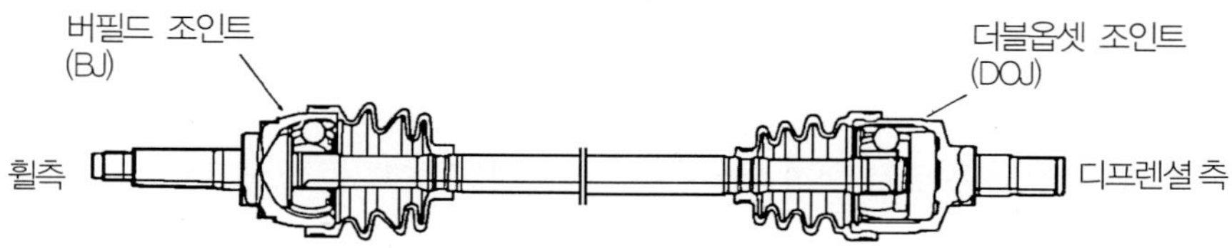

(b) 더블옵셋 조인트식

그림 4-15. FF차량의 앞차축

(2) 등속의 원리

십자형 자재이음에서 부등속이 발생하는 것은 십자축이 회전과 동시에 요동(搖動)을 하고, 피동축에 대하는 유효반경이 변화하기 때문이다. 따라서 베벨기어에서와 같이 구동축과 피동축의 접촉점이 축이 만나는 각 Φ의 2등분 선상에 있게 하면 된다. 등속 자재이음에서는 볼과 볼 가이드를 사용하며 볼이 항상 축의 만나는 각의 2등분 선상에 있게 되어 있다.

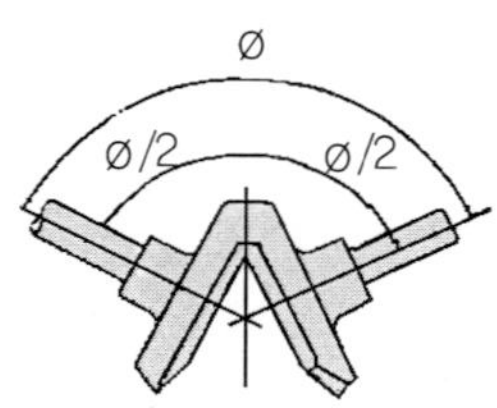

그림 4-16. 등속도 자재이음의 원리

(3) 등속도 자재이음의 종류

1) 트랙터형(tractor type)

이 형식은 양쪽 요크사이에 두 개의 섭동부가 있으며 십자형 자재이음을 두개 합친 것과 같은 구조로 되어 있다. 특징은 완전한 등속도를 얻을 수 없고 작동 각도도 비교적 작기 때문에 중심 유지용 2조의 베어링이 필요하다.

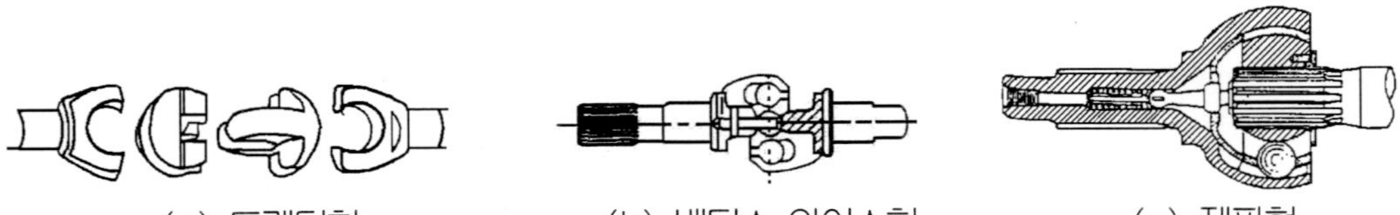

(a) 트랙터형 (b) 벤딕스 와이스형 (c) 제파형

그림 4-17. 등속자재이음의 종류

2) 벤딕스 와이스형(bendix weiss type)

이것은 동력전달용으로 4개의 볼을 사용하며 그 중심에 볼을 하나 두어 중심을 잡도록 하고 있으며, 동력전달용의 볼이 안내홈을 따라서 움직여 그 중심은 축이 형성하는 각의 2등분선상에 있게 되어 있다. 이 형식에서는 볼의 수가 적고 용량이 작기 때문에 중심 지지용 베어링을 2개 필요로 한다.

3) 제파형(zeppa type)

이 형식은 안내홈과 볼을 이용하는 점은 벤딕스 와이스형과 같으나 축이 만나는 각도에 따라 볼 리테이너(ball retainer)가 움직여 볼의 위치를 바른 곳에 유지하게 되어 있다.

4) 파르빌레형(parville type)

제파형을 개량한 것으로서 외륜의 안쪽 면과 내륜의 바깥쪽 면이 같은 중심을 갖는 구형(球形)으로 되어 있고 리테이너를 사이에 두고 조립되어 있다. 따라서 각도를 이룰 때에는 외륜과 내륜이 리테이너를 사이에 두고 섭동하여 소정의 각도를 이루도록 한다. 또 볼 홈은 각도를 형성할 때 홈의 모양과 리테이너에 의해 볼을 소정의 위치에 유지시킨다.

이 형식의 특징은 중심 유지용 베어링을 두지 않아도 되며, 구조가 간단하고 용량이 커 전륜구동 차량에서 많이 사용된다. 그리고 독립현가장치에서 사용될 때에는 슬립이음이 필요하게 되므로 슬립이음을 겸한 형식이 사용된다. 이것을 더블오프셋 이음(double offset joint)이라 부르며 보통 엔진쪽에서는 더블 오프셋 이음을, 바퀴쪽에는 파르빌레형을 사용한다.

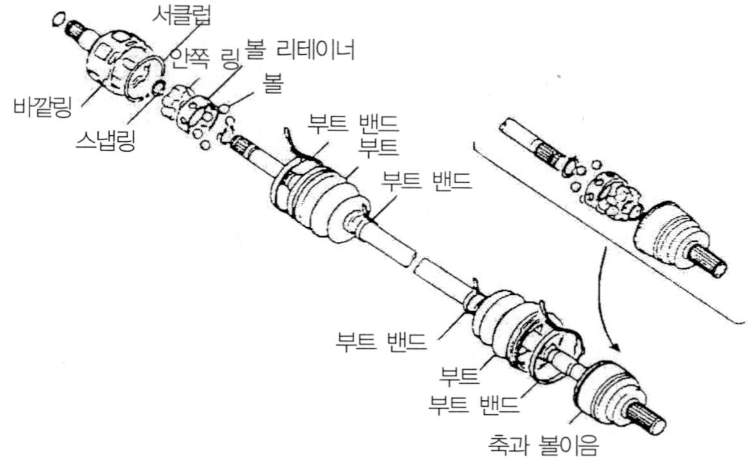

그림 4-18. 더블 오프셋 이음과 파르빌레형

5) 2중 십자이음(double cross joint)

이것은 십자 이음 2개를 마주대고 중심 요크로 결합한 것이며 중심지지용 볼을 설치하고 있다. 축이 어떤 각도를 가지면 중심 요크에 부등속성이 발생하거나 또 한 조의 이음을 두면 상쇄되어 등속성이 얻어진다. 이 형식은 비교적 면적을 크게 차지하는 단점이 있다.

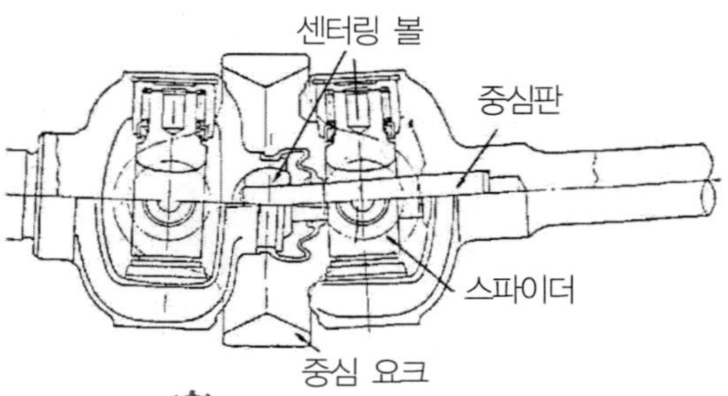

그림 4-19. 2중 십자이음

1.2.3. 추진축(propeller shaft)

추진축은 강한 비틀림을 받으면서 고속 회전하므로 이에 견딜 수 있도록 속이 빈 강관(steel pipe)을 사용한다. 회전평형을 유지하기 위해 평형추가 부착되어 있으며 또 그 양쪽에는 자재 이음의 요크가 있다.

그림 4-20. 추진축 및 센터베어링

축간거리(wheel base)가 긴 자동차에서는 추진축을 2~3개로 분할하고, 각 축의 뒷 부분을 센터 베어링으로 프레임에 지지하고, 또 대형 자동차의 추진축에는 비틀림 진동을 방지하기 위한 토션 댐퍼(torsional damper)를 두고 있다.

1.2.4. 구동축(drive shaft)

① FF자동차에서 차동기어(differential gear)로부터 구동바퀴로 동력을 전달하는 축이며, 동력을 보다 원활하게 전달하기 위해 좌우축의 길이가 같은 형과 트랜스액슬의 위치에 따라 보조축을 사용하는 형이 있다(대부분 양축 길이가 상이하다).

② 등속이음은 바퀴의 상하운동에 의한 구동축의 각도와 길이의 변화를 흡수하기 위해 바퀴측(내측)에는 버필드형 이음을 차동 기어측(외측)에는 트리포드형 또는 더블 오프셋형 이음을 사용하고 있다.

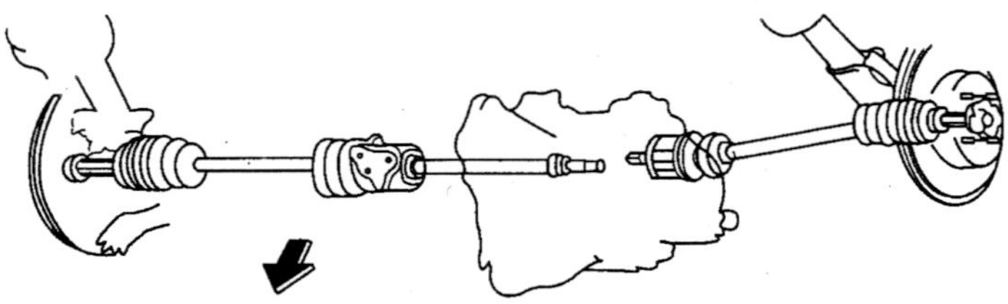

그림 4-21. 앞바퀴 구동 차축

1.3. 종감속 기어와 차동기어

1.3.1. 종감속 기어(final reduction gear)

[1] 종감속 기어(final reduction gear)의 기능

FR자동차의 경우는 엔진의 동력을 변속기에서 변환시켜 추진축과 자재이음을 통하여 종감속 및 차동기어를 거쳐 구동축에 연결되나, FF자동차의 경우는 구동축을 통해서 구동바퀴로 회전력을 전달한다. 종감속 기어는 주행에 필요한 충분한 회전력을 확보하고, FR차량의 경우에는 추진축의 회전을 구동축에 직각으로 전달하는 기능도 담당한다. 종감속 기어는 구동 피니언(drive pinion)과 링 기어로 구성되어 있고 종감속 기어와 차동기어를 일체로 리어 액슬 하우징(rear axle housing)내에 조립되어 있다.

종감속 기어는 추진축의 회전력을 직각으로 전달하며 엔진의 회전력을 최종적으로 감속시켜 구동력을 증대시킨다. 이 장치는 구동 피니언과 링 기어로 구성되며 구동 피니언과 링 기어의 조합에 따라 웜과 웜 기어(worm and worm gear), 베벨 기어(bevel gear), 하이포이드 기어(hypoid gear)가 있다.

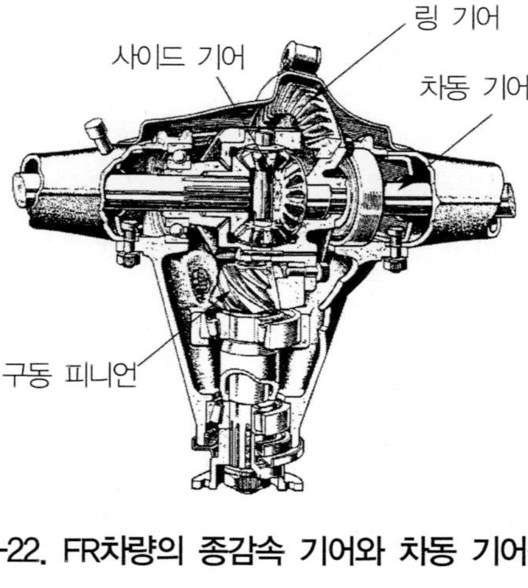

그림 4-22. FR차량의 종감속 기어와 차동 기어장치 구조

[2] 종감속 기어의 종류

(1) 웜과 웜 기어

이 기어는 추진축의 끝부분에 웜을 설치하여 웜 기어와 조합한 것이며, 웜은 강(鋼)이고 웜 기어는 구리 합금(合金)이다. 이 기어의 특징은 큰 감속비를 얻을 수 있고 자동차의 높이를 낮출 수 있으나 전동 효율이 낮고, 발열현상이 크다.

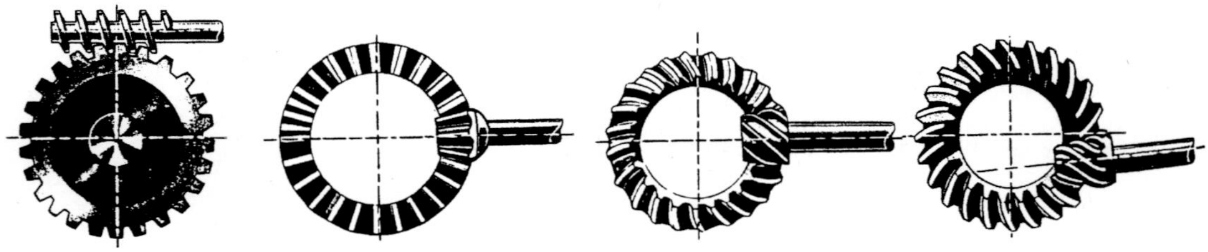

(a) 웜기어 (b) 스퍼 베벨 기어 (c) 스파이럴 베벨 기어 (d) 하이포이드 기어

그림 4-23. 종감속 기어의 종류

(2) 베벨 기어

초기에는 스퍼 베벨 기어(spur bevel gear)를 사용하였으나 최근에는 스파이럴 베벨 기어(spiral bevel gear)를 사용하고 있다. 스파이럴 베벨 기어는 스퍼 베벨 기어에 비해 구동 피니언과 링 기어가 서로 교차되어 있고 기어의 이가 각각 비틀려 있어서 물림률이 크고, 회전이 원활하며, 전동 효율이 높고 마모도 작다. 또한, 진동과 소음이 적고 제작이 간단하나, 구동 피니언이 회전할 때 추력(thrust)이 발생하므로 테이퍼 롤러 베어링(taper roller bearing)을 사용해야 한다.

(3) 하이포이드 기어

하이포이드 기어는 스파이럴 베벨 기어와 치형은 같지만 구동 피니언과 링 기어를 옵셋(offset : 편심)시켜 물리게 한 것으로 승용차 뿐 아니라 대형차에도 사용하고 있다.

[하이포이드 기어의 장단점]

장 점	단 점
① 자동차의 중심을 낮추어 안정성을 높일 수 있으며, FR 승용차에서는 뒷좌석의 거주성이 좋다. ② 구동 피니언의 강도를 높일 수 있다. 동일한 감속비, 링 기어에서 구동 피니언의 외경을 크게 할 수 있고, 따라서 접촉면적도 크기 때문이다. ③ 이의 물림률이 크기 때문에 보다 정숙한 운전이 가능하다.	① 기어 치형이 이 폭 방향으로 접촉을 하므로 압력이 크게 발생하기 때문에 극압성 윤활유를 사용해야 한다. ② 제작이 어렵다.

일반적으로 옵셋 양은 링 기어 직경의 10~20% 정도이고, 종감속 기어의 이는 스퍼 기어와 같이 직선으로 되어 있지 않고 곡선으로 되어있기 때문에 토크 전달시 피니언과 링 기어 축방향에 큰 스러스트(thrust : 추력) 하중이 발생한다. 이 때문에 구동 피니언과 차동 기어 케이스는 기어 캐리어에 대해 테이퍼 롤러 베어링(taper roller bearing)으로 지지되어 있다.

[3] 종감속비와 총감속비

(1) 종감속비의 정의

종감속비(i_f) = 출력기어 잇수/입력기어 잇수
= 링 기어의 잇수/구동 피니언의 잇수 ……………………………(4-4)

① 종감속비는 정수값으로 하지 않는다. 그 이유는 특정의 이 위치에서 항상 물리는 것을 방지하여 이의 편마멸을 방지하기 위함이다.

② 종감속비는 엔진의 출력, 차량 중량, 가속성능, 등판능력에 따라 정해지므로, 종감속비를 크게 하면 가속성능과 등판능력은 향상되나 고속성능이 저하된다. 승용차의 경우는 4~6, 버스나 트럭에서는 5~8로 되어 있다.

따라서 고속성능이 저하하기 때문에 트럭과 버스와 같이 하중에 민감한 차량에서는 종감속을 2단으로 한다. 이 이유는 중부하에서 회전력이 큰 차량으로의 역할을 하고 경부하에서는 고속으로 주행을 할 수 있기 때문에 차량의 운용 효율을 향상시키기 위한 것이다.

(2) 총 감속비의 정의

총 감속비(i_t) = 변속비(i_m) × 종감속비(i_f) ……………………………………(4-5)

1. 3. 2. 차동기어(differential gear : 디퍼렌셜 기어)

[1] 개요 및 구성

자동차의 양쪽바퀴가 미끄러지지 않고 선회시 원활하게 회전하려면 외측바퀴가 내측바퀴보다 더 많이 회전되어야 하고 또한, 울퉁불퉁한 도로를 주행할 경우에도 양쪽 바퀴의 회전수가 달라져야 한다.

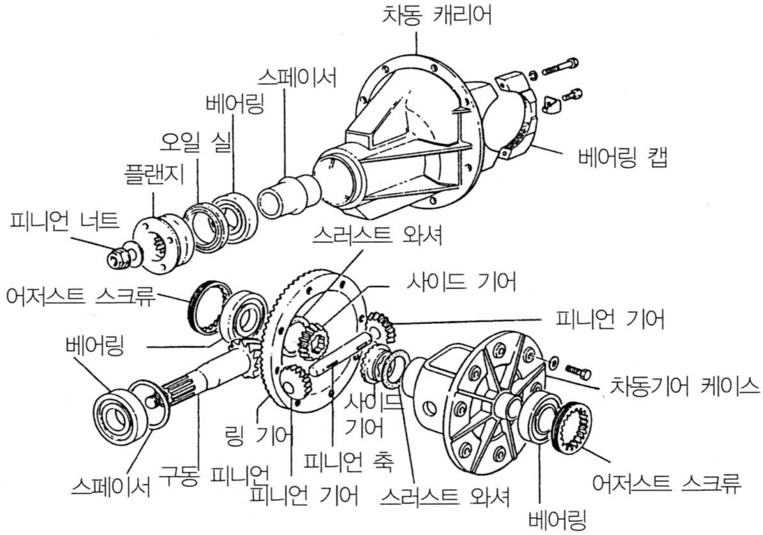

(a) 차동기어의 구조

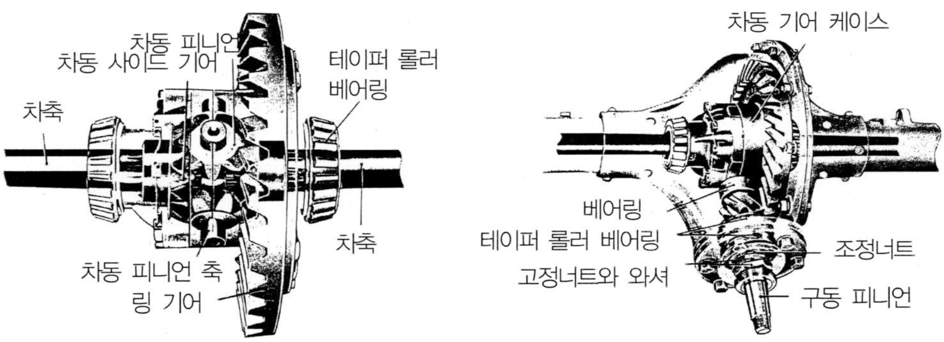

(b) 차동기어의 작동

그림 4-24. 차동기어의 구조 및 작동

이와 같은 작용을 하는 것이 차동 기어장치이며 그 구성은 차동 사이드 기어, 차동 피니언 및 차동 피니언 축, 케이스 등으로 되어 있다. 차동기어 케이스는 링 기어와 일체로 되어 있기 때문에 토크는 추진축 → 구동 피니언 → 링 기어 → 차동 케이스 → 피니언 축(차동 피니언) → 사이드 기어 → 액슬축의 경로를 따라 전달된다.

[2] 차동 기어(differential gear)의 기능

자동차가 회전할 때 좌우 바퀴에 작용하는 부하에 따라 양 바퀴의 회전수를 달리하여 자동차가 원활하게 회전할 수 있도록 하는 장치이다. FF차량의 경우 변속기 내부에 종감속 기어와 함께 연결되어 있다.

[3] 작동원리 및 구조

상하로 섭동하는 래크 A, B사이에 피니언 C를 둔 장치에서 피니언을 위쪽으로 잡아 당겼을 경우를 고려하면 그림 4-25(a)와 같이 양쪽 래크 위에 동일 중량의 무게를 올려놓았을 경우에는 피니언에 걸리는 저항이 일정하기 때문에 피니언이 자전하지 못하고 래크 A, B가 동시에 상승한다.

그림 4-25(b)와 같이 B의 무게를 가볍게 하고 피니언을 들어 올리면 양쪽의 무게차로 인해 저항이 상이하여 피니언은 가벼운 쪽의 래크 B를 들어 올리는 방향으로 자전하여 양쪽 래크가 올라간 거리의 합이 피니언을 들어 올린 거리의 2배가 된다.

이와 같은 원리를 이용한 것이 차동 기어장치이며 그림 4-26과 같이 양쪽의 래크를 베벨 기어로 바꾸고 이것에 좌우 양쪽의 차축을 연결한 후에 차동 피니언을 종감속 기어로 돌리게 한 것이다.

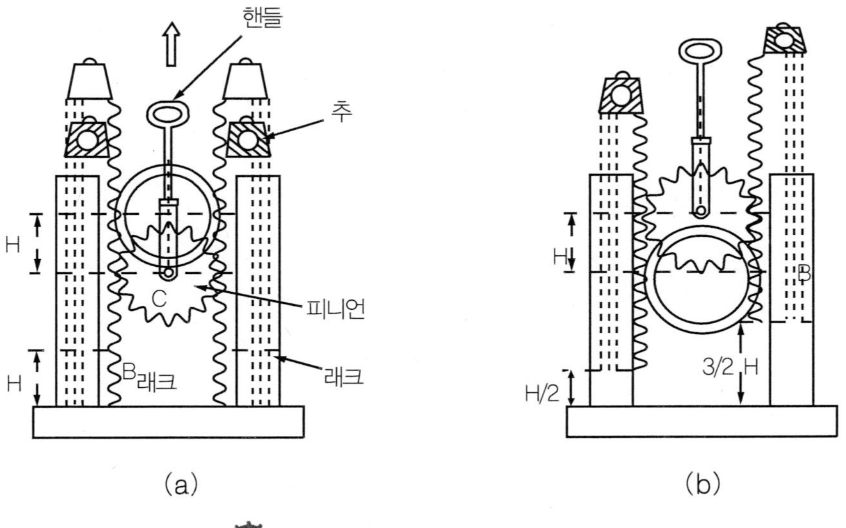

그림 4-25. 래크와 피니언의 원리

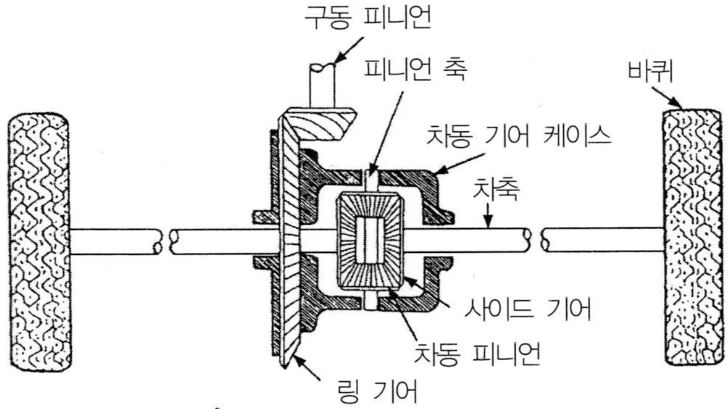

그림 4-26. 차동 기어장치

(1) 작동

차동 피니언이 링 기어에 의해서 공전할 경우 좌우의 사이드 기어가 회전한다. 자동차가 평탄로를 직진할 경우에는 좌우 구동바퀴의 회전 저항이 동일하기 때문에 좌. 우의 사이드 기어는 동일 회전수로 피니언의 공전에 따라서 움직여 전체가 하나로 되어 회전한다.

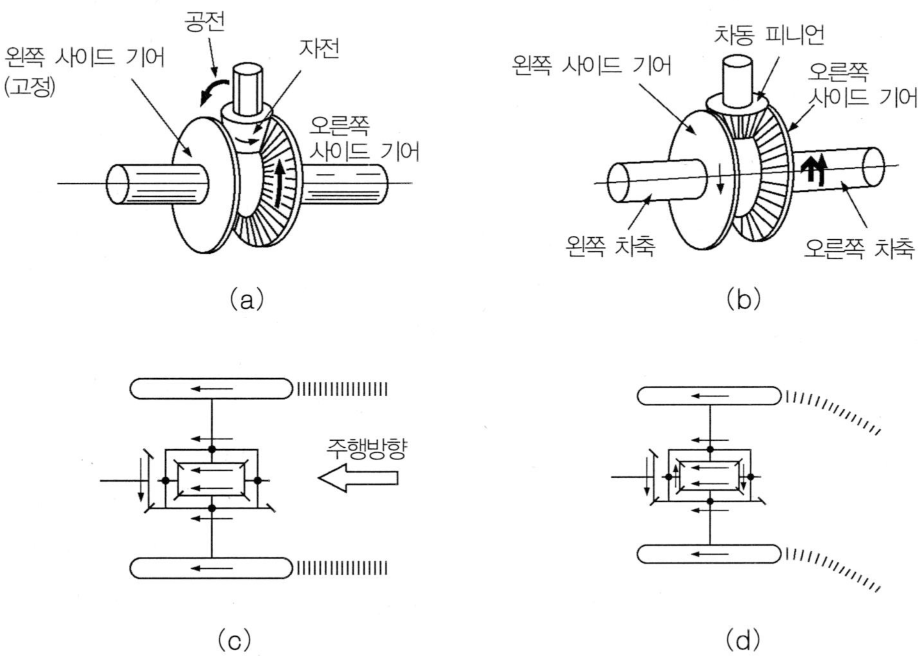

그림 4-27. 차동 기어장치의 작동원리

그림 4-27(a)은 한쪽의 사이드 기어를 고정한 경우이고 이것은 오른쪽 구동바퀴가 도랑 등에 빠진 경우와 같다. 이 경우에는 차동 피니언이 공전하려면 고정되어 있는 오른쪽 사이드 기어 위를 굴러가지 않으면 안되기 때문에 자전을 시작하여 오른쪽 사이드 기어가 구동한다.

그림 4-27(b)은 양쪽 구동바퀴를 잭 등과 같은 것으로 들어 올리고 한쪽 바퀴를 한 손으로 회전하였을 경우이며 차동 피니언이 공전하지 않기 때문에 다른 쪽의 바퀴가 반대방향으로 회전한다. 차동 작동은 좌우 구동바퀴의 회전저항의 차이에 의해서 발생하는 것이고, 바퀴는 통과하는 노면에 따라서 회전하기 때문에 선회시 내측 바퀴는 외측 바퀴보다도 저항이 커져서 회전수가 감소되며 그 분량만큼 반대쪽의 바퀴를 가속하게 된다.

1.4. 자동 차동 제한장치(LSD : limited slip differential)

1.4.1. 자동 차동 제한장치의 개요

① 차동 기어장치는 자동차가 곡선로를 선회할 경우 반드시 있어야 하는 장치이기는 하나 때로는 주행에 불편을 주기도 하는 장치이다. 즉, 한쪽 바퀴가 진흙길에 빠졌을 경우에 다른쪽 바퀴는 노면의 저항을 받으나 한쪽은 거의 저항을 받지 않으므로 노면에 있는 바퀴는 동력을 받지 못하고 빠진 바퀴에만 동력이 전달되어서 공전하는 상태로 되어서 자동차의 주행이 불가능하게 된다.

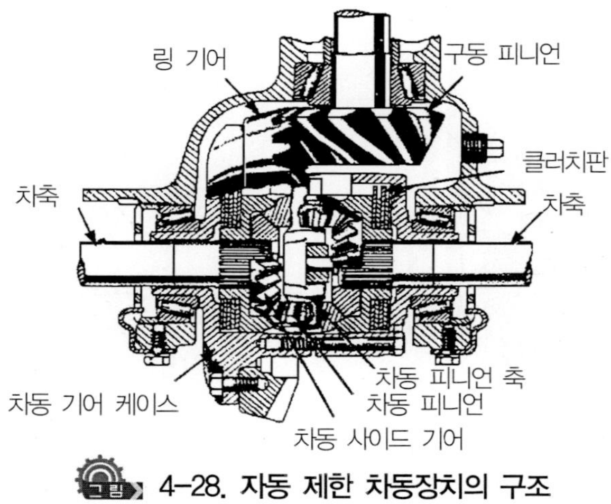

그림 4-28. 자동 제한 차동장치의 구조

이와 같은 경우 차동 기어장치를 정지시키면 진흙탕 길에서 탈출할 수 있어 요즈음의 자동차에는 자동제한 차동 기어장치 또는 차동 고정장치를 사용한다.

② 차동 기어장치를 설치한 자동차는 울퉁불퉁한 노면을 주행할 경우 양 구동바퀴에 작용하는 저항이 동일하지 않기 때문에 차동 기어장치가 작동하여 주행 중 꼬리 흔들림 운동(fish tail motion)이 발생하기 쉽고 가속, 선회할 경우 바퀴가 공회전 하기 쉽다. 이와 같은 단점을 보완한 것이 자동 제한 차동장치이다.

[1] 장점

① 미끄러운 노면에서의 출발이 용이
② 미끄럼이 방지되어서 타이어의 수명을 연장하는 것이 가능
③ 고속 직진 주행시 안전성 양호
④ 요철 노면 주행시 후부의 흔들림(fish tail motion) 방지

1.4.2. 자동 차동 제한장치(LSD)의 종류

[1] 크라이슬러 슈어 그립형

(1) 구조 및 기능

① 마찰 클러치를 사용하여 자동적으로 차동 기어장치를 제한하는 것이고 2개조의 클러치가 있으며, 차축과 차동기어 케이스를 잇는 부분이 다른 차동 기어장치와의 차이점이다.

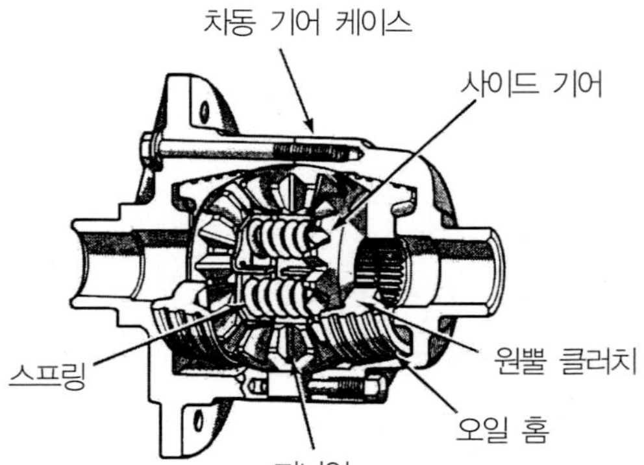

그림 4-29. 크라이슬러 슈어 그립의 구조

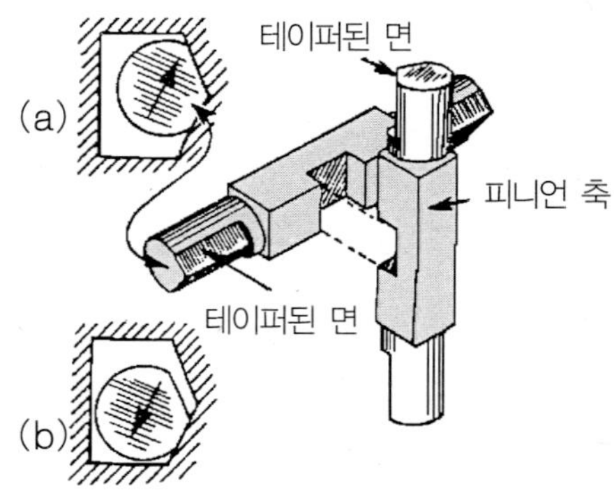

그림 4-30. 피니언 축

② 피니언축은 중앙에 홈이 있어 십자형으로 결합되고 차동기어 케이스에 결합되는 부분은 각각 V형태로 되어 있어 차동기어 케이스의 피니언 축 설치구멍은 V형태에 적절하게 되어 피니언축이 어느 정도 움직일 수 있도록 되어 있다.

③ 클러치는 차동기어 케이스의 스플라인을 통해서 끼워져 있는 구동판과, 차동 사이드기어 링(스러스트 멤버)에 스플라인을 통해 끼워져 있는 피동판으로 구성되어 있고, 차동기어 케이스의 회전력을 이들의 압착력에 의해서 사이드기어 링에 동력을 전달한다. 또한, 사이드기어 링과 차축은 스플라인을 두고 연결되어 있어서 클러치가 작동하면 동력은 곧바로 차축으로 전달된다.

(2) 작동

1) 직진할 경우

피니언 축은 각각의 클러치를 작용시키는 위치로 되어서 차동 기어장치의 작용을 하지 않고 전체가 일체로 되어 구동한다.

2) 선회할 경우(오른쪽으로)

① 오른쪽 바퀴의 저항이 작아져 왼쪽보다 회전이 빠를 경우 오른쪽 차축의 회전이 빠르게 되면서 차동기어 케이스가 그 다음이고 왼쪽 차축의 회전이 가장 느리다.

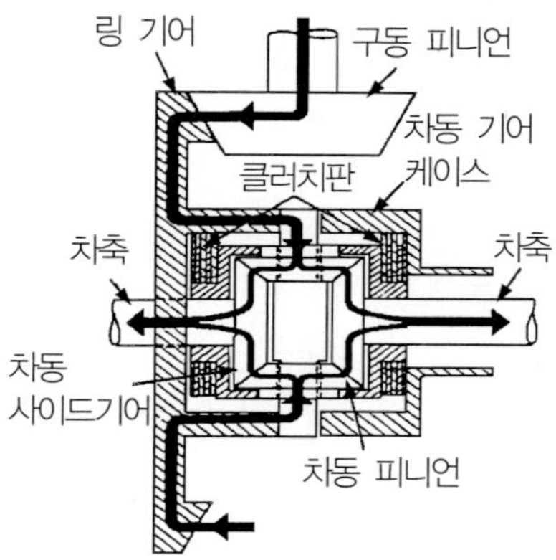

(a) 직진시

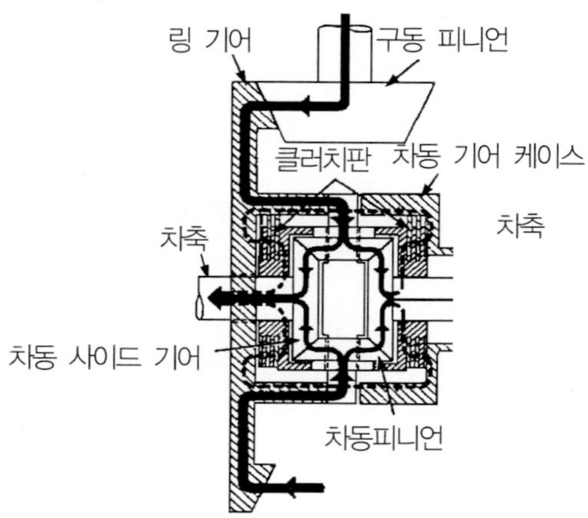

(b) 선회시

그림 4-31. 크라이슬러 슈어 그립의 작동

② 일반적인 차동 기어장치에서는 링 기어의 회전력이 양쪽의 액슬축에 동일하게 분배되지만 이 형태는 양쪽의 클러치가 피니언 축에 의해서 생기는 압착력하에서 미끄러지면서 회전하게 되어 회전이 빠른 오른쪽의 축이 클러치를 거쳐 차동기어 케이스를 구동하기 때문에 그림 4-31(b)의 점선으로 표시한 바와 같이 그 회전력은 왼쪽에 더하게 된다.

③ 한쪽바퀴가 진흙탕 길에 빠졌을 경우에는 타이어와 노면과의 점착력이 감소되어 일반적인 차동 기어장치가 부착된 차량에서는 빠진 바퀴에만 동력이 전달되어서 공전하기 때문에 탈출이 어려우나, 이 형식은 공전하는 바퀴쪽의 바퀴저항과 유사한 회전력이 그 반대쪽 바퀴에 더해지므로 손쉽게 탈출할 수 있다.

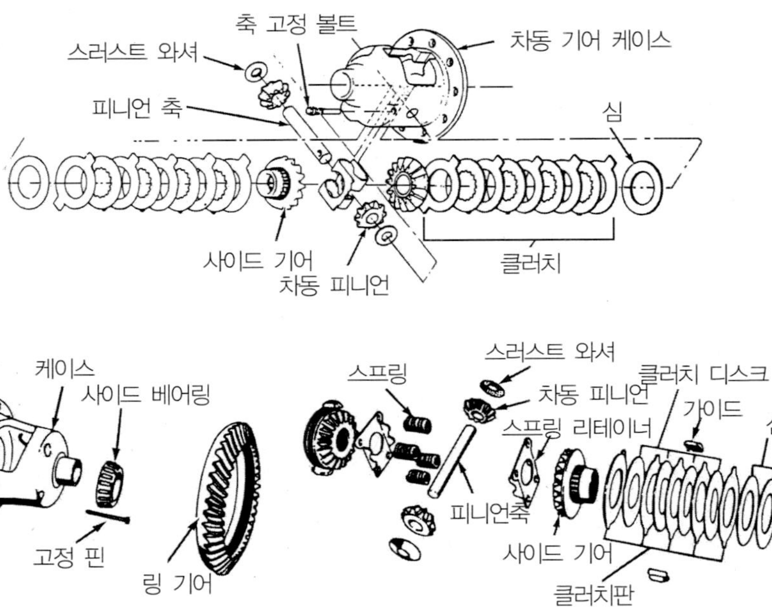

그림 4-32. 차동기어의 분해

(3) 점착력(adhesion force)

타이어와 노면과의 마찰력을 의미하며 구동바퀴에 작용하는 차량 총중량을 W, 점착계수를 μ 라고 하면 점착력 $F = \mu \cdot W$로 된다. 또한, 이 점착력은 자동차의 구동력이나 제동거리와도 관계가 밀접하다.

[2] 넌스핀(non-spin) 차동 기어장치

① 대형트럭에 주로 사용하고 있으며, 도그 클러치를 이용하는 방식으로 되어 있는 것으로서 스파이더는 4개의 돌기에 의해서 차동기어 케이스에 고정되어 있고 이 양쪽면에는 도그 클러치의 이가 파져 있어서 여기에 클러치가 물려져 있다. 내부에는 중심 캠이 설치되어 있다.

② 스냅링에 의해 설치되는 중심 캠은 키와 키 홈에 의해서 어느 정도로 회전할 수 있게 되어 있을 뿐만 아니라 양쪽 면에는 네모꼴의 캠 이가 파져 있어 클러치의 캠 이와 맞물려 있다.

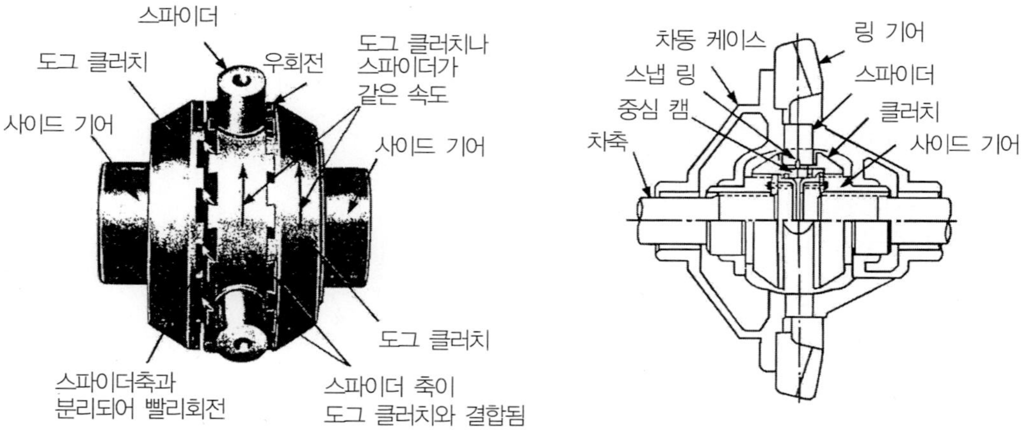

(a) (b)

그림 4-33. 넌스핀 차동 기어장치의 구조

③ 클러치는 사이드 기어의 스플라인에 끼워져 있고, 스파이더와 중심캠에 접하는 면에는 각각에 알맞는 이가 방사선으로 파져 있으며, 스프링에 의해 스파이더와 중심 캠에 압착되어 있다. 클러치 이에는 적절한 백래시가 주어져 있고 사이드 기어는 스플라인으로 차축과 클러치에 끼워져 차동 기어 케이스에 지지되어 있다.

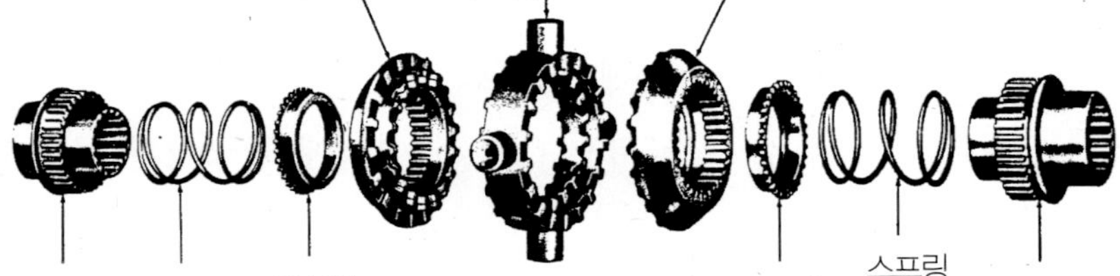

4-34. 넌스핀 차동 기어장치의 분해구조

(1) 직진할 경우

차동기어 케이스에서 스파이더, 클러치, 사이드 기어, 차축의 순서로 동력이 전달되어 직진상태를 유지한다. 스파이더와 클러치의 이의 관계에서 직진할 경우 클러치 이에 의해서 양쪽의 클러치가 구동한다.

(2) 선회할 경우

외측바퀴가 내측바퀴보다 빨리 회전하기 때문에 차축과 직결되어 있는 클러치가 이의 백래시 범위 내에서 회전방향으로 진행하게 된다. 이 때 중심 캠도 회전하려고 하나 키에 의해서 움직이지 못하게 된다. 왼쪽의 클러치와도 물려 있어서 움직일 수 없다. 이로 인해서 바깥 클러치가 중심 캠의 이에 의해 밀어 올려 져 스파이더와 클러치의 물림이 해방된다.

스파이더와 클러치의 물림이 해방되면 바깥 클러치가 양쪽 바퀴의 회전수 차이로 회전방향으로 진행되어 클러치의 이가 빠지게 된다. 이로 인해서 스프링의 힘으로 다음 이와 물리게 된다. 같은 작용을 반복하여 차동작용을 하고 선회시에는 외측 바퀴가 프리 휠링(free wheeling)이 되어서 내측바퀴만 구동한다. 한쪽 바퀴만 진흙탕 길에 빠졌을 경우에는 양쪽의 차축이 직결된 것과 같이 되어서 점착력이 적어진 쪽의 바퀴에 상관없이 주행할 수 있다.

자동제한 차동장치나 넌스핀 차동 기어장치를 가진 자동차는 한쪽 바퀴를 잭으로 들고 엔진 동력을 전달해서는 절대로 안된다. 그 이유는 잭으로 들어 올린 바퀴가 회전을 하여 자동차가 앞으로 진행하기 때문이다. 또한 자동제한 차동장치나 넌스핀 차동 기어장치에 사용되는 윤활유도 지정된 것을 반드시 사용해야 하는 것은 당연하다.

1.5. 차축(drive axle shaft)

차축은 자동차의 중량을 지지하면서 현가장치와 제동장치 등을 구비하고 바퀴를 이용하여 자동차를 전후 방향으로 구동시키는 역할을 한다. 또 차축은 바퀴에서 발생되는 추진력을 스프링, 토크튜브(torque tube) 등을 통해서 차체나 프레임 등에 전달한다.

1.5.1. 구동축의 분류

[1] 일체 차축식

하나의 차축으로 구성된 것으로 서 액슬 하우징 내에 차동장치나 차축을 내장하여 일체로 조합한 구조를 갖고 있다. 일체 차축식에는 다음과 같은 종류가 있다.

(1) 지지형식에 따른 분류

1) 전 부동식

자동차의 모든 중량을 액슬 하우징에서 지지하고, 차축은 동력만을 전달하는 형식이다. 무거운 중량에 견딜 수 있으므로 트럭이나 버스 등의 대형자동차에 주로 사용한다. 바퀴를 제거하지 않고도 차축을 빼낼 수 있는 특징이 있다.

2) 3/4부동식

차축은 동력을 전달하면서 자동차의 중량은 1/4 정도만 지지하는 형식이다. 소형차의 일부에 사용된다.

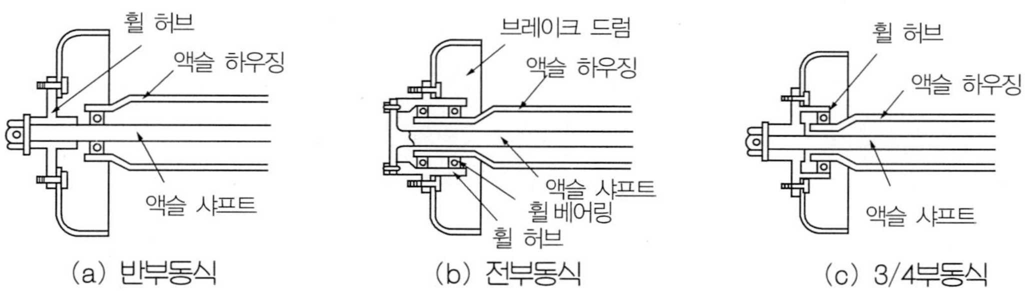

그림 4-35. 지지형식에 따른 분류

3) 반 부동식

차축은 동력도 전달하고 자동차의 중량도 1/2 정도 지지한다. 승용차와 같이 중량이 가볍고 높은 속도를 필요로 하는 자동차에 적합하다. 굽힘 및 비틀림 하중을 동시에 받는다.

(2) 액슬 하우징 형식에 따른 분류

1) 벤조형

벤조형은 취급 및 점검 정비가 용이하며, 대량생산에 적합하여 많이 사용된다. 그러나 구조상 강도가 약한 결점 때문에 소형차에 주로 이용된다.

2) 스플릿형

스플릿형은 강도에는 강하나 제작 및 정비가 어려운 결점이 있다. 강도가 커야할 필요가 있는 군용이나 대형자동차에 일부 사용되고 있으나 대부분의 자동차에는 채용되지 않는다.

3) 빌드업형

빌드업형은 일체로 만들어진 것으로 강도면에서는 제일 강하나 가공이나 정비가 매우 어려워 거의 사용되지 않는다. 특수용도의 자동차에만 부분적으로 이용된다.

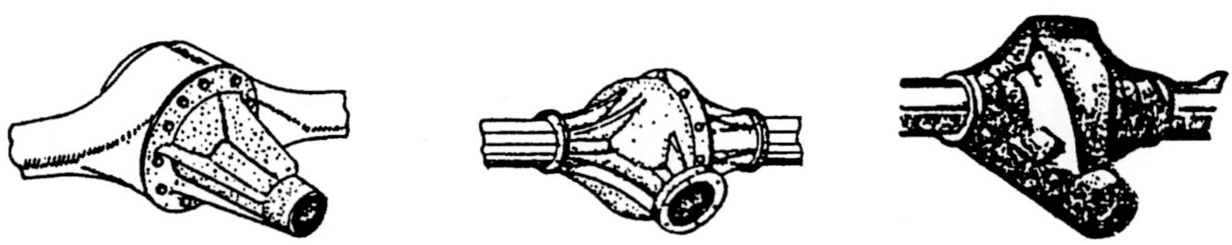

(a) 벤조형 (b) 스플릿형 (c) 빌드업형

그림 4-36. 액슬 하우징 형식

[2] 분리 차축식

이 형식은 동력을 전달하는 차축과 자동차 중량을 지지하는 액슬 하우징 또는 기타 기구를 별도로 조립한 방식을 말한다.

대개 차동장치는 차체에 직접 설치되고 차축에는 자재이음과 슬립이음이 조립되어 좌우가 각각 개별적으로 운동할 수 있게 되어 있으므로 독립 현가장치를 병용한다.

(1) 드 디온 차축식(de dion axle type)

스포츠카나 경주용 자동차에 일부 사용되며 현재 별로 사용되지 않고 있다. 동력전달은 안쪽 끝에 축 요크(shaft yoke)와 바깥 끝에 허브 요크(hub yoke)가 설치된 차축에 의해 이루어진다. 좌우 바퀴는 베어링 하우징에 연결한 액슬 튜브가 스프링에 의해 프레임으로 차량중량을 지지한다.

(2) 스윙 차축식(swing axle type)

좌우 바퀴는 액슬 하우징에 연결되어 있는 형식이며 차동장치를 섀시나 차체에 장착하고 차축에는 자재이음을 설치하여 자유롭게 상하로 움직일 수 있도록 된 구조로서 그림과 같이 설치되어 있다

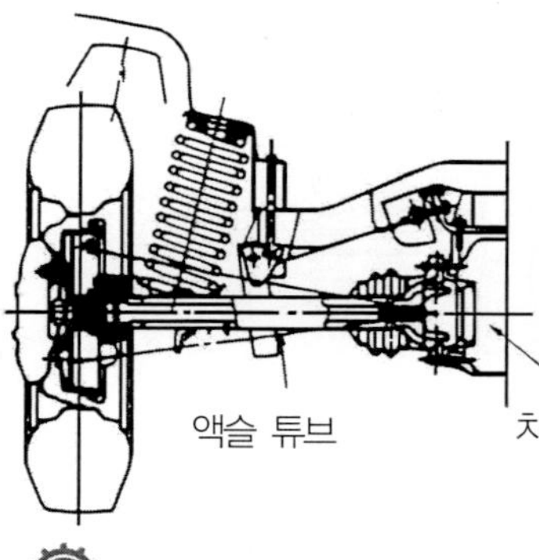

그림 4-37. 드 디온 차축식

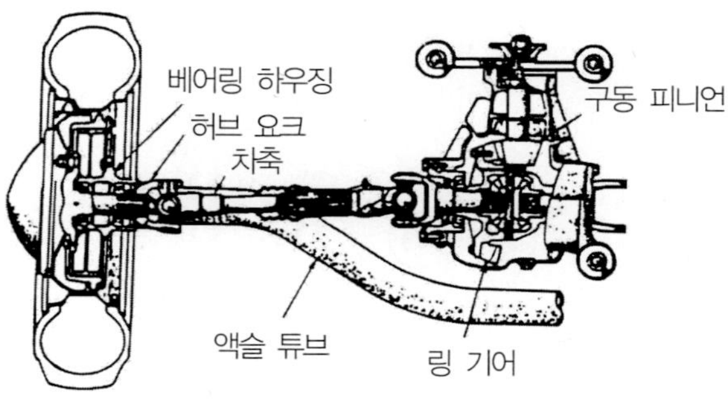

그림 4-38. 스윙 차축식

(3) 트레일링 차축식(trailing axle type)

차체 양쪽에 주행방향의 평행인 암(arm)을 설치하여 그 끝에서 차축을 지지하였다. 이때, 좌우의 차축은 자유로이 상하운동을 하는 구조로 되어 있다. 세미 트레일링은 차축에 볼(ball)의 스플라인을 설치하여 차체 체결부 핀을 중심으로 바퀴가 반원형으로 상하운동을 하는 형식이다.

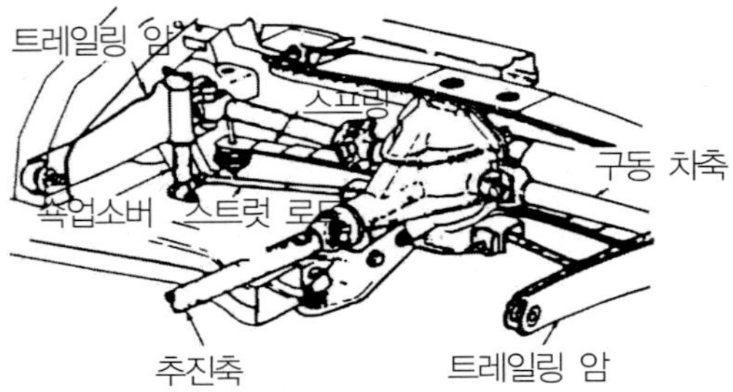

그림 4-39. 트레일링 차축식

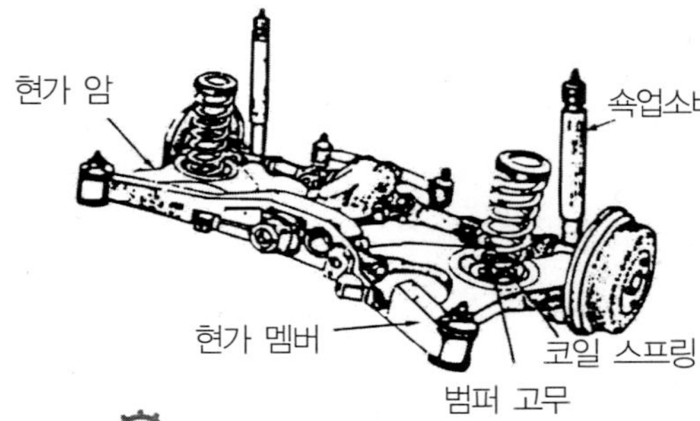

그림 4-40. 세미 트레일링 차축식

(4) 다이어거널 링크 차축식(diagonal link axle type)

이 형식은 V자형의 링크를 차체에 설치하여 그 끝에 액슬 하우징을 지지하면서 상하운동을 하는 형식이며 그림과 같은 구조로 되어있다. 이 형식은 링크와 뒤차축이 일치되어 상하운동을 하므로 축의 길이 변화가 없다.

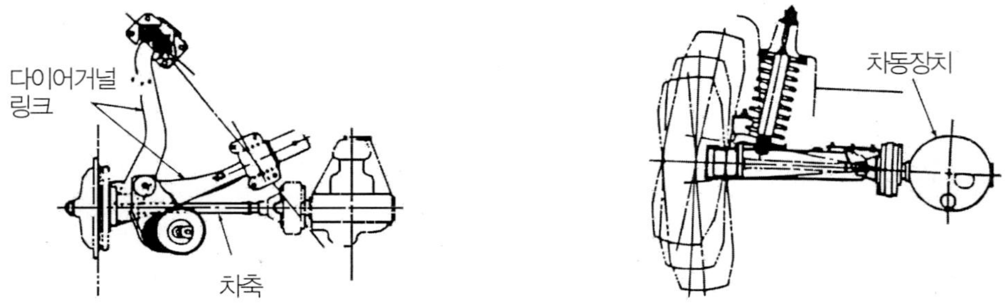

(a) (b)

그림 4-41. 다이어거널 링크 차축식

1. 5. 2. 뒤차축의 지지방식

뒤차축과 프레임, 섀시 스프링, 추진축 등의 상호관계를 고정 설치하고 구동력에 의해 섀시를 전·후진시키는 것으로, 다음과 같은 종류가 있다.

[1] 토크 암 형식(torque arm type)

토크 암 형식은 코일 스프링을 사용하여 구동륜의 추진력을 흡수시키기 위해 두 개의 암을 이용하여 구동축과 차체를 연결시킨 형식이다.

(a) 토크암식　(b) 토크 튜브식　(c) 호치키스 드라이브식

그림 4-42. 뒤 차축 지지방식

[2] 토크 튜브 형식(torque tube type)

토크 튜브 형식은 추진축을 내부에 두고서 뒤차축에 작용하는 회전력은 튜브가 흡수하는 형식이다.

[3] 호치키스 드라이브 형식(hotchkiss drive type)

호치키스 식은 2개의 섀시 스프링을 사용하여 회전력, 구동력, 제동력 등의 반작용을 판스프링에서 흡수하는 구조이며, 특징은 다음과 같다.

① 자동차의 중량을 지지하고 노면으로부터 오는 충격을 완화시킨다.

② 추력, 인장력, 구동력, 제동력의 반력에 견딜 수 있는 강한 스프링이 필요하다.

③ 전장이 짧고 강한 탄성의 섀시 스프링을 사용하는 버스나 트럭에 사용한다.

1.5.2. 앞 차축 구동방식과의 비교

FF형의 승용차와 4WD형의 경우 앞차축을 구동하게 된다. 이 방식의 경우 등속도 자재이음을 이용한 구동축을 많이 사용한다. 차동기어를 통한 구동력은 구동축과 액슬 허브를 통해 차륜에 전달되며, 차의 하중은 차륜에서 액슬 허브를 통하여 허브베어링에 전달된 반력이 너클과 현가 스프링을 통해 차체에 전달되고 지지된다.

앞바퀴의 허브베어링은 자동차의 상하전후의 하중은 물론 선회시에 발생하는 횡하중도 받기 때문에 부하용량이 큰 테이퍼 롤러베어링을 사용한다. 드디온 차축식, 스윙 차축식이 채용되고 있으며 그 중에서도 스윙 차축식이 주로 사용된다.

2 구동장치의 점검•정비

2.1. 추진축

① 자동차의 앞·뒤를 차례로 잭으로 들어올리고, 프레임 또는 차축의 알맞은 곳을 안전 스탠드로 지지한 다음 자재 이음 플랜지 요크를 구동 피니언 축에서 그림 4-43과 같이 떼어낸다.

② 추진축 어셈블리를 변속기 출력축으로부터 빼내고 익스텐션 하우징 구멍에 마개를 끼운다. 중간 베어링을 두고 있는 자동차에서는 중간 베어링 설치 클램프도 떼어낸다.

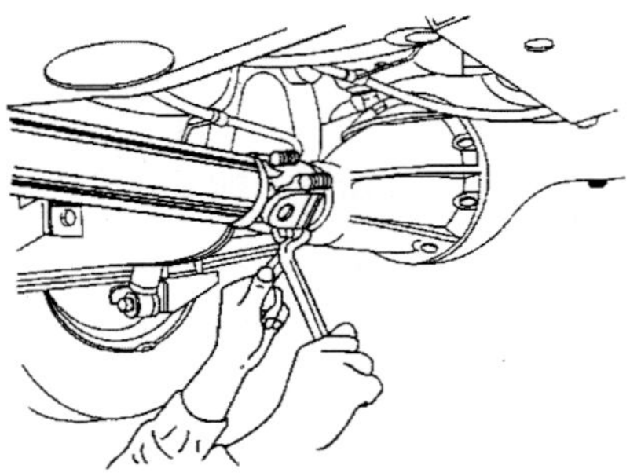

그림 4-43. 추진축 떼어내기

2.2. 드라이브라인

[1] 분해하기

① 추진축의 요크부분을 바이스에 물리고 플랜지 요크와 추진축 요크에 결합 표시를 한다.

② 스냅 링 플라이어로 스냅 링을 빼내고, 어댑터를 대고 바이스나 프레스로 십자축 베어링을 빼낸다.

③ 위와 같은 방법으로 모든 십자축 베어링을 빼내고, 십자축 베어링 컵에서 니들 롤러 베어링을 빼낸다.

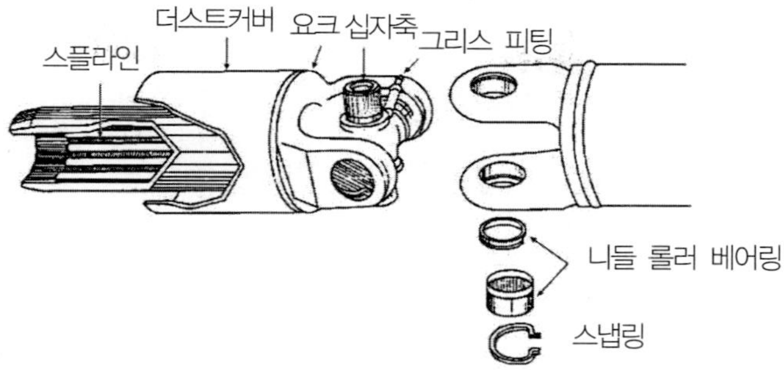

그림 4-44. 자재이음의 구성부품

[2] 점검 및 수정

① 모든 부품을 세척액으로 세척한 후 마른 헝겊으로 닦는다.

② 십자축, 요크, 스플라인 부분의 손상이나 마멸을 점검하고, 필요하면 교환한다.

③ V-블록과 다이얼 게이지를 이용하여 그림 4-45와 같이 추진축의 휨(한계값 0.5mm)을 점검하고, 필요하면 수정 또는 교환한다.

④ 추진축의 십자축 베어링 부분의 손상을 점검하고, 필요하면 수정 또는 교환한다.

⑤ 십자축 저널면의 부식과 마멸을 점검하고, 필요하면 교환한다.

⑥ 중간 베어링의 회전불량, 실의 손상 및 완충 고무의 노화 등을 점검하고, 필요하면 교환한다.

⑦ 휨을 측정할 때 다이얼게이지 움직임 양의 1/2를 읽으면 된다.

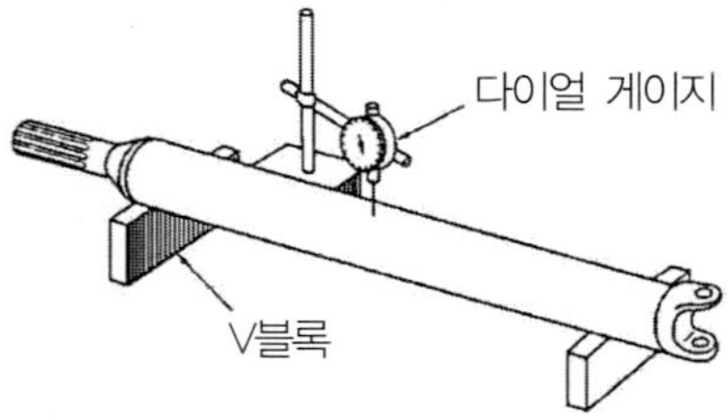

그림 4-45. 추진축의 휨 점검

[3] 자재이음 조립

① 십자축 베어링 컵에 커버를 끼우고 컵 안에 그리스를 바른 다음, 니들 롤러 베어링을 차례로 넣는다. O-링과 십자축 베어링 실을 끼운다.

② 십자축과 요크의 결합용 맞춤 표지에 맞춰 십자축을 요크에 끼우고, 한쪽의 십자축 베어링을 자재이음 어댑터에 대고 바이스나 프레스를 사용하여 압입한다. 다른 한쪽도 같은 방법으로 끼운다.

③ 십자축의 엔드 플레이를 조정한다. 십자축의 엔드 플레이가 규정 값 이하로 되고 양쪽의 스냅 링의 두께가 같게 되도록 스냅 링을 선택하여 끼운다. 다른 한쪽의 십자축도 같은 순서에 따라 조립한다.

④ 슬리브 요크 또는 플랜지 요크가 좌우, 앞뒤로 원활하게 움직이는지를 점검한다.

2.3. 드라이브 샤프트(drive shaft)

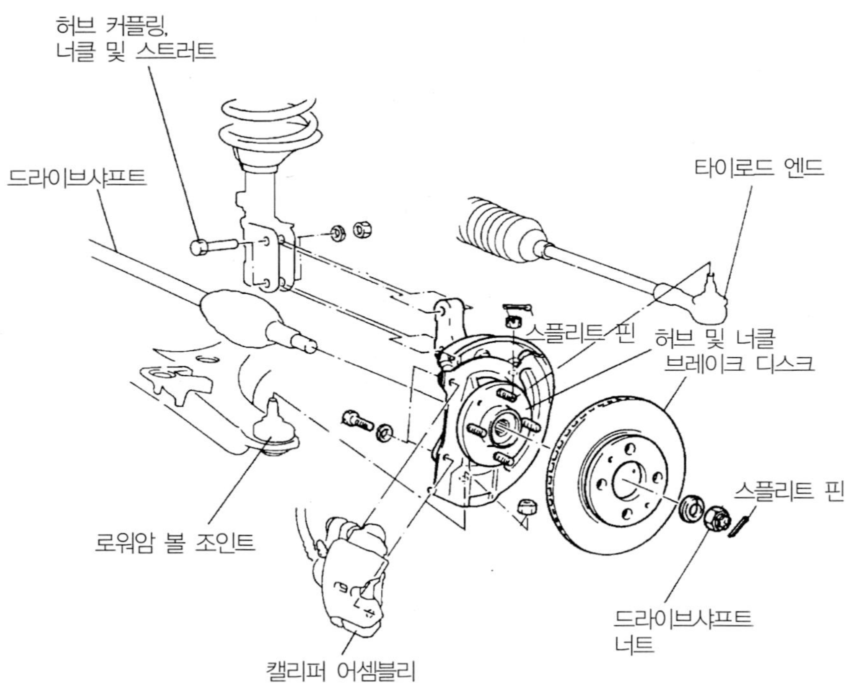

그림 4-46. 전륜 구동축

[1] 탈거

① 특수공구를 사용하여 너클(knuckle)에서 타이로드 엔드를 분리한다.

② 특수공구를 사용하여 너클에서 로우 암 볼 조인트를 분리한다.

③ 트랜스액슬 케이스 및 드라이브 샤프트 사이에 프라이 바(pry bar)를 끼운 다음 트랜스액슬에서 드라이브 샤프트를 민다.

④ 특수공구를 정확하게 고정하였는지 확인한다.

⑤ 드라이브 샤프트는 더블 옵셋 조인트의 손상 때문에 플라이 바를 사용해야 하며, 오일실이 손상될 염려가 있으므로 플라이 바를 너무 깊게 끼우면 안된다.

⑥ 특수공구를 사용하여 허브에서 드라이브 샤프트를 분리한다.

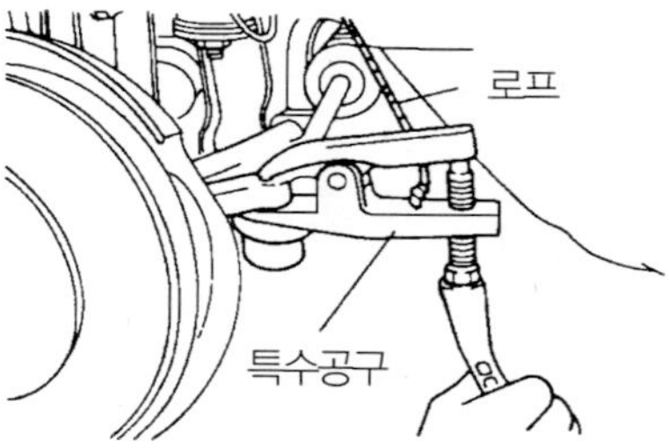

그림 4-47. 타이로드 엔드 분리

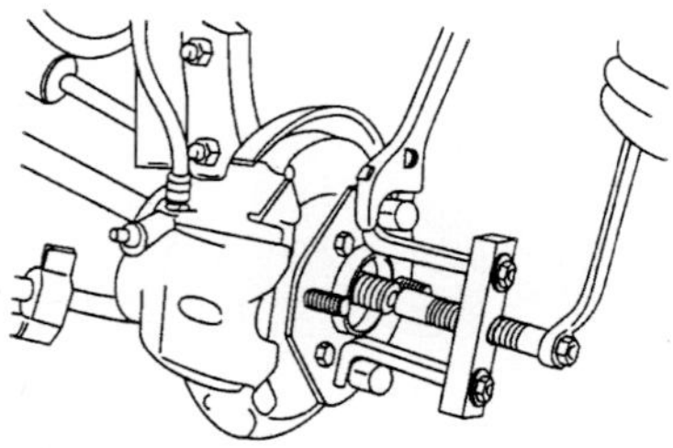

그림 4-48. 드라이브 샤프트 분리

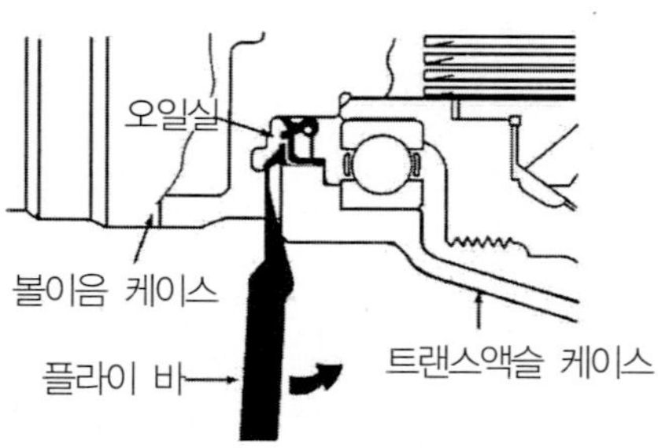

그림 4-49. 트랜스액슬 케이스로부터 드라이브 샤프트 빼내기

[2] 점검

① 드라이브 샤프트 부트의 균열, 마모를 점검한다.

② 스플라인 부의 마모, 손상을 점검한다.

③ 볼 조인트의 작동상태를 점검한다.

[3] 분해

① 스냅링을 탈거한 후 더블 옵셋 조인트(DOJ) 케이지 및 볼 유닛을 분해한다.

② DOJ 내측 레이스, DOJ 케이지 및 볼을 분해하지 않고 세척한다.

③ 스플라인 부위의 그리스를 제거한다.

④ DOJ 부트 및 버필드 조인트(BJ) 부트를 분해한다.
⑤ 볼이 케이지에서 빠지지 않도록 주의한다.
⑥ 부트를 재사용하려면 테이프로 드라이브 샤프트의 스플라인부에 감아 부트를 보호한다.
⑦ BJ는 분해하지 않는다.

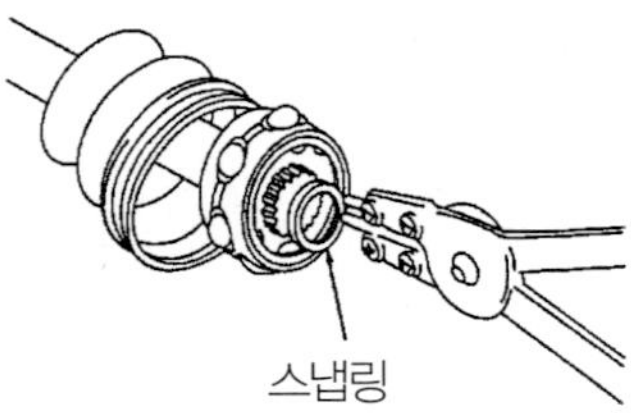

그림 4-50. DOJ 분해

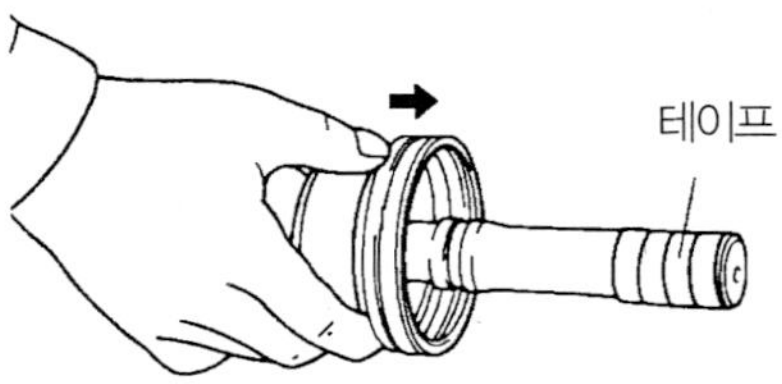

그림 4-51. 부트 재사용시

[4] 조인트 점검

① DOJ 외측 레이스, 내측 레이스, 케이지, 볼의 녹슴 또는 손상을 점검한다.
② 스플라인의 마모를 검사한다.
③ BJ부트에 물이나 이물질이 유입되어 있는지 확인한다.
④ BJ를 재사용하고자 할 때는 그리스를 닦아내지 않은 상태로 그리스 내에 이물질이 있는가를 확인하며, 필요시에는 BJ 어셈블리를 청소하고 그리스를 교환한다.

[5] 조립

① 드라이브 샤프트 스플라인, DOJ측에 테이프를 감아서 부트의 손상을 방지한다.
② 그리스를 드라이브 샤프트에 도포한 후에 부트를 장착한다.
③ 규정 그리스를 BJ 내부에 채운다.
④ 규정 그리스를 DOJ 내측 케이스에 도포한다.
⑤ 규정 그리스를 DOJ 외측 케이스에 채운 후 드라이브 샤프트를 DOJ 밴드간의 거리를 규정치로 한다.
⑥ DOJ 부트 내의 공기를 조절하기 위해서 부트 밴드를 조일 때 부트 밴드간의 거리를 규정치로 조정한다.

※ 부트 밴드간의 거리(A) : 83±2mm

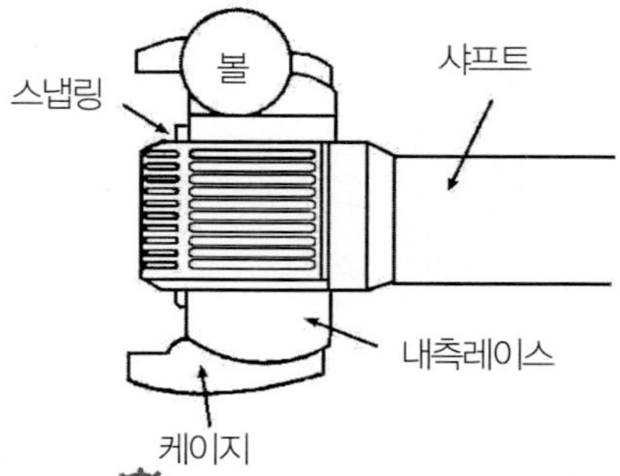

그림 4-52. 그리스 도포

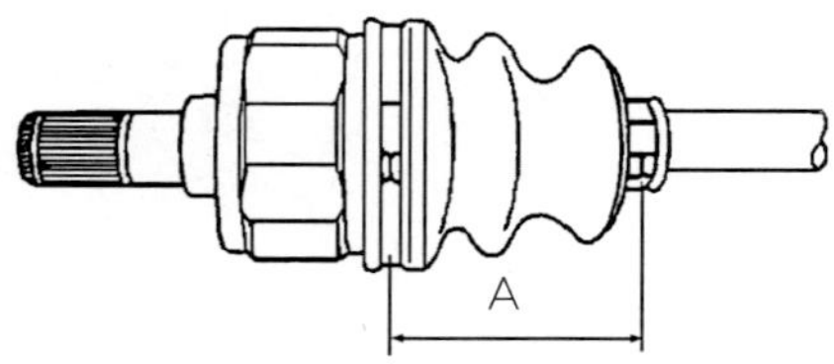

그림 4-53. 부트 밴드간의 거리

[6] 장착

① 스태빌라이저 링크를 스패너로 고정하고 셀프 록킹 너트를 채운다.

② 와셔 및 휠 베어링 너트를 규정치로 조인다.

③ 휠을 장착한 후 차량을 하부에 접지시키고 휠 베어링 너트를 조인다.

④ 스플리트 핀 홀의 위치가 맞지 않을 경우 최대 26kgf·m까지 너트를 조인다.

⑤ 스플리트 핀을 첫 번째 홀에 장착한다.

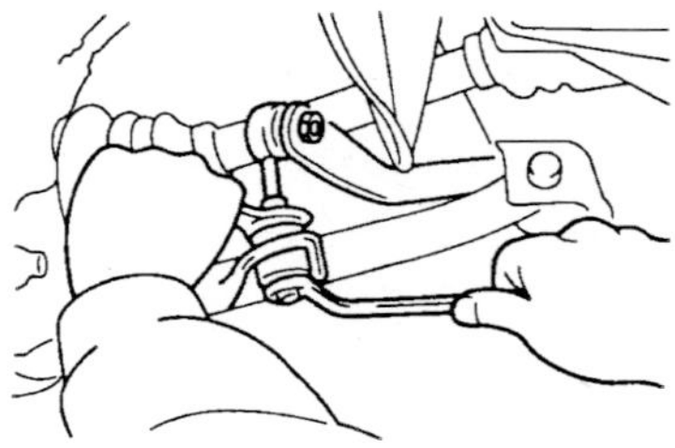

그림 4-54. 스태빌라이저 링크 조립

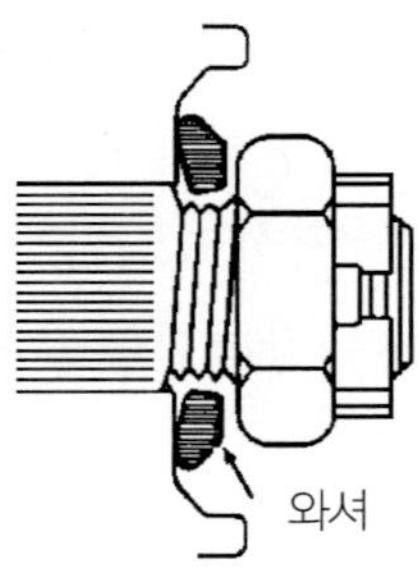

그림 4-55. 스플리트 핀 장착

2.4. 뒷차축 어셈블리

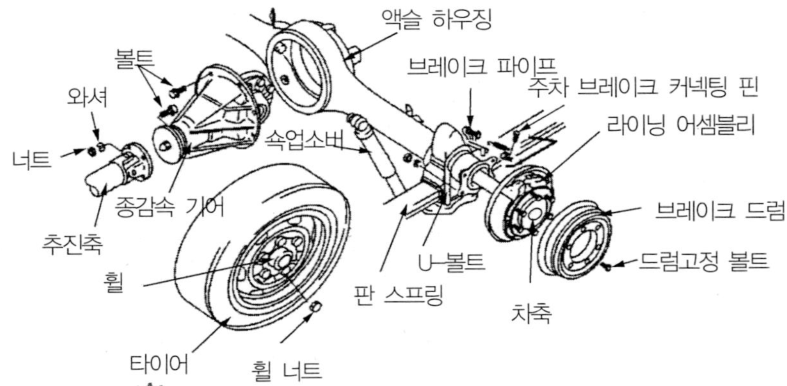

그림 4-56. 뒷차축 어셈블리의 구성부품

[1] 탈거

① 슈, 라이닝 어셈블리를 탈거한다.

② 주차 브레이크 케이블 접속을 분리한다. 링 스패너 렌치를 브레이크 케이블에 끼워 스토퍼 부분까지 밀어 넣고 주차 브레이크 케이블을 백킹 플레이트에서 탈거한다.

③ 브레이크 호스를 분리한다. 브레이크 호스를 분리하기 전에, 우측 브레이크의 공기 빼기 스크류에서 브레이크 오일을 뺀다. 브레이크 튜브의 너트를 풀어 브레이크 튜브와 브레이크 호스의 접속을 분리한다.

④ 추진축을 탈거하며, 컴패니언 플랜지(companion flange)와 플랜지 요크에 일치 표시를 하여 장착할 때 참고하고 추진축을 탈거한다.

그림 4-57. 뒷차축 탈거

⑤ 쇽업소버를 탈거한다.

⑥ U볼트를 풀어내기 위해 액슬 어셈블리를 잭으로 지지한 다음 U볼트를 풀어내고 액슬 어셈블리와 판 스프링을 분리한다.

⑦ 액슬 어셈블리는 차량 후방으로 빼낸다.

⑧ 뒷차축을 탈거하고 휨 및 런아웃을 점검한다(한계값 : 0.05mm 이하).

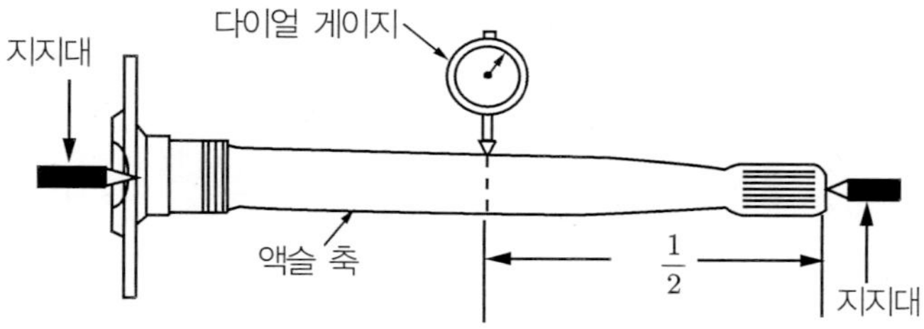

그림 4-58. 뒷차축 휨 점검

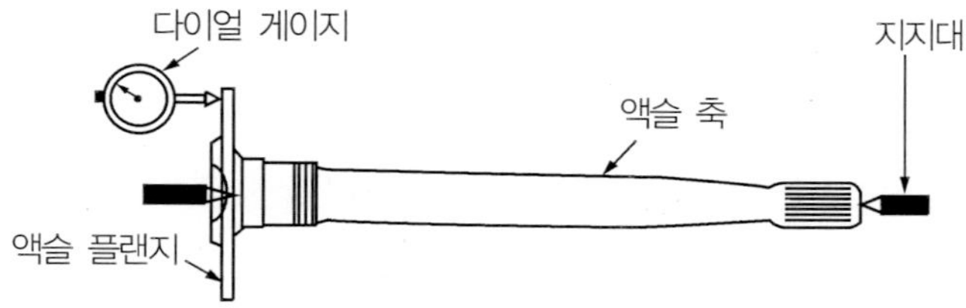

그림 4-59. 뒷차축의 런 아웃

[2] 장착

① 뒤차춧 어셈블리를 탈거의 역순으로 장착한다.

② 추진축을 장착한다. 플랜지 요크와 컴패니언 플랜지의 일치표시를 맞추어 추진축을 장착한다.

2.5. 종감속 차동기어

[1] 분해

① 사이드 베어링 너트는 특수공구를 사용하여 사이드 베어링 너트를 분해한다.

② 디퍼렌셜 케이스 어셈블리는 해머의 자루를 사용하여 분해한다.

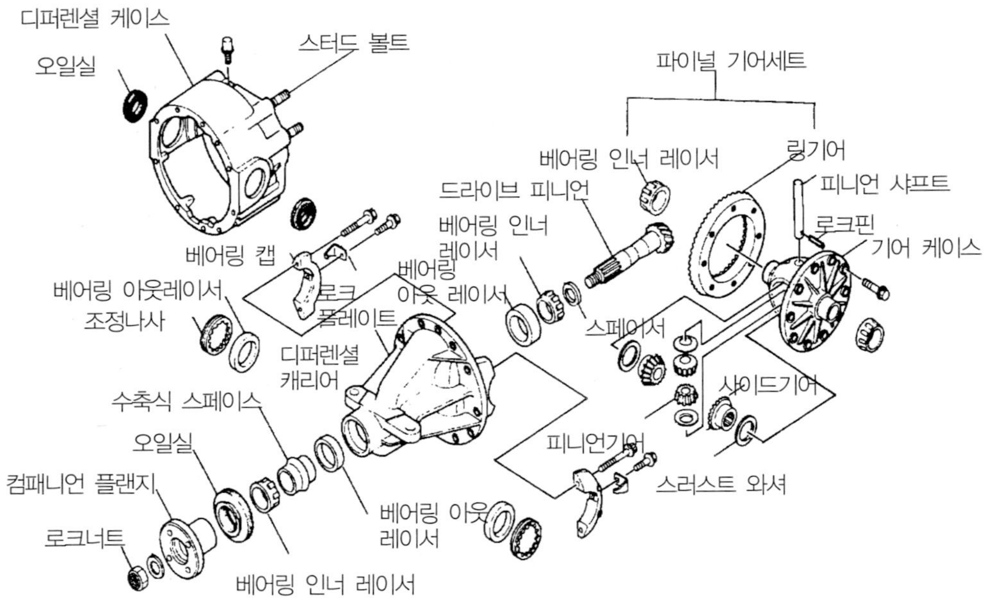

4-60. FR방식 종감속 차동 기어의 구조

③ 사이드 베어링 인너 레이스는 특수공구를 사용하여 분해한다.

④ 사이드 베어링 아웃터 레이스 좌·우를 구별하여 놓는다.

⑤ 특수공구의 발톱(claw)은 디퍼렌셜 측에 있는 노치부분의 2곳을 이용하여 사이드 베어링 인너 레이스를 장착한다.

⑥ 드라이브 기어와 디퍼렌셜 케이스에 일치표시를 하여 재조립시 참고하며, 드라이브 기어 조임 볼트를 대각선으로 풀어 드라이브 기어를 분해한다.

⑦ 록크핀을 펀치로 쳐서 빼낸다.

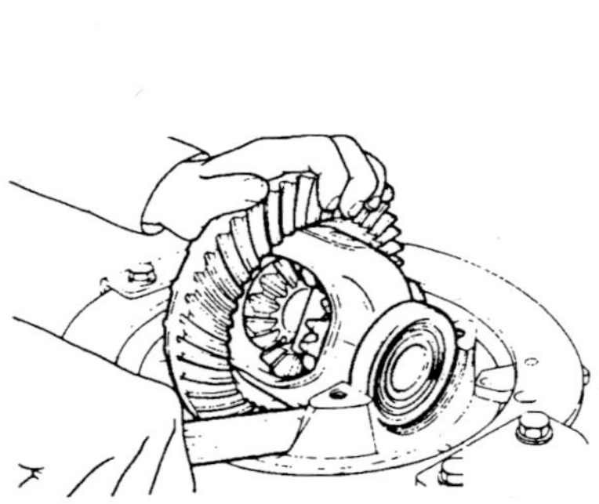

4-61. 디퍼렌셜 케이스 분리

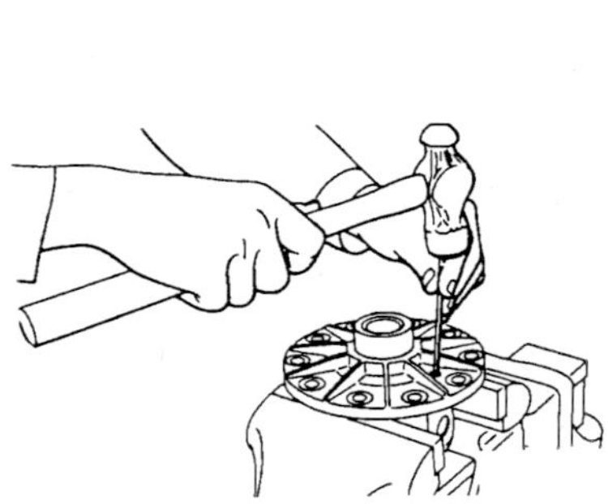

4-62. 록크 핀 제거

⑧ 셀프 록 너트를 특수공구로 컴패니언 플랜지를 지지한 후 컴패니언 조임 셀프 록 너트를 푼다.

⑨ 드라이브 피니언과 컴패니언 플랜지에 일치표시를 하여 재조립시 참고하며, 드라이브 피니언의 선단부분을 플라스틱 해머로 드라이브 피니언을 분해한다.

⑩ 일치표시는 컴패니언 플랜지와 추진축의 접합면에 표시하지 않는다.

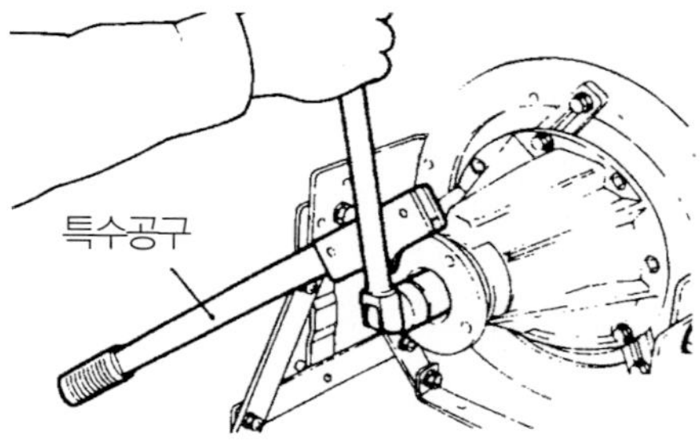

그림 4-63. 셀프 록 너트

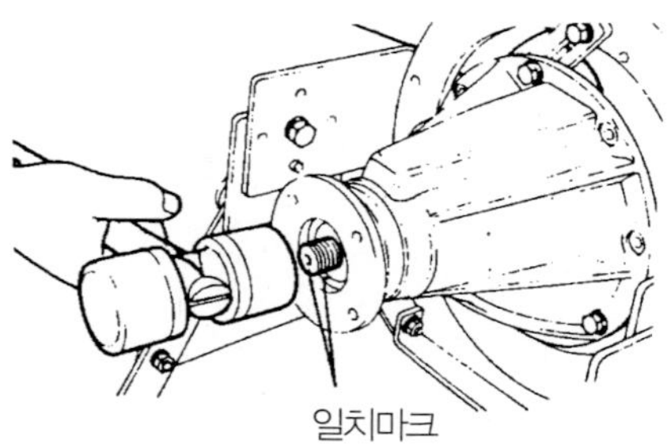

그림 4-64. 드라이브 피니언 분해

⑪ 드라이브 피니언 리어 베어링 인너 레이스는 특수공구를 사용하여 분해한다.

⑫ 드라이브 피니언 베어링 아웃터 레이스는 특수공구를 사용하여 오일실을 쳐서 빼낸다.

[2] 점검

① 각 기어의 소착, 마모, 손상

② 피니언 샤프트의 마모

③ 각 베어링의 소착, 변색, 롤러 궤도면의 거칠음

④ 기어 캐리어 및 디퍼렌셜의 균열, 손상

⑤ 오일실의 균열, 손상

[3] 조립

① 드라이브 피니언 리어 베어링 아웃터 레이스는 특수공구를 사용하여 기어 캐리어에 드라이브 피니언 리어 베어링 아웃터 레이스를 압입한다.

② 드라이브 피니언 프런트 베어링 아웃터 레이스는 특수공구를 사용하여 기어 캐리어에 압입한다.

③ 드라이브 피니언의 높이 조정을 한다.

④ 기어 캐리어에 특수공구와 드라이브 피니언 프런트 및 리어 베어링 인너 레이스를 조립한다.

⑤ 드라이브 피니언의 회전토크가 표준값이 될 때까지 특수공구의 너트를 서서히 재조임 한다.

⑥ 특수공구를 사용하여 드라이브 피니언의 회전토크를 측정한다.

※ 드라이브 피니언의 회전 토크 표준값 : 1.5~2.5kgf·cm

(a) 높이 조정 (b) 토크설정

그림 4-65. 드라이브 피니언

⑦ 아웃 레이스를 기울여 압입하지 않도록 유의 하며, 특수공구의 너트의 조임과 드라이브 피니언 회전토크의 측정은 교대로 실시한다.

⑧ 디퍼렌셜의 특수공구를 1회전시킬 수 없으므로 회전이 가능한 범위 내에서 수회 움직여 베어링의 작동상태를 원활하게 한 뒤에 회전토크를 측정한다.

⑨ 특수공구, 실린더 게이지를 기어 캐리어의 사이드 베어링 시트에 설치하고 특수공구 사이의 간극에 상당하는 드라이브 피니언 리어 심(shim)을 선택한다.

⑩ 사이드 베어링 시트를 깨끗이 청소하고 특수공구를 설치하는 경우는 반드시 노치 베어링 시트와 밀착되어 있는가를 확인하고 드라이브 피니언 리어 심의 선택은 최소 매수로 한다.

⑪ 선정된 드라이브 피니언 리어 심을 드라이브 피니언에 삽입하여 특수공구를 사용하여 드라이브 피니언 리어 베어링 인너 레이스를 압입한다.

⑫ 오일 실이 없는 경우 드라이브 피니언 회전 토크 조임은 드라이브 피니언을 기어 캐리어에 삽입하고 캐리어 프런트 측에서 드라이브 피니언 스페이스, 드라이브 프런트 심 및 드라이브 피니언 프런트 베어링 인너 레이스, 컴패니언 플랜지 순으로 조립한다.

⑬ 특수공구로 컴패니언 플랜지를 지지한 후 컴패니언 플랜지 조임용 셀프 록킹 너트로 조이고 특수공구를 사용하여 드라이브 피니언의 회전토크를 측정한다.

⑭ 회전토크가 표준치를 넘는 경우는 드라이브 피니언 프런트 심을 선택하여 조정한다.

⑮ 컴패니언 플랜지 및 드라이브 피니언을 다시 한번 분해하여 드라이브 피니언 프런트 베어링 인너 레이스를 기어 캐리어에 삽입한 후 특수공구를 사용하여 오일 실을 압입한다.

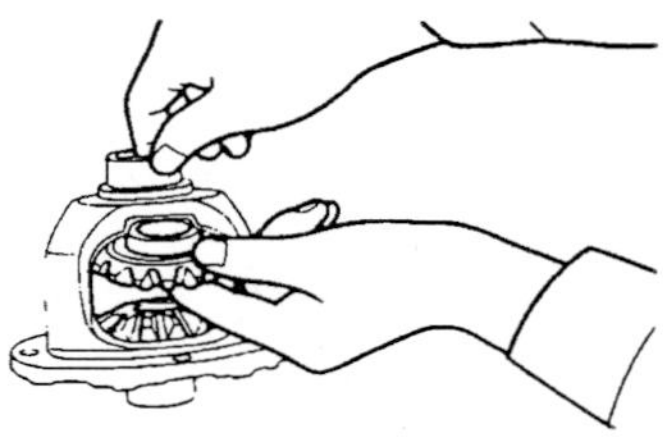

(a) 조립

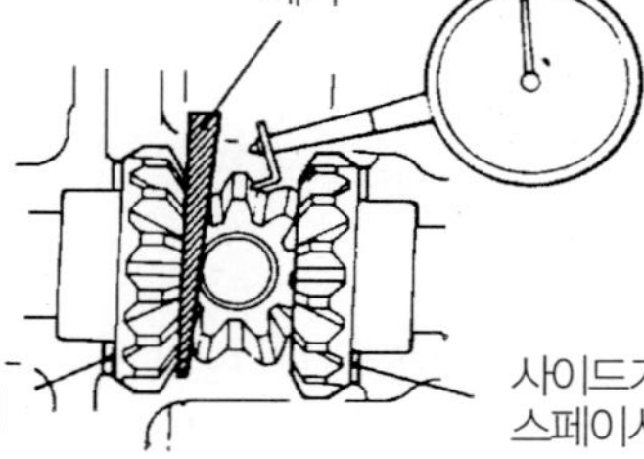

(b) 백래시

그림 4-66. 디퍼렌셜 기어 백래시

2.5.1. 기어의 간극(backlash)과 진원도(run-out)

① 사이드 기어, 사이드 기어 스페이스, 피니언 기어 및 피니언 와셔를 디퍼렌셜 케이스에 조립한다.

② 피니언 샤프트를 가볍게 조립하며, 사이드 기어와 피니언 샤프트의 사이에 목재 쐐기를 끼우고 다른 쪽의 사이드 기어를 고정한다.

③ 피니언 기어에 다이얼 게이지를 접촉시켜 디퍼렌셜 기어의 백래시가 규정값인가를 확인한다.

Reference

① 피니언과 사이드 기어의 백래시 규정값(2WD) : 0.01 ~ 0.076mm
② 피니언과 사이드 기어의 백래시 규정값(4WD) : 0.01 ~ 0.25mm

④ 백래시가 규정값을 넘을 경우 사이드 기어 스페이스를 선택하여 조정하고 스러스트 블록 및 록크 핀은 아직 조립하지 않는다.
⑤ 조정 후는 백래시가 규정값 내에 있는지를, 또 디퍼렌셜 기어가 원활히 회전하고 있는지를 확인한다.
⑥ 조정이 불가능한 경우는 사이드 기어와 피니언 기어를 세트로 교환한다.
⑦ 록크 핀은 피니언 샤프트의 록크 핀 구멍과 디퍼렌셜 록크핀 구멍에 맞추어 록크 핀을 때려 넣고 펀치로 2개의 부분은 코킹한다.
⑧ 드라이브 기어 조임 볼트에 부착되어 있는 접착제를 제거한다.
⑨ 탭을 사용하여 드라이브 기어의 나사구멍에 부착되어 있는 접착제를 제거 하고 에어를 뿜어 청소한다.
⑩ 드라이브 기어 조립면을 청소한 후 드라이브 기어 나사 구멍에 지정 접착제를 도포한다.
⑪ 일치표시를 맞추어 드라이브 기어를 디퍼렌셜 케이스에 조립한다.
⑫ 드라이브 기어 조임 볼트를 전 둘레에 일정하게 살짝 조여 대각선 순으로 규정토크로 조인다.
⑬ 사이드 베어링 인너 레이스는 특수공구를 사용하여 디퍼렌셜에 사이드 기어 인너 레이스를 압입한다.
⑭ 베어링 캡의 일치표시를 맞추어 베어링 캡을 조립한다.

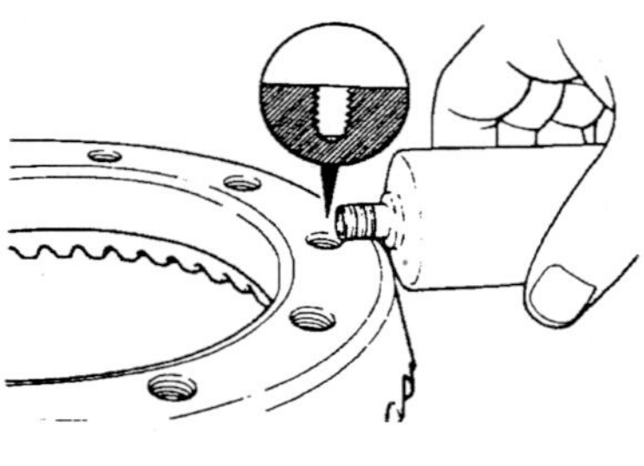

그림 4-67. 염기성 접착제 도포

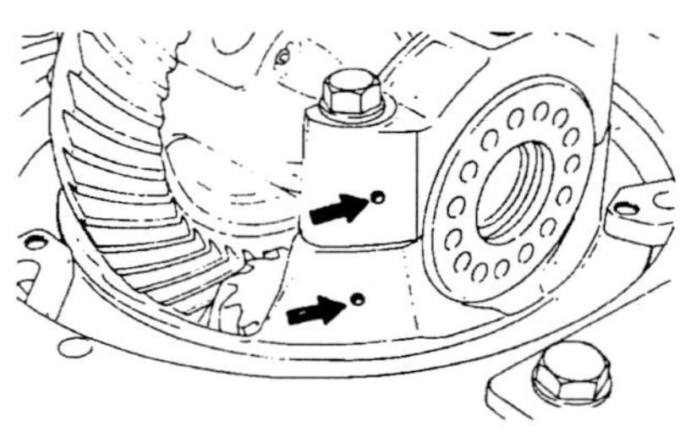

그림 4-68. 베어링 캡 조립

⑮ 특수공구를 사용하여 사이드 기어에 프리로드가 걸리기 직전의 상태까지 사이드 기어 베어링 너트를 조인다.

⑯ 파이널 드라이브 기어의 백래시 측정 후 표준값을 넘는 경우 특수공구를 사용하여 그림과 같이 사이드 베어링 너트를 이동시켜서 백래시를 조정한다.

⑰ 특수공구를 사용하여 사이드 베어링 너트를 좌·우 각각 인접한 구멍과 구멍의 중심간격의 반 피치 정도 조인다.

Reference »»

① 종감속기어의 백래시 규정값(2WD) : 0.11 ~ 0.16mm
② 종감속기어의 백래시 규정값(4WD) : 0.08 ~ 0.13mm

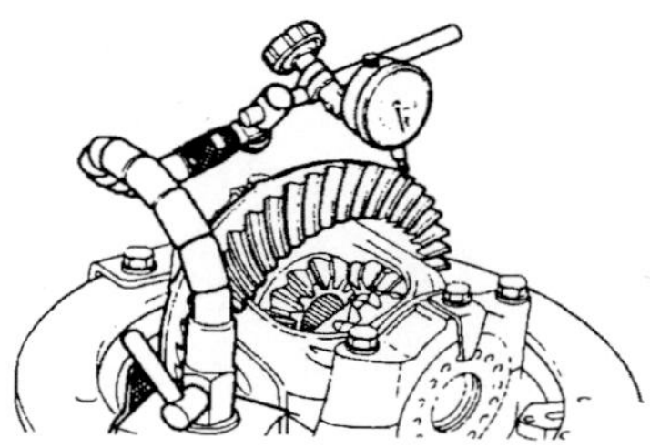

그림 4-69. 종감속기어 백래시 측정

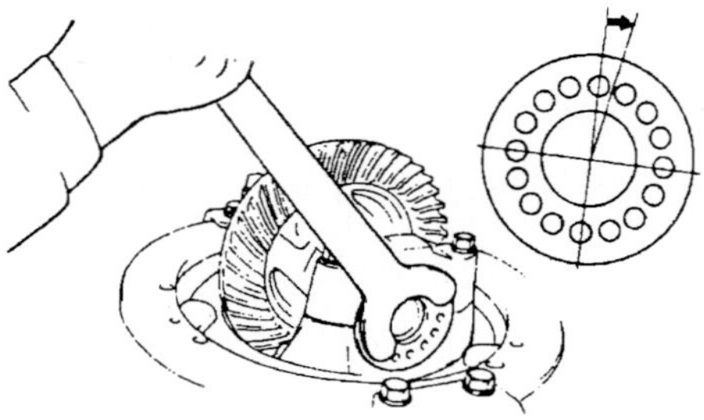

그림 4-70. 백래시 조정

⑱ 측정은 드라이브 기어 원주의 4 곳 이상에서 실시한다.

⑲ 조정 후 파이널 드라이브 기어의 치면 접촉을 반드시 확인해야 한다.

⑳ 디퍼렌셜 기어의 백래시는 사이드 기어와 피니언 샤프트 사이에 쐐기(목재)를 끼우고 다른 사이드 기어를 고정한 후 피니언 기어에 다이얼 게이지를 접촉시켜 백래시를 측정한다.

㉑ 백래시가 한계값을 넘을 경우 사이드기어의 스페이스로 조정한다.

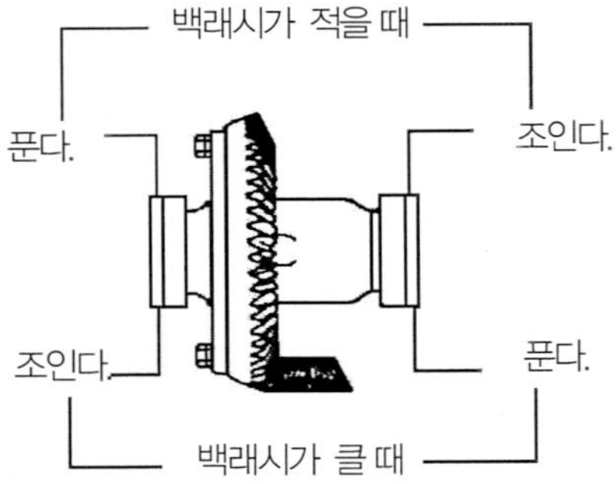

그림 4-71. 백래시 조정원리

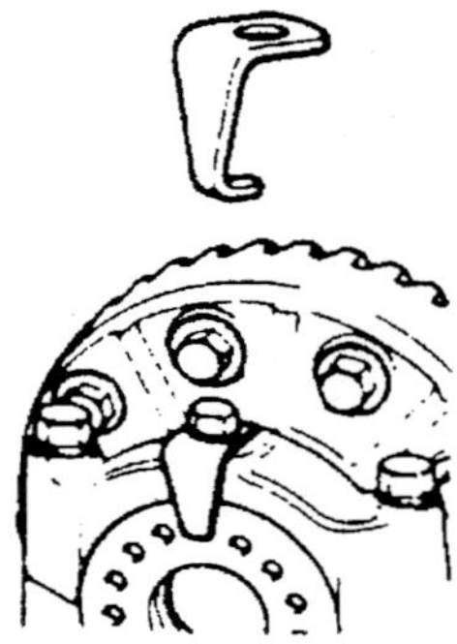

그림 4-72. 록크 플레이트 고정

2.5.2. 진원도 및 프리로드

[1] 진원도

① 드라이브 기어의 진원도(run-out)를 측정하고자 한다.

② 드라이브 기어의 뒷면에 다이얼 게이지를 접촉시키고, 드라이브 기어를 회전시켜 가며 측정한다.

③ 진원도가 한계값을 넘을 경우 드라이브 뒷면과 디퍼렌셜 케이스 사이에 이물질의 혼입 또는 드라이브 기어 장착 볼트의 풀림이 없는가를 조사한다.

※ 드라이브 기어의 진원도 규정값 : 0.05mm 이하

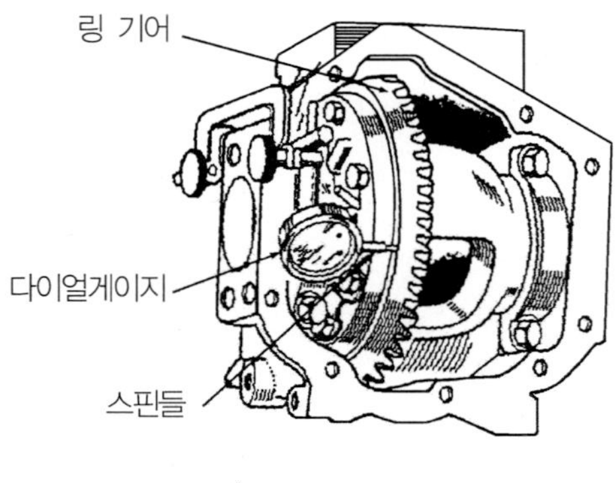

그림 4-73. 진원도 측정

[3] 프리로드(free load)

① 스프링 저울 또는 토크 렌치를 이용하여 종감속 차동기어의 회전력을 측정한다.

② 스프링 저울을 플랜지 구멍에 끼워 직각 방향으로 당기면서 최대 회전력을 기록한다.

③ 측정값은 힘이므로 회전력은 "스프링 저울값(힘) × 축의 중심에서 플랜지 구멍 중심간의 거리"로 한다.

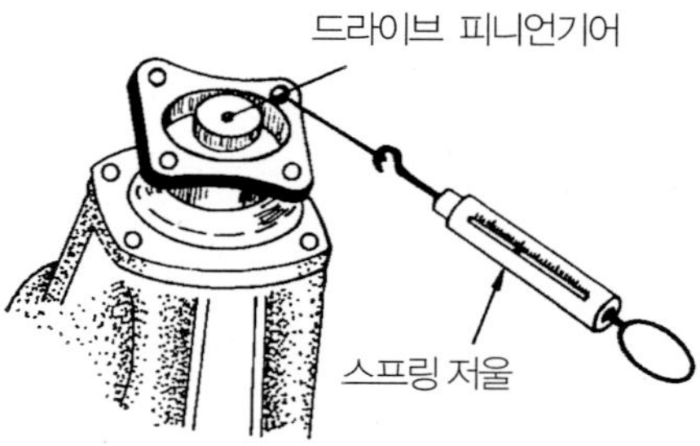

그림 4-74. 스프링 저울사용

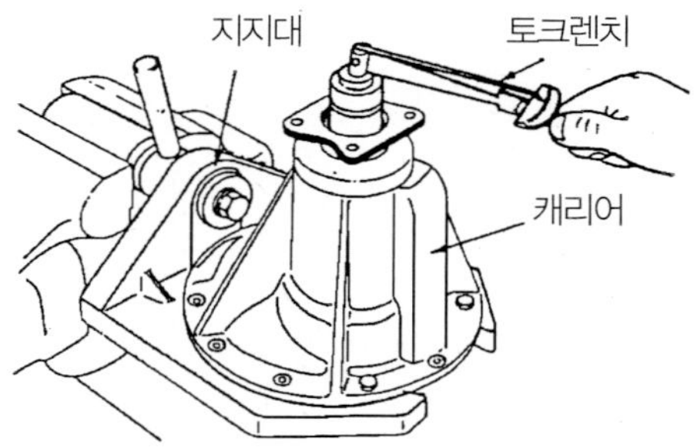

그림 4-75. 토크렌치 사용

2. 5. 3. 차동기어의 치면접촉

[1] 치면 접촉상태 확인

① 파이널 드라이브 기어의 치면접촉 검사는 드라이브 기어의 치면에 광명단(machine blue)을 엷고 균일하게 도포한다.

② 기어 캐리어와 디퍼렌셜 케이스의 드라이브기어 조립부 측면 사이에 특수공구를 삽입하고, 드라이브 피니언에 회전 토크(약 25~30kgf·cm)가 작용하도록 드라이브의 회전에 부하를 주면서 컴패니언 플랜지를 손으로 정회전과 역회전을 각각 1회전 시킨다.

③ 파이널 드라이브 기어도 치면접촉 상태를 점검한다.

④ 드라이브 기어를 중복 회전시키면 치면접촉 형태가 불명확하게 되기 때문에 그렇게 하지 않도록 한다.

⑤ 링기어와 구동 피니언을 조립한 후에 두 기어간의 접촉상태를 확인해야 한다.

[2] 치면 접촉의 수정

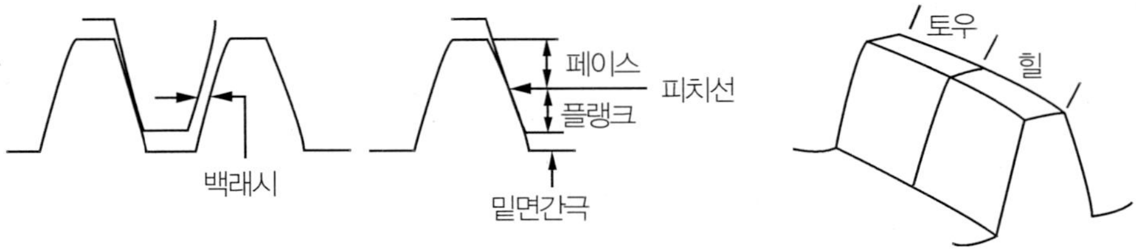

그림 4-76. 기어 이면의 명칭

(1) 정상접촉

정상접촉은 기어 이가 중심부에 접촉되는 이상적인 접촉 형태이다.

(2) 페이스접촉

페이스접촉은 정면접촉으로 기어 이의 윗부분(face)만 접촉하므로 백래시 값이 크게 된다. 구동 피니언 심 두께가 너무 얇으므로 구동 피니언 링 기어에 더 가까워지도록 심을 끼워 넣는다.

(3) 플랭크접촉

플랭크접촉은 측면접촉으로 기어 이의 아랫부분(flank)만 접촉하므로 백래시값이 작게 된다. 구동 피니언 심 두께가 너무 두꺼우므로 구동 피니언 링 기어와 더 멀어지도록 심을 뺀다.

(4) 토우접촉

토우접촉은 앞면접촉으로 기어 이의 안쪽(toe)만 접촉한다. 링 기어 뒷면 심을 앞쪽으로 끼워 넣는다.

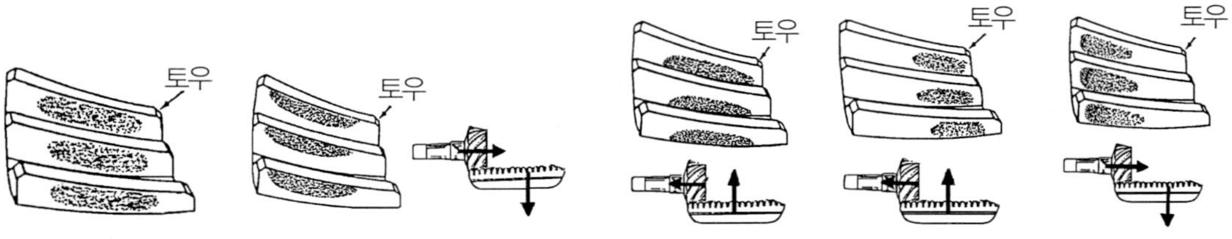

(a) 정상접촉　(b) 페이스접촉　(c) 플랭크 접촉　(d) 토우접촉　(e) 힐접촉

그림 4-77. 치면 접촉의 종류

(5) 힐접촉

힐접촉은 뒷면접촉으로 기어 이의 바깥쪽(heel)만 접촉한다. 링 기어 앞면 심을 뒤쪽으로 끼워 넣는다.

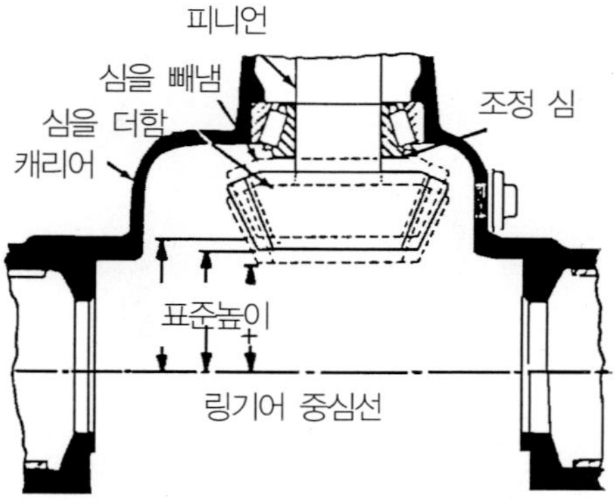

그림 4-78. 심의 가감

2.6. 차동 제한장치(LSD)

[1] 분해

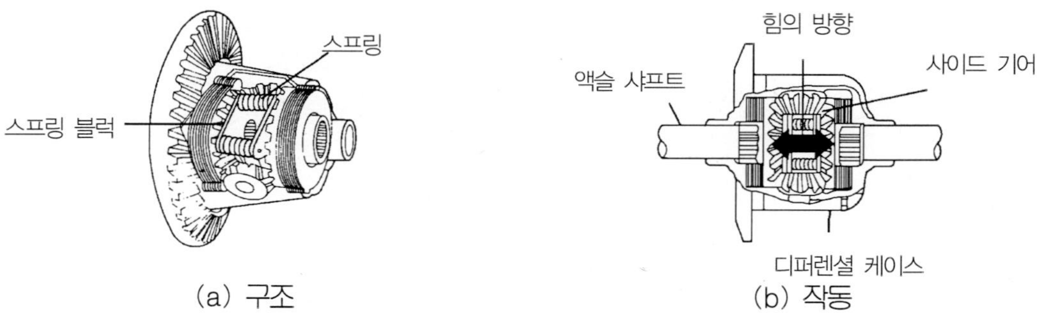

그림 4-79. LSD의 구조 및 작동

① 스크류 드라이브를 돌려 케이스를 분해한 다음 좌·우 표시를 한다.

② 케이스에서 사이드 기어, 클러치 디스크, 심을 탈거한다.

③ 직경 4mm 헤드 펀치를 이용하여 피니언 샤프트를 관통하는 록크 핀을 분해한다.

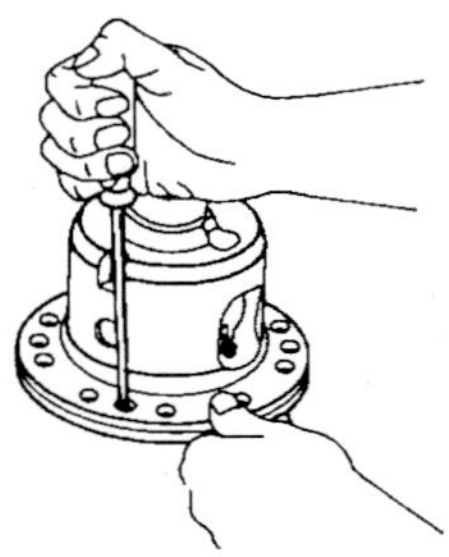

그림 4-80. LSD 케이스 분해

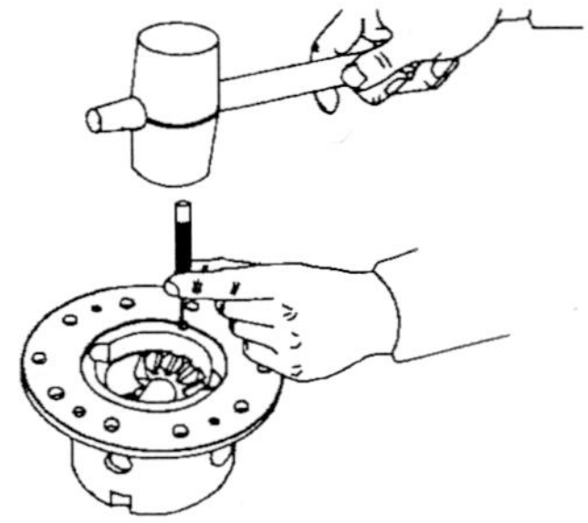

그림 4-81. 록크 핀 분해

[2] 점검

① 디퍼렌셜 케이스 내부의 구성부품 접촉면 점검한다.

② 분해한 부품은 세척유로 세척하고 압축공기를 뿜어서 건조시킨다.

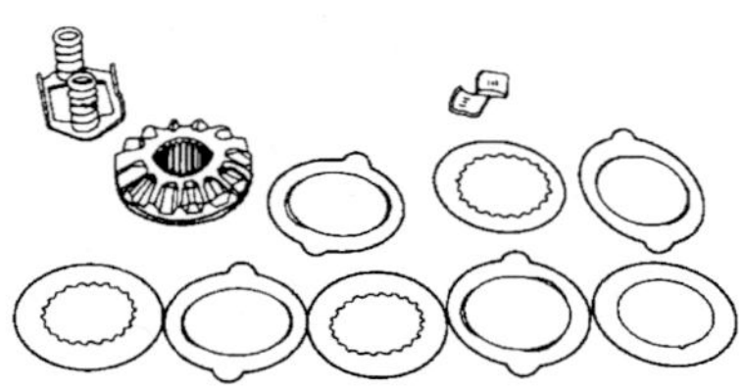

그림 4-82. LSD의 점검

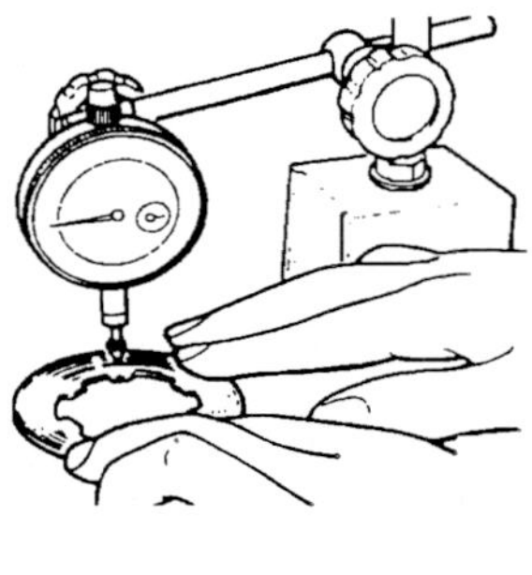

그림 4-83. 마찰 디스크의 편평도

③ 마찰면의 열변색이나 과도한 마모가 있는 단품들은 교환한다.

④ 플레이트 및 디스크 편평도와 마모상태를 점검한다.

※ 플레이트 및 디스크 편평도 한계치 : 0.08mm 이하

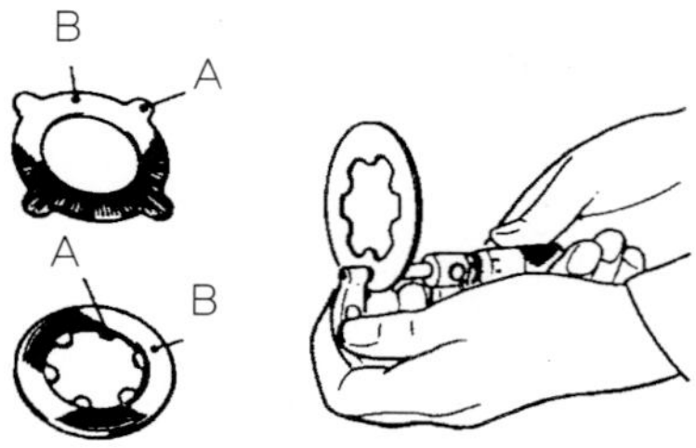

그림 4-84. 마모량 측정

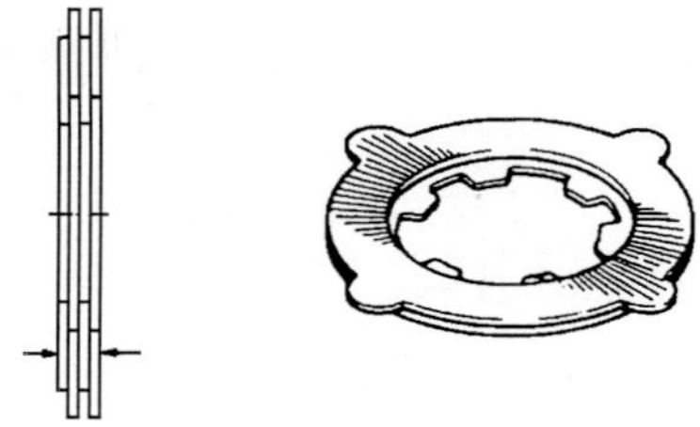

그림 4-85. 디스크와 마찰 플레이트

[3] 조립

① 디스크와 마찰 플레이트를 각 2매씩 겹친 다음 마이크로미터로써 두께를 측정하여 좌・우 2조의 차가 표준치 내에 있어야 한다.

※ 디스크와 마찰 플레이트 두께 차의 표준치 : 0 ~ 0.05mm

② 마찰 디스크는 1.75mm와 1.85mm, 마찰 플레이트는 1.75mm의 두께가 있다.
③ 스러스트 와셔를 조합시켜 프레셔 링 뒷면에서 스러스트 와셔 단면까지 좌・우 치수차가 과도하지 않는가를 확인한다.
④ 케이스 조임 스크류를 대각선 순으로 균등하게 약간씩 조인다.

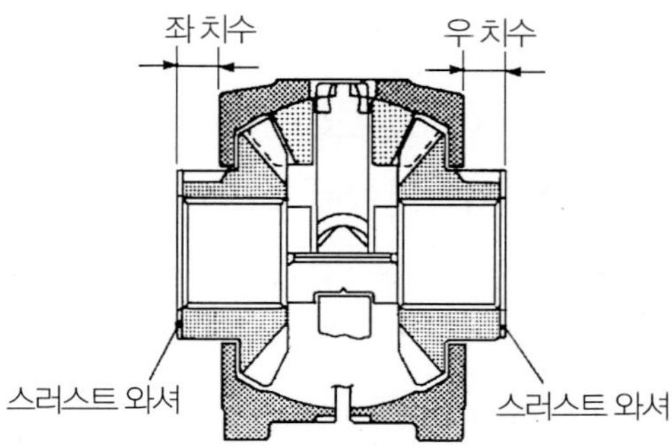

그림 4-86. 스러스트 와셔 조합

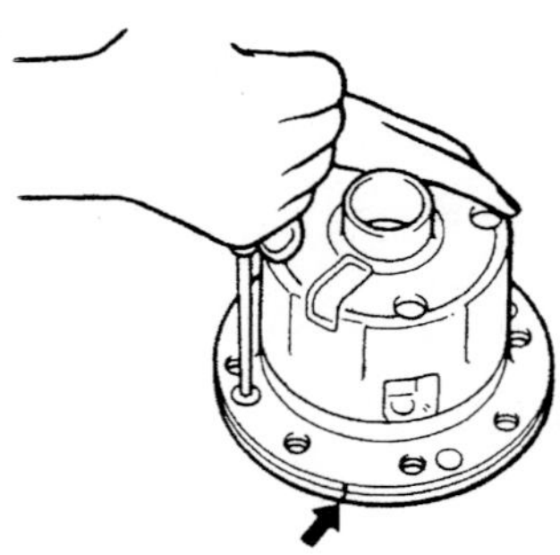

그림 4-87. LSD케이스 조립

3 4륜구동(4WD : 4-wheel drive)

3.1. 4륜구동의 개요

4WD는 앞뒤 4바퀴에 모두 엔진의 동력을 전달하는 방식이다. 2WD(2바퀴 구동방식)에 비해 추진력이 매우 크기 때문에 험한 도로, 경사가 매우 가파른 도로 및 도로면이 미끄러운 곳을 주행할 때 효과적이다. 현재 우리나라에서 사용하고 있는 4WD는 파트타임(part time)방식, 풀타임(full time or TOD[torque on demand])방식, AWD(all wheel drive)방식 등이 있다.

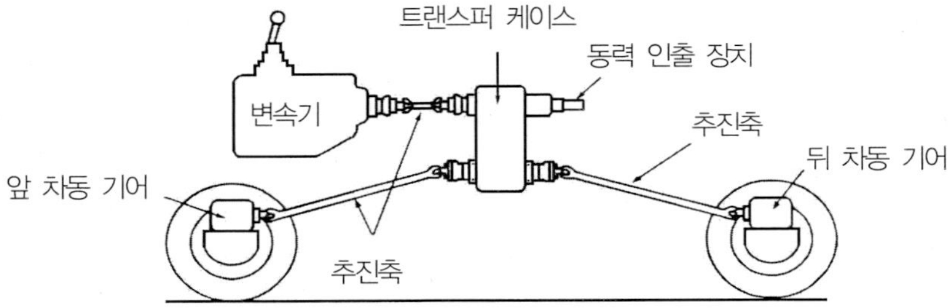

그림 4-88. 4WD의 구성

파트타임 4WD는 2H(2바퀴 구동), 4H(4바퀴 고속구동), 4L(4바퀴 저속구동)로 구성되어 있으며, 평상시에는 2WD로 운행을 하다가 눈길이나 오프로드(off road) 같이 필요할 때 수동으로 4WD로 전환한다. 파트타임 4WD는 평상시에는 2WD로 구동하기 때문에 연료소비율 면에서는 유리하지만, 운전자 판단에 의해 직접 조작해야 하므로 편의성이 떨어진다.

풀타임(full time) 4WD는 4H(4바퀴 고속구동)와 4L(4바퀴 저속구동) 구성의 상시(常時) 4WD이며, 평상시에는 4H 모드(4high mode)로 2WD와 같이 운행하다가 도로조건에 따라 앞·뒷바퀴로 구동력이 자동적으로 분배된다. 상시 4WD이므로 우수한 접지력을 확보할 수 있지만 2WD에 비해 연료소비율이 다소 크다. AWD는 풀타임 4WD와는 달리 항상 앞·뒷바퀴로 4 : 6의 엔진 동력이 분배된다. 예전의 상시 4WD는 항상 4바퀴를 구동하므로 연료소비율이 컸다.

그러나 AWD는 최적의 기어비율과 구동계통의 저항 최소화, 그리고 밀집된 (compact) 디자인과 무게 감소 등을 통해 연료소비율 문제를 상당부분 해결하였다. 또 VDC(vehicle dynamic control system, 차량자세 제어장치)와 연계하여 최적의 주행안정성을 확보할 수 있는 장점이 있다.

3.1.1. 프리 휠 허브(free wheel hub)의 선택

4륜 구동차량에는 항상 4륜으로 주행하는 풀타임 4륜 구동방식과, 평상시에는 2륜 구동이며 필요시에는 4륜구동으로 전환하는 파트 타임방식이 있다. 파트 타임방식은 일반 주행시에는 2륜만 구동시키는 데, 앞바퀴와 액슬 허브가 연결되지 않도록 하여 불필요한 구동을 막는다.

① 트랜스퍼 케이스가 4륜구동을 위해서 변속기의 출력측 끝 방향에 추가되었다.

② 트랜스퍼 케이스 컨트롤(트랜스퍼 케이스 변속레버와 케이블)이 포함된다.

③ 트랜스퍼 케이스에는 2WD(H), 4WD(H), N(중립)과 4WD(L)의 위치가 있다.

④ 4WD 지시등은 차량 4륜구동의 상태에 있음을 나타내기 위해 계기 판넬에 부착되어 있다.

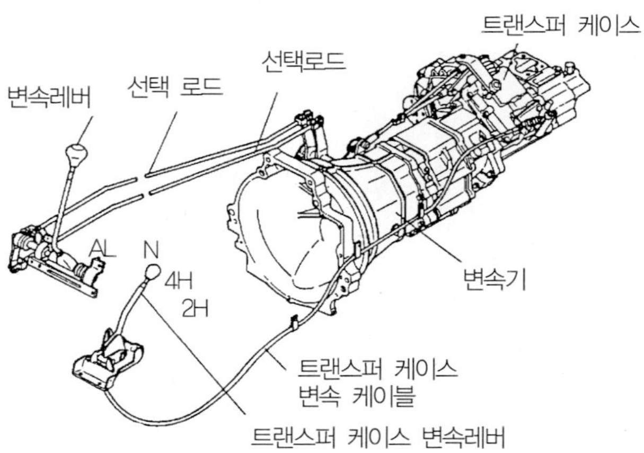

그림 4-89. 프리 휠 허브의 선택

[1] 4WD의 장점

① 험한 도로를 주행할 때 한쪽 바퀴가 구동력을 상실하더라도 동력전달이 가능하다.

② 눈길이나 모래 길에서도 부드러운 주행이 가능하다.
③ 경사가 심한 언덕길이나 내리막길을 주행할 때 차량무게 중심변동에 따른 대응능력을 향상시킨다.
④ 4바퀴 구동력 배분으로 미끄러운 도로면에서의 타이어 점착력을 향상시켜 직진 성능이 향상된다.
⑤ 4바퀴 구동력 배분으로 큰 사이드 포스(side force)를 발생시켜 선회할 때에 유리하다.

3.2. 4륜구동의 구조

① 트랜스퍼 케이스의 목적은 구동력을 뒤 차동 기어장치나 또는 앞 차동 기어장치와 뒤 차동 기어장치 양쪽에 전달하기 위함이다.
② 트랜스퍼케이스의 구동력을 앞 차동 기어장치에 전달하기 위해 기어를 사용한다.
③ 트랜스퍼 케이스는 비 싱크로메시 형식의 변속기이다.

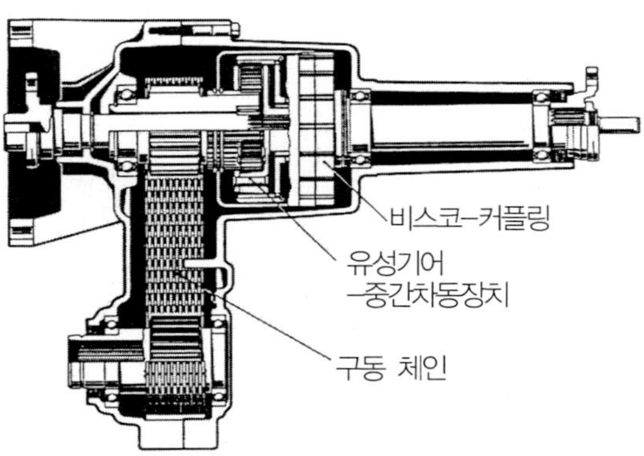

그림 4-90. 트랜스퍼의 구조

④ 싱크로나이저 링은 4H 또는 4L 변속기구에 사용하지 않는다.
⑤ 시프트 러그는 트랜스퍼케이스 변속레버에 의해 이동되고 H-L 변속로드를 이동시킨다.
⑥ 앞 및 뒤 변속 스프링은 실질적으로 2W-4W 변속로드를 이동시키며 앞 스프링의 고정된 하중은 뒤 스프링의 하중보다 크다.

⑦ H-L 변속 포크는 4L(4륜구동, L)과 4H(4륜구동, H)사이의 변환을 위한 것이다.

⑧ 2W-4W 변속 포크는 2WD(2륜구동)과 4WD(4륜구동)사이의 변환을 위한 것이다.

⑨ N은 기계식 윈치 등을 사용할 경우에만 사용하며, 4바퀴가 모두 구동하지 않는다. 4H와 4L사이의 싱크로메시 기구가 없으므로 변환 전에 차량을 완전히 정지시키고 클러치를 단절시킨다.

⑩ 4륜 구동식에는 선회시 앞바퀴와 뒷바퀴의 회전수 차이를 흡수하는 중앙 차동기어(center differential gear)장치가 설치되어 타이트 코너 브레이크(tight corner brake)현상을 방지한다.

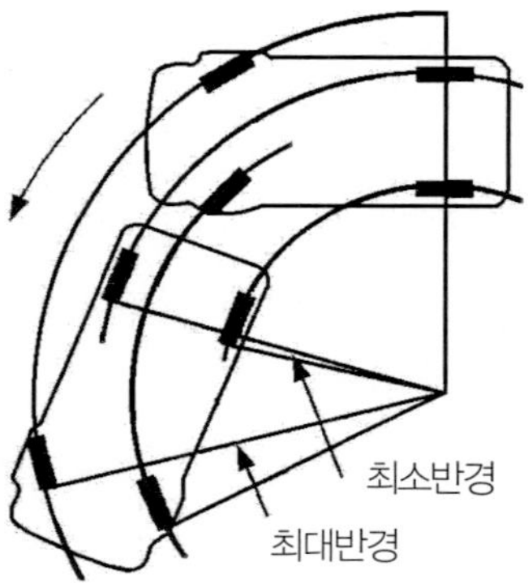

그림 4-91. 타이트 코너 브레이크(tight corner brake)현상

Reference >>> 타이트 코너 브레이크 현상

4륜구동 차량에서 건조한 포장 노면을 급선회하였을 경우 앞뒤 바퀴의 선회 반경 차이가 발생하여 이 차이가 타이어의 회전수 및 구동축의 회전 차이로 되어 앞바퀴는 브레이크가 걸린 느낌으로 되고 뒷바퀴는 공전하는 느낌이 드는 현상을 말한다. 따라서 4륜 구동식에서 이와 같은 현상을 방지하기 위하여 중앙 차동 기어 장치를 설치한다.

3.3. 4WD의 종류

3.3.1. 파트타임 방식(part time type)

4WD를 운전자 조작에 의해 작동되는 방식이다.

① 수동방식(1세대) : 휠 허브(wheel hub)에서 2WD/4WD를 수동으로 변환시키는 방식이다.

② 자동-기계방식(2세대) : 저속에서 4WD 변환이 가능하며, 2WD로 변환할 때에는 1~2m 정도 후진하여야 한다.

③ 자동-진공방식(3세대) : 고속에서 4WD/2WD 변환이 가능하며, 구조가 간단하다.

④ CADS(center axle disconnect system : 비중앙축 장치)방식 : 4WD를 구동할 때 슬리브(sleeve)에 의해 앞차축과 뒤차축이 연결되어 동력을 전달하는 방식이다.

3.3.2. 파트타임(part time) 전자제어 4WD

[1] 파트타임 전자제어 4WD의 개요

파트타임 4WD는 평상시에는 2WD(뒷바퀴)로만 주행하다가 운전자의 필요에 따라 4WD로 전환하는 방식이다. 이 파트타임 4WD는 풀타임 4WD와 거의 비슷하나, 앞차축과 뒤차축 사이에 중앙 차동기어(center differential gear)가 없는 점이 다르다. 따라서 4WD모드에서 구동력을 항상 앞바퀴와 뒷바퀴에 50 : 50으로 분배해주고, 중앙 차동기어가 없어 선회할 때 앞바퀴와 뒷바퀴의 회전반경 차이를 보정하지 못하기 때문에 "타이트 코너 브레이킹(tight corner braking)" 현상이 발생한다.

타이트 코너 브레이킹은 차축 와인드업(axle windup) 또는 변속기 와인드업(transmission windup)이라고도 부르며. 이 현상은 차량이 선회할 때 좌우의 바퀴의 회전반경 차이를 차축 하우징(axle housing)에 설치된 차동기어로 해결하지만, 파트타임 4WD에는 앞바퀴와 뒷바퀴의 회전반경 차이를 보정해줄 수 있는 중앙 차동기어가 없어 앞바퀴와 뒷바퀴가 똑같은 회전량으로 회전하려고 하기 때문에 나타나는 현상이다. 이로 인해 발생하는 심한 부하가 구동축이나 변속기에 작용하게 되고, 이를 극복하기 위해선 4바퀴 중 어느 하나는 반드시 슬립(slip) 또는 스핀(spin)을 일으켜야 한다. 그렇지 못할 경우에는 구동축이나 변속기가 파손될 염려가 있다.

[2] 파트타임 4WD의 구성 및 작동원리

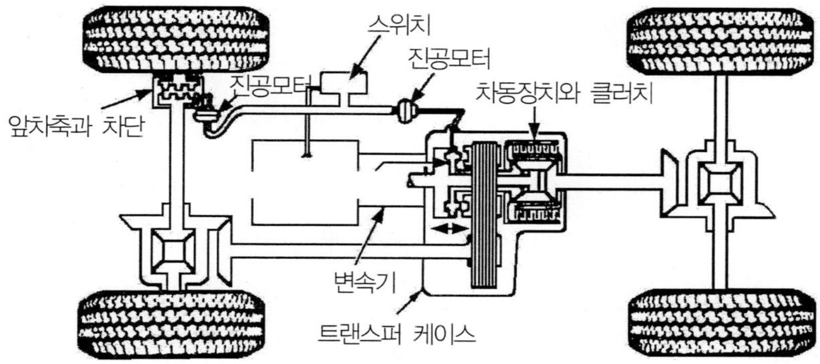

그림 4-92. 파트타임 4WD의 구성부품

(1) 4WD CADS(center axle disconnect system)

1) CADS의 개요

CADS는 2WD로 주행을 하다가 4WD로 변환할 때 마지막으로 구동력을 단속하는 장치이다. 2WD로 주행을 하다가 4WD로 전환이 가능하도록 하는 장치이다. 이때 2WD로 주행할 때 차량의 주행속도에 의해 앞차축은 무부하 상태로 회전한다.

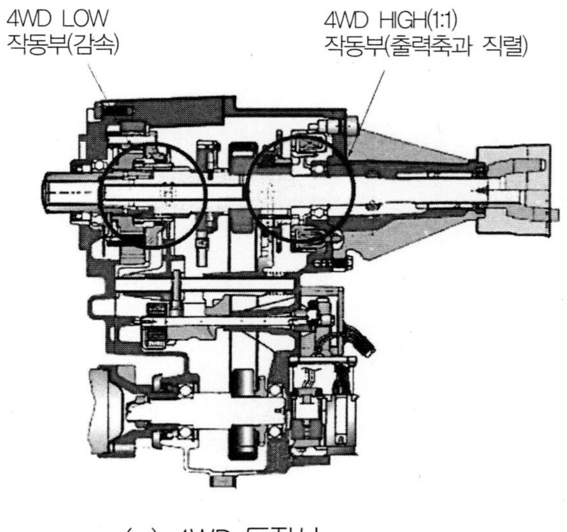

(a) 4WD 동작시

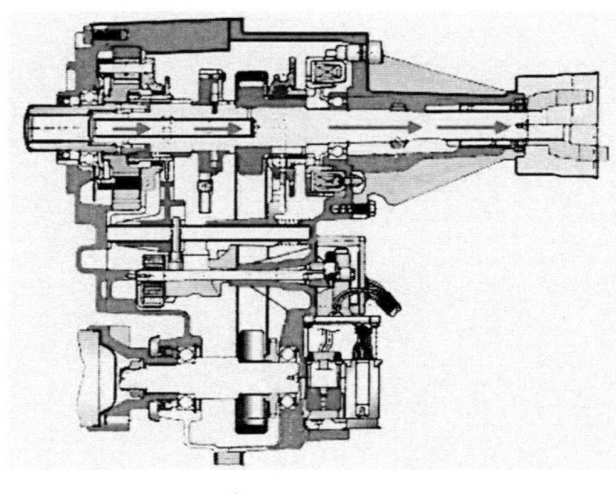

(b) 2WD 동작시

그림 4-93. 4WD 및 2WD의 작동

이로 인해 피니언 축(pinion shaft)과 링 기어(ring gear)에서 발생하는 소음과 진동을 억제하여 차량을 최적으로 주행 하도록 한다. 즉 파트타임 4WD의 불완전한 구동을 방지하기 위해 차축에 CADS을 사용하여 완전한 2WD 주행이 가능하도록 하는 장치이다.

2) CADS의 작동원리

4WD로 구동할 때에는 슬리브에 의해 앞차축과 뒤차축이 연결되어 구동축으로 동력을 전달한다. 그러나 2WD모드로 전환이 되면 액추에이터의 스프링 장력과 솔레노이드밸브의 압력차이로 인하여 연결되어 있던 앞차축과 뒤차축의 연결이 차단된다.

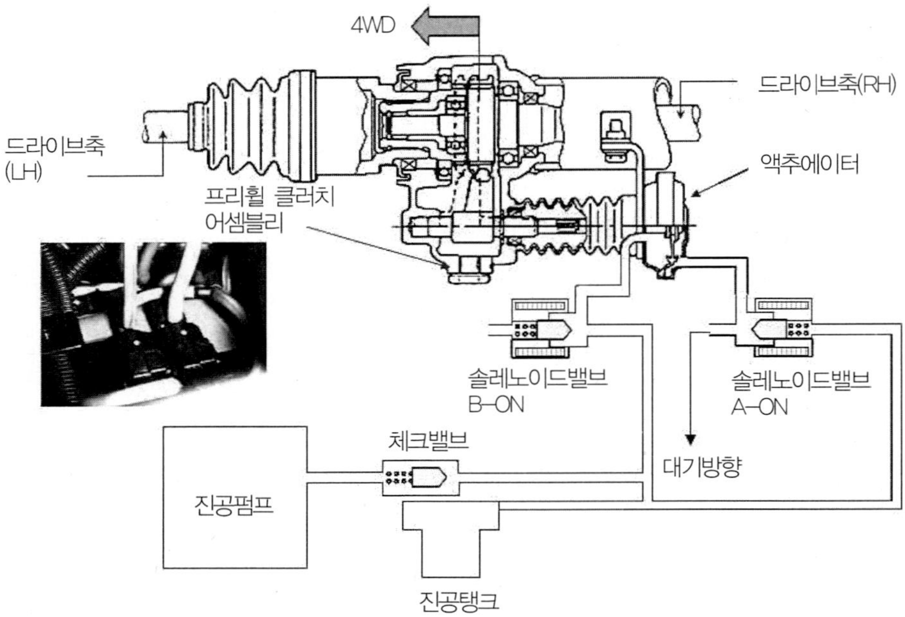

그림 4-94. CADS의 구성

이와 같이 2WD로 주행할 때 구동하지 않는 바퀴의 구동축을 차단하여 차량의 연료소비율을 향상시킨 방식이다. 그리고 솔레노이드밸브는 TCCU(transfer case control unit)에서 제어한다.

(2) 파트타임 4WD 전자제어 입·출력도

전자제어 파트타임 4WD는 입력부분, 제어부분, 출력부분으로 분류되며, 각종센서로부터 입력된 정보를 바탕으로 TCCU(transfer case control unit)가 제어 연산하여 출력부분인 시프트 모터(shift motor)를 작동시킨다. 이때 중요한 입력신호는 차량의 변속상태, 주행속도 그리고 스위치의 위치 등이다. TCCU는 시프트 모터를 구동하고 시프트 모터의 작동여부를 알려주는 MPS (motor position sensor)에 의해 피드백(feed back) 받아 작동여부를 확인 한다.

1) TCCU(transfer case control unit) 전기식

TCCU는 운전석 시트 아래쪽에 설치되어 있으며, 운전자의 스위치 조작에 따라 주행 중에도 2WD → 4WD HIGH로 변환이 가능하도록 하고, 4WD → 4WD LOW은 차량을 일단정지 시킨 후 변환시켜주는 기능뿐 아니라 고장이 발생하였을 때 진단기능도 한다.

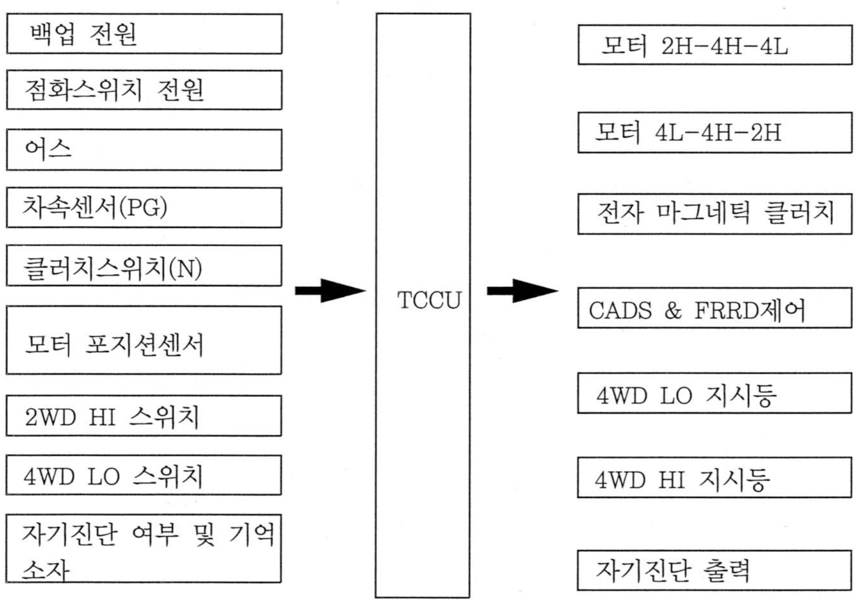

그림 4-95. 파트타임 4WD 전자제어 입·출력도

① 2WD에서 4WD로 선택할 때 : 크래시 패드에 설치된 선택스위치를 2WD(2H)에서 4WD HIGH(4H)선택할 경우에는 차량의 주행속도가 60~80km/h 이하일 때만 가능하며, 변환이 완료되면 계기판에 있는 4WD HIGH램프가 점등된다.

② 4WD에서 2WD로 선택할 때 : 크래시 패드에 설치된 선택스위치를 4H-2H 선택하면 차량의 주행상태에서도 변환가능하며, 변환이 완료되면 계기판에 4WD HIGH램프가 소등된다.

③ 4WD HIGH에서 4WD LOW로 선택할 때

㉮ 차량의 주행속도가 0~3km/h 이하에서만 작동되므로 차량을 일단 정지시킨다.

㉯ 클러치 페달을 밟는다(클러치 인터 록 스위치 ON상태).

㉰ 크래시 패드에 설치된 선택스위치 4H/4L로 선택한다.

㉱ 변환이 끝나면 해당 램프가 점등된다(4WD LOW시 4WD LOW램프 점등).

2) 시프트 모터(shift motor)

① 시프트 모터의 기능 : 이 모터는 직류(DC)모터이며, TCCU에 의해 제어된다. 2H-4H-4L모드로 변환할 때 시프트 모터를 회전시키면 모터와 연결된 전자 축(electronic shaft)과 축의 캠(shaft cam)이 회전하여 감속 시프트 포크(reduction shift fork)와 록업 포크(lock up fork)를 제어하여 4WD로 변환시키는 역할을 한다.

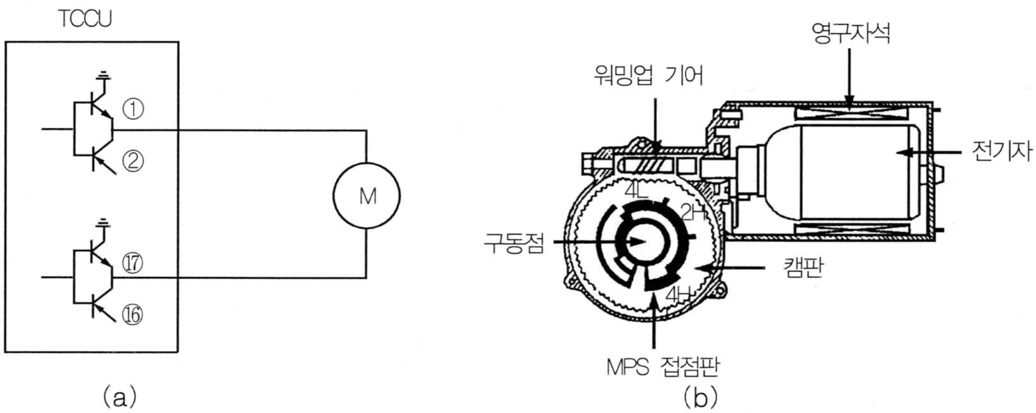

그림 4-96. 시프트 모터 회로구성

② **시프트 모터의 구성회로도** : 2H-4H-4L모드로 제어할 때는 TCCU 1, 2단자에 "B+"가 출력되어 16, 17번 쪽으로 접지 된다. 4L-4H-2L 방향으로 제어할 때는 극성이 바뀌어 16, 17단자에 "B+"가, 1, 2단자에는 (-)로 제어하도록 되어 있다.

3) MPS(motor position sensor or position encoder)

MPS는 시프트 모터의 회전방향과 위치를 인코더(encoder)를 이용한 4개의 스위치 신호를 시프트 모터의 작동을 TCCU로 전달하는 센서이다.

[시프트 모터에 의해 MPS의 출력패턴]

위치	좌측 정지	2WD HIGH	영역1	영역2	영역3	4WD HIGH	영역4	영역5	영역6	4WD LOW	우측 정지
5	ON	ON	ON	ON	ON	OFF	OFF	OFF	ON	ON	ON
12	ON	OFF	OFF	OFF	OFF	OFF	ON	ON	ON	ON	ON
21	ON	ON	ON	OFF	ON	ON	ON	ON	ON	OFF	ON
20	ON	OFF	ON	ON	ON	ON	ON	OFF	OFF	OFF	ON

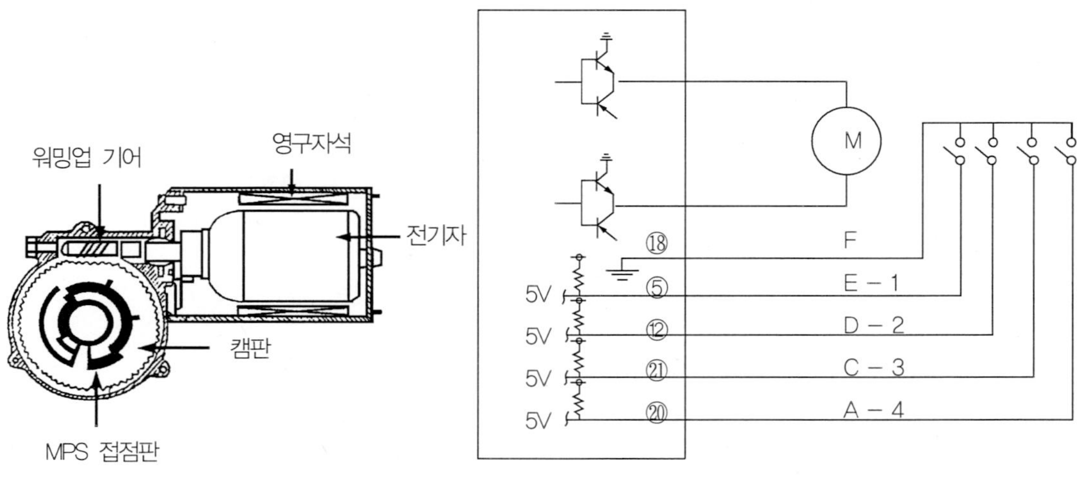

(a) (b)

그림 4-97. MPS 회로구성

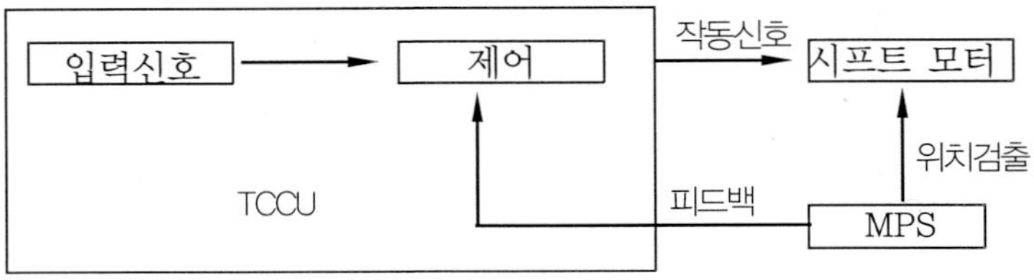

그림 4-98. 시프트 모터에 MPS의 제어관계

4) 전자 다판 클러치(magnetic clutch)

전자 다판 클러치는 4WD HIGH모드에서 시프트 모터에 의해 작동된 록업 포크(lock up fork)가 록업장치를 일정한 위치까지 이동시키면 이때부터 출력축의 구동기어와 록업장치의 피동기어를 연결시킬 때 작동되어 기어를 물림시킨다. 전자 다판 클러치는 TCCU에 의해 작동된다(4WD HIGH, LOW모드에서 작동).

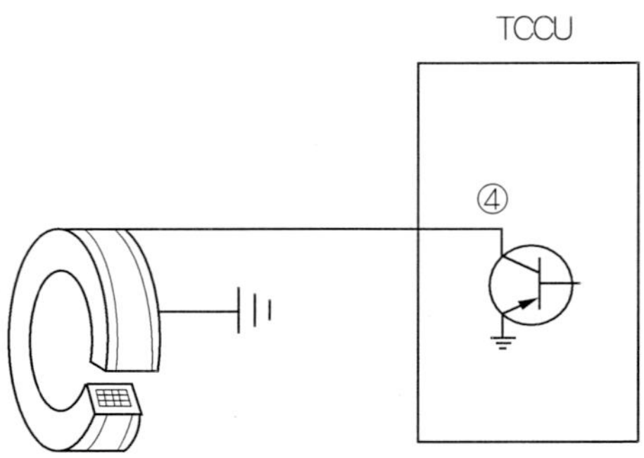

(a)

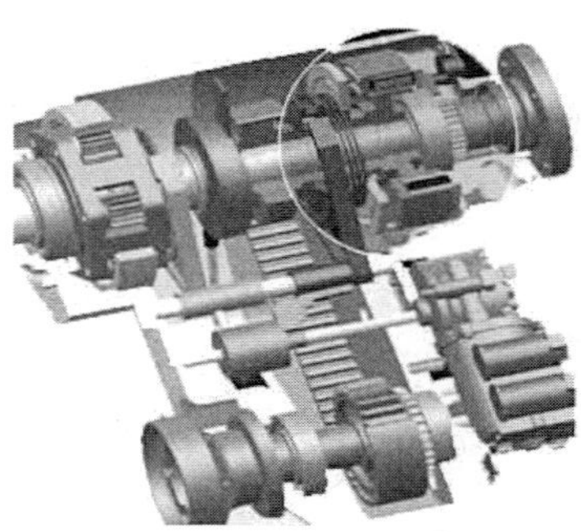

(b)

그림 4-99. 전자 다판 클러치

5) 차속센서(vehicle speed sensor)

차속센서는 ABS(anti lock brake system)의 휠 스피드 센서나 자동변속기의 펄스 제너레이터(pulse generator) A & B와 같은 원리를 이용하며, 트랜스퍼 케이스 하우징에 설치되어 있다. TCCU는 이 센서를 이용하여 주행속도를 검출하여 4WD LOW모드로 변환할 때 0~3km/h 이하에서만 작동여부를 결정한다.

① 차속센서의 작동원리 : 코일이 감긴 영구자석 양극사이에서 전자 다판 클러치가 회전하면 철심에 인가되었던 영구자석의 자속에 변화가 생기고 이 자속의 변화에 의해 교류전압이 발생된다. 이 교류전압은 전자 다판 클러치의 회전속도에 비례하여 주파수가 변화하기 때문에 TCCU가 센서로부터 시간당 주파수를 검출하여 차량의 주행속도를 검출한다.

② 차속센서 점검방법 : 차속센서는 일종의 발전기이므로 교류전압이 발생된다. 이 센서를 점검하기 위해서는 P-P 전압으로 점검하여야 한다. 멀티테스터를 이용하면 평균값의 전압이 측정되므로 단품의 불량여부 판정이 어렵기 때문에 오실로스코프를 이용하여 P-P전압으로 측정하여야 한다. 간헐적 불량이 발생되면 파형으로 고장진단이 어려워 응답속도가 빠른 장비를 이용해 듀티 값으로 점검하여야 한다.

6) 지시등(4WD HIGH, 4WD LOW)

지시등은 4WD HIGH와 4WD LOW 지시등이 계기판에 설치되어 있으며, 운전자의 선택스위치 선택에 따라 점등 및 소등된다. 또 4WD에 고장이 발생하면 4WD HIGH와 4WD LOW지시등을 동시에 점등시켜 장치이상 여부를 알려준다.

① 구성회로도 및 원리

㉮ 점화스위치를 "ON" 으로 하면 키 박스(key box)에서 계기판에 있는 램프로 전원이 공급되어 TCCU 8과 15단자에 대기한다.

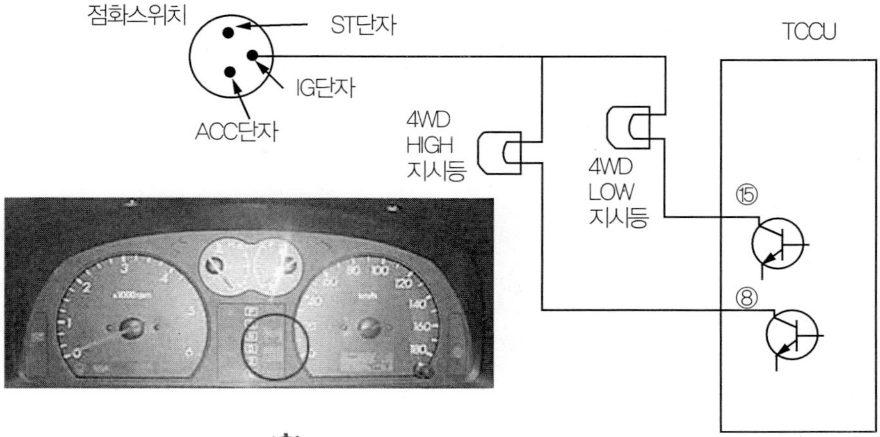

그림 4-100. 4WD 지시등

㉯ 점화스위치 "ON" 과 동시에 TCCU에 전원이 공급되면 TCCU가 8, 15단자의 트랜지스터 베이스를 작동시켜 각각의 램프를 점등시킨다.

㉰ TCCU는 6초 동안에 장치자체를 점검하여 이상이 없으면 4WD HIGH, LOW지시등을 트랜지스터 베이스의 전원을 차단하여 소등시키고, 고장이 발생하면 트랜지스터 베이스를 계속 작동시켜 2개의 램프를 지속적으로 점등시킨다.

㉱ 또 이 지시등은 운전자가 4WD HIGH, LOW 지시등이 점멸되면 선택스위치는 작동시켰으나 장치가 아직 작동되지 않는다는 표시이다.

② 고장진단 요령

㉮ 점화스위치 "ON" 후 4WD HIGH, LOW램프가 점등되지 않는다면 키 박스에서 각 램프를 통해 TCCU 8번과 15번 단자까지 배선 계통의 단선 여부를 확인한다(확인방법은 시동 "ON" 후 각 T/F선택 스위치를 선택하여 점등 여부 확인).

㉯ 배선 및 램프가 정상이지만 TCCU의 전원공급과 TCCU내부 불량이라도 점등이 안될 수 있고, 배선이 정상인데 램프가 불량이면 점등이 안될 수 있다.

㉰ 이때 점검 요령은 TCCU의 커넥터를 제거하고 밝은색 테스트 램프를 이용하여 8번과 15번 단자를 차체에 어스를 시킬 경우 지시등 램프가 점등되면 램프와 배선계통이 이상없으므로 TCCU의 전원공급여부, TCCU의 내부불량 여부를 확인하여야 한다.

㉱ 만약 테스트램프를 이용해도 지시등이 점등되지 않는다면 배선 및 램프의 불량여부로 판정하여 이 계통을 정밀하게 점검하여야 한다.

㉲ 만약 4WD HIGH, LOW지시등이 계속 점등되면 자기진단을 실시후 이상이 없을 경우, TCCU 커넥터를 탈거하여도 계속적으로 점등된다면 TCCU 입력 커넥터 사이에 배선이 (-)에 접지되었으므로 이 계통을 정밀하게 점검하여야 한다.

7) 4WD 선택스위치

이 스위치는 운전자의 의지에 따라 4WD HIGH, 4WD LOW, 2WD HIGH 모드 선택여부를 TCCU로 입력시킨다. 이 스위치를 점검할 때는 멀티테스터를 이용한다. 이 신호는 디지털 논리(digital logic)신호이므로 1과 0으로 TCCU가 처리하기 때문에 전압 수준을 판단하여야 한다.

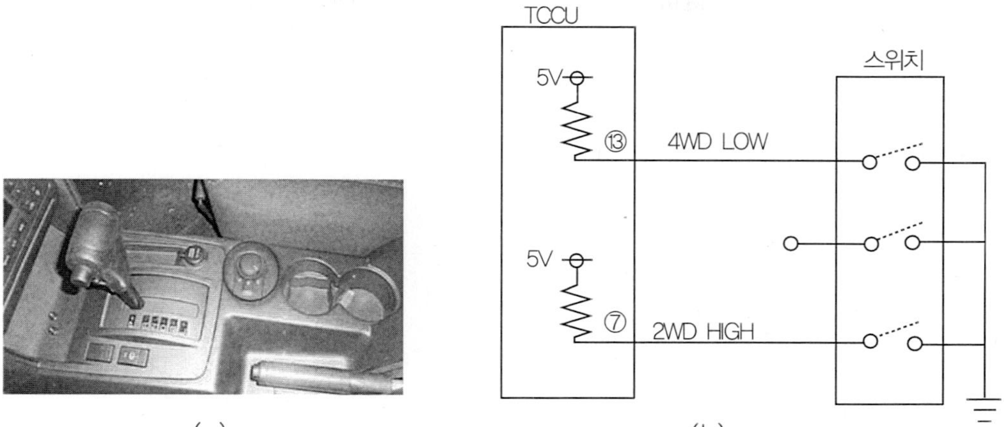

(a) (b)

그림 4-101. 4WD 선택스위치

TCCU 7과 13번 단자에 멀티테스터를 연결하여 각각의 스위치를 "ON" 시켰을 때는 0.8V 이하로 떨어져야 하고 "OFF" 시켰을 때에는 최소 2.5V 이상이 되어야 한다. 만약 스위치를 "ON" 시켜도 0.8V 이하로 떨어지지 않는다면 스위치의 접점 또는 접지계통을 점검하여야 한다. 또 스위치를 "OFF" 시켜도 계속적으로 0.8V 이하이면 TCCU 7, 13번 단자의 배선이 스위치 접점 이전에서 차체 접지 또는 단락되었으므로 TCCU 커넥터를 분리한 후 멀티테스터의 레인지를 선택하여 차체와 배선이상 여부를 확인한다.

반대로 스위치를 "ON" 시켜도 2.5V 이상으로 계속 유지가 되면 TCCU 커넥터에서 스위치까지의 배선이 단선되었고, 스위치 접지선이 단선되어도 이러한 현상이 일어날 수 있다.

3.3.3. 풀타임 방식(full time type, 상시 4WD)

운전자의 의지와 관계없이 비스코스 커플링(viscose coupling) 등에 의해 자동적으로 작동되는 방식과 앞·뒷바퀴 사이의 회전속도 차이를 다판 클러치(multi plate clutch)를 전자제어하여 동력전달 및 차단을 도로면의 조건에 따라 자동적으로 제어하는 방식이 있다. 종류에는 동력분배 고정방식과 동력분배 변환방식이 있다. 동력분배 변환방식은 주로 포장도로 형이며, 주행성능 향상에 적합하므로 승용차에서 많이 사용된다.

3.4. 풀타임 전자제어 4WD

풀타임방식은 상시 4WD를 의미하며, 뒷바퀴 구동(FR)차량의 TOD(torque on demand)방식과 앞바퀴 구동(FF)차량의 ITM(interactive torque management system)방식으로 나누어진다.

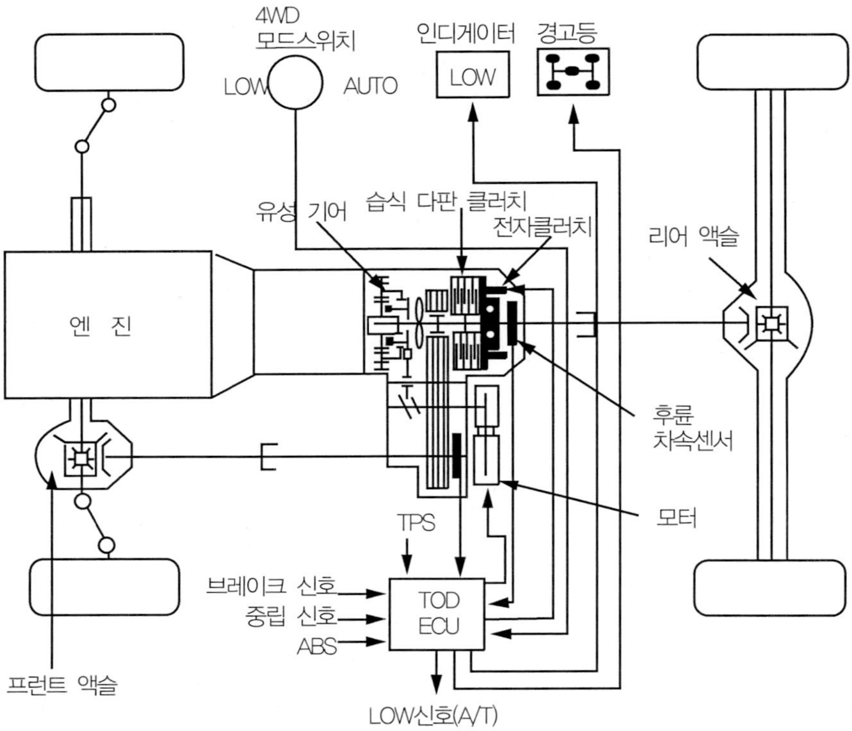

4-102. 풀타임 4WD 구성도

3.4.1. TOD(torque on demand)방식

TOD방식은 보그 워너(brog warner)사의 등록상표이다. 기존의 풀타임 4WD는 엔진과 변속기를 통해 트랜스퍼 케이스로 전달되는 동력을 오일과 기계장치를 이용하여 앞바퀴와 뒷바퀴로 분배하는 것이 주목적이었다. 반면 TOD 트랜스퍼 케이스는 전자제어에 의해 앞바퀴와 뒷바퀴로 동력을 분배한다. 즉, 일률적으로 앞바퀴와 뒷바퀴로 동력을 분배하는 것이 아니라, 도로조건이나 차량 주행상태에 따라서 앞바퀴와 뒷바퀴로의 동력분배가 0 : 100~50 : 50까지 자동으로 수시로 변경된다.

기본적으로 포장도로에서 저·중속으로 주행할 때는 "뒷바퀴 구동" 상태(이론상 뒷바퀴로는 100%의 동력이 전달되고, 앞바퀴로는 동력이 전달되지 않음)로 주행하다가 뒷바퀴의 미끄럼이 검출되면, 적당한 양의 동력이 앞바퀴로도 전달된다. 컨트롤 유닛은 트랜스퍼 케이스의 스피드 센서로부터 앞·뒷바퀴의 회전속도를 신호를 받고, 엔진 컨트롤 유닛으로부터 엔진의 출력상태에 대한 정보를 받아 분석하고, 그 값에 따라 전자 다판 클러치(electro magnetic clutch)의 압착력을 변화시킨다.

전자 다판 클러치의 압착력이 변화되면 앞 추진축이 제어되고, 컨트롤 유닛으로 보내지는 입력 값에 따라 앞바퀴로의 동력이 변화한다. 컨트롤 유닛으로 보내지고 분석된 차량 주행속도, 엔진 출력상태, 바퀴의 미끄러짐 비율 등의 정보에 따라 전자 다판 클러치의 압착력이 조절되며, 압착력이 변화될 때 압착력이 크면 동력이 많이 전달되고, 압착력이 작으면 클러치의 미끄러짐 비율이 커지기 때문에 작은 동력이 전달되므로 입력신호에 따라 적절한 동력이 앞바퀴로 분배된다.

[1] 도로조건에 따른 앞·뒷바퀴 동력분배

(1) 포장도로에서 저·중속으로 주행할 때

기존의 파트타임 트랜스퍼 케이스를 사용하는 차량에서는 정지된 상태에서 조향핸들을 좌측 또는 우측으로 돌린 후 출발하면, 차량이 멈칫멈칫하며 걸리는 타이트 코너 브레이킹(tight corner braking)이 발생하는데, TOD장치에서는 이 현상이 일어나지 않고, 뒷바퀴 구동 주행이 가능하다.

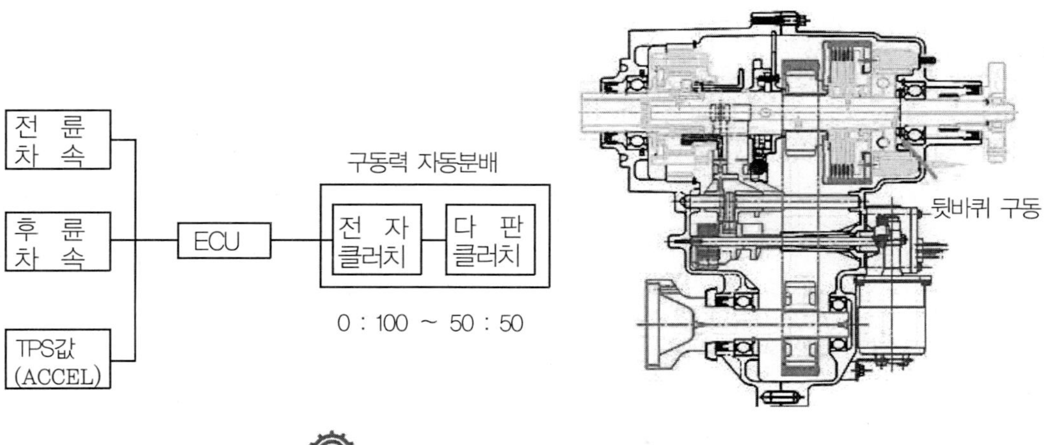

그림 4-103. TOD의 구동력 자동분배

(2) 포장도로에서 고속으로 주행을 할 때

포장도로에서 고속주행을 할 때는 뒷바퀴가 주 구동바퀴가 되며(약 85%), 측면에서 부는 바람 또는 우천에서도 안전한 접지를 유지하도록 앞바퀴로도 동력(약 15%)이 분배된다.

(3) 마찰계수가 낮은 도로에서 선회할 때

비포장도로, 눈길, 빙판길, 진흙길 등에서 선회할 때 필요한 동력을 앞바퀴에도 분배한다. 앞바퀴에 동력(약 30%)이 분배되면 도로면 접지력이 상대적으로 높아지고, 자연스러운 조향이 가능하다.

(4) 마찰계수가 낮은 도로에서 등판주행 또는 출발할 때

비포장도로, 눈길, 빙판길, 진흙길 등에서 등판주행 또는 출발을 할 때에는 필요에 따라 50 : 50의 동력을 앞·뒷바퀴에 분배하여 4WD 최대 접지력과 구동력을 발휘할 수 있다.

[2] 기존 풀타임 4WD 대비 TOD장치의 장점

① 동력이 앞바퀴와 뒷바퀴로 분배되어 4WD구동상태에서 연료소비율이 향상된다.

② 동력이 앞바퀴와 뒷바퀴로 조건에 따라 적절히 분배되므로 각 바퀴가 최적의 접지력을 발휘한다. 이것은 최적의 주행성능 유지, 선회할 때 안정성유지, 브레이크를 작동할 때 효율향상 등의 효과가 있음을 의미한다.

③ 도로면 변화에 따른 반응이 신속하다.

④ 기존의 장치보다 경량화가 가능하다.

⑤ 내부 구조가 간단하다.

⑥ 컨트롤 유닛에 의해 자동 제어되므로 작동이 쉽고, 편리하다.

⑦ 비포장도로 및 포장도로에서의 직진안정성 및 주행성능이 우수하다.

⑧ 주행 중 차량 조향핸들의 조작이 편리하다.

⑨ ABS와 연계 및 조화가 쉬워, ABS 작동이 효과적이다.

[3] TOD 전자제어장치의 기능 및 작동

(1) TOD 선택모드

TOD는 AUTO 및 LOW 2가지 모드가 있다. AUTO는 일반적으로 사용되는 모드이며, 기어비율은 1 : 1로 되어있으며, LOW는 기존의 풀타임 트랜스퍼 케이스와 동일하고, 앞·뒷바퀴 쪽에 50 : 50의 동력을 분배시켜 4WD상태에서 최대의 구동력을 발휘하도록 한다. 이때 기어비율은 2.48 : 1이다.

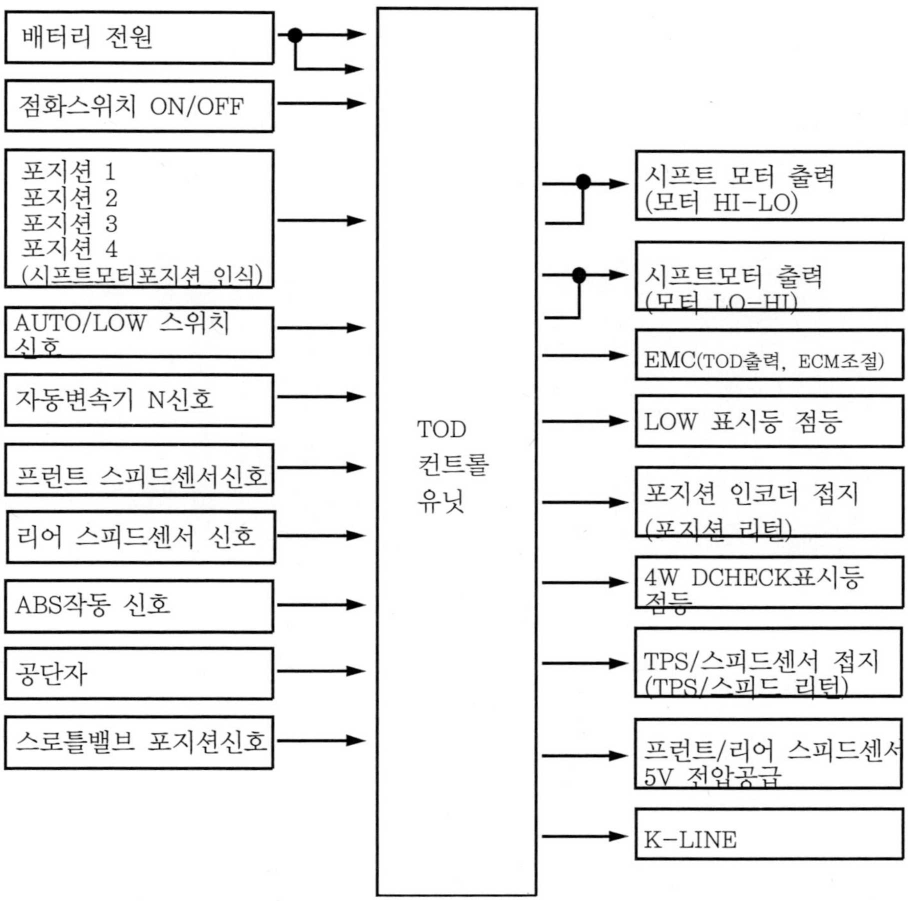

그림 4-104. TOD 전자제어 입·출력 회로도

(2) AUTO모드를 선택할 때의 기능

TOD는 클러치의 메커니즘을 전자 제어하여 앞뒤 추진축의 출력 회전속도를 검출하고, 그 차이가 설정된 값 이상일 경우 초과된 속도를 미리 계산한 후 그에 상응하는 동력을 전자 다판 클러치(EMC)를 통해 앞바퀴로 전달한다.

이러한 앞뒤 추진축의 회전속도는 홀 센서(hall effect sensor)를 통해 검출하며, 검출된 신호는 TOD 컨트롤 유닛으로 보내진다. 앞뒤 추진축의 초과된 회전속도 차이에 따른 다양한 전류량에 의해 트랜스퍼 케이스 클러치 코일이 활성화된다.

(3) LOW모드를 선택하였을 때의 기능

모드 스위치(mode switch)를 "LOW"로 선택하면, 4WD 저속상태로 선택된다. 추진축의 동력비율은 1 : 1에서 2.48 : 1로 변환된다.

(a)

(b)

그림 4-105. TOD 선택 스위치 설치위치

(4) 시프트 모터(shift motor)

트랜스퍼 케이스의 시프트 모터는 트랜스퍼 케이스 뒤쪽에 설치되어 있다. 시프트 모터는 로터리 헬리컬 캠을 구동한다. 모드 선택스위치에서 구동위치를 "LOW"로 선택하면, 헬리컬 캠이 "AUTO"에서 "LOW" 위치로 회전하면서 시프트 포크가 2.48 : 1의 감속위치로 된다.

(5) 트랜스퍼 케이스(trance case)

TOD 트랜스퍼 케이스는 "AUTO" / "LOW" 스위치조작과 시프트 모터의 전기적 작동에 의해 변속기로부터의 동력을 뒤차축 및 앞차축으로 분배한다. 뒷바퀴 구동모드에서 변속기로부터의 동력은 트랜스퍼 케이스의 입력축(input shaft)을 통해 뒤쪽의 출력축(output shaft)으로 전달이 된다.

이렇게 전달된 동력은 추진축을 뒤차축으로 전달되고, "AUTO" / "LOW" 로의 변속은 HI-LO칼라(collar)가 감소되는 방향으로 시프트 포크가 출력축(output Shaft)과 앞차축 유성기어를 물림시켜 실행된다. 이에 따라 입력축으로부터 전달된 동력은 선기어를 통해 앞차축 유성기어를 회전시키고, 앞차축 유성기어는 출력축과 물려 LOW 상태로 구동하게 된다.

그림 4-106. 트랜스퍼케이스의 구조

(6) 뒤 스피드센서(rear speed sensor)

뒤 스피드센서는 홀 효과를 이용한 센서(hall effect sensor)이며, 30개의 이(tooth)를 가진 휠의 회전에 따라 0~5V DC의 사각파형(square wave)을 발생시킨다. 이의 수가 30개인 휠은 트랜스퍼케이스 내부에 설치되어, 뒤 추진축과 결합되어 있으며, 뒤 추진축이 회전하면 1회전 당 휠의 잇수 만큼의 스피드센서 펄스신호가 발생한다. 즉, 추진축이 1회전하면 30개의 스피드센서 펄스신호가 발생하게 된다.

(7) 앞 스피드센서(front speed sensor)

앞 스피드센서는 뒤 스피드센서와 동일하며, 앞 추진축과 결합되어 있다.

(8) 전자 다판 클러치(EMC : electromagnetic clutch)

전자 다판 클러치는 도로조건 및 차량의 주행상태에 따라 요구되는 양 만큼의 동력을 앞 추진축에 적용하기 위해 사용된다.

3. 4. 2. ITM(interactive torque management)방식

ITM방식의 4WD는 주로 앞바퀴 구동형 즉 온 로드(on road)용 자동차에서 사용하는 상시 4WD TOD와 함께 풀타임 방식이라 부른다. 앞에서 설명한 트랜스퍼 케이스 형식과 달리 매우 간단한 장치로 구성되어 있다. ITM는 견인력을 향상시키며, 선회 주행에서의 안정성, 그 밖의 주행안정성에 효과가 우수하다.

[1] ITM방식의 작동 개요

앞바퀴 구동형 자동변속기에서 뒷바퀴 쪽으로 동력을 인출하는 트랜스퍼 케이스를 거친 동력은 추진축으로 전달되고 추진축과 종감속기어 사이에 설치된 ITM에서 전기적으로 동력을 전달하면 4WD가 되고 동력을 차단하면 2WD로 작동한다.

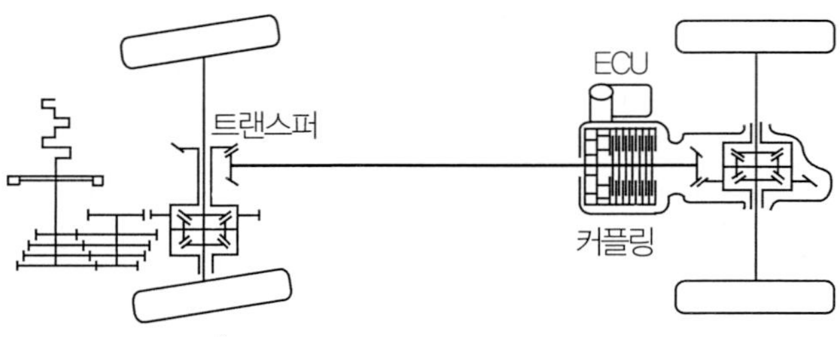

그림 4-107. ITM 작동 계통도

[2] ITM의 작동원리

ITM 컨트롤 유닛이 4WD 작동영역을 판단하면 ITM에 설치된 전자 다판 클러치(EMC) 코일을 작동시켜 ITM 내의 클러치판을 압착시킨다. 이에 따라 추진축으로부터 전달된 동력이 뒤 종감속기어를 거쳐 뒷바퀴로 전달된다.

[3] ITM 전자제어 입•출력 구성도

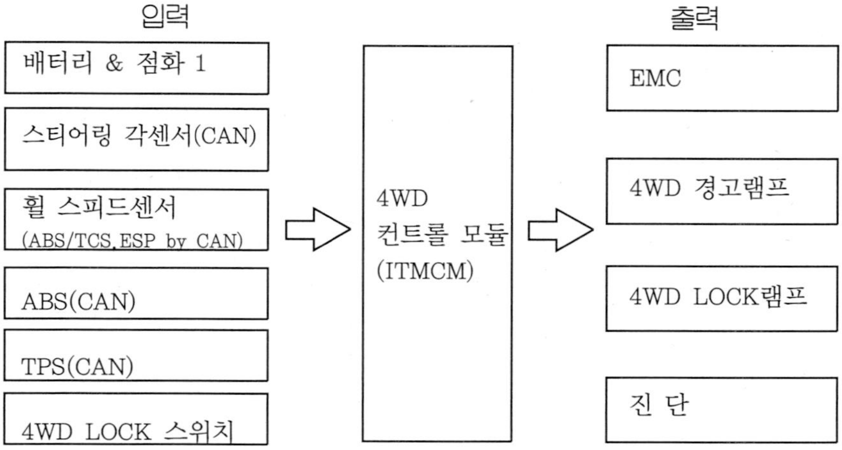

그림 4-108. ITM 전자제어 입·출력도

(1) 조향핸들 각속도 센서

조향핸들 각속도 센서는 조향핸들의 조향정도를 파악하여 선회주행을 할 때 4WD 구동력을 조절하여 안정된 선회가 가능하도록 유도한다. 또 선회할 때 발생하는 타이트 코너 브레이크 현상(선회주행을 할 때 바퀴가 끌리며 일어나는 제동현상)을 방지한다.

배선은 총 5선으로 전원, 접지, 중립점, 조향 1, 2로 각각 구성되어 있으며, ITM 컨트롤 유닛으로 신호가 입력된다. 조향각도와 조향속도를 판단하여 제어에 활용한다. 전압은 하이(high) 신호가 약 4.0V이고 로우(low) 신호가 약 1.5V를 나타낸다.

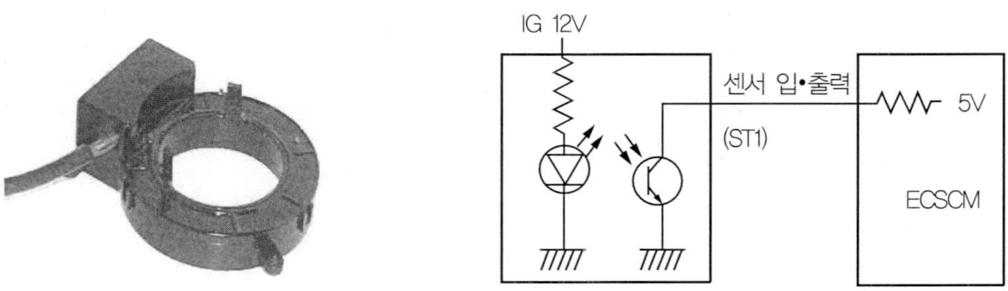

그림 4-109. 조향핸들 각속도 센서

(2) 휠 스피드 센서

휠 스피드 센서는 각 바퀴의 회전속도를 판단하여 ITM 컨트롤유닛으로 보내준다. 4WD제어에서 중요한 신호 중 한가지이다. 휠 스피드 센서에서 비정상적인 신호가 출력되면 4WD를 제어할 때 문제가 발생한다. ABS가 작동 때와 ITM작동이 겹칠 수 있으므로 CAN라인을 통해 ABS 작동여부 신호를 입력받는다. 만약 동시 작동조건이라면 ABS제어가 우선한다.

(3) CAN 데이터

ITM 컨트롤 유닛은 CAN라인으로부터 스로틀 위치센서(TPS) 값과 ABS 작동여부 신호를 입력받는데, 먼저 스로틀 위치센서는 운전자의 가속의지를 확인하여 제어에 활용한다. 또 ABS 작동여부 신호는 4WD제어와 ABS제어가 동시에 이루어질 것에 대비하여 신호를 입력받는다(우선 신호는 ABS).

(4) 4WD 록(LOCK) 스위치

차량이 습지대에 빠졌거나 그밖에 상시 4WD가 필요할 경우 이용하는 스위치이며, 이 스위치를 ON하면 상시 4WD로 동작한다. 4WD LOCK스위치를 ON한 상태로 고속으로 주행하면 자동으로 록이 해제된다.

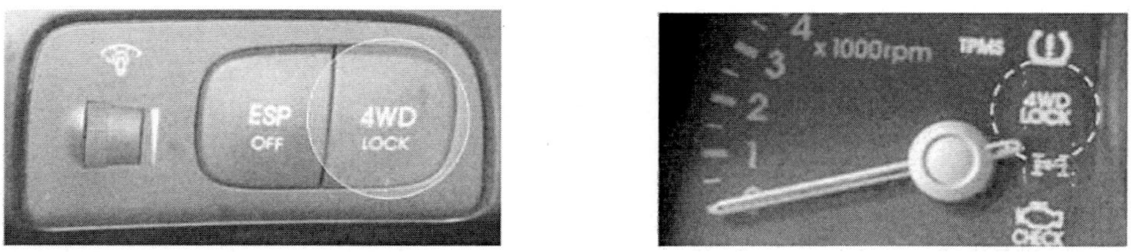

(a) 4WD LOCK 스위치 (b) 4WS LOCK 램프

그림 4-110. 4WD 록(lock) 스위치

(5) 전자 다판 클러치(EMC)코일 출력제어

ITM 컨트롤유닛은 ITM 작동조건이 각종 센서로부터 입력되면 EMC 코일을 듀티제어하여 4바퀴를 제어한다. 듀티비율이 증가하면 구동력 분배율도 커지고 듀티비율이 낮아지면 동력 분배비율도 같이 작아진다.

실습보고서 구 동 장 치

자동차번호 : 차량명 : 학번 성명

01. 주어진 FR 자동차에서 추진축을 탈거한 후 십자축 베어링을 교환하고 다시 조립하시오.
02. 주어진 FF 자동차에서 드라이브 샤프트를 탈·부착 하시오.
03. 주어진 드라이브 액슬축에서 액슬축 부트를 교환하고 다시 조립하여 작동상태를 확인하시오.
04. 주어진 FR 자동차에서 뒷차축을 탈·부착하시오.
05. 주어진 종 감속장치에서 종감속 기어을 분해 조립하시오.
06. 주어진 차동 제한장치(LSD)를 분해 조립하시오.
07. 기록표의 측정항목을 기록표에 기록한 후 판정이 불량할 때 규정(정비한계)값이 되도록 조정 및 수리하시오.

측정항목	① 점검(또는 측정)		② 판정 및 정비(또는 조치)사항		득 점
	측정값	규정(정비한계)값	판 정 (□에 "✓" 표)	정비 및 조치할 사항	
링 기어 백래시			□ 양호 □ 불량		
링 기어 런아웃			□ 양호 □ 불량		
프리로드 측정			□ 양호 □ 불량		
치면접촉의 점검			□ 양호 □ 불량		
피니언과 사이드 기어 백래시			□ 양호 □ 불량		
추진축 휨			□ 양호 □ 불량		

※ 참고

링 기어 백래시 규정값	0.11~0.16mm
링 기어 런아웃 한계값	0.05mm 이하
피니언과 사이드 기어 백래시	0.01~0.07mm
추진축 휨 한계값	0.5mm 이하

CHAPTER V

휠(wheel) 및 타이어(tire)

1 바퀴의 개요

바퀴는 휠(wheel)과 타이어(tire)로 구성되어 있다. 바퀴는 차량의 하중을 지지하고, 제동 및 주행할 때의 회전력, 노면에서의 충격, 선회할 때의 원심력, 차량이 경사졌을 때의 옆 방향 작용을 지지한다. 휠은 타이어를 지지하는 림(rim)과 휠을 허브에 지지하는 디스크(disc)로 되어 있으며 타이어는 림 베이스(rim base)에 끼워진다.

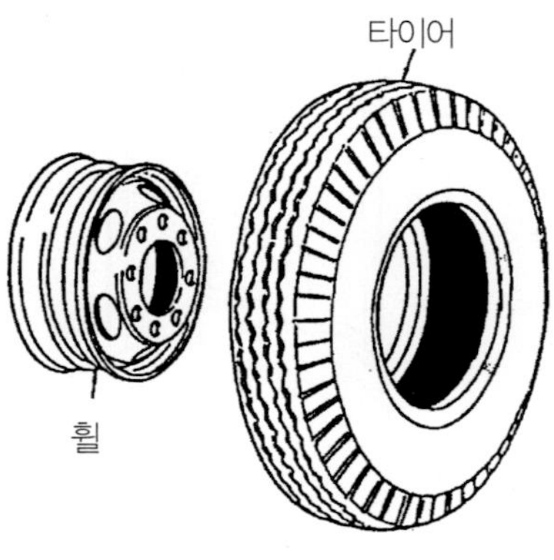

그림 5-1. 휠과 타이어

1.1. 휠(wheel)

휠은 크게 림과 휠 디스크 등으로 구성된다. 림은 타이어를 유지하는 부분이고 휠 디스크는 허브에 장착하기 위한 부분이다. 트럭과 버스용에서는 림부분에 사이드 림을 사용하여 타이어를 유지하고, 타이어의 탈착을 용이하게 할 수 있도록 되어 있다.

1.1.1. 휠의 구조

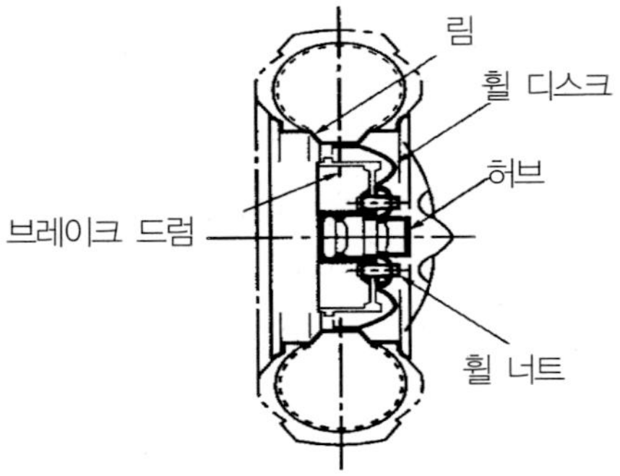

(a) 앞바퀴 설치상태

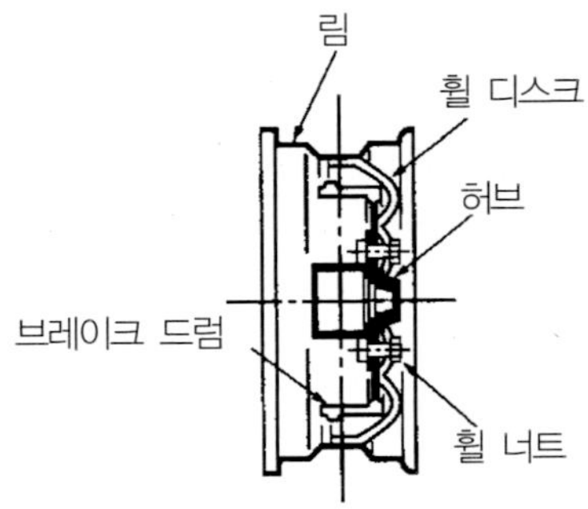

(b) 뒷바퀴 설치상태

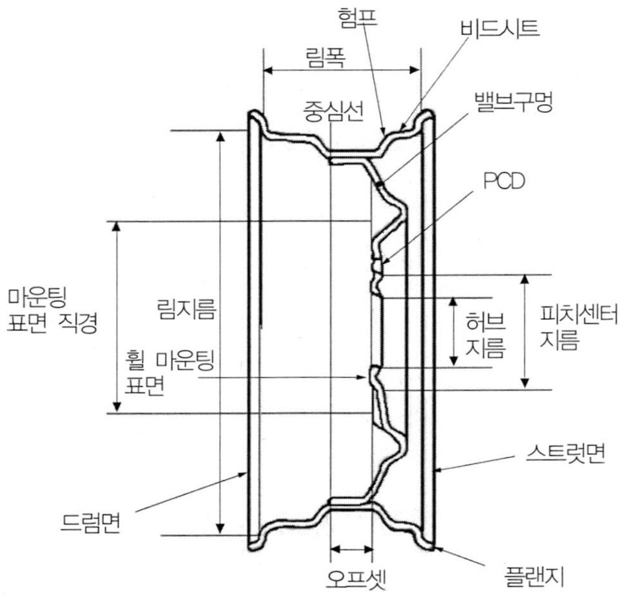

(c) 휠 구조

그림 5-2. 휠의 설치상태 및 구조

[1] 림 부위

타이어와 밀착되어 공기압을 유지시켜주는 부위이다. 표기시 그 폭이 인치로 표시된다.

① 림 : 림은 타이어를 장착 유지시켜 주는 부분이며 림폭은 타이어의 편평비와 밀접한 관계가 있다.

림 폭이 작은 경우는 사이드 월 부분이 지나치게 노출되어 위험이 따른다. 림 폭이 지나치게 큰 경우에는 연비가 증가되며 차체와의 간섭 등의 원인이 된다.

② 오프셋 : 림의 중심에서 디스크 취부면까지의 거리를 의미한다. ET로 표시하며 승용차의 경우 플러스(+), 지프차의 경우 마이너스(-)오프셋이 되는 경우가 많다. 오프셋이 틀린 경우 차량 간섭현상 발생의 원인이 된다. 이를 무리하게 조정하기 위해 스페이서(Spacer) 등의 사용은 위험한 일이다. 이는 밸런스 및 런아웃 클레임의 주요한 원인이 된다.

③ 험프(hump) : 타이어에 작용하는 횡력(side thrust)에 의해 타이어의 비드(bead)부분이 림의 중심부(well)로 미끄러지는 것을 방지하기 위한 안전 두둑(ridge)이다.

④ 비드 시트(bead seat) : 타이어의 비드 베이스가 밀착하는 림의 부분을 말한다. 둘레 방향으로 어긋나지 않도록 널링 공구(knurling tool)로 가공되어 있는 림도 있다.

[2] 디스크 부위

휠의 디자인이 구사되어 있는 전면 부위를 말하며 차체와 체결하여 주는 허브(Hub)축, 볼트 구멍 등이 포함되어 있다.

① 허브(hub) : 휠의 중앙부분에 있는 구멍으로 차축과 체결되는 부분이다. 여기서 가장 중요한 것은 차축의 지름과 반드시 일치해야 된다는 것이다. 허브 직경이 맞지 않을 경우 허브링(Hub-ring)을 이용하여 무리하게 장착하면 런아웃 클레임이 야기될 수 있다.

② PCD(pitch center diameter) : 휠이 차에 지탱할 목적으로 뚫은 구멍의 각 중심선을 연결한 원의 지름을 의미하며 PCD가 틀리면 차에 장착할 수 없다. 승용차의 경우 그 구멍수가 4개 또는 5개가 보통이다.

③ 플랜지(flange) : 타이어의 비드 부분을 지탱지켜 주는 부분으로 흔히 J형과 JJ형이 있으며 밸런스 납을 부착시켜주는 부위이다. J형의 경우 클립식 납(박는 납)을 사용하고 JJ형은 부착식 납을 사용한다.

[3] 밸브 구멍

타이어에 공기를 넣고 빼는 구멍으로 밸브 스템(valve stem)을 설치한다. 밸브 스템에는 밸브 코어(core)를 넣고 코어는 속에 작은 패킹을 스프링으로 밀어 공기를 밀폐하는 첵 밸브이며 캡은 코어를 보호하는 역할과 이 물질이 침투하지 않게 한다.

(a) 밸브 스템 (b) 밸브 코어 (c) 밸브 캡

그림 5-3. 밸브 스템의 구성품

1. 1. 2. 휠의 종류

[1] 디스크 휠(disc wheel)

연강판을 프레스로 성형한 디스크를 리벳이나 용접으로 접합한 것이다. 강도가 좋고 구조가 간단하며, 대량 생산성이 좋으며, 비교적 값이 싸서 널리 이용된다. 중량이 무거워 가볍게 할 목적으로 구멍이 많이 뚫려있다.

[2] 스포크 타입 휠(spoke type wheel)

링과 허브를 강철선의 스포크로 연결한 것으로 자전거의 휠과 같은 구조로 되어 있다. 경량이며, 탄성이 좋고 냉각성능도 우수하다. 그러나 구조가 복잡하고 변형되었을 시 정비의 어려움이 있다.

[3] 디쉬 타입 휠(dish type wheel)

디스크를 완전히 막아 놓은 휠을 말한다. 접시처럼 생겨서 디쉬(dish) 휠이라 부른다. 휠 스포크에서 발생할 수 있는 공기의 와류현상을 차단하기 때문에 공기저항에 유리하나 브레이크 냉각에 도움이 되지 않고 무게도 무거워 현재는 잘 사용하지 않는다.

(a) 디스크 휠 (b) 스포크 휠 (c) 디쉬 타입 휠

(d) 메쉬 타입 휠 (e) 핀 타입 휠 (f) 에어로 타입 휠

그림 5-4. 휠의 종류

[4] 메쉬 타입 휠(mesh type wheel)

스포크 휠에서 좀 더 복잡하고 정교하게 변형된 디자인으로 5~6개의 스포크 휠 보다 스포크의 숫자가 훨씬 많아서 휠 자체의 내구성이 뛰어나다.

[5] 핀 타입 휠(pin type wheel)

핀 타입은 스포크타입보다 가느다란 스포크를 가지고 있으며 개수가 약간 더 추가된 형태로 휠 자체의 소재나 제작 기법이 완벽하지 않으면 내구성이 문제가 있을수 있다.

[6] 에어로 타입 휠(aero type wheel)

바람개비의 형상을 닮은 디자인을 하고 있는 타입으로 에너지 효율성을 높이기 위한 방법으로 휠에서 발생하는 저항을 줄이기 위해 에어로 타입의 휠을 많이 사용하고 있다.

1.1.3. 림의 분류 및 표시

림의 모양에 따라 다음과 같이 분류하나 더 많은 형태로 세분하기도 한다. 적용할 자동차에 따라 림의 종류가 선택된다.

[1] 림의 분류

① 2분할 림(2 split rim) : 림과 디스크를 일체로 프레스 가공하여 볼트로 결합한 구조이다. 직경이 비교적 작은 승용차에 주로 쓰인다.

② 드롭 센터 림(drop center rim) : 중앙부의 바닥이 깊은 형으로 승용차나 소형 트럭 등에 쓰인다.

③ 광폭 드롭 센터 림(wide base drop center rim) : 폭이 넓고 가운데 부분이 깊은 림이다. 주로 대형차에 이용된다.

④ 광폭 평저 림(inter rim) : 림의 폭을 크게 하여 타이어의 안정성을 향상시킨 것이다. 버스나 트럭 등의 대형자동차에 주로 쓰인다.

이외에도 안전 리지드 림(safety rigid rim), 반 드롭센터 림(semi drop center rim) 등으로도 분류한다.

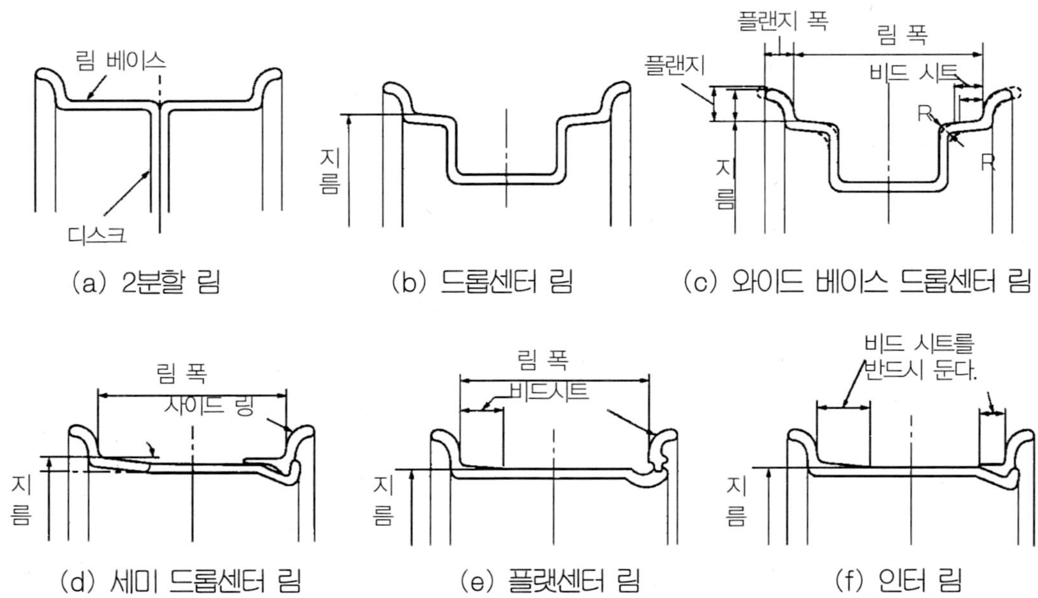

그림 5-5. 각종 림의 모양

[2] 림의 표시기호 및 호칭

림은 너비(인치로 표시), 플랜지 형상, 림 지름(인치로 표시), 림의 종류로 표시한다.

표시기호	림폭(in)	림 직경(in)	참고사항
$6\frac{1}{2}$J×13H RO 35	$6\frac{1}{2}$	13	J : 램 플랜지의 형상 기호 H : 바깥쪽 비드 시트의 험프 RO 35 : 림 오프셋 35mm
6J×14DC	6	14	DC : 림의 종류(drop center rim)
7J×16 H2	7	16	H2 : 림 어깨 당 각 1개씩 2개의 험프
9.00×22.5	9.00	22.5	.5는 15° 깊은 홈 림을 의미함(15° DC).
9.00-20	9.00	20	SDC : Semi-Drop Center(얕은 홈 림)
W9×28	9	28	W : Wide width Rim(광폭 림)
3.75-13	3.75	13	P : 플랜지 형상 기호
6.50H-16SDC	6.50	16	H : 플랜지 형상 기호 SDC : Semi-Drop Center

× : 일체식 깊은 홈 림, 15° 깊은 홈 림 또는 광폭의 깊은 홈 림

－ : 얕은 홈 림, 광폭의 얕은 홈 림

이 외에도 림의 형상 호칭기호에는 FH : 바깥쪽에 flat hump, FH2 : 양쪽에 flat hump, CH : combination hump, EH : 확장된 험프(extended hump), TD 등이 사용된다.

TD는 타이어의 승차감을 향상시키기 위해 플랜지 높이를 낮춘 특수한 림을 말한다. 비드 시트용 그루브(groove)는 타이어의 공기압이 손실되어도 비드가 밀려나지 않도록 비드의 형상에 맞추어져 있다. TD휠의 경우, 림의 폭과 직경을 mm 단위로 표시한다.

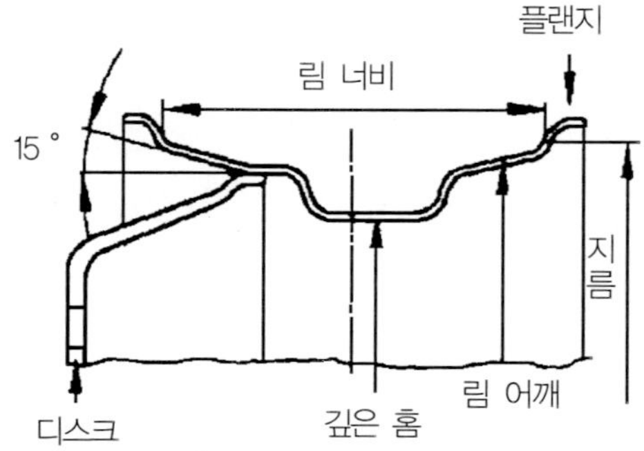

그림 5-6. 림의 표시

[3] 휠 림의 오프셋

휠 림의 오프셋이란 휠 림의 중심선으로부터 디스크 휠의 안쪽 접촉면(휠 설치 평면)까지의 거리를 말한다. 림 오프셋이 다른 휠을 선택하면, 차륜거리(track)가 변하게 된다. 차륜거리가 변하면 다른 정렬요소(캠버, 킹핀-오프셋 등)도 변한다.

① 정(+)의 오프셋 : 휠 림의 안쪽 접촉면이 휠 림의 중심선으로부터 바깥쪽에 위치한 경우이다.

② 부(−)의 오프셋 : 휠 림의 안쪽 접촉면이 휠 림의 중심선으로부터 안쪽에 위치한 경우이다. 이 휠 림을 사용하면 차륜거리가 커지게 된다.

(a) 정(+)의 오프셋　　(b) 부(-)의 오프셋

그림 5-7. 휠 림의 오프셋

1.1.4. 휠의 소재

[1] 스틸

가장 기본적인 강판을 소재로 제작비용이 저렴하나 무게가 무겁다.

[2] 알루미늄

가벼우면서도 주조, 단조기술의 향상과 더불어 합금기술의 향상으로 높은 강도까지 갖추고 있다. 특유의 은빛이 나고, 녹이 스는 일이 없으며 알로이 휠은 알루미늄에 강도를 보강하기 위해 마그네슘과 같은 부재료를 섞어 합금을 한다.

[3] 티타늄

티타늄은 알루미늄보다 조금 더 가벼우면서도 성질의 변형이 적고 안정성이 높으나 가공상의 까다로움과 원재료 가격의 차이로 인해 알루미늄 보다는 비싸다.

[4] 마그네슘

알루미늄보다 월등히 가벼운 소재로 엄청난 무게와 충격에도 견디지만 강한 충격에 불꽃이 튈 때도 있고 가격이 비싸며 주조의 경우 마그네슘 소재 자체가 가지고 있는 산화하는 성질 때문에 제작방식도 상당히 까다로워 합금의 부재료로 사용되며 100% 마그네슘 휠의 경우는 대부분 단조방식으로 제작을 하며 레이싱 카에서 사용된다.

1.1.5. 휠의 제작방법

휠의 제작방법에 따른 분류는 많은 제작방법이 있지만 크게 주조와 단조로 나누어진다.

[1] 주조

금형에 고온으로 녹인 소재를 부어 굳히는 방법으로 가장 기본적인 제작 방법이면서도 빠른 생산이 가능한 장점이 있어 널리 사용되나 소성하는 과정에서 기포의 발생 혹은 불규칙한 내부 밀도로 인한 강도의 저하의 원인이 되므로 이를 보완하기 위해 저압주조 공법으로 밀도를 높이기 위해 가스를 이용해 압력을 가하여 제작하기도 한다.

[2] 단조

두드려 만드는 방법인데 8,000프레스나 10,000프레스 이상의 강력한 힘으로 알루미늄 단괴를 찍어 눌러서 제작하는 방법이다. 단조의 장점은 찍어 눌러 생산하기 때문에 고밀도로 처리를 할 수 있고 그만큼 두께가 얇아도 원하는 강성과 강도를 지닌다.

1.2. 타이어(tire)

1.2.1. 타이어의 역할

자동차가 주행 및 정지시에 실제로 노면과 접촉하고 있는 것은 타이어이다. 엔진의 출력이 아무리 높아도 타이어가 좋지 않으면 주행시 그 성능을 살릴 수가 없으며 브레이크 성능 또한 타이어 성능에 달려있다. 타이어는 안전운행의 기초가 되며 노면에 닿는 트레드 부분에는 홈이 있고 용도에 따라 여러 가지 모양을 갖추고 있어서 이것이 접지력과 물을 헤치는 기능을 가지게 된다. 고무 자체도 그립력과 내구성 등을 고려하여 만들어지며 타이어의 역할은 다음과 같다.

① 하중지지, 노면으로부터의 충격 흡수 완화
② 자동차의 방향을 전환하거나 유지하고 구동력, 제동력을 노면에 전달
③ 마찰, 열발생률, 구동저항이 적어야 하며, 내구성이 있어야 한다.
④ 주행시 소음 및 진동이 적어야 한다.

1. 2. 2. 타이어의 분류

[1] 튜브의 유무에 따른 분류

(1) 튜브 타이어(tube tire)

타이어 내부에 끼워져 압축공기를 유지하기위한 얇은 고무 튜브로서, 내열성과 탄력성이 큰 고무로 되어 있으며, 타이어 내 · 외부와의 공기 출입 시 사용되는 스냅인 밸브(snap-in valve)가 설치되어 있다. 상용자동차 및 2륜차, 그리고 스포크 휠이 장착된 자동차 등에는 아직도 사용되고 있다.

(2) 튜브리스 타이어(tubeless tire)

튜브를 사용하지 않고 공기누출을 방지하기 위해 통기성이 낮은 특수 고무를 타이어의 안쪽에 입히는데 인너라이너라 불리며 기밀성을 잘 유지하는 고무층을 갖고 비드부를 림 플랜지에 압착하여 공기가 새어나가지 않게 한 것이다.

1) 튜브리스 타이어의 장점

① 공기압의 유지가 좋다.
② 못 등에 찔려도 급속한 공기누출이 없다.
③ 타이어 내부의 공기가 직접 림에 접촉되고 있기 때문에 주행 중의 열발산이 좋다.
④ 튜브 불림 등의 튜브에 인한 고장이 없다.
⑤ 튜브조립이 없으므로 작업성이 향상된다.

2) 튜브리스 타이어의 단점

① 타이어의 내측, 비드부에 흠이 생기면 분리 현상이 일어난다.

② 타이어와 림의 조립이 불완전하거나, 림 플랜지 부위에 변형이 있으면 공기누출을 일으키는 일이 있다.

③ 포장도로를 주행시 노면의 돌 등에 의해 림 플랜지 부분이 손상을 입어 공기누출을 일으킬 경우를 주의할 필요가 있다.

[2] 형상에 따른 분류

(1) 바이어스 타이어(bias tire)

바이어스 타이어의 카커스는 1 플라이(PLY)씩 서로 번갈아 코드의 각도가 다른 방향으로 엇갈려 있다. 따라서 코드가 교체하는 각도는 지면에 닿는 부분에서 원주방향에 대해 40° 전후로 되어 있다. 안정된 성능은 바이어스 타이어의 강점이다. 보통 트레드는 타이어 회전 방향으로 직선적인 패턴을 띄고 있으며 대형 트럭이나 버스 등에 주로 이용된다.

(2) 레이디얼 타이어(radial tire)

타이어를 옆에서 보았을 때 카커스 코드가 방사형으로 배열된 타이어이다. 따라서 바이어스 타이어에 비해 편평비를 자유롭게 설정할 수 있다. 타이어를 편평화 함으로써 접지면을 크게 하여 내 슬립성을 향상시킬 수 있고, 횡방향에 대한 강성이 우수하여 조종성과 안정성이 좋다. 고속 주행용으로 적합하여 승용차에 많이 이용된다. 그러나 타이어의 옆부분(side wall)이 약한 단점이 있다.

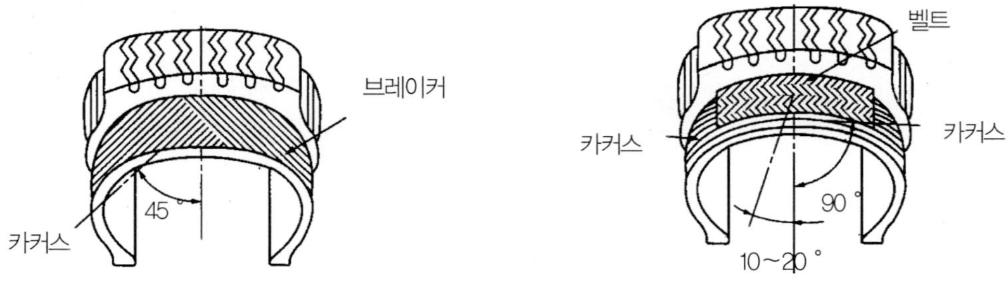

(a) 바이어스 타이어 (b) 레이디얼 타이어

그림 5-8. 타이어의 형상에 의한 분류

(3) 스노우 타이어(snow tire)

스노우 타이어는 눈길이나 빙판길 등에서 접지력을 높인 타이어이다. 따라서 트레드부에 핀을 박은 스파이크 타이어나 고무 핀이 온도의 저하로 경화되어 접지력을 높인 타이어 등, 여러 형태의 타이어가 개발되고 있다.

1.2.3. 타이어의 구조

타이어의 구조는 다음의 그림 5-9와 같이 트레드, 브레이커, 카커스, 비드 등으로 구성된다.

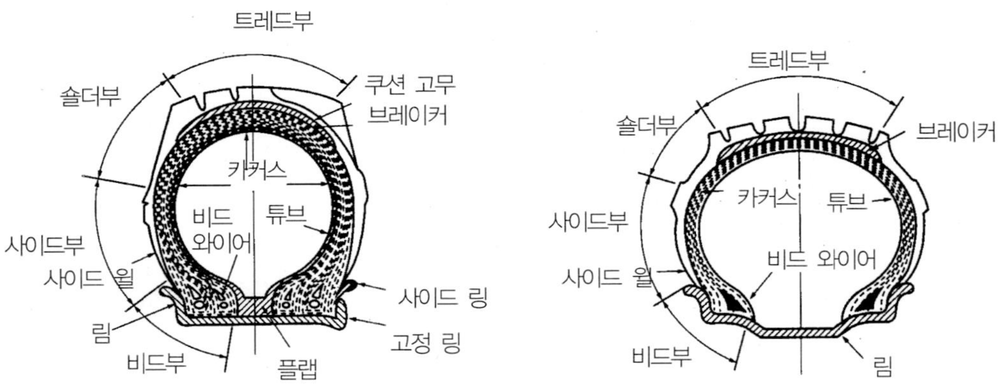

(a) 타이어의 구조

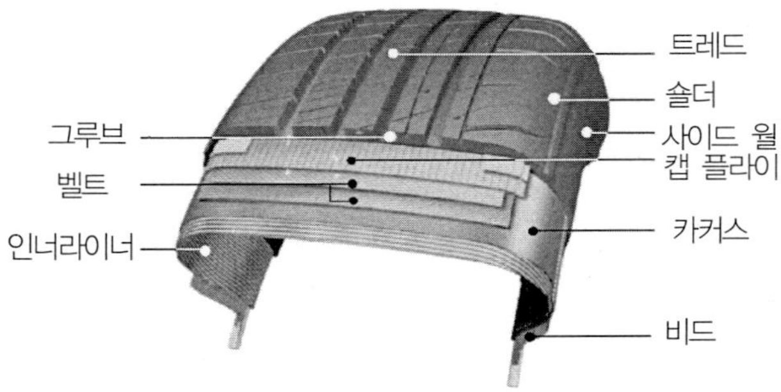

(b) 각부 명칭

그림 5-9. 타이어의 구조 및 각부명칭

[1] 트레드(tread)

트레드는 노면과 직접 접촉하는 고무 부분이며, 카커스와 브레이커를 보호하는 부분이다. 트레드 패턴의 필요성은 다음과 같다.

① 타이어의 사이드슬립이나 전진방향의 미끄럼을 방지한다.
② 타이어 내부에서 발생한 열을 방산(放散)한다.
③ 트레드에서 발생한 절상(切傷)의 확산을 방지한다.
④ 구동력이나 선회성능을 향상시킨다.

(1) 그루부와 커프

타이어는 커프와 그루브, 그루브와 커프가 모여 비로소 타이어의 패턴을 이루게 된다.

① 커프(kerf) : 타이어의 트레드면에 얇은 홈을 말한다. 커프는 타이어 제작 시 사용하는 틀(몰드, 가류용 금형)에 칼 모양의 것을 장치하여 새겨지는데 커프를 새기는 이유는 제동성능을 좋게 하거나 옆미끄럼 방지의 효과를 높이기 위해이다.
② 그루브(groove) : 타이어에 파진 큰 홈을 말한다. 자동차의 제동에 큰 영향을 끼치며 마른 노면에서 좁은 그루브는 제동력을 높여주며 젖은 노면에서 넓은 그루브는 배수력 및 제동력을 높여주는 역할을 한다.
③ 패턴(pattern) : 그루브가 모여 만들어지는 무늬를 말한다. 고속용 타이어에는 주로 V형과 Y형 패턴의 형태를 띄며 패턴에는 리브 패턴, 러그 패턴, 리브 러그 패턴 등 다양한 형태가 있다.

그림 5-10. 그루부와 커브

(2) 타이어 패턴의 종류

1) 타이어의 회전 방향에 따른 홈 분류

① 리브 패턴(rib pattern) : 타이어의 주행방향과 동일하게 여러 개의 홈이 만들어진 형태의 리브 패턴 타이어는 일반적으로 옆방향 미끄럼 저항(회전저항)이 커서 조향성이 좋다. 또한 다른 타이어에 비해 발열이 낮으며 진동이 적고 승차감이 좋기 때문에 승용차량 및 버스의 기본형 타이어로 많이 사용되고 있다. 최근에는 일부 소형 트럭용으로도 많이 사용되고 있으며 주로 포장도로 및 고속용으로 사용되고 있다.

② 러그 패턴(lug pattern) : 리브 패턴과 달리 타이어의 회전방향과 직각에 가까운 홈을 파 놓은 패턴을 말한다. 일반 도로와 비포장도로에서 구동력과 제동력이 좋기 때문에 트럭 및 버스 등 대부분의 상업용 차량에서 주로 사용된다. 하지만 회전방향과 반대의 패턴 때문에 회전저항이 크다는 단점이 있어 연료비가 상대적으로 많이 들고 저압 고속주행 시에는 타이어의 편마모를 일으킬 염려가 있다. 또한 옆 미끄럼 저항이 적고 비교적 소음이 큰 단점이 있다.

③ 리브-러그 패턴(rib-lug pattern) : 리브 패턴과 러그 패턴의 장점을 결합한 타이어로 타이어의 숄더에는 러그형 패턴을, 중앙부에는 리브형 패턴을 새겨 조종성 및 안정성이 뛰어난 타이어이다. 포장 및 비포장도로를 동시에 주행하는 차량에 적합하기 때문에 트럭 또는 버스에서 주로 사용하고 있다. 하지만 리그 끝부분과 홈 부분에 마모와 균열이 발생하기 쉬우며 제동력과 구동력 또한 러그 패턴 보다 떨어진다는 단점이 있다.

2) 지면과의 접착 부분에 따른 홈 분류

① 블록 패턴(block pattern) : 타이어의 트레드가 독립된 블록으로 이루어진 것을 말한다. 블록의 형태는 사각형, 육각형, 마름모형 등으로 다양하며 블록 패턴을 장착한 차량의 경우 구동력과 제동력, 견인력 등이 뛰어나다는 장점이 있다. 또한 미끄럼이 적게 발생하기 때문에 눈길 및 진흙에서 제동성, 조종성, 안전성이 좋아 주로 스노우 타이어에 사용되고 있다. 하지만 다른 패턴의 타이어에 비해 타이어의 홈이 지지하는 면적이 넓기 때문에 타이어의 마모가 빠르게 나타날 수 있으며 회전저항이 크다는 단점이 있다.

(a) 리브형 패턴 (b) 러그형 패턴 (c) 리브-러그 패턴

(d) 블록형 패턴 (e) 비대칭 패턴

그림 5-11. 트레트 패턴의 종류

② 비대칭 패턴(asymmetrical pattern) : 좌우 패턴이 서로 다른 구조를 지니고 있어 타이어와 지면이 접촉하는 힘이 균일하고 내마모성과 제동성이 뛰어나다는 장점이 있다. 또한 코너링 시 타이어의 바깥쪽 접지력을 높여주어 고속 코너링이 가능하며 비대칭형 좌우 패턴 덕분에 타이어의 위치 교환도 불필요하다. 하지만 다른 대칭형 타이어와는 달리 타이어 장착시 안쪽과 바깥쪽을 구별해야 한다는 점, 타이어 규격간 호환성이 부족한 단점이 있다. 주로 고속으로 주행하는 승용차 또는 일부 트럭에서 많이 사용되고 있다.

[2] 브레이커(breaker)

브레이커는 트레드 안쪽에 있는 코드층으로 카커스를 보호하며, 트레드와 카커스의 강성의 차를 완충하는 역할을 한다.

[3] 카커스(carcass)

카커스는 타이어의 형상을 유지하는 골격부분이다. 플라이(fly)라 부르는 섬유층으로 구성되는데, 이 섬유층을 교차하여 고무로 접착시켜 강도를 유지한다.

[4] 비드(bead)

비드는 림과 접촉하는 부분으로 카커스 코드의 끝을 고정하여 공기압을 유지토록 한다. 비드 와이어와 고무 등으로 구성되는데, 적당한 강도와 탄성을 가져야 한다.

[5] 사이드 월(side wall)

트레드에서 비드부까지의 카커스를 보호하기 위한 고무층이며, 노면과는 직접 접촉하지 않는다. 그러나 하중이나 노면으로부터의 충격에 의하여 계속적인 굴곡운동을 하게 되므로 굴곡성 및 내피로성이 높은 고무이어야 하며, 규격, 하중, 공기압 등 타이어의 기본 정보가 문자로 각인된 부위이다.

[6] 숄더(shoulder)

트레드와 사이드 월사이에 자리잡고 있다. 타이어에서 가장 두꺼운 고무층으로 설계되어 트레드 부위에서 이상이 생길 경우 스페어 타이어로 교환을 하던지 수리를 해서 응급처치를 할 수가 있지만 숄더가 손상이 되면 타이어를 수리하기는 불가능하다. 때문에 필히 타이어를 교체하여야 한다. 가장 두꺼운 고무층으로 형성된 만큼 열이 모이기 쉬운 구조로 설계되어 있고 그만큼 쉽게 열을 발산시킬 수도 있어야 한다.

[7] 벨트(belt)

스틸와이어 또는 섬유로 구성되어 있다. 트레드와 카커스사이에서 주행시 노면 충격을 감소시키는 역할과 동시에 트레드 노면에 닿는 부위를 넓게 유지시켜 주행 안정성을 우수하게 한다. 트레드가 마모되면 가장먼저 보이는 부분이다.

[8] 인너라이너(Inner Liner)

튜브리스 타이어에서만 볼 수 있으며 튜브를 대신하여 공기 밀폐성이 우수한 고무층으로 이루어져 있다.

[9] 캡 플라이(Capply)

벨트 위쪽에 부착되는 특수 코드지로 주행시 성능을 향상시켜준다.

1. 2. 4. 타이어의 호칭치수

[1] 타이어의 치수표시

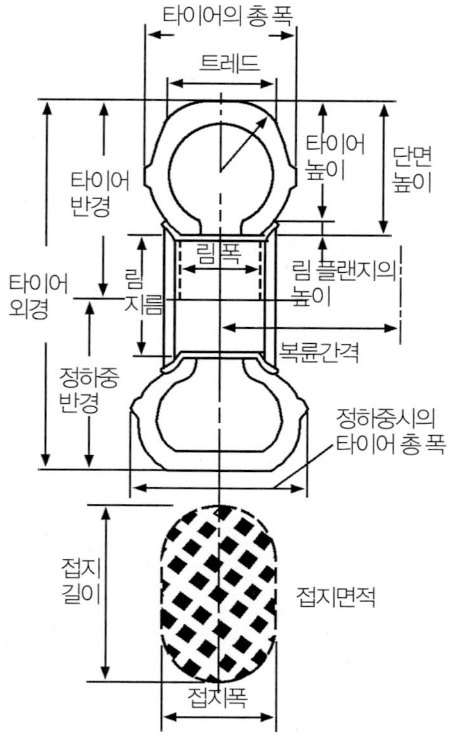

그림 5-12. 타이어의 치수

표기법	기호	내용
ISO표기법(유럽 ETRTO 규정)	205	타이어 단면폭 205mm
	60	편평비 60%(60TLFLWM)
	R	레이디얼 구조
205/60R1589H	15	타이어 내경 15인치(링경 15인치)
	89	최대 하중지수(580kgf)
	H	최고속도(210km)
P-METRIC표기법(북미 TRA 규정) P215/60R14H	P	승용차용임을 나타내는 passenger의 약자 기타는 ISO 표기법과 같음
뉴 메릭 표기법	6.00	타이어 단면폭 6인치
	–	바이어스 구조
6.00-12	12	타이어 내경 12인치

경트럭 미터법	LT	경트럭용(LT : light truck)
	235	타이어 단면폭 235mm
	75	편평비 75%(75시리즈)
LT235/75R15	R	레이디얼 구조
	15	타이어 내경 15인치
플로테이션(FLOTATION) 표기법	30	타이어 외경 30인치
	9.50	타이어 단면폭 9.5인치
30X9.50R15	R	레이디얼 구조
	15	타이어 내경 15인치

[2] 타이어표시

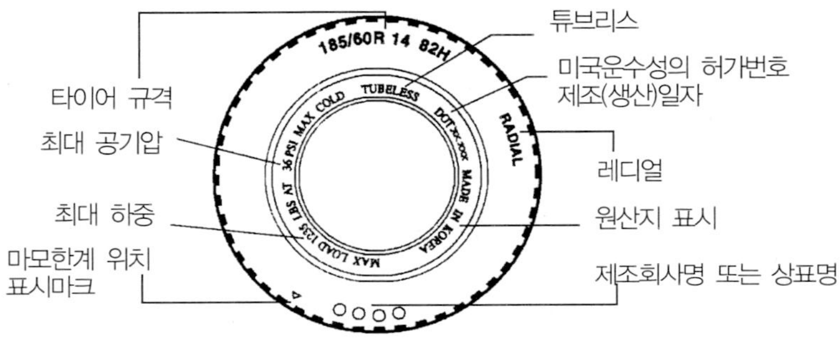

그림 5-13. 타이어의 표시

① 제조일자 : 2013년 10주 생산제품. 타원형의 동그라미 안에 들어가 있다.

② 하중지수(Load Range) : 타이어가 지탱하는 최대하중으로 77다음의 H는 최대 속도이다.

그림 5-14. 제조일자

그림 5-15. 하중지수

③ 타이어 규격 : 승용자동차용, 단면폭 215mm, 편평비 50%, 레이디얼 타이어, 휠 크기 17인치

④ 레이디얼 타이어

그림 5-16. 타이어 규격

그림 5-17. 레이디얼 타이어 표시

⑤ MUD & SNOW의 약자로 진흙길 눈길에도 가능하다는 뜻이다.

⑥ KS마크

그림 5-18. MUD & SNOW의 약자

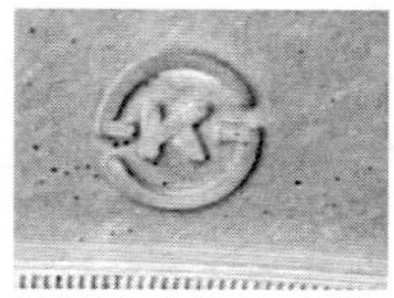

그림 5-19. KS마크

⑦ 제조국가

⑧ 제조회사

그림 5-20. 제조국가 표시

그림 5-21. 제조회사 표시

⑨ 패턴명. H426은 자동차 메이커에 납품용으로 개발된 옵티모 패턴 중 하나

⑩ DOT 마크로 5M은 생산 공장이고 그 뒤에는 규격이다.

그림 5-22. 패턴명

그림 5-23. DOT마크

Reference DOT 표기방식 (예)

DOT 5MRJ U6 H 1214

5M : 생산 공장(금산공장)
RJ : 타이어규격(265/35ZR16)
U6 : 모델명(XQ 옵티모)
H : 제조사(한국타이어)
1214 : 제조일자(2014년 12번째주)

⑪ 최대하중 및 최대공기압 표기 : 최대하중이 600kgf이고, 바퀴가 4개이므로 2.4톤이 된다. 최대공기압은 300KPA(44psi)이다. 이 최대 공기압은 80~90% 정도를 주입한다.

⑫ 타이어구조 : 트래드 플라이는 2장의 스틸과 1장의 폴리에스터 코드로 보강되어 있고 사이드월은 1장의 폴리에스터로 되어있다.

그림 5-24. 최대하중 및 최대공기압 표기

그림 5-25. 타이어 구조

⑬ E4마크 : 유럽에 수출하기 위해서 필요한 것이다.

⑭ 튜브 리스 : 튜브가 없는 구조로 튜브역할을 하는 인너라이너가 타이어 안쪽에 붙여져 있는 타이어와 튜브가 일체인 구조이다.

그림 5-26. E4마크

그림 5-27. 튜브리스 타이어 표시

⑮ 마모한계선 위치 표시와 타이어 마모한계선

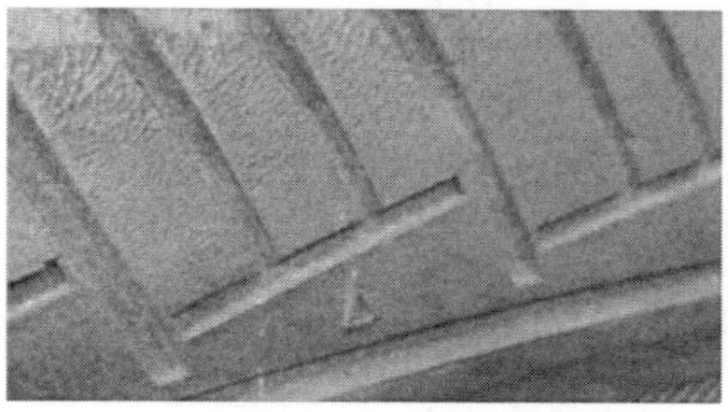

그림 5-28. 마모한계선 위치 표시

그림 5-29. 타이어 마모한계선

[3] 최대 속도지수와 하중지수

타이어가 안전한 상태에서 주행 가능한 최대 속도지수와 하중지수를 기호로 나타낸다.

[속도지수]

속도기호	G	J	K	L	M	N	P	Q	R
MAX속도 (KPH)	90	100	110	120	130	140	150	160	170
속도기호	S	T	U	H	V	W	Y	VR	ZR
MAX속도 (KPH)	180	190	200	210	240	270	300	OVER 210	OVER 240

[하중지수]

하중지수	71	72	73	74	75	76	77	78	79
최대하중지수능력(kgf)	345	355	365	375	387	400	412	425	437
하중지수	80	81	82	83	84	85	86	87	88
최대하중지수능력(kgf)	450	462	475	487	500	515	530	545	560

[4] 편평비(편평율)

편평비란 타이어 단면폭에 대한 단면 높이의 비를 말하며 시리즈라고도 한다. 편평비가 낮을수록 고성능 타이어이다.

$$타이어편평비(\%) = \frac{타이어\ 단면높이}{타이어\ 폭} \times 100 \qquad \cdots\cdots (5\text{-}1)$$

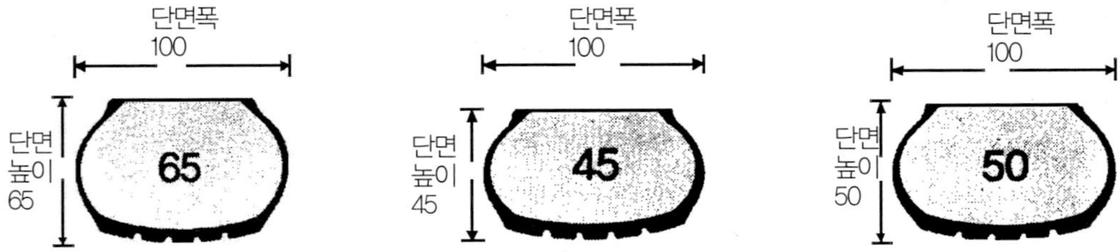

(a) 65시리즈 (b) 45시리즈 (c) 50시리즈

그림 5-30. 타이어의 편평비

1. 2. 5. 타이어에서 발생하는 현상

[1] 타이어 진동(tire vibration)

승차감에 영향을 주는 타이어 진동은 짧은 단파의 흔들림을 의미하며, 진동은 타이어와 휠이 불균형한 상태이거나 노면의 요철로부터 받은 충격으로 발생하게 된다. 모든 타이어는 둥글고 내부구조가 균일하게 만들어 지지만 제조과정상 중량불균형, 치수불균일, 강성불균일 등과 같은 유니포미티(지면과 접촉 시 타이어가 변화하는 힘)요소를 가지게 되며 휠에는 치수 불균일과 중량 불균일이 존재한다.

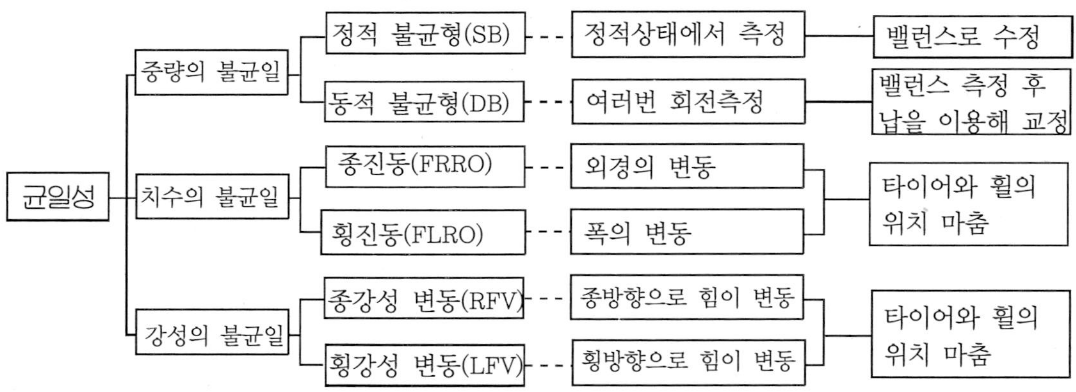

[2] 타이어 소음(tire noise)

자동차가 주행할 때 발생하는 소음 중 타이어와 관계가 있는 것은 타이어 자체로부터 소음이 직접발생하는 것과 타이어가 간접발생 원인이 되어 소음을 발생시키는 것으로 일반적으로 아래와 같이 분류할 수 있다.

① 패턴 소음(pattern noise) : 패턴소음은 타이어가 접지했을 때 트레드 홈 안의 공기가 압축되어 방출될 때 발생하는 소음이며, 손을 두드리는 것과 같은 원리로 나는 소리이다.

② 스퀼음(squeal noise) : 급격한 가속, 제동, 선회시에 타이어와 노면과의 사이에 미끄러짐이 발생하면서 나오는 소음이 스퀼음이다. 타이어의 급속한 마모를 동반하기 때문에 될 수 있는 한 나오지 않게 운전하는 것이 바람직하다.

③ 험(hum) : 직진주행시 발생되는 소음으로 트레드 디자인에 같은 간격으로 배열된 피치가 노면을 규칙적으로 치는 데서 발생되는 소음이다.

④ 스퀼치(squelch) : 평활한 노면을 직진주행할 때 발생하는 소음의 하나이다. 단면 방향에서 진행방향으로 모두 곡율을 가지는 타이어는 접지에 의해서 평면으로 변형하기 위해서는 노면과의 사이에 미끄러짐이 생기는데 미끄러질 때 스퀄과 같이 트레드 디자인의 리브가 진동함에 따라 발생하는 음으로써 그 정도가 작다.

⑤ 럼블(rumble) : 거친 노면을 주행할 때 타이어가 노면이나 자갈 등을 치는 소리 차량의 현가장치나 차체를 통하여 차내에 전달되는 진동음이다.

⑥ 썸프(thump) : 썸프란 평활한 도로를 주행하는 차량에서 구동축이 회전하면서 생기는 타이어 소음의 일종으로 차량안의 바닥이나 좌석, 핸들을 통하여 느끼는 진동음이다.

[3] 스탠딩 웨이브(standing wave) 현상

고속주행시 타이어의 트레드가 노면에서 벗어난 직후에 발생하는 파동현상이다. 즉, 접지부에서 받은 타이어의 하중에 의한 변형이 접지가 완료되어도 바로 복원되지 않는 상태를 스탠딩 웨이브라 한다. 스탠딩 웨이브가 발생하면 변형에 의한 타이어의 피로(fatigue)가 급속하게 진행되어 타이어 내부에는 고열이 발생된다.

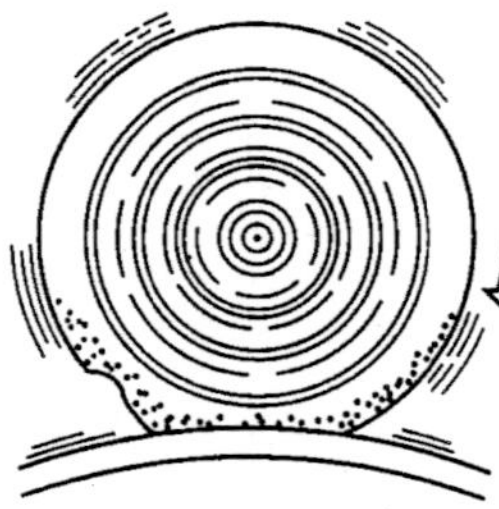

그림 5-31. 스탠딩 웨이브 현상

이 상태에서 차속을 증가시키면 스탠딩 웨이브의 진폭은 커져 구름저항이 비정상적으로 증가하기 때문에 타이어 온도는 급상승하며, 원심력에 의해 트레드와 카커스의 밀착력이 떨어져 결국 타이어는 파괴된다.

(1) 스탠딩 웨이브 방지법

① 타이어의 공기압을 규정 공기압보다 10~30% 정도 높게 주입하면 스탠딩 웨이브는 잘 발생하지 않는다.

② 타이어는 단면방향의 곡률반경(r)을 크게 함으로써 편평비가 적은 타이어를 장착한다.

③ 접지부 타이어의 두께를 감소시킨다.

④ 타이어 트레드부 코드각을 작게 하여 타이어 트레드부 코드 속도를 타이어의 원주방향에 근접시킨다.

[4] 하이드로플레이닝(hydroplaning : 수막현상)

자동차가 수면 위를 고속주행할 경우 타이어는 수막(water film)이 발생되어 수면위로 활주하는 현상을 하이드로플레이닝이라 한다. 하이드로플레이닝을 일으키면 구동력을 전달할 수 없을 뿐만 아니라 제동 및 조향성능이 작용하지 않는 위험한 상태가 발생한다.

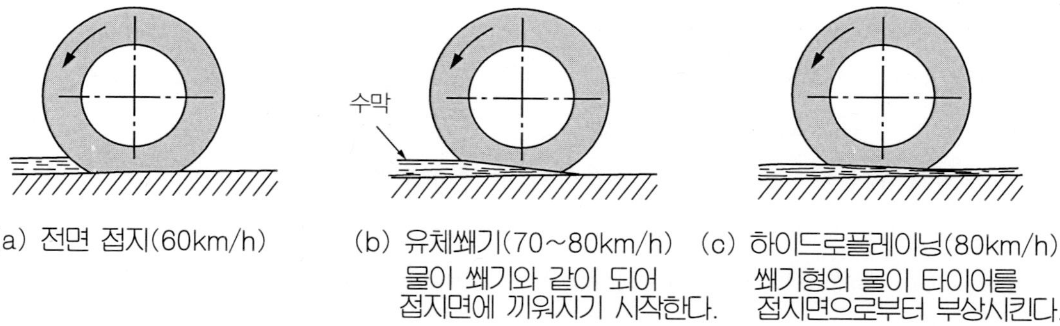

그림 5-32. 하이드로플레이닝(수막현상)

(1) 하이드로플레이닝 방지법

① 마모가 적은 타이어를 사용한다.

② 배수효과가 좋은 타이어를 사용한다.

③ 타이어의 공기압을 규정압보다 약간 높인다.

④ 우천 또는 수면 위를 주행할 시에는 충분히 감속(20%)한다.

1. 2. 6. 바퀴의 평형

바퀴 회전축을 기준으로 하여 타이어와 휠에 불평형(언밸런스) 무게가 존재하면 특히 고속 주행시 진동과 소음의 발생원인이 된다. 안전하고 쾌적한 주행을 할 수 없게 되고 타이어의 이상 마모의 원인이 되기도 한다. 바퀴의 불평형(언밸런스) 무게에 의한 현상은 다음과 같이 2개로 분류된다.

그림 5-33. 바퀴의 평형

[1] 정적평형(static unbalance)

정적평형은 타이어의 원주상 중량의 배분이 평형을 이룬 정도를 말하는 것이다. 원주상의 어느 부분으로나 치우치지 않도록 조정하여야 고속 주행시 원심력에 의한 떨림이 발생되지 않는다. 만약 정적 불평형이 존재하면 그림 5-34(a)와 같이 휠이 상하로 진동하면서 바퀴에 시미가 발생되며 이때 발생하는 차체의 진동은 트램핑 현상으로 나타난다. 정적 불평형이 있는 휠에는 밸런스 웨이트(균형추)를 부착하여 조정한다.

[2] 동적 불평형(dynamic unbalance)

동적 평형은 회전하는 중심축을 옆에서 보았을 때 회전하고 있는 상태의 평형상태를 뜻한다. 바퀴가 정적 불평형 상태에서는 상하로 흔들리지만 동적 불평형 상태에서는 그림 5-34(b)와 같이 좌우로 흔들린다. 회전시켰을 때의 무게 불평형을 잡기 위하여 림의 적당한 위치에 밸런스 웨이트를 부착시켜 조정해야 한다.

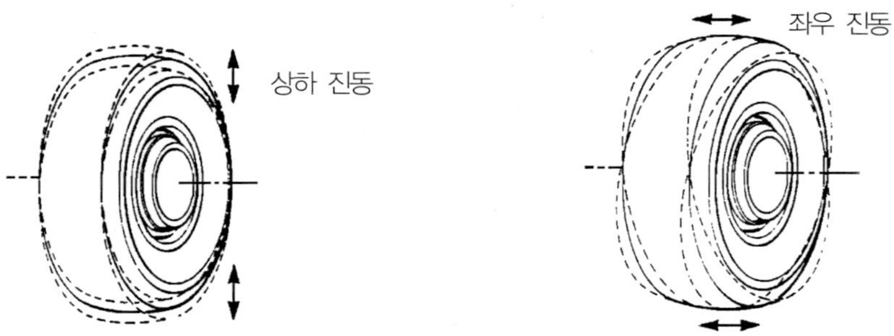

(a) 정적 불평형시 (b) 동적 불평형시

그림 5-34. 바퀴의 진동

1.3. 자동차 바퀴의 관리

1.3.1. 휠 밸런스(wheel balance)

휠 밸런스는 타이어를 장착한 상태에서 휠의 중량분포가 평형(balance)을 이루고 있는가를 확인하는 것이다. 즉, 휠의 상하방향의 밸런스 정적 밸런스(static balance)와 휠의 좌우방향의 밸런스 동적 밸런스(dynamic balance)의 평형을 맞추는 작업이다.

① 먼저 장비의 정상여부를 확인한 다음 타이어를 고정시킨다.

② 장착된 타이어의 림과 기기와의 거리를 측정한 다음 입력시킨다.

③ 림에 적혀져 있는 림폭 또는 림폭용 게이지로써 측정한 다음 림폭을 입력한다.

④ 림 직경을 입력시킨 다음 동적 모드 상태에서 회전시킨다.

⑤ 휠 밸런스의 커버(cover)를 내리고 장착된 타이어를 "삐-" 소리가 날 때까지 회전시킨다.

⑥ 기기에 나타난 위치와 요구하는 중량에 따라 밸런스 웨이트를 끼운 다음 확인하는 차원에서 다시 회전시켜 "0" 이 나오면 작업이 완료된다.

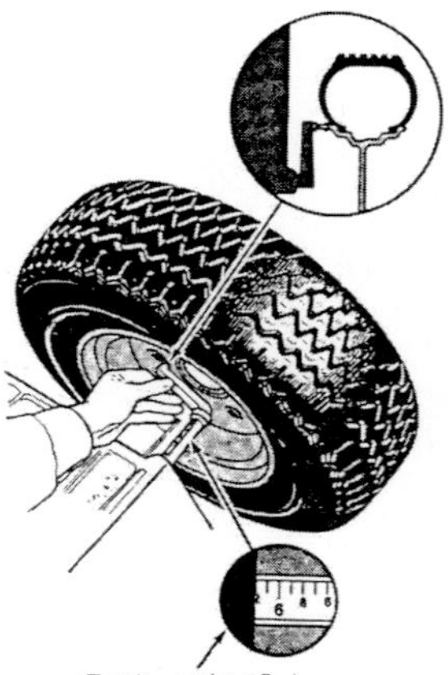

(a) 림 간격 측정

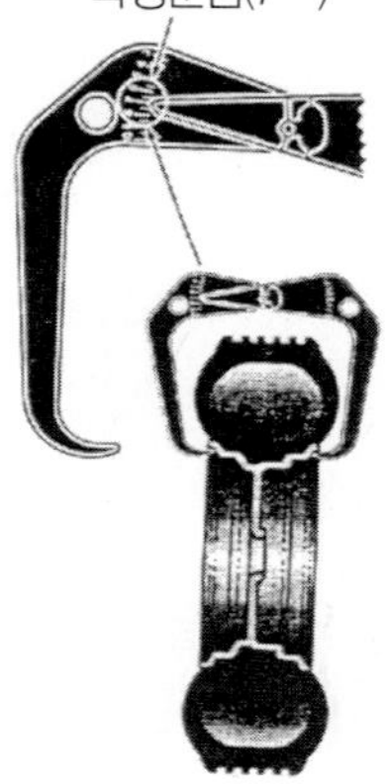

(b) 폭 측정

그림 5-35. 림의 간격 및 폭 측정

1. 3. 2. 타이어 로테이션

타이어는 설치된 위치마다 마모가 동일하게 발생되지 않으며 도로 조건, 하중의 분포, 운전방법, 차량의 정비 상태에 따라 다르다.

(a) 공기압 과소 (b) 공기압 과다 (c) 토우불량 (d) 캠버 불량 (e) 코너링 불량 (f) 휠밸런스불량

그림 5-36. 타이어의 마모형태

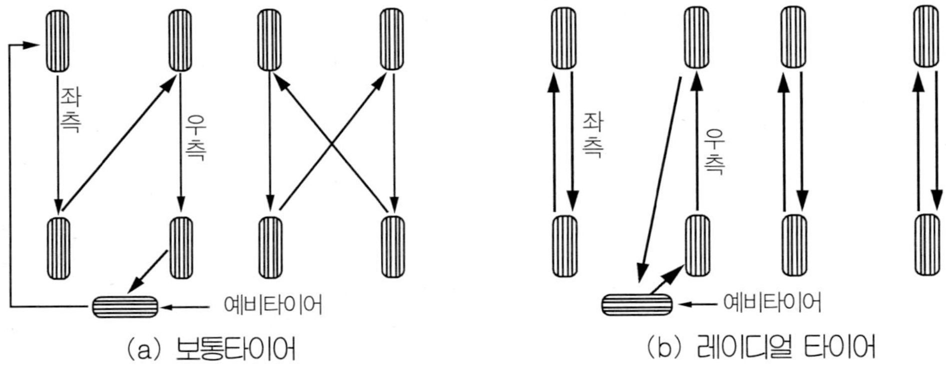

그림 5-37. 타이어 위치 교환

따라서 정기적으로 위치를 바꾸어 주는 것이 사용 중 타이어의 마모를 균일하게 하고, 이상과다 마모를 방지하므로 수명을 연장하는 것이 최선의 방법이다.

1. 3. 3. 타이어 발열

[1] 공기압과 타이어의 발열

타이어의 공기압이 부족할 경우는 타이어의 굴곡운동이 과다하게 커져 고무나 타이어 코드 등의 피로 및 접착력의 저하를 불러 타이어 코드가 뿔뿔이 흩어지는 일이 있다. 반대로 타이어의 공기압이 너무 높으면 타이어 내부의 카커스가 외상이나 충격에 대해 약해진다.

[2] 하중과 타이어의 발열

하중이 증가하면 타이어의 변형량이 커져 내부 온도가 상승한다. 과적재한 경우는 일반적으로 높은 공기압이 충전되어 있는 경우가 많기 때문에 타이어의 숄더부나 비드부에 강한 스트레스가 발생, 이상발열을 일으켜 숄더부, 비드부의 분리나 과열을 일으키기 쉬워진다. 또한 트래드부에 관통상을 입기 쉽고 충격에 의한 파열도 발생하기 쉬워진다.

[3] 속도와 타이어의 발열

자동차의 주행속도가 빨라지면 주행중의 타이어 굴곡 운동도 심해지고 타이어의 발열량도 많아지게 된다.

자동차가 주행 중에 노면으로부터 받는 상하방향의 진동에 의해 타이어에 걸리는 하중은 정적하중 이외에 가속도에 의한 관성력이 하중으로서 가해져 온다. 이와 같이 주행 중에 가해지는 모든 하중을 동하중이라 한다.

자동차의 속도가 증가하면 노면의 요철로부터 받는 충격 및 가속도도 증가하여 동배율(정하중에 대한 동하중의 증가비율)이 커진다. 따라서 타이어의 굴곡운동은 보다 커져 당연히 타이어 내부의 온도가 높아지게 된다.

[4] 자동차의 주행시간과 타이어의 발열

타이어는 주행중에 반복되는 굴곡운동에 의해 발열하고 그것이 타이어 내부에 축적되는 한편, 끊임없이 외부를 향해 발열도 하고 있기 때문에 그 균형이 잡혔을 때 타이어온도는 포화상태가 되어 거의 변화하지 않게 된다.

물론 이 온도는 주행조건에 따라 다르며 고속으로 될수록 높아진다. 고온상태로 장시간 주행을 계속하면 타이어를 구성하고 있는 고무, 타이어 코드 등이 노화되고 접착력도 떨어진다.

[5] 트레드 홈 깊이와 타이어의 발열

트럭 및 버스용 타이어는 승용차용 타이어와는 달리 트레드의 두께도 두껍고, 또한 카커스의 플라이수도 많다(바이어스 타이어의 경우). 또한 타이어를 구성하고 있는 고무, 타이어 코드 등의 재료는 열의 불량도체이기 때문에 그것들의 두께가 두꺼워질수록 그만큼 주행시에 있어 방열효과가 적어지고, 타이어 내부에 축적되는 열도 많아져 발열이 높아지게 된다. 특히 트럭 · 버스용 타이어는 홈 깊이에 의해 HW(high way), HT(heavy tread), EHT(extra heavy tread)로 나뉘어 있기 때문에 조건에 맞는 타이어를 바르게 선택하지 않으면 안된다.

[6] 발열온도와 위치

타이어의 발열위치는 타이어 숄더부가 가장 높다. 발열량에 따라 타이의 손상부위도 대부분이 숄더부에 집중적으로 발생되고 있으며, 숄더부는 타이어에서 고무의 두께가 가장 두껍게 되어 있고 다른 부분에 비하여 방열이 나쁘며, 열을 축적하기가 쉽기 때문이다.

2 타이어 공기압 경보장치(TPMS)

타이어 공기압 경보장치 TPMS(tire pressure monitoring system)는 안전운행에 영향을 줄 수 있는 타이어 압력변화를 경고하기 위해 타이어 내부의 휠에 탑재된 개별 센서로부터 타이어 내부압력을 측정하여 이를 실시간 무선송신하고 수신모듈에서 압력저하 감지 시 이를 클러스터에 표시하여 운전자에게 경고해주는 시스템이다.

2.1. TPMS의 개요

현대자동차(주)의 그랜저 HG 차량에는 TRW사의 High-Line TPMS가 적용되어 있다. 이 시스템은 타이어 내부의 휠에 탑재된 개별 센서로부터 타이어 내부압력을 측정하여 이를 실시간 무선송신하고 수신모듈에서 압력저하 감지 시 이를 클러스터에 표시하여 운전자에게 경고해주는 시스템이다.

TPMS는 타이어 공기압 경보장치로서 북미 관련법규(NHTSA FMVSS 138)의 제정에 따라 북미 수출 차량에 처음 적용되기 시작하였으며, 이후 유럽지역 수출차량에도 확대 적용되었다. 국내의 경우 국내 전파관련 법규의 미 제정으로 장착이 미루어져 오다가 상품성 향상과 차량의 안전을 확보하기 위해 많은 차량에 적용되고 있는 추세이다.

2.2. TPMS시스템의 구성

그랜저 HG차량에 적용되는 타이어 공기압 경보장치(TPMS)의 구성을 살펴보면, 각각의 휠 안쪽에 장착되어 타이어압력, 온도, 배터리정도, ID, 위상차 등을 측정하여 TPMS ECU로 RF전송하는 타이어 압력센서와 타이어 압력센서로부터 측정데이터를 수신 받아 타이어 압력상태를 판단 후 경고등제어에 필요한 신호를 출력하는 ECU로 구성되어있다.

TPMS시스템에 고장이 기억된 경우 또는 타이어 압력이 규정값 이하가 되면 시스템 고장과 저압상태임을 알려주는 저압 경고등 즉, 트레드 램프와 "공기압이 낮습니다" 라고 디스플레이 표출되어 운전자에게 알려주는 클러스터로 구성되어 있다.

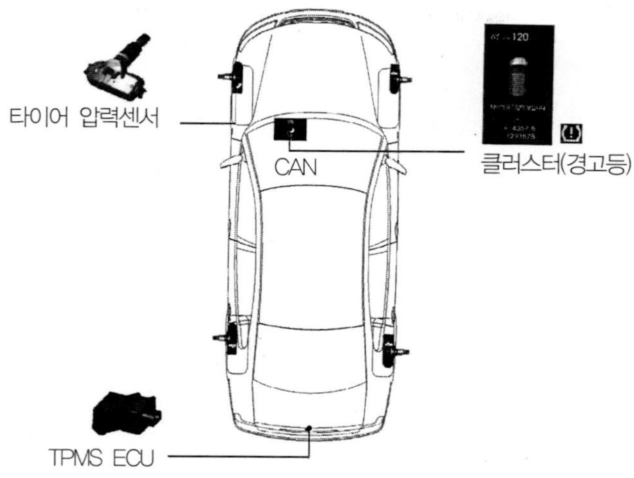

그림 5-38. TPMS의 구성

2. 2. 1. 타이어 압력센서(pressure sensor)

타이어 압력센서는 무게가 약 34g 정도로 휠의 림(rim)에 장착되며, 스페어 타이어에는 장착되지 않는다. 바깥으로 돌출된 알루미늄 바디 부분이 센서의 안테나 역할을 겸한다. 센서 내부에는 소형 배터리가 내장되어 있으며 배터리 수명은 약 10년이다. 센서 모드 변경을 위해 TPMS 모듈로부터 LF(low frequency)신호를 받는 수신부가 센서 내부에 내장되어 있다.

압력센서는 타이어의 압력뿐 아니라 타이어 내부의 온도를 측정하여 TPMS ECU로 RF(radio frequency) 전송을 한다. 압력센서 신호세기와 센서 내 가속도 센서 등을 이용하여 센서의 위치를 파악한다.

그림 5-39. 타이어 압력센서

[1] 센서 모드

(1) 저장모드(storage mode)

A/S부품 공급시 저장모드로 설정되어 있으며 양산 라인에서 TPMS 모듈로부터 LF 명령을 받아 정상 모드로 이루어진다. 저장 모드 시에는 압력이나 온도 측정을 하지 않음은 물론 TPMS ECU로 전송도 하지 않는다.

(2) 정상모드(normal mode)

양산 라인에서 TPMS 모듈로부터 LF 명령을 받아 정상모드 상태로 변경된다. 압력과 온도의 측정 및 TPMS ECU로 전송을 시작한다.

(3) 경계모드(alert mode)

측정된 온도가 110℃ 이상이거나 최종 전송된 압력과 측정된 압력의 변화가 약 ±3psi 이상인 경우에 경계모드로 진입하며, 경계모드 진입 후 1분 동안 매 4초마다 RF 메시지를 TPMS ECU로 전송한다. 동절기 극저온 또는 급제동에 의한 열 발생 등 외기의 온도변화에 의해 타이어 압력이 미세하게 변화할 수 있으나 온도에 따른 압력값의 보상은 하지 않는다. 다만 압력센서가 감지한 온도 정보는 경계모드로 진입하기 위한 판단기준으로 활용된다.

[2] 센서 위치 판별

HG 차량에 적용된 TPMS에서 타이어 압력센서의 전·후 위치를 판별하는 방법으로 센서에서 출력되는 파워 차이를 이용하여 구분하는데 압력센서 간 신호 세기가 9dBm (decibel meter) 이상이면 전·후 구분을 할 수 있다. 타이어 압력센서 좌·우 구분은 위상차를 사용하는데 이는 압력센서 내 내장된 G-센서를 이용한다.

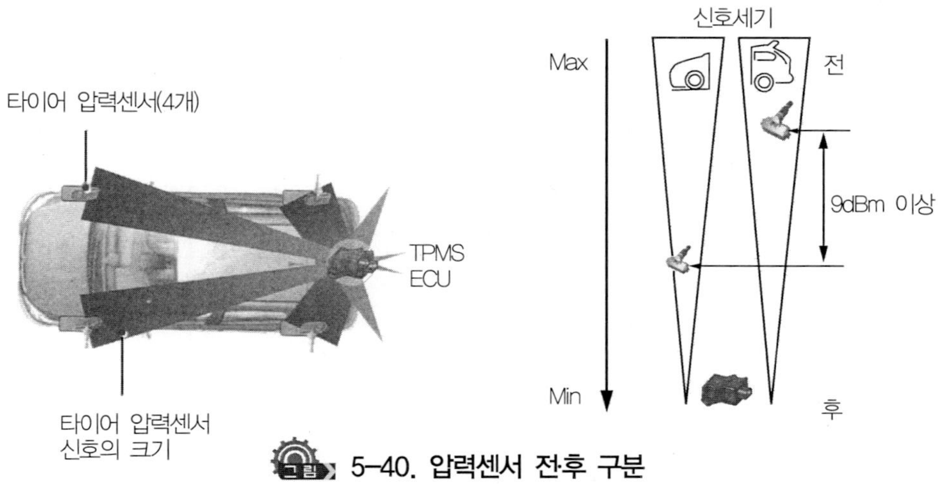

그림 5-40. 압력센서 전·후 구분

아래의 G-센서 작동원리를 보면 센서는 중력의 방향과 일치시 최대가 되므로 항상 ①번에서 최대값을 가지며, 타이어 동시 회전 시 우측은 130° 늦게 ①번 위치에 도달하여 좌·우측을 구분할 수 있다.

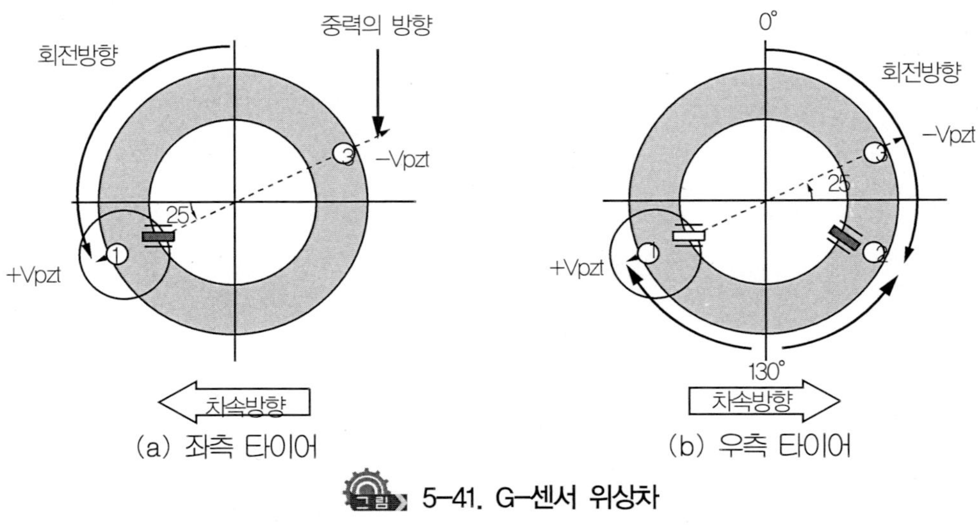

그림 5-41. G-센서 위상차

타이어 압력센서 좌·우 구분을 위한 위상차 사용시 위상차 확인을 위한 기준점이 필요하므로 압력센서에 내장되어있는 코일을 사용한다. 코일은 항상 ①번 위치에서 최대값이며, 코일에 인가되는 자기장은 시간적으로 좌·우 위치가 동일하다.

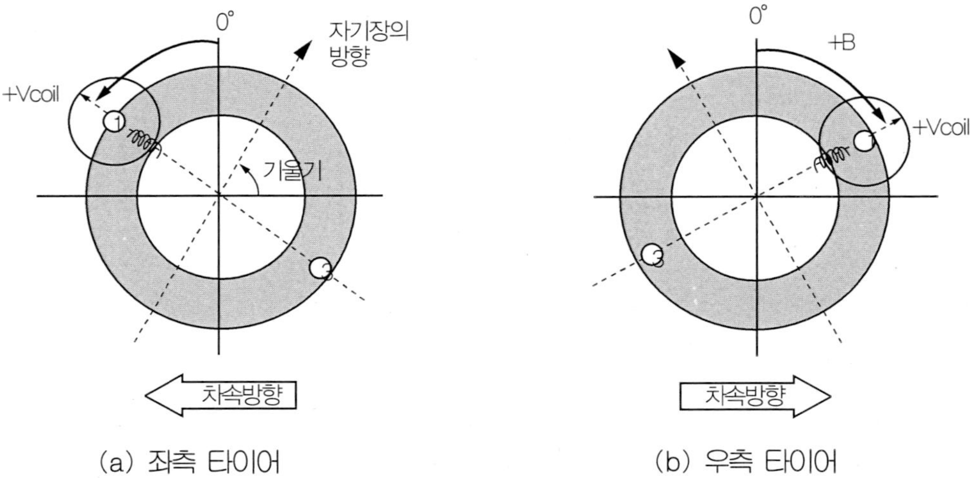

그림 5-42. 코일 위상차 기준점

우측 타이어가 130° 늦게 도착하더라도 기준점이 없으면 알 수 없으므로 코일 최대값을 기준점으로 한다.

[3] 센서 ID

각각의 센서는 고유 ID값을 가지고 있으며, 센서를 교환하거나 타이어 위치 변경을 하였을 경우 변경된 ID값을 TPMS ECU에 등록하여야 한다. 압력센서는 외부와 유선으로 연결되어 있지 않아 센서 단품의 이상 유무를 기존 멀티미터나 파형으로 점검할 수 없으며, 별도 무선의 진단장비(TPMS 모듈)와 통신을 하여 센서의 ID값을 읽거나 센서가 측정한 데이터 값을 확인해 볼 수 있다.

2. 2. 2. TPMS ECU(receiver)

TPMS ECU는 타이어 압력센서로부터 압력, 온도, 배터리 정보, ID, 위상차등 데이터를 전송받아 타이어 상태를 판단 후 경고등제어에 필요한 신호를 출력한다. TPMS ECU는 리어 범퍼 레일에 장착되어 있으므로 관련 작업 시에는 리어 범퍼 탈거 후 리어 범퍼 레일을 탈거해야 교환 또는 수리가 가능하다.

[1] TPMS ECU 기능

① 타이어 압력센서로부터 RF 데이터를 수신한다(압력, 온도, 배터리정보, ID, 위상차 등).

② 센서로부터 수신된 RF 데이터를 분석하여 트레드 램프 경고등을 제어한다.

③ 차속 25km/h 이상으로 연속주행 시, 센서를 자동으로 학습(auto-learning)한다. 단, 4개의 센서가 주행하는 휠로 학습이 종료되면, 동일 사이클에서는 새로운 센서 학습을 하지 않는다.

④ 매 시동시 마다 압력센서내의 G-센서와 코일을 통하여 자동학습(auto-learning)과 자동위치확인(auto-location)을 수행한다.

⑤ 자기진단 기능을 수행하여 고장코드를 기억하고 CAN Bus를 통하여 진단장비와 통신을 하며, 차량내의 다른 ECU들과 데이터 통신을 한다.

[2] TPMS ECU 모드

(1) 초기 모드(virgin mode)

A/S 부품으로 입고될 때의 모드로서 기억장치에 차종코드와 어떠한 센서 ID도 저장되어 있지 않은 상태이다. 이 모드에서 TPMS ECU는 압력센서로부터 RF 신호를 받더라도 그 값을 저장하지 않으며 경고등도 제어하지 않는다. 또한 고장코드가 감지나 기억도 하지 않고 자동학습(auto-learning) 및 자동위치 확인(auto-location)기능도 수행하지 않는다.

진단장비(GDS)를 이용하여 센서 ID, 차량코드 입력 및 ECU 모드를 변경하면 정상모드(normal mode)로 설정된다(실제로 차종 코드뿐 아니라 VIN No, 센서 ID를 모두 입력하고 10초 이상 IG OFF 후 IG ON을 해야만 모드 변경이 완료된다). 타이어 압력센서 ID 미 입력시 경고등은 2Hz 주기로 점멸되며, 주행중 공기압이 빠르게 한계 압력 이하로 떨어질 경우 저압 경고등(트레드 램프)이 점등된다.

(2) 정상 모드(normal mode)

정상 모드는 차량이 출고될 때의 모드이며, TPMS의 모든 기능들이 정상으로 구현된다. 실제 차량에서 TPMS ECU가 어떤 모드 상태인지 구분하는 방법은 시스템 경고등을 통하여 판단할 수 있다.

① 초기 모드(virgin mode) : IG ON시 3초간 점등 후 0.5초 간격으로 점멸한다.
② 정상 모드(normal mode) : IG ON시 3초간 점등 후 소등된다(단, 유효 고장 코드가 존재할 경우 계속 점등됨).

(3) 점검 모드(test mode)

점검 모드는 생산 라인에서 사용하는 모드이다.

① 버진(virgin) 상태에서 차종코드, 센서 ID, VIN No 입력 후 점검 모드로 변경이 가능하다.
② 3초간 점등 후 1초 소등, 그 후 지속 점등
③ 테스트 완료 시 자동으로 정상 모드(normal mode)로 변경된다.

2.2.3. 저압 경고등

저압 경고등은 트레드(tread) 램프라고 한다. TPMS 시스템에 고장이 기억된 경우 또는 타이어 압력이 규정값 이하가 되면 점등되며, 시스템 고장의 경우 타이어 저압 경고등이 60초간 점멸 후 점등된다.

HG차량의 경우 25.75psi 이하일 때 점등되고, 빈번한 경고등 점등을 방지하기 위해 31psi 이상일 때 소등된다. TPMS ECU가 정상 모드(normal mode)일 경우 이그니션 ON시 3초간 점등 되었다가 소등된다. 타이어 압력이 규정값 이하가 되면 트레드 램프 점등과 함께 클러스터 중앙의 메시지 센터에 "공기압이 낮습니다." 라고 디스플레이 표출을 하여 운전자에게 알려준다.

(a)

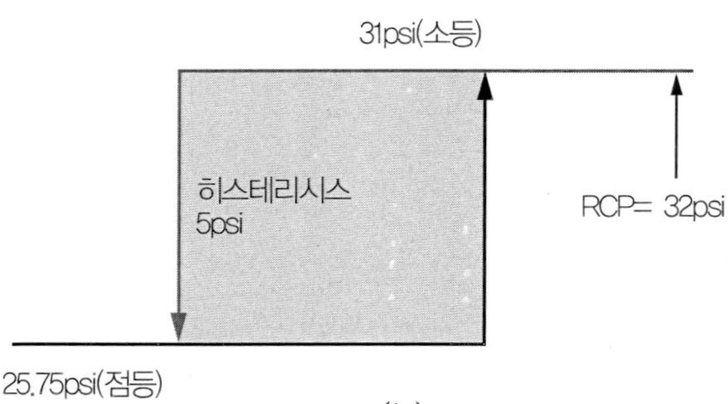

(b)

그림 5-43. 트레드 경고 램프 및 경고등 제어

3 타이어의 신기술

3.1. 런플럿 타이어(run flat tire)

일반 타이어는 손상 되었을 때나 공기압이 없을 때 주행이 불가능하나 런플럿 타이어는 고무 안쪽에 구조물이나 보강 사이드 월을 넣어 공기압이 없어도 최고시속 80km의 속도로 150km를 달릴 수 있게 설계되어 있다. 그래서 고속주행시 타이어의 손상에도 비교적 안정적인 주행을 가능하게 한다.

스페어타이어가 필요 없어 차체 경량에 도움을 주어 일부 고급세단에 사용되나 값이 비싸고 일반타이어보다 소음이 크며 특수한 림을 써야 하고 스프링 아랫부분의 무게가 늘어나는 등의 결점이 있어 널리 보급되지는 못하고 있다. 이 타이어에는 "RUNFLAT" 이라는 글자와 마크가 표시되어 있다.

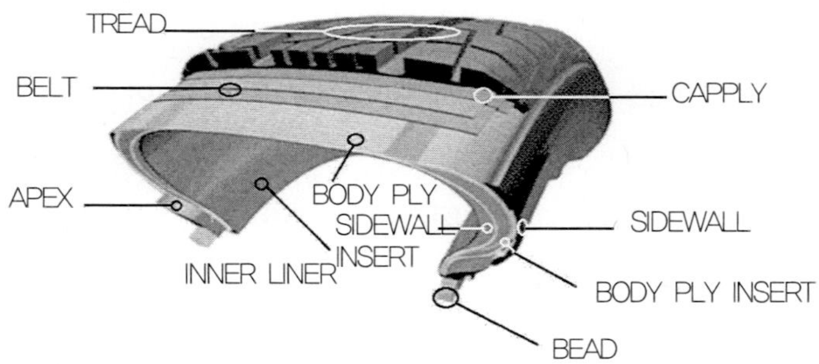

그림 5-44. 런플럿 타이어(RFT)의 구조

3.2. 인텔리전트 타이어(intelligent tire)

타이어 내부에 장착된 칩 또는 센서를 통해 무선 수신 장치로 차내의 전자시스템, 휠, 서스펜션, 등과의 통합시스템을 구축하여 노면과 타이어에 발생하는 모든 데이터를 수집 해석하여 운전자에게 노면과 타이어의 정보를 실시간으로 제공해주는 최첨단 기술력이 접목된 타이어로서, 차량 ECU(전자제어장치)의 지속적인 피드백을 통해 운전자들은 한층 안전한 드라이빙을 즐길 수 있다.

3.3. 실리카 타이어(silica tire)

타이어 고무에 카본을 넣어 만드는 일반타이어와 달리 고무에 실리카(SiO_2)를 첨가하여 저온에서 탄성을 유지하기 때문에 빗길에서 접지력을 높이고 회전저항을 줄여 연비를 개선한 타이어로 조종안정성과 고속주행성을 유지하면서 코너링 및 제동성 을 향상시킨 것이 특징이다.

이를 위해 ABS를 장착하지 않아도 높은 마찰계수로 탁월한 제동력을 발휘하는 실리카 컴파운드와 승차감을 높여주는 사다리꼴 형상 설계(TCT : 일반광폭타이어 보다 타이어의 단면의 중심을 낮추고 옆면 사이의 폭을 넓게 설계한 것) 기술을 적용했다. 또 타이어에서 발생하는 소음을 줄였으며 특수 배합 고무를 사용하고 타이어 표면에 4개의 넓은 직선 홈을 파 젖은 노면에서의 배수력과 제동력도 높였다. 그러나 실리카는 고무와 잘 섞이지 않는 성질이 있어 여러 배합단계를 거쳐야 완성되기 때문에 제조공정이 매우 까다롭고 마모가 잘된다는 단점이 있다.

3.4. 벤투스 에어로(ventus aero)

벤투스 에어로는 사이드 월에 위치한 6개의 윙(wing)이 다운포스(down force : 공기 흐름에 따른 압력의 차이로 인해 발생하는 누르는 힘)를 발생시키도록 설계되어 한층 높아진 접지력과 안정적인 고속주행 및 코너링이 가능한 것이 특징이다.

또한 골프공 딤플 형상으로 디자인된 사이드 월이 공기저항을 감소시켜 타이어의 회전력을 증가시켜 고속주행 시 연비절감효과를 얻을 수 있도록 설계되었다.

실습보고서 휠 및 타이어

자동차번호 : 차량명 : 학번 성명

01. 주어진 자동차에서 앞바퀴를 탈거하시오.
02. 탈거한 바퀴에서 타이어를 탈거하시오.
03. 주어진 자동차에서 앞바퀴의 동적 밸런스를 측정하여 기록표에 기록한 후 휠 밸런스가 규정값이 되도록 조정하시오.

측정항목	① 점검(또는 측정)		② 판정 및 정비(또는 조치)사항		득 점
	측정값	규정(정비한계)값	판 정 (□에 "✓" 표)	정비 및 조치할 사항	
휠 밸런스 (좌)			□ 양호 □ 불량		
휠 밸런스 (우)			□ 양호 □ 불량		